Datenwirtschaft und Datentechnologie

Marieke Rohde · Matthias Bürger
Kristina Peneva · Johannes Mock
Hrsg.

Datenwirtschaft und Datentechnologie

Wie aus Daten Wert entsteht

Institut für Innovation und Technik (iit) in
der VDI/VDE Innovation + Technik GmbH

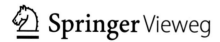

Hrsg.
Marieke Rohde
Institut für Innovation und Technik (iit) in der
VDI/VDE Innovation + Technik GmbH
Berlin, Deutschland

Matthias Bürger
Institut für Innovation und Technik (iit) in der
VDI/VDE Innovation + Technik GmbH
Berlin, Deutschland

Kristina Peneva
Institut für Innovation und Technik (iit) in der
VDI/VDE Innovation + Technik GmbH
Berlin, Deutschland

Johannes Mock
Institut für Innovation und Technik (iit) in der
VDI/VDE Innovation + Technik GmbH
Berlin, Deutschland

ISBN 978-3-662-65231-2   ISBN 978-3-662-65232-9 (eBook)
https://doi.org/10.1007/978-3-662-65232-9

Die Deutsche Nationalbibliothek verzeichnet diese Publikation in der Deutschen Nationalbibliografie; detaillierte bibliografische Daten sind im Internet über http://dnb.d-nb.de abrufbar.

Lektorat/Planung: Alexander Gruen
Springer Vieweg ist ein Imprint der eingetragenen Gesellschaft Springer-Verlag GmbH, DE und ist ein Teil von Springer Nature.
Die Anschrift der Gesellschaft ist: Heidelberger Platz 3, 14197 Berlin, Germany

Inhaltsverzeichnis

Verzeichnis der Autorinnen und Autoren

Dr. Tarek R. Besold ist promovierter Kognitionswissenschaftler und Head of Strategic AI bei DEKRA DIGITAL. Er arbeitete vor seiner Tätigkeit bei der DEKRA als KI-Leiter und Senior Research Scientist bei Telefonica Innovation Alpha in Barcelona und war als Assistenzprofessor für Data Science an der City University of London tätig. Zudem arbeitet er in verschiedenen redaktionellen Funktionen für mehrere wissenschaftliche Zeitschriften im Bereich Künstliche Intelligenz.

Peter Brugger ist Betriebswirt und Unternehmensgründer. Als Geschäftsführer des BMI Labs Zürich berät er Unternehmen aus verschiedensten Industrien in der Konzeptionierung und Implementierung nachhaltiger Geschäftsmodelle sowie dem Aufbau der dazu nötigen Kompetenzen.

Dr. Matthias Bürger ist promovierter Ökonom und Unternehmensgründer. Er arbeitet am Institut für Innovation und Technik (iit) in Berlin und beschäftigt sich dort unter anderem mit der Entwicklung von Geschäftsmodellen, Start-up-Unterstützung und der Innovationsindikatorik.

Dr. Stefanie Demirci studierte Diplom-Informatik mit Nebenfach Medizin und dem Schwerpunkt Bild- und Signalverarbeitung. Im Institut für Innovation und Technik (iit) ist sie als Expertin zum Thema Digital Health beschäftigt. Sie ist zudem stellvertretende Leiterin des Bereichs Technologien des Digitalen Wandels in der VDI/VDE-IT.

Dr. Andreas Dewes ist promovierter Quantenphysiker und seit vielen Jahren als Software-Ingenieur und Gründer mit Fokus auf Privacy & Security Engineering tätig. Als Gründer der KIProtect GmbH entwickelt er Verfahren für die Anonymisierung und Pseudonymisierung von Daten basierend auf modernen kryptografischen und statistischen Methoden, sowie sicherheits- und Privatsphäre-fokussierte Software-Systeme.

Andreas Eitel ist Expert „Cyber Security" und leitet das Security-Team am Fraunhofer IESE. Für die Fraunhofer-Gesellschaft führt er IT-Audits durch und berät zum Thema IT-Sicherheit. Wissenschaftlich beschäftigt er sich insbesondere mit Netzwerksicherheit.

Denis Feth ist Expert „Security and Privacy Technologies" und leitet den Forschungsbereich Datensouveränität am Fraunhofer IESE. Seine Forschungsschwerpunkte liegen in den Bereichen Datennutzungskontrolle, Usable Security & Privacy und sichere Digitale Ökosysteme.

Thomas Froese ist Geschäftsführer der atlan-tec Systems GmbH. Er ist Chairman des Richtlinienausschusses FA7.24 VDI/VDE/GMA Big Data für Produktionsverfahren sowie stellvertretender Vorsitzender des Fachbereichs FA7 des VDI für Anwendungsfelder der Automation und Mitglied im Fachbeirat der fachübergreifenden VDI-Initiative „1,5 Grad" zum Thema Nachhaltigkeit.

Dr.-Ing. Regine Gernert ist wissenschaftliche Referentin beim DLR im Bereich Digitale Technologien mit den Schwerpunkten semantische Technologien, internetbasierte Dienste, Cloud Computing, Datentechnologien und Innovationen aus Daten. Sie unterstützt zudem Fördergeber bei nationalen, europäischen und internationalen strategischen Kooperationen. Sie betreute mit ihrer Arbeitsgruppe in Berlin die Technologieprogramme des BMWK.

Florian Groen in't Woud arbeitet am Forschungsinstitut für Rationalisierung (FIR) e.V. an der RWTH Aachen, im Bereich Dienstleistungsmanagement. Dort beschäftigt er sich mit der Bewertung von Daten, sowie der Entwicklung und Etablierung von partizipativen Geschäftsmodellen in vernetzten Ökosystemen.

Dominik Groß, LL.M. (LSE), ist Richter im Dienst des Landes Nordrhein-Westfalen. Zuvor war er Rechtsanwalt im Bau- und Architektenrecht bei Kapellmann und Partner Rechtsanwälte mbB in Düsseldorf.

Dr.-Ing. Lennard Holst ist Leiter des Bereichs Dienstleistungsmanagement am FIR e.V. an der RWTH Aachen. Er verantwortet in seiner Funktion (inter-)nationale Forschungs- und Beratungsprojekte rund um die Strategie-, Organisations- und Geschäftsmodellentwicklung sowie das Pricing und den Vertrieb von industriellen bzw. digitalen Services.

Michael Holuch arbeitet bei der DMG Mori Aktiengesellschaft am Standort Bielefeld als Head of Corporate Master Data Management.

Dr. Christian Jung leitet am Fraunhofer IESE die Abteilung „Security Engineering" mit den Kernthemen Datensouveränität und Cyber-Security für Digitale Ökosysteme und digitale Plattformen. In seiner Doktorarbeit befasst sich Herr Jung mit dem Thema „Context-aware Security" mit dem Fokus auf mobilen Endgeräten. Seine Forschungsschwerpunkte umfassen kontextabhängige Sicherheitsmechanismen und Datennutzungskontrolle.

Tobias Leiting, M.Sc. hat in Aachen Wirtschaftsingenieurwesen studiert und ist seit 2018 Projektmanager und Doktorand am FIR e.V. an der RWTH Aachen. Er gehört der Fachgruppe Subscription Business Management an und leitet in seiner Rolle Forschungs- und Beratungsprojekte zur Strategie- und Geschäftsmodellentwicklung sowie dem Vertriebsmanagement und der Preisbildung datenbasierter Leistungsangebote.

Tilman Liebchen hat Elektrotechnik mit Schwerpunkt Nachrichten- und Kommunikationstechnik studiert. Nach langjähriger Forschungstätigkeit im Bereich der Datenkompression sowie als technischer Berater für einen südkoreanischen Elektronikkonzern arbeitet er seit 2010 am Institut für Innovation und Technik (iit) in Berlin, wo er hauptsächlich mit IKT-orientierten Projekten, Gutachtertätigkeiten sowie mit der Gründungsförderung befasst ist.

Dr. Axel Mangelsdorf hat Volkswirtschaftslehre in Berlin und Montreal studiert und im Bereich Innovationsökonomie an der Technischen Universität Berlin promoviert. Er arbeitete als Berater und wissenschaftlicher Mitarbeiter für die Weltbank und die Welthandelsorganisation. Seit 2017 arbeitet er Institut für Innovation und Technik (iit) in Berlin schwerpunktmäßig zu normungs- und standardisierungsbezogenen Fragen.

Johannes Mayer ist Doktorand am Werkzeugmaschinenlabor WZL der RWTH Aachen und promoviert in den Themenfeldern Datenmarktplatz, Datenaustauschplattformen und Datenmonetarisierung im industriellen Kontext.

Johannes Mock studierte Philosophie an der Philipps-Universität-Marburg und der TU-Dresden. Seit 2018 ist er für das Institut für Innovation und Technik (iit) in Berlin im Bereich Gesellschaft und Innovation tätig. Aktuell arbeitet er als Berater in den Themengebieten Digitale Technologien, Nachhaltigkeit, Technikakzeptanz und Technikethik.

Dominic Mulryan arbeitet bei der DMG Mori Global Service GmbH am Standort Pfronten als Head of Global Service Support.

Kristina Peneva studierte an der Freien Universität Berlin und Sciences Po Paris und hat einen Abschluss als Diplom-Politologin. Seit 2017 ist sie als Beraterin am Institut für Innovation und Technik (iit) in Berlin mit dem Fokus auf Gründungen im Digitalbereich und Innovationsökosysteme tätig. Zudem unterstützt sie als Geschäftsmodell-Coach Start-ups und FuE-Projekte bei der Entwicklung plattformbasierter Geschäftsmodelle.

Calvin Rix, M.Sc. ist seit 2017 als Projektmanager und Doktorand am FIR e.V. an der RWTH Aachen tätig. In seiner Position leitet er Industrie- und Forschungsprojekte zum Management und zur Implementierung von Dienstleistungen, digitalen Produkten und digitalen Geschäftsmodellen. Sein Forschungsschwerpunkt liegt auf der Preisbildung und dem Vertrieb digitaler Leistungsangebote in der Industrie.

Dr. Marieke Rohde ist promovierte Informatikerin und seit 2018 als wissenschaftliche Beraterin für Künstliche Intelligenz und Robotik am Institut für Innovation und Technik (iit) in Berlin tätig. Sie arbeitet hauptsächlich zum Technologietransfer aus der Wissenschaft in die wirtschaftliche Anwendung.

Dr. David Saive hat an der Universität Hamburg Rechtswissenschaften mit Schwerpunkt Maritimes Wirtschaftsrecht studiert. Er ist Wissenschaftlicher Mitarbeiter am Lehrstuhl für Bürgerliches Recht, Handels- und Wirtschaftsrecht sowie Rechtsinformatik der Carl von Ossietzky Universität Oldenburg.

Jochen Saßmannshausen ist Mitarbeiter des Lehrstuhls „Communications Engineering and Security" der Universität Siegen. Seine Forschungsschwerpunkte sind Kommunikationssicherheit und Zugriffskontrolle. Im Projekt GEMIMEG-II liegt der Fokus dabei auf der Entwicklung und Integration einer attributbasierten Zugriffskontrolle.

Leonie Schäfer studierte Betriebswirtschaft an der Universität St. Gallen und machte den Abschluss als Master of Business Innovation. Heute arbeitet sie als Beraterin beim BMI Lab und unterstützt Unternehmen im Bereich Geschäftsmodellinnovation. Zudem ist sie Dozentin für Digital Business an der Fernfachhochschule Schweiz.

Philipp Marcel Schäfer ist Doktorand am Lehrstuhl „Communications Engineering and Security" an der Universität Siegen und arbeitet im Rahmen des BMWK-Leuchtturmprojektes „GEMIMEG-II" an einer Monitoring-Lösung zur Nachverfolgung von Ereignisketten.

Philipp Schlunder, M. Sc. Physik, forschte zunächst mit Sensordaten des IceCube-Neutrino-Observatoriums, analysierte von 2017 bis 2021 Unternehmensdaten aus verschiedensten Branchen als Lead Data Scientist bei RapidMiner, wo er zudem an der Anwendbarkeit von KI-Forschungsergebnissen arbeitete. 2022 gründete er das Unternehmen daibe UG, um Erkenntnisgewinn aus Unternehmensdaten zu erleichtern.

Richard Stechow ist Diplom-Wirtschaftsingenieur und arbeitet beim BMI Lab in München, einer Ausgründung aus der Universität St. Gallen. Hier unterstützt er mittlere und große Unternehmen von der Ideengenerierung über die Validierung bis zur Implementierung innovativer Geschäftsmodelle.

Hannah Stein arbeitet als wissenschaftliche Mitarbeiterin und Doktorandin unter der Leitung von Prof. Dr.-Ing. Wolfgang Maaß an der Universität des Saarlandes sowie am Deutschen Forschungszentrum für Künstliche Intelligenz (DKFI). Sie beschäftigt sich insbesondere mit den Forschungsthemen der Datenbewertung und -monetarisierung, Datenqualität in Unternehmen und Datenökosystemen sowie dem Design von Datenökosystemen.

Sebastian Straub, LL.M. hat Rechtswissenschaften in Berlin und Madrid studiert. Nach der zweiten juristischen Staatsprüfung war er als Rechtsanwalt tätig. Im Institut für Innovation und Technik (iit) in Berlin berät er im Rahmen der Förderprogramme KI-Innovationswettbewerb und Smarte Datenwirtschaft des Bundesministeriums für Wirtschaft und Klimaschutz (BMWK) zu Fragen des Informationstechnologierechts.

Dr. Fabian Temme studierte Astroteilchenphysik an der TU Dortmund. In seiner Doktorarbeit wendete er Maschinelles Lernen auf Sensordaten des Gamma-Astronomy-Telescopes FACT an. Seit 2016 arbeitet er in der Forschungsabteilung von RapidMiner. Als Senior Data Scientist arbeitet er daran, Datenverarbeitung und -analyse, besonders im Zeitreihenbereich, einfach anwendbar zu ermöglichen.

Dr. Daniel Trauth ist promovierter Ingenieur, hat sowohl Maschinenbau als auch Wirtschaftswissenschaften studiert und eine Ausbildung zum Mechatroniker erfolgreich abgeschlossen. Daniel Trauth ist Mitgründer der senseering GmbH, die für ihre Vision industrieller Datenmarktplätze mehrfach ausgezeichnet wurde

Prof. Dr. Beatrix Weber, MLE, ist Professorin für Gewerblichen Rechtsschutz und IT-Recht an der Hochschule Hof mit den Forschungsschwerpunkten Recht der Informationstechnologien, Data Governance, Compliance sowie Ethik und Recht. Mit ihrer Forschungsgruppe am Institut für Informationssysteme arbeitet sie u. a. im Projekt REIF des KI-Innovationswettbewerbes sowie im GAIA-X Projekt „iECO".

Dr. Nicole Wittenbrink hat Biotechnologie studiert und im Bereich Biologie mit Schwerpunkt Immunologie an der HU Berlin promoviert. Als wissenschaftliche Mitarbeiterin an der HU Berlin und der Charité Berlin entwickelte sie im Anschluss KI-Anwendungen für die medizinische Diagnostik. Seit 2020 ist sie als Beraterin für Zukunftstechnologien wie KI und Quantencomputing am Institut für Innovation und Technik (iit) in Berlin tätig.

Einleitung: Wie aus Daten Wert entsteht – Datenwirtschaft und Datentechnologie

1

Marieke Rohde, Matthias Bürger, Kristina Peneva und Johannes Mock

Zusammenfassung

Derzeit wachsen im Zuge der Digitalisierung und durch das Aufkommen neuer Informations- und Kommunikationstechnologien die Datenbestände weltweit exponentiell an. Diese Daten erlangen eine immer wichtigere Rolle als Wirtschaftsgut. Als Grundlage neuer Dienstleistungen und Produkte stellen sie die zentrale Ressource der Datenwirtschaft dar. Jedoch wird das in ihnen liegende Wertschöpfungspotenzial momentan nicht vollständig gehoben. Grund hierfür sind Herausforderungen bei der Entwicklung und Vermarktung. Sie stellen ein Hemmnis für Unternehmen dar, um datenbasierte Wertschöpfungsmodelle umzusetzen und somit aktiv an der Datenwirtschaft teilzunehmen. Der vorliegende Sammelband greift solche Herausforderungen entlang der vier Felder Ökonomie, Recht, Informationssicherheit sowie Akzeptanz auf, analysiert sie und bietet praxiserprobte Lösungsansätze an. Dabei wird der Fokus auf besonders grundlegende Aspekte der Datenwirtschaft wie die Datenhaltung, das Datenteilen und die Datenverarbeitung gerichtet. Er adressiert Leserinnen und Leser aus Wirtschaft und Wissenschaft und soll dabei helfen Datenwertschöpfungsprojekte in Unternehmen und Forschung erfolgreich umzusetzen.

Die Anzahl der Datenbestände wächst weltweit exponentiell. Grund dafür sind neben der fortschreitenden Digitalisierung das Aufkommen immer neuer Informations- und Kommunikationstechnologien sowie eine Industrie, die sich unter dem Stichwort „Industrie

M. Rohde (✉) · M. Bürger · K. Peneva · J. Mock
Institut für Innovation und Technik (iit) in der VDI/VDE Innovation + Technik GmbH, Berlin, Deutschland
E-Mail: rohde@iit-berlin.de; buerger@iit-berlin.de; peneva@iit-berlin.de; mock@iit-berlin.de

4.0" immer stärker vernetzt. Um aus den vorhandenen Daten Wert zu schöpfen, müssen sie zunächst zugänglich und nutzbar gemacht werden. Dafür ist es notwendig, dass diverse Akteure, wie Produktionsunternehmen, Forschende und Infrastrukturanbieter, in digitalen Ökosystemen kollaborieren (Europäische Kommission 2017). So lassen sich beispielsweise datenbasiert Produktionsprozesse optimieren, Zahlungen mit Hilfe von Smart Contracts abwickeln oder eine telemedizinische Versorgung umsetzen. Dies alles führt dazu, dass Daten mehr und mehr als Wirtschaftsgut angesehen und in eigenen Geschäftsmodellen monetarisiert werden. Tradierte Geschäftsmodelle werden dagegen zunehmend infrage und ganze Branchen auf den Kopf gestellt. Der Begriff der *Datenökonomie* trägt dieser Entwicklung Rechnung.

In einer Untersuchung zur digitalen Transformation der Industrie beziffern Roland Berger Strategy Consultants das zusätzliche Wertschöpfungspotenzial der Digitalisierung für die deutsche Wirtschaft im Zeitraum zwischen den Jahren 2015 und 2025 auf 425 Milliarden Euro. Als einen wichtigen Treiber der digitalen Transformation benennen die Autorinnen und Autoren dabei die Nutzung digitalisierter Massendaten (Bloching et al. 2015). Dementsprechend schätzte die britische Beratungsgesellschaft Development Economics die jährliche Wertschöpfung durch Datenhaltung, Datenabfrage und Datenanalyse im Jahr 2016 in Deutschland bereits auf mehr als 108 Milliarden Euro. Dabei gehen sie davon aus, dass damit nur etwa die Hälfte (rund 55 Prozent) des vorhandenen Datenwertschöpfungspotenzials von 196 Milliarden Euro ausgeschöpft wurde (Development Economics Ltd. 2018). Auch eine gemeinsame Analyse des Fraunhofer-Instituts für Software- und Systemtechnik (ISST) und des Instituts der deutschen Wirtschaft (IW) zum Stand der Teilhabe der deutschen Industrie an der Datenökonomie kommt zu dem Schluss, dass bisher lediglich 2,2 Prozent der Unternehmen als sogenannte digitale Pioniere gelten können – also Unternehmen, die Daten als Kernressource ihres Geschäftsmodells sehen und eigene Ansätze zur ökonomischen Bewertung von Daten entwickeln. Immerhin verfügen fast 14 Prozent der Unternehmen über stärker digitalisierte interne Prozesse, legen einen besonderen Fokus darauf, digitale Geschäftsmodelle einzuführen und sind damit als Fortgeschrittene im Bereich der Datenökonomie einzuschätzen. Demgegenüber stehen rund 84 Prozent der deutschen Unternehmen, die als „digitale Einsteiger" anzusehen sind (Demary et al. 2019).

Da Deutschlands wirtschaftliche Stärke nicht zuletzt aus der Innovationskraft seiner vorwiegend mittelständisch geprägten Wirtschaft resultiert, wird es zukünftig darauf ankommen, die Potenziale der Datenwirtschaft für mittelständische Unternehmen nutzbar zu machen und es ihnen zu ermöglichen, datenbasierte Wertschöpfungsmodelle zu etablieren.

Als größte Hemmnisse für ein stärkeres Engagement deutscher Unternehmen in der Datenwirtschaft gelten ungelöste Fragestellungen hinsichtlich Dateneigentum und -schutz sowie andere rechtliche Unsicherheiten (Demary et al. 2019). Zusätzlich hindert der oft noch nicht quantifizierbare wirtschaftliche Nutzen des Datenaustauschs viele Unternehmen an einer größeren Teilhabe an der Datenökonomie. Auch zögern viele Unternehmen, wettbewerbsrelevante Informationen an Externe weiterzugeben. Fehlende Standards erschweren es zudem, wirtschaftlichen Mehrwert aus bereits zur Verfügung stehenden Daten zu generieren (Demary et al. 2019). Das vorliegende Buch befasst sich mit genau diesen Herausforderungen bei der Entwicklung und Vermarktung datenbasierter Produkte und Dienstleistungen. Es konzentriert sich bewusst auf grundlegende Komponenten der Datenwirtschaft wie die Datenhaltung, das Datenteilen und die Datenverarbeitung. Diese stellen eine Voraussetzung für weitere Aspekte der Datenökonomie wie Künstliche Intelligenz oder die Herausforderungen mehrseitiger Märkte in Plattformökonomien dar. Die zuletzt genannten Themengebiete wurden jedoch bewusst ausgeklammert, da sie durch besondere Herausforderungen charakterisiert sind, die den Umfang einer eigenen Abhandlung erfordern.

Das vorliegende Buch ist in vier Teile gegliedert. Der erste Teil *Daten als Wirtschaftsgut* widmet sich den ökonomischen Herausforderungen bei der Monetarisierung von Daten. Der erste Beitrag befasst sich mit dem Weg hin zu IoT-basierten Datenmarktplätzen. Der zweite und dritte Beitrag beschreiben jeweils wie Geschäfts- und Preismodelle für datenbasierte Produkte und Dienstleistungen entwickelt werden können. Der vierte Beitrag befasst sich mit der ökonomischen Bewertung von Daten, etwa zu Zwecken der Bilanzierung.

Die vier Beiträge des zweiten Teils *Datenrecht* stellen den Stand der aktuellen Gesetzeslage vor und zeigen Wege zur rechtssicheren Teilnahme an der Datenwirtschaft auf. Sie bieten der Leserschaft eine Hilfestellung dabei, rechtliche Anforderungen in agiler Produktentwicklung zu berücksichtigen, Data Governance in Plattformökonomien sinnvoll und anforderungsgerecht aufzusetzen, Datenverträge zu gestalten und Smart Contracts rechtssicher einzusetzen.

Der dritte Teil *Kontrolle über Daten* befasst sich mit der Informationssicherheit und Maßnahmen, um diese im Interesse der Datengebenden sicherzustellen. Der erste Beitrag gibt einem pragmatischen und lösungsorientierten Blick auf den Datenschutz aus Sicht betroffener Personen. Der zweite und dritte Beitrag beschreiben jeweils praktische Ansätzen zur Anonymisierung und Pseudonymisierung von Daten sowie zur Wahrung der Datensouveränität beziehungsweise der Kontrolle der Datennutzung in den sogenannten Datenräumen.

Im vierten Teil *Vertrauen in Daten* wird die Qualität von Daten und datenbasierten Angeboten behandelt. Außerdem im Blickpunkt sind Ansätze, diese Qualität herzustellen oder nachzuweisen. Der erste Beitrag legt dar, wie Analyseentwickelnde durch gezielte Interaktion mit Kundinnen und Kunden sicherstellen können, dass die Datengrundlage den Anforderungen eines geplanten Projekts entspricht. Der zweite Beitrag beschreibt, wie durch Einsatz verschiedener Technologien Datenqualität nachgewiesen werden kann und wie dies in der Entwicklung eines digitalen Kalibrierzertifikats mündet. Der dritte Beitrag befasst sich mit der Zertifizierung datenbasierter Dienste und geht im Detail auf ein Beispiel aus der Gesundheitswirtschaft ein.

Für viele Begriffe der sich entwickelnden Datenökonomie gibt es noch keine einheitliche Definition. Am Ende des vorliegenden Bandes findet sich daher ein Glossar mit relevanten Schlüsselbegriffen.

Dieser Sammelband basiert auf dem Austausch zwischen Expertinnen und Experten aus Projekten der Technologieprogramme Smarte Datenwirtschaft und KI-Innovationswettbewerb des Bundesministeriums für Wirtschaft und Klimaschutz (BMWK) und den dazu gehörigen Begleitforschungen.

Den Herausgeberinnen und Herausgebern dieses Buches war die Einhaltung einer geschlechtergerechten Sprache ein besonderes Anliegen. Deshalb wurden in Bezug auf natürliche Personen geschlechterneutrale Beschreibungen gewählt oder sowohl die männliche als auch die weibliche Form verwendet. Bei Organisationen wurden im Rahmen des Möglichen neutrale Formen verwendet. Dort wo eine direkte oder indirekte Referenz zu Texten des geltenden Rechts vorliegt, wurde das generische Maskulinum eingehalten. In manchen Fällen wurde diese Form auch verwendet, wenn unter Akteuren vollautomatisierte Prozesse innerhalb der Datenwertschöpfungskette zu verstehen sind.

Literatur

Bloching B, Leutiger P, Oltmanns T, Rossbach C, Schlick T, Remane G, Quick P, Shafranyuk O (2015) Die Digitale Transformation der Industrie. Eine europäische Studie von Roland Berger Strategy Consultants (Hrsg) im Auftrag des Bundesverbands der deutschen Industrie e. V. (BDI) (Hrsg). München/Berlin. https://www.rolandberger.com/publications/publication_pdf/roland_berger_die_digitale_transformation_der_industrie_20150315.pdf. Zugegriffen am 25.03.2022

Demary V, Fritsch M, Goecke H, Krotovaz A, Lichtblau K, Schmitz E, Azkan C, Korte T (2019) Readiness Data Economy – Bereitschaft der deutschen Unternehmen für die Teilhabe an der Datenwirtschaft. Gutachten im Rahmen des BMWi-Verbundprojektes: DEMAND – DATA ECONOMICS AND MANAGEMENT OF DATA DRIVEN BUSINESS. https://www.demand-projekt.de/paper/Gutachten_Readiness_Data_Economy.pdf. Zugegriffen am 25.03.2022

Development Economics Ltd (2018) Data economy report 2018. In Auftrag gegeben von Digital Realty Trust, Inc. (Hrsg). https://www.digitalrealty.co.uk/data-economy. Zugegriffen am 17.03.2022

Europäische Kommission (2017) Aufbau einer europäischen Datenwirtschaft. Mitteilung der Kommission an das Europäische Parlament, den Rat, den europäischen Wirtschafts- und Sozialausschuss und den Ausschuss der Regionen. Brüssel. https://eur-lex.europa.eu/legal-content/DE/TXT/PDF/?uri=CELEX:52017DC0009. Zugegriffen am 25.03.2022

Teil I

Daten als Wirtschaftsgut

Einleitung: Daten als Wirtschaftsgut

Matthias Bürger und Kristina Peneva

Zusammenfassung

Der technologische Fortschritt im Bereich digitaler Technologien und die zunehmende Verfügbarkeit unterschiedlichster (produktionsrelevanter) Daten bieten Unternehmen die Möglichkeit, sich mit neuen Geschäftsmodellen vom Wettbewerb zu differenzieren und neue Wertschöpfungspotenziale zu heben. Dabei sehen sich Unternehmen aber auch vor nicht zu unterschätzenden Herausforderungen. In dieser Einleitung werden die relevanten Themenstellungen aufgegriffen und auf die entsprechenden Beiträge in diesem Buch verwiesen. Zu den angesprochenen Themen gehört unter anderem die Überführung produktzentrierter in nutzungsbezogene Geschäftsmodelle. Hinzu kommt das Verständnis der Besonderheiten sowie die daran ausgerichtete annahmebasierte Entwicklung datenbasierter Geschäftsmodelle. Darüber hinaus wird die Preisbestimmung für Daten beziehungsweise datenbasierte Produkte und Dienstleistungen betrachtet. Abschließend richtet sich der Fokus auf die Bewertung von Datenbeständen und wie diese in die Bilanz und Bewertung eines Unternehmens einbezogen werden können.

Die rapide steigende Leistungsfähigkeit digitaler Technologien und die exponentielle Zunahme verfügbarer Daten erhöhen den Druck auf Unternehmen, ihre traditionellen Geschäftsmodelle anzupassen oder gar von Grund auf zu erneuern. Das Industrial Internet of Things (IIoT), Cloud- und Edge-Computing sowie KI-Technologien bieten darüber hinaus

M. Bürger (✉) · K. Peneva
Institut für Innovation und Technik (iit) in der VDI/VDE Innovation + Technik GmbH,
Berlin, Deutschland
E-Mail: buerger@iit-berlin.de; peneva@iit-berlin.de

aber auch einzigartige Chancen, das eigene Wertschöpfungspotenzial zu erhöhen und sich vom Wettbewerb abzusetzen. Hierfür müssen Daten jedoch als Rohstoff der wirtschaftlichen Wertschöpfung und somit als Wirtschaftsgut verstanden und entsprechend monetarisiert werden.

Obwohl immer mehr Unternehmen den inhärenten Wert von Daten erkennen, sehen sich viele von ihnen bei deren Monetarisierung noch immer vor großen Schwierigkeiten. Diese beginnen häufig bereits bei der Überführung etablierter produktbezogener Geschäftsmodelle in nutzungsbasierte Modelle, die in der Digitalwirtschaft gänzlich neue Wertversprechen ermöglichen. Eine Grundvoraussetzung hierfür ist zunächst ein tiefgreifendes Verständnis für die Besonderheiten datenbasierter Geschäftsmodelle und deren Entwicklung. Eine der zentralen Herausforderungen ist zudem die Preisbestimmung für Daten beziehungsweise datenbasierte Produkte und Dienstleistungen. Denn anders als beim klassischen Verkauf physischer Produkte lassen sich kosten- oder wettbewerbsorientierte Preisbildungsansätze häufig nicht ohne Weiteres anwenden. Doch auch nach erfolgreicher Etablierung datenbasierter Geschäftsmodelle stellt sich immer noch die Frage nach der Bewertung von Datenbeständen und wie diese in die Bilanz und Bewertung eines Unternehmens einfließen können. Diese und weitere Herausforderungen adressieren die folgenden vier Beiträge und bieten dabei konkrete Lösungsansätze für Unternehmen, die planen Daten zu monetarisieren. Fragen zur Plattformökonomie und der Monetarisierung von KI werden dabei bewusst außen vor gelassen, da diese einer separaten Abhandlung bedürfen würden.

Im Beitrag *Grenzkostenfreie IoT-Services in den Datenmarktplätzen der Zukunft* gehen Daniel Trauth und Johannes Mayer aus dem Forschungsprojekt *SPAICER* zunächst der Frage nach, warum viele Digitalisierungsansätze scheitern und erläutern daraufhin, wie Digitalisierungsprojekte erfolgreich realisiert werden können. Ausgehend von den Treibern der ersten und zweiten industriellen Revolution erläutern die Autoren dabei, wie Industrie 4.0 gelingen kann und wie sich die Zukunft der Digitalisierung gestalten lässt.

Anschließend erläutern Leonie Schäfer, Richard Stechow und Peter Brugger die *Besonderheiten datenbasierter Geschäftsmodellentwicklung*. Ausgehend von den unterschiedlichen Arten datenbasierter Geschäftsmodelle wird deren Funktionsweise dargelegt und herausgestellt, für welche Unternehmen diese besonders geeignet sind. Die Eigenheiten datenbasierter Geschäftsmodells werden anhand der einzelnen Dimensionen eines Geschäftsmodells beleuchtet und deren Chancen und Herausforderungen herausgestellt. Zudem wird die Vorgehensweise der annahmebasierten Geschäftsmodellentwicklung unter Berücksichtigung der Besonderheiten datengetriebener Modelle aufgezeigt.

Die *Herausforderungen der Preisbildung datenbasierter Geschäftsmodelle in der Industrie* erläutern Tobias Leiting, Calvin Rix und Lennard Holst aus dem Forschungsprojekt *EVAREST* in ihrem Beitrag. Hierfür bieten die Autoren ein systematisches Rahmenwerk, um Entscheidungsvariablen und Handlungsempfehlungen aufzuzeigen. Dieses reicht von der Gestaltung des Leistungssystems, der Nutzen- und Wertbestimmung über die Preismodellierung bis hin zur Auswahl der Preismetrik. Darauffolgend werden unterschiedliche Preisbildungsmuster für verschiedene Typen datenbasierter Leistungsangebote präsentiert.

Abschließend stellen Hannah Stein, Florian Groen in't Woud, Michael Holuch, Dominic Mulryan, Thomas Froese und Lennard Holst aus dem Forschungsprojekt *Future Data Assets* in ihrem Beitrag *Bewertung von Unternehmensdatenbeständen – Wege zur Wertermittlung des wertvollsten immateriellen Vermögensgegenstandes* einen Ansatz zur Charakterisierung von Daten vor. Die Autoren gehen dabei auf Chancen und Herausforderungen aus Perspektive der Forschung, der Rechnungslegung und der Anwendenden ein. Darauf aufbauend werden Ansätze beschrieben, um die Bewertung von Daten und deren mögliche Integration in Konzernabschlüsse zu ermöglichen.

Grenzkostenfreie IoT-Services in den Datenmarktplätzen der Zukunft

3

Daniel Trauth und Johannes Mayer

Zusammenfassung

Es kann künftig möglich sein, im Internet der Dinge (engl. Internet of Things, kurz IoT) Daten und Resilienz-Services ebenso souverän wie selbstsicher zu handhaben und auszutauschen. Ähnlich wie dies heutzutage mit physischen Ressourcen möglich ist. Um diese Vision zu realisieren, entwickeln Forschende im Projekt *SPAICER* einen GAIA-X konformen IoT-Datenraum, der Datenproduzierende, Datenkonsumierende und Datenverarbeitende an einem digitalen Ort vereint und eine medienbruchfreie Datenökonomie ermöglicht. Mit Hilfe dieser medienbruchfreien Datenökonomie lassen sich wichtige Antworten auf relevante Fragen, wie zum Beispiel nach industrieller Nachhaltigkeit und resilienter Produktion, auf Knopfdruck ermitteln. Dabei ist der Vorteil eines IoT-Datenraums, dass skalierbare und grenzkostenfreie digitale Vermögenswerte entwickelt werden können, die Datenproduzierende von produktbezogenen zu nutzungsbezogenen Technologieführern wandeln. Hierdurch werden IoT-Daten zu Wirtschaftsgütern und IoT-Services zu digitalen Geschäftsmodellen.

D. Trauth (✉)
senseering GmbH, Köln, Deutschland
E-Mail: mail@senseering.de

J. Mayer
Werkzeugmaschinenlabor (WZL) der RWTH Aachen University, Aachen, Deutschland
E-Mail: j.mayer@wzl.rwth-aachen.de

3.1   Einführung

„Nur wer die Vergangenheit kennt, kann die Gegenwart verstehen und die Zukunft gestalten."
August Bebel

Vor dem Hintergrund dieses Zitats kann erklärt werden, warum die vierte industrielle Revolution, oder kurz Industrie 4.0, nicht den erwarteten Effekt auf die deutsche oder europäische Wirtschaft hat. Ein Grund könnte nämlich sein, dass wir die dritte industrielle Revolution noch gar nicht erreicht haben und mit Industrie 4.0 den Stein zu weit werfen. Gestützt wird diese Hypothese durch die Arbeiten von Jeremy Rifkin (2011), einem US-amerikanischem Ökonom, der unter anderem die Bundesregierung unter Angela Merkel als auch die Europäische Union mehrfach beraten hat. Seiner Forschung nach lässt sich leicht erklären, wie Daten zum neuem Öl werden und den Weg zur nächsten industriellen Revolutionsstufe ebnen (Rifkin 2014). Hierfür müssen jedoch zunächst die Revolutionsstufen der Vergangenheit verstanden werden. Im vorliegenden Beitrag wird erklärt, warum viele Digitalisierungsansätze scheitern, wie dennoch erfolgreiche Digitalisierungsprojekte realisiert werden können und wie die Zukunft der Digitalisierung aussehen kann. Der Beitrag stützt sich dabei auf Ergebnisse aus dem Projekt *SPAICER*-skalierbare adaptive Produktionssysteme durch KI-basierte Resilienzoptimierung (SPAICER 2020) aus dem KI-Innovationswettbewerb des Bundesministeriums für Wirtschaft und Klimaschutz (BMWK).

3.2   Warum Industrie 4.0 meistens scheitert?

Rifkins Analyse nach kann nur dann von einer industriellen Revolution gesprochen werden, wenn drei diskrete Mechanismen bzw. Treiber für Veränderung gleichzeitig konvergieren (Rifkin 2011, 2014). Um diese Ereignisse auf die aktuelle Zeitgeschichte und die Vision von Industrie 4.0 zu übertragen, müssen zunächst die Äquivalente in der ersten und zweiten industriellen Revolution verstanden werden.

3.2.1   Treiber der ersten industriellen Revolution

Unumstritten ist, dass die entscheidende Weiterentwicklung der Dampfmaschine von James Watt die erste industrielle Revolution auslöste. Weniger bekannt und verstanden ist, warum die Dampfmaschine überhaupt eine revolutionäre Auswirkung hatte und welche Mechanismen bzw. Treiber zugrunde lagen.

Zunächst mechanisierte die Dampfmaschine die klassische Arbeit der Handwerkenden. Während Handwerkende zuvor sowohl die Antriebsenergie, zum Beispiel mit den Füßen durch Treten, als auch die Arbeitsenergie, beispielsweise durch Formen mit den Händen, aufbringen mussten, mechanisierte die Dampfmaschine vor allem die Primärenergieform, also die Antriebsenergie. Innerhalb der Dampfmaschine wurde durch die Verbrennung von Holz und später Kohle Wasser verdampft. Mit dem entstandenen Dampf wurde der mechanische Kolben in eine kontinuierliche Rotationsbewegung versetzt. Durch diese war es dem Handwerkenden möglich, sich fast anstrengungsfrei auf das Wesentliche seiner Arbeit zu konzentrieren, nämlich die Formgebung bzw. Wertschöpfung.

Später gelang es, dieses einfache Prinzip auch auf andere Bereiche der Gesellschaft zu übertragen. So wurden mit Dampfmaschinen manuelle Buchpressen mechanisiert und erstmalig das Massen-Print-Medium erfunden. Mit mechanisierten Buchpressen konnten Tageszeitungen produziert werden, welche die Wirtschaft und Gesellschaft erstmals befähigten, innerhalb kürzester Zeit ihre Geschäfte zu organisieren und sich über Mitbewerbende sowie Kundinnen und Kunden zu informieren. Was bisher nur im bilateralen Kontakt möglich war, konnte nun im großen Stil erreicht werden.

Das Prinzip der Dampfmaschine revolutionierte das Leben der Gesellschaft in verschiedenen Sektoren, wie zum Beispiel die Dampflokomotive. Mittels Holz und Kohle wurde erstmals die Massenbeförderungen über weite Inlandsstrecken auf Schienen ermöglicht, die höhere Losgrößen und Ressourcenvolumen jenseits der Möglichkeiten von Pferd und Kutsche verwirklichten. Durch diese Form der Logistik wurden wirtschaftliche Güter im großen Stil produziert, kommuniziert und transportiert.

Zusammenfassend lässt sich sagen: Nach Rifkin (2011) kann dann von einer industriellen Revolution gesprochen werden, wenn genau drei Bedingungen erfüllt sind: „In einem bestimmten Moment der Zeitgeschichte tauchen drei entscheidende Technologien auf und konvergieren, um das zu schaffen, was wir in der Technik eine Allzwecktechnologie nennen, die eine Infrastruktur bildet, die die Art und Weise, wie wir wirtschaftliche Aktivitäten

- organisieren,
- betreiben und
- entlang der Wertschöpfungskette bewegen können,

grundlegend verändert.

Und diese drei Technologien sind:

- neue Kommunikationstechnologien, um die wirtschaftlichen Aktivitäten effizienter zu steuern,
- neue Energiequellen, um die wirtschaftlichen Aktivitäten effizienter zu betreiben, und

neue Arten der Mobilität bzw. der Transportlogistik, um die wirtschaftlichen Aktivitäten effizienter zu bewegen."

In der ersten industriellen Revolution hat die Dampfmaschine also nicht nur eine effizientere Energieform bereitgestellt, sondern auch die Mobilität (Dampflok) als auch die Kommunikation (Zeitung) verändert.

3.2.2 Treiber der zweiten industriellen Revolution

Vor dem Hintergrund des Rifkin'schen Ordnungsrahmens lassen sich für die zweite industrielle Revolution leicht die zugrunde liegenden Mechanismen identifizieren. Durch die
Entdeckung der elektrischen Leitfähigkeit bzw. des Blitzableiters durch Benjamin Franklin war das Zeitalter der elektrischen Kommunikation eingeleitet. Durch den Telegrafen
wurde es erstmalig ermöglicht, über weite Distanzen zu kommunizieren. Während die
Zeitung bis dahin relativ allgemein und regional gehalten war, konnte durch den Telegrafen eine persönliche einseitige Kommunikation über Städte und Staaten hinausgeführt
werden. Später war es mit der Erfindung des Telefons dann erstmals möglich, in Echtzeit
bilaterale Gespräche zu führen. Es war der Gesellschaft und Wirtschaft damit möglich,
über größere Distanzen hinweg in Echtzeit Geschäftsaktivitäten abzusprechen und Entscheidungen direkt zu treffen. Die Erfindung des Telefons gilt als eine der wertvollsten der
Menschheit, da ihr Einfluss mit nur wenigen anderen Erfindungen gleichzusetzen ist. Das
Telefon war somit die wichtigste Kommunikationstechnologie in der zweiten industriellen
Revolution.

Als Energiequelle setzte sich Öl gegenüber Kohle und Holz durch. Vorteile des Rohstoffs Öl waren vor allem die umfangreichen Verwertungspotenziale sowie die vielfachen
Verwendungsmöglichkeiten. In der heutigen Zeit sind fast alle verfügbaren Güter in der
ein oder anderen Weise mit Öl und dessen Derivaten angereichert: Von der Zahncreme
über Duschgels, Handys, Laptops, Personenkraftfahrzeuge, Betriebsstoffe usw.

Während die Einsatzmöglichkeiten von Öl vielfältig sind, erzielte seine Nutzung den
größten Mehrwert für die Mobilität. Die Erfindung des Otto- sowie des Dieselmotors verbesserte die Leistungsfähigkeit mechanischer Systeme signifikant. Es waren aber nicht die
Motoren selbst, die sich auf die Gesellschaft auswirkten, sondern die durch Henry Ford
erstmals erschwinglich und in großer Zahl hergestellten Automobile. Mit der Fließbandfertigung revolutionierte Ford die industrielle Fertigung. Der eigentliche revolutionäre
Effekt auf die Gesellschaft resultierte jedoch aus der nun möglichen Tür-zu-Tür-Logistik
bzw. der dezentralen Mobilität. Während Züge, Flugzeuge und Schiffe zwar größere Volumina pro Fahrt bewältigen konnten, war deren Nutzung jedoch vom Abfahrts- und Ankunftsort abhängig. Durch die Tür-zu-Tür-Logistik konnten logistische Prozesse dagegen
flexibler und individueller geplant und umgesetzt werden. Da sich die Motorenindustrie
nicht nur auf Automobile, sondern auch auf Schiffe, Lkw und Züge übertragen ließ, entstand rund um den Verbrennungsmotor und die Energiequelle Öl ein weltweites Ökosystem, das unsere Zeitgeschichte bis in die Gegenwart prägt.

3.2.3 Treiber der dritten industriellen Revolution

Um die dritte industrielle Revolution zu benennen und zu analysieren, müssen zunächst
die drei Kerntechnologien aus den Bereichen Kommunikationstechnologie, Energiequelle
und Mobilität identifiziert werden. An der Stelle scheiterte aber auch Rifkin (2011), da

sich, verglichen mit der zweiten industriellen Revolution, nicht wirklich viel verändert hat. Im Bereich der Mobilität hängen Gesellschaft und Wirtschaft immer noch im großen Stile von der Verbrennungstechnologie und somit von Öl- und Kohleressourcen als Energiequelle ab. Zwar gibt es vereinzelte Vorstöße, erneuerbare Energien und damit neue Mobilitätskonzepte zu etablieren, wie zum Beispiel durch die Firma Tesla. Diese imitieren jedoch nur den Status quo der zweiten industriellen Revolution und verändern nicht grundlegend die Art und Weise, wie die Wirtschaft und Gesellschaft angetrieben, bewegt und verwaltet wird. Das Internet als Kommunikationstechnologie hat hierbei noch den größten Einfluss auf die Zeitgeschichte. E-Mail, Voice-over-IP-Telefonie, Online-Datenbanken/-Portale oder Messenger-Dienste steigern die Effektivität der Kommunikation und Informationsbeschaffung, insbesondere über Zeitzonen und Kontinente hinweg. Aber auch sie imitieren nur bestehende *Formen* und verändern nicht radikal die Art und Weise, wie Absprachen und Geschäfte getätigt werden. Deshalb kam Rifkin zu dem Entschluss, dass die dritte Revolution noch gar nicht abgeschlossen ist und somit auch die vierte industrielle Revolution noch gar nicht begonnen haben kann. Wie geht es jetzt weiter?

3.3 Wie Industrie 4.0 gelingen kann?

Die Digitalisierung ist der Schlüssel für die dritte industrielle Revolution. Während im deutschsprachigen Raum für die digitale Transformation in der Regel nur der eine Begriff der Digitalisierung benutzt wird, unterscheiden andere Länder in *Digitization*, *Digitalization* und *Digital Transformation*.

Digitization bezieht sich ihrem Wesen nach auf die Umwandlung von Informationen wie Signalen, Bildern oder Tönen in eine digitale Form (eine Folge von Einsen und Nullen), die von Computern gespeichert, verarbeitet und übertragen werden kann. Hierzu zählt zum Beispiel auch die digitale Automatisierungstechnik, welche analoge, industrielle Prozesse nun digital überwachen oder steuern lässt. Aus der Digitization heraus ergibt sich zwangsläufig aber noch kein digitales Geschäftsmodell.

Digitalization ist die Nutzung digitaler Technologien, um ein Geschäftsmodell zu verändern und neue Umsatz- und Wertschöpfungsmöglichkeiten zu schaffen; es ist der Prozess des Übergangs zu einem digitalen Unternehmen. Anschauliche Beispiele sind Downloadportale für Musik- und Filmdateien. Während die Wandlung von einer Audiokassette oder Videokassette in eine digitale CD oder DVD dem Vorgang Digitization zuzuschreiben ist, sind digitale, downloadbare Musikstücke und Filme ein skalierbares digitales Geschäftsmodell. Einmal digitalisiert, lassen sich digitale Musik- und Filmstücke beliebig oft konsumieren.

Digital Transformation beschreibt die Idee, eine Technologie nicht nur zu nutzen, um einen bestehenden Service in digitaler Form zu replizieren, sondern um diesen Service an ein neues Werteversprechen zu knüpfen bzw. in ein neues Geschäftsmodell zu überführen. Verdeutlicht wird dieses Ziel erneut am Beispiel der Musik- und Filmindustrie. Egal ob analoge Kassette, digitale CD oder downloadbare Musikdatei, das Werteversprechen der Anbietenden bleibt bis dato immer dasselbe: Die Kundschaft erhält im Gegenzug zu einer einmaligen Bezahlung eine Wertsache (engl. commodity), einen Gegenstand, den er besitzen kann. Unternehmen wie Spotify und Netflix haben dieses Wertversprechen für Musik und Film revolutioniert, indem sie den Kundinnen und Kunden nicht mehr zusichern, dass sie eine Sache im Anschluss an eine Transaktion besitzen, sondern diese nutzen dürfen, solange sie dafür bezahlen. Der große Unterschied zu früher ist, dass die Kundschaft von Spotify und Netflix augenblicklich Zugang zur weltgrößten Musik- und Filmsammlung bekommt, ohne dabei alle Werke der Welt kaufen zu müssen. Ermöglicht wird dies durch eine digitale Plattformökonomie, in der an zentraler Stelle replizierbare Produkte und Services der ganzen Welt angeboten werden können. In der Plattformökonomie werden Anbietende und Nachfragende von Produkten und Dienstleistungen auf einer digitalen Plattform organisiert und Angebot und Nachfrage zusammengebracht. Charakteristisch sind geringe Transaktionskosten, transparente Preise und über ausgewählte Managementfunktionen kontrollierte Qualität. Durch sogenannte grenzkostenfreie Werteversprechen ergeben sich besondere Netzwerk- und Skalierungseffekte, welche produktbezogene Geschäftsmodelle ausstechen.

Als *Grenzkosten* werden in der Betriebswirtschaft jene Kosten verstanden, die zur Herstellung einer weiteren realen Einheit zwangsläufig anfallen. Verglichen mit den Kosten der ersten hergestellten Einheit nehmen Grenzkosten infolge von Lern-, Automatisierungs- und Synergieeffekten in der Regel ab. Dieser Abnahmewirkung war jahrzehntelang die Triebfeder der Massenproduktion. Die hergestellten Güter wurden infolge der äußerst hohen Produktionsmenge günstiger und für die Gesellschaft erschwinglicher. Grenzkosten können aber nicht beliebig klein werden. Aufgrund natürlicher Restriktionen erfordert die Massenproduktion immer wieder neue Investitionen, wie zum Beispiel in zusätzliche Mitarbeitende, neue Produktionsanlagen und weitere Standorte, sodass Grenzkosten gegen einen bestimmten Wert (die Grenze) konvergieren.

Die Digitalisierung hingegen ermöglicht nun vollkommen neue Geschäftsmodelle durch vollkommen neue Werteversprechen. Im Digitalen lassen sich einmal erzeugte Produkte näherungsweise grenzkostenfrei reproduzieren. Während in den 70er-Jahren die Vervielfältigung einer Schallplatte mit aufwändigen Herstellungsprozessen und Lieferzeiten verbunden war, können digitale Musikdateien durch einen einfachen Kopiervorgang einer beliebig großen Kundenmenge zur Verfügung gestellten werden. Es sind also jene Geschäftsmodelle zukunftsfähig, welche grenzkostenfreie Margen für die Betreibenden und nutzungsbezogene Werteversprechen für die Konsumierenden ermöglichen. Rohstoff dieser Geschäftsmodelle sind Daten.

Ergänzend lässt sich festhalten: Echte Produkte skalieren nicht grenzkostenfrei. Selbst die Massenfertigung wird immer zeitlich wie finanziell gegen eine Grenze konvergieren, die sich nicht mehr unterbieten lässt. Digitale Produkte hingegen skalieren näherungsweise grenzkostenfrei. So können zum Beispiel Apps wie Angry Birds eine fast unendliche Zielgruppe in Echtzeit zum selben Preis bedienen. Digitale Plattformen übernehmen dabei das Matchmaking aus Angebot und Nachfrage und ermöglichen, dass Kundinnen und Kunden jederzeit on demand digitale Produkte und Services konsumieren können. Basiert der Konsum auf einer wiederkehrenden (zum Beispiel monatlichen) Gebühr, so spricht man von Subskriptionsmodellen.

3.3.1 Subskriptionsmodelle

Die Gegenwart im Hinblick auf den Wettbewerb um digitale Geschäftsmodelle ist für europäische Industrien ernüchternd. Während die industrielle Stärke Europas vor allem der ersten und zweiten industriellen Revolution zu verdanken ist, zeigt Abb. 3.1, wie diese Märkte und Länder mit ihren in der zweiten Revolution entwickelten Geschäftsmodellen und Produkten über den Verlauf der letzten 30 Jahre an wirtschaftlicher Relevanz verloren haben und wie sich diese Entwicklung fortsetzen könnte.

Einzig die USA, gefühlt alleiniger Gewinner der auf Öl und Mobilität basierten industriellen Revolution und Pionier digitaler Geschäftsmodelle, kann weiterhin den zweiten Platz behaupten. Insbesondere Länder aus dem asiatischen Kontinent holen mit digitalen Produkten und Services massiv auf und verdrängen die ehemaligen Platzhirsche in der Weltwirtschaft. Der zugrunde liegende Mechanismus ist leicht ersichtlich: Diese Länder profitieren mit ihren großen Bevölkerungszahlen in besonderer Weise von grenzkostenfreien Plattformen, die eine millionenfache Zielgruppe schnell bedienen können.

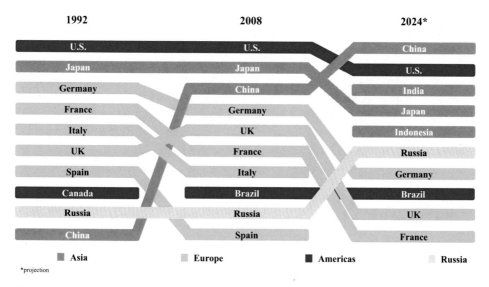

Abb. 3.1 Veränderung der ökonomischen Verhältnisse. (Quelle: Eigene Darstellung nach Buchholz (2020))

3.3.2 Nutzungsbasierte Geschäftsmodelle

Die führenden Plattformgeschäftsmodelle basieren meist auf einem Subskriptionsmodell. Unter einem Subskriptionsmodell wird dabei ein Geschäftsmodell verstanden, das einer beliebig großen Zielgruppe eine kontinuierliche oder wiederkehrende Leistung verspricht, zum Beispiel den Zugang zu Spotify oder Netflix, vgl. Abb. 3.2 (s. Kap. 4 Abschn. 3 f). Im Gegenzug bekommt das betreibende Unternehmen eine periodische oder nutzungsbasierte Zahlung. Periodische Abo-Modelle mit monatlicher Kündigungsfrist haben sich gegenüber pay-per-use- bzw. on-demand-Modellen durchgesetzt, da die Endkundinnen und Endkunden Einfachheit und Planbarkeit mehr schätzen als eine detaillierte Abrechnung. Durch zusätzliche Services, siehe Abb. 3.2, können Kundinnen und Kunden durch immer wieder neue Aktionen und begleitende Werteversprechen gebunden werden.

Die große Herausforderung für industrielle Unternehmerinnen und Unternehmer besteht nun darin, die über Jahrzehnte etablierten produktbezogenen Geschäftsmodelle in ein nutzungsbasiertes Modell zu überführen. An dieser Stelle scheitern die meisten, da sie unter Digitalisierung doch nur ein weiteres Dashboard („yet another dashboard") als Ergänzung eines Produkts verstehen. Für die Zielgruppe ändert sich aber nichts in der Zusammenarbeit.

Beispiele nutzungsbasierter Geschäftsmodelle werden im Werkzeugmaschinenbau bereits erprobt. Werkzeugmaschinen und Produktionsanlagen sind hochkomplexe Ingenieurserzeugnisse, welche mehrere Tonnen wiegen und mehrere Millionen Euro kosten. Der hohe Investitionsanteil steht einer hohen Marktdurchdringung im Wege. Klassisch wurde dieses Problem mit Finanzkauf, Miete (Nutzungsvertrag) oder Leasing (Zeitvertrag) begegnet. Das wiederkehrende Problem daran war jedoch, dass eine dritte Organisation, eine Bank oder ein Intermediär, mitverdiente und somit der gesamte Preis teurer wurde. Außerdem waren dies keine nutzungsbezogenen, sondern produktbezogene Finanzierungsmodelle, weil es letztlich immer darum ging, eine physische Sache unabhängig von der Nut-

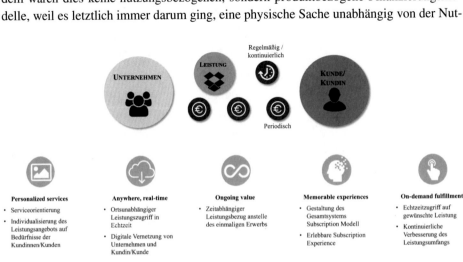

Abb. 3.2 Merkmale eines Subskriptionsmodells nach Osterwalder. (Eigene Darstellung)

zung zu besitzen. Bei nutzungsbezogenen Geschäftsmodellen geht es aber nicht um den Besitz, sondern um die Abrechnung in Abhängigkeit der Nutzung einer Sache. Beispielsweise eignet sich bei Werkzeugmaschinen die verwendete Spindeldrehzahl pro Minute, bei Stanzautomaten die verwendete Hubzahl pro Minute und bei Filteranlagen der verwendete Volumeneingangsstrom pro Minute als datengestütztes Referenzmaß zur genauen Abrechnung. In Abhängigkeit des mit der Spindeldrehzahl, der Hubzahl oder des Volumenstroms eingehenden (nichtlinearen) Verschleißbilds der Anlage lassen sich zwei bis drei (nichtlineare) Preisklassen definieren, die für die Verrechnung des Betriebs der Anlage verwendet werden können. Produziert ein Stanzunternehmen infolge einer weltweiten Pandemie nur wenig oder nichts, zahlt es auch nur wenig oder auch gar nicht. Produziert es in sehr konjunkturstarken Phasen häufig im Grenzbereich der Maschine, zahlt das Unternehmen dagegen nicht nur häufiger, sondern auch mehr, da die Wahrscheinlichkeit eines Ausfalls für den Anlagenbetreibenden zunimmt. In der monatlichen Gebühr sind auch ungeplante Wartungs- und Reparatureinsätze vor Ort einzukalkulieren. Letztere lassen sich aber präzise modellieren und voraussagen, sofern Daten der betriebenen Anlagen zur Verfügung stehen.

Daten sind also das neue Öl für die nächste industrielle Revolutionsstufe, auch wenn der Vergleich in der Definition des Verbrauchs etwas hinkt. Während eine zusätzliche Einheit Öl nicht grenzkostenfrei hergestellt werden konnte, lassen sich Daten beliebig skalieren und reproduzieren. Sie eignen sich daher nicht nur als Treibstoff für Geschäftsmodelle, Algorithmen und Services, sondern auch als Ressource für exponentiell skalierende digitale Wirtschaftsgüter. Digitale Orte und Plattformen, auf denen digitale Wirtschaftsgüter wie Daten und Services zur Verfügung gestellt werden, sind Datenmarktplätze oder auch GAIA-X-konforme Datenräume,[1] mit denen alle Datenproduzierenden zu Betreibenden eigener skalierbarer, digitaler Geschäftsmodelle werden können (s. Kap. 9).

3.4   Datenmarktplätze – die digitalen Plattformen der Zukunft

Ein Datenmarktplatz ist durch eine digitale Plattform charakterisiert, die den sektoren-/branchenübergreifenden Handel und Tausch von Rohdaten, verarbeiteten Daten, auf Daten basierenden KI-Analysemodellen und datenzentrierte Dienstleistungen (beispielsweise Visualisierungen) ermöglicht (Trauth et al. 2020a; s. auch Abschn. 4.2.1). Ein solcher Marktplatz bietet Unternehmen ohne eigene personengebundene KI-Expertise Zugang zu IoT-Services und einer ausreichend großen Datengrundlage für eigene KI-Analysen sowie effektiv trainierte Analysemodelle. Der Datenmarktplatz vereint somit simultan digitale Nachfrage und digitales Angebot an einem Ort. Die Funktion des Treuhänders wird ebenfalls von der Plattform übernommen und kann dabei als Intermediär zwischen den einzelnen Teilnehmenden – Datenbereitstellenden und -nutzenden – im

---

[1] Projekt zum Aufbau einer leistungs- und wettbewerbsfähigen, sicheren und vertrauenswürdigen Dateninfrastruktur für Europa.

Netzwerk beschrieben werden, vgl. Abb. 3.3. Durch Auswahl einer geeigneten technischen Infrastruktur wird die Unabhängigkeit und Neutralität des Intermediärs bei Transaktionen gewährleistet (s. Abschn. 3.4.1).

Ein offener und leicht zugänglicher Datenmarktplatz stellt die Interoperabilität und Portabilität von IoT-Daten/-Services innerhalb einzelner Branchen sowie über deren Grenzen hinweg ohne Abwanderung des Wissens sicher. Im Gegenteil: Infolge des lückenlosen und nachvollziehbaren Austauschs und der kooperativen Nutzung von Daten mit heterogenen Eigentumsrechten innerhalb der vernetzten Teilnehmenden wird ein Wissensfluss ermöglicht, dessen Verwertung in einem unbekannten Wachstum und unbekannter Innovation aller Beteiligten münden kann.

Infrastrukturell betrachtet sollten Datenmarktplätze für maximale Datensicherheit GAIA-X-konform aufgesetzt werden, auch wenn die Initiative aufgrund ihrer Neuartigkeit noch in den Kinderschuhen steckt (Trauth et al. 2021). Eine GAIA-X-Konformität schafft digitale Souveränität, Unabhängigkeit und Sicherheit gemäß der Datenschutzverordnung (DSGVO). Für den Datenmarktplatz ist eine Dezentralität und Förderung der semantischen Integration und Vernetzung von Daten gemäß GAIA-X für einen souveränen und selbstbestimmten Daten- und Servicehandel unabdingbar.

Neben der Funktion als Treuhänder und der Bereitstellung der Infrastruktur muss die Plattform Funktionen zur Bestimmung der Qualität, Herkunft und des Grades der Veredelung der Daten sowie eine Vielzahl von Schnittstellen zur Integration diverser Datenquellen bereitstellen. Anreizmechanismen dienen der Wahrung definierter Qualitätsstandards und sorgen für ein balanciertes Verhältnis aus Datenbereitstellung und -nutzung. Ein Marktplatz, an dem 90 Prozent der Stakeholder nur partizipieren, um Daten zu beziehen ohne eigene Daten einzubringen, kann dagegen nicht florieren und trägt nicht dazu bei, das Misstrauen bezüglich einer möglichen Offenbarung von Wettbewerbsvorteilen zu minimieren. Hierbei werden unter anderem geeignet erscheinende Preismodelle (Preisfindungsmechanismen, Preispolitik, Preisdifferenzierung, Preisbündelung und weitere) analysiert und vom Marktplatzbetreibenden hinsichtlich Akzeptanz bei den Marktplatzteilnehmenden evaluiert. Neben monetären Anreizen sind Rating-Systeme ein bewährtes Mittel, um eine kritische Masse an Marktplatzteilnehmenden zu erzeugen sowie Daten

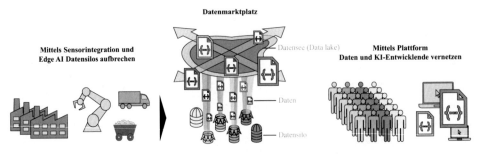

Abb. 3.3 Funktion eines Datenmarktplatzes als Intermediär zwischen Netzwerkteilnehmenden. (Eigene Darstellung)

und Services hoher Qualität anzubieten (Trauth et al. 2020b). Bezogen auf die Qualität ermöglicht ein Rating-System gemäß den objektiven **FAIR**-Datenprinzipien die Klassifikation von Anbietenden nach definierten Qualitätskriterien. Daten werden durch die FAIR-Prinzipien auffindbar (**F**indable), zugänglich (**A**ccessible), interoperabel (**I**nteroperable) und wiederverwendbar (**R**e-usable). Weitere Aspekte zur Bewertung der Qualität von Daten sind nachvollziehbare Verantwortlichkeiten für Daten, die Zuverlässigkeit, mit welcher eine Datenquelle neue Daten produziert, eine transparente Versionierung der Daten und die korrekte semantische Einbettung von Daten in einen größeren Kontext. IoT-Services und KI-Modelle sollten die zur Erstellung genutzten Datensets ausweisen.

Für Unternehmen, die sich für eine Teilnahme an einem Datenmarktplatz interessieren, stellt sich die zentrale Frage nach der Souveränität gehandelter Daten. Ein zentraler Aspekt der Bereitschaft, IoT-Daten und -Services zu teilen, ist das Vertrauen in die Mechanismen eines sicheren Datenhandels, die vor dem Verlust von Know-how und Wettbewerbsvorteilen schützen. Dieser Herausforderung kann durch die Auswahl einer vernetzten Infrastruktur begegnet werden, die den grenzüberschreitenden IoT-Daten/-Servicehandel ermöglicht sowie Datensouveränität und -verfügbarkeit garantiert. Klassische zentralistische Modelle, die von einer einzigen Entität verwaltet werden, stoßen dagegen auf Ablehnung durch mangelndes Vertrauen (Pennekamp et al. 2019). Daten verlassen bei Angebot das interne Unternehmensnetzwerk und werden dem Plattformbetreibenden zur Verfügung gestellt. Es besteht potenziell die Gefahr, dass das plattformbetreibende Unternehmen Daten ohne das Wissen oder Einverständnis der Datenanbietenden analysiert und/oder weiterverkauft (s. Historie von Meta [Facebook] oder Google).

Einen Lösungsansatz für diese Problematik eines zentralistischen Ansatzes der Datenverwaltung bietet die Kombination von dezentralen Edge-basierten Systemen zur Datenspeicherung und Distributed-Ledger-basierten Systemen zur dezentralen Datenverwaltung.

3.4.1 Speicherung der Daten und Verwaltung im Netzwerk

Edge-basierte Datenspeicherungs- und Verwaltungsansätze sind unabdingbar, um erhobene Daten lokal im Unternehmensnetzwerk vorzuhalten. Das lokale Speichern ermöglicht den Unternehmen, eigenständig für die Sicherheit der Daten zu sorgen und verringert die Netzwerklast, da nur Daten über Netzwerkgrenzen ausgetauscht werden, die explizit angefragt werden. Sensible Daten verlassen somit erst dann das interne Netz, wenn das Unternehmen explizit zustimmt, zum Beispiel nach erfolgter Bezahlung durch die Nutzenden. Die Garantie für eine Datensouveränität (Kontrolle über die eigenen Daten sowie deren Erhebung, Speicherung und Verarbeitung) liefert die Dezentralität des Speichersystems. Die Bereitstellung, Wartung und Weiterentwicklung des Edge-basierten Speichersystems übernimmt das plattformbetreibende Unternehmen. Der Datenmarktplatz verfügt lediglich über Datenbeschreibungen (Metadaten) und hat zu keiner Zeit Zugriff auf Rohdaten. Somit werden nur zuvor festgelegte Metainformationen zur Beschreibung des Datensatzes zentral in einem föderierten Cloud-Katalog (zentrale Anlaufstelle, um Daten zu finden, auszuwerten und zu verstehen, wer die Daten nutzt) gespeichert, um Teilnehmenden der Plattform die Suche nach geeigneten Datensätzen zu ermöglichen, nicht aber den Zugriff auf die IoT-Daten selbst. Edge-basierte Systeme werden in zahlreichen Industriebereichen bereits produktiv eingesetzt, jedoch mit zentraler Verwaltung. Die Verantwortung für Speicher- und Zugriffsressourcen ist von einer Entität (Plattformbetreiber) abhängig und kann somit nicht auf alle Netzwerkteilnehmenden verteilt werden. An dieser Stelle schaffen Distributed-Ledger-Technologien (DLT) die notwendige Verwaltungshoheit.

Distributed-Ledger-Technologien sind durch Manipulationssicherheit und geografische Datendistribution charakterisiert (Trauth et al. 2020a). Sie gewähren via Dezentralität und digitaler Identität die Integrität aller IoT-Datenpunkte im Datenmarktplatz. Der marktplatzeigene Token bietet ein medienbruchfreies Bezahlinstrument. Zusätzlich ermöglichen Distributed-Ledger-Technologien die Automatisierung von Tausch-, Handels- und Service-Vorgängen mittels Smart Contracts in Echtzeit. Die Transaktionen des Marktplatzes sind für alle Teilnehmenden transparent und nachvollziehbar. Zur Wahrung der Integrität und Authentizität der Daten nutzen DLT die zwei Sicherheitsmechanismen Hashing, eine kryptografische Signatur, und asymmetrische Verschlüsselung. Die Sicherheitsmechanismen sorgen für Transparenz bei simultaner Privatsphäre.

Nach erfolgreichem Bezahlvorgang für einen Datensatz zwischen zwei Parteien des DLT-gestützten Datenmarktplatzes wird ein Peer-to-Peer-Vorgang unter Wahrung der Datensouveränität initiiert. Neben der Rückverfolgbarkeit und Transparenz der Transaktion trägt der Konsensmechanismus zur Vertrauensbildung bei. Dieser erfordert die Einigkeit des Netzwerks hinsichtlich der bevorstehenden Datentransaktion, um zu gewährleisten, dass keine Aktion durch einzelne Teilnehmende des Netzwerks durchgeführt werden kann. Die betreibende Organisation des Datenmarktplatzes verwaltet und hostet den Ledger demzufolge nicht alleine, sodass eine Manipulation/ein Zugreifen ihrerseits ebenfalls nicht unbemerkt bleiben würde (vgl. Abb. 3.4).

Bei der Auswahl der zugrunde liegenden DLT sind deren individuelle Eigenschaften in Bezug auf die Eigenheiten des Anwendungsfalls und die Nachhaltigkeit des Datenmarktplatzes zu berücksichtigen. Eine hohe Skalierbarkeit und Transaktionsgeschwindigkeit sind insbesondere im Anwendungsbereich des Internet of Production (IoP) von großer Bedeutung und können von der IOTA-Tangle-Technologie besonders gut gewährleistet werden (Mayer et al. 2021). Im Kontext der ökologischen Nachhaltigkeit ist bei der Wahl einer geeigneten DLT auch deren Ökobilanz zu berücksichtigen. Die Bitcoin-Blockchain wurde jüngst infolge des sogenannten Mining-Prozesses und der resultierenden hohen Rechenleistung und Energieverbräuche zum Betrieb der Hardware als sehr ressourcenintensiv klassifiziert. Der jährliche Energieverbrauch des Mining-Prozesses betrug im Jahr 2018 73,1 TWh und entspricht ca. 452 kg CO_2 (Born 2018). Bei der IOTA-Tangle-Technologie beispielsweise entfällt das Mining und die Rechenoperationen werden mittels ternärer Zustände schneller gelöst, woraus eine höhere Energieeffizienz und deutlich geringe Emissionen resultieren. Während für eine Bitcoin-Transaktion ca. 44,1 kg CO_2 emittiert werden, sind es bei IOTA lediglich $7 \cdot 10^{-7}$ kg (Jara 2021).

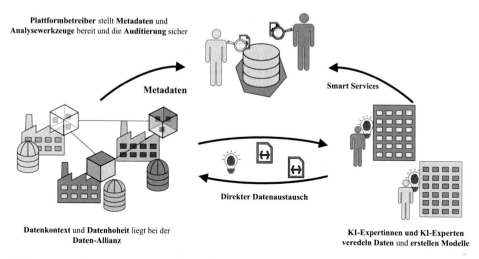

Abb. 3.4 Sicherer Datenaustausch durch DLT im Rahmen einer Daten-Allianz. (Eigene Darstellung)

3.4.2 Von der Datenmonetarisierung zur Datenökonomie

Der Datenmarktplatz ermöglicht durch den Zugang zu IoT-Daten und -Services und deren Monetarisierung ein innovatives digitales Ökosystem zur Förderung der digitalen Wirtschaft. Aus der Verwertung der verfügbaren, jedoch aktuell innerhalb der Unternehmen in Silos vorherrschenden Datenbasis entwickelt sich eine Datenökonomie, in der Daten als digitale Ware fungieren. Unternehmen, Organisationen und Einzelpersonen können einfacher und schneller neue digitale Produkte, Geschäftsmodelle und Dienstleistungen kreieren und anbieten. Die Monetarisierung der IoT-Daten und -Services ist dabei nicht auf den direkten Tausch von digitalen Daten reduziert, sondern bezieht sich ebenfalls auf die monetäre Verwertung eines Datums.

Das digitale Ökosystem auf einem Datenmarktplatz ist maximal anpassungsfähig, skalierbar und selbstorganisiert. Unabhängig von der Branche und des Verwendungszwecks der IoT-Daten und -Services spielen Effekte des Wettbewerbs und die Zusammenarbeit verschiedener Akteure innerhalb des Ökosystems die zentrale Rolle und führen zu einer florierenden, autonomen Ökonomie. Die relevanten Bausteine für eine Monetarisierung von Daten können durch unternehmensübergreifende Wertschöpfung von verschiedenen Partnerinnen und Partnern mit speziellem Know-how übernommen werden. Sobald Daten als Ressource gekauft, veredelt und weiterverkauft werden können, kann sich ein Netzwerk aus Entitäten entwickeln, welche automatisiert Daten auswerten und in monetäre Mehrwerte für andere Unternehmen übersetzen und somit neue Wertschöpfungsströme für sich und andere erschließen. Der *Datenanbietende* fokussiert sich rein auf das Erheben der IoT-Daten seiner Prozesse und bereitet diese minimal auf. Anschließend werden die Rohdaten mit dem vorgesehenen Kontext verbunden und ggf. in syntaxbasierte Modelle eingebettet. Mithilfe von Tags zur Charakterisierung der preisgegebenen Datensätze oder kleinerer, unkritischer ggf. synthetischer Ausschnitte werden den potenziellen Nutzenden Einblicke in die Art der Daten gegeben. Neben dem Verkauf physischer Produkte wie Werkzeugmaschinen können im Maschinenbau durch die Monetarisierung von Daten neue Erlösströme generiert werden. *Datennutzende* können hinsichtlich ihrer Hauptexpertise in *Anbietende von Datenservices* und *Anwendende* klassifiziert werden. Erstere sichten die verfügbaren Daten und können entweder getrieben durch eigene Innovationsideen Daten einkaufen und verknüpfen oder konkrete Bedarfe bereits identifizierter Kundinnen und Kunden lösen. Das Geschäftsmodell orientiert sich am Verkauf datenbasierter Dienstleistungen. Die Datensätze selbst oder die von den Anbietenden von Datenservices entwickelten KI-Modelle können von den Anwendenden nun erworben und in die eigene Produktion zur kosten- und nachhaltigkeitsorientierten Optimierung der Wertschöpfung integriert werden. Die plattformbetreibende Organisation profitiert von einem Datenmarktplatz infolge der Bereitstellung der technischen Infrastruktur, welche die Anforderungen an Datensicherheit, -integrität und -souveränität wahrt. Sie ist durch die Ausübung der Treuhänderfunktion gekennzeichnet, welche die Sicherheit von Transaktionen und Daten sowie der Datenintegrität garantiert. Treiber der monetären Erfolge und kritischer Faktor für die Entstehung von Innovation ist die stetige Erweiterung des Netzwerks durch neue Stakeholder sowie deren Bereitschaft, IoT-Daten und -services zu teilen.

3.4.3 Neue Wertschöpfung und Preisfindung

Aus der Monetarisierung von Daten als Wirtschaftsgut ergeben sich für Unternehmen neue Optionen zur Gestaltung von Investments und Geschäftsmodellen. Die neu akquirierten Erlöse durch den Verkauf von IoT-Daten können beispielsweise in passende Sensorik zur digitalen Abbildung des Produktionsprozesses reinvestiert werden. Die Produkt- und Prozessqualität wird dadurch weiterhin gesteigert und die erhobenen Daten können erneut verkauft werden, sodass sich die Kosten der Sensoren nicht nur über die Zeit amortisieren, sondern Profite erwirtschaftet werden können. Die Investition in wertvolle IoT-Daten und -Services sowie die eigene Bereitstellung von Datensätzen und Modellen kann einmalig, periodisch oder nutzungsbezogen als As-a-Service-Modell erfolgen. Unabhängig vom Geschäftsmodell muss jedoch vorab ein fairer Preis für datengetriebene Produkte definiert werden (Rix et al. 2020). In einem voll entwickelten Ökosystem ergeben sich nach einiger Zeit automatisch Mechanismen, welche die Preise für bestimmte Daten nach Qualitätsmaßstäben und Aussagekraft der Daten festlegen. Es existieren jedoch bereits heute Ansätze, um den Preis vor oder nach dem Handel von Daten bzw. ohne vorangestellte Analyse des Werts des Datasets zu bestimmen. In der Praxis wird zwischen Ansätzen und Modellen aus dem Bereich der Mikroökonomie (wert-, kosten-, wettbewerbsorientierte Preisfindung) und der Spieltheorie zur Preisbildung von Produkten unterschieden (Liang et al. 2018). Für das Asset Datum konnte sich bisher kein einziger Ansatz für die Realisierung eines Datenmarktplatzes manifestieren (zu Möglichkeiten der Preisbildung s. Kap. 5).

Es gibt jedoch auch Ansätze, einen Datenmarktplatz ohne eine Analyse und Anwendung von Preisen und Preisbildungsmechanismen zu implementieren. Der Vorteil ist der entfallende Aufwand einer vorangestellten Definition der Kosten oder des Werts eines Datensatzes.

So existiert zu Beginn des aufzubauenden Ökosystems eines Datenmarktplatzes zum Beispiel die Möglichkeit, die Daten nachträglich zu bepreisen. Exklusiv für das Szenario der Entwicklung eines IoT-Services wird ein Datensatz erst nach der Verarbeitung in einem KI-Modell proportional zum Modellumsatz bepreist, ohne dass ein geeigneter Preismechanismus vorab gründlich getestet werden muss. Zu Beginn stellen die Datenanbietenden kostenfrei unternehmensinterne Datensätze bereit. Datennutzende können nun diese Datensätze erwerben und zum Beispiel ein Machine Learning-Modell zur Vorhersage von Qualitätsmerkmalen erstellen, um ein definiertes Problem der Kundinnen und Kunden zu lösen. Im Anschluss kann das erstellte Modell gegen (monetäre) Anreize zur Nutzung freigegeben werden. Die Beteiligung der ursprünglichen Datenanbietenden erfolgt prozentual am geschaffenen Mehrwert des Modells. Bringt das entwickelte Modell operative Vorteile für die Datenanbietenden selbst, können sie das Modell (ggf. zu vergünstigten Konditionen) selbst kaufen oder nutzen (vgl. Abb. 3.5). Ein solches Szenario würde es einerseits datenbereitstellenden Unternehmen erlauben, Mehrwert aus den eigenen Daten zu generieren, ohne ein hohes Ex-ante-Investitionsrisiko in KI-Know-how einzugehen. Andererseits entstünde eine Situation, in welcher Datennutzenden eine Vielzahl von Datensätzen zur Verfügung stünde, um eine innovative Kombination verschiedener Datensätze umzusetzen und auf dieser Basis neue IoT-Services zu entwickeln. Gelingt es hingegen nicht, produktreife Modelle auf Basis der angebotenen Daten zu erarbeiten, entstehen neben den verursachten Lohnkosten für Data Scientists keine weiteren Kosten für die Nutzung der Daten.

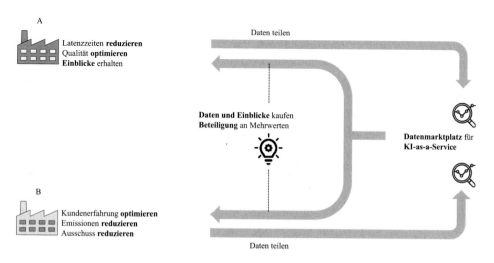

Abb. 3.5 Daten- und Informationsfluss in einer Daten-Allianz. (Eigene Darstellung)

Der Aufwand, den Preis eines ausgewählten Datensatzes vor dem Eigentumsübergang zu ermitteln, wird durch diese Option zwar umgangen, jedoch wird die Ausnutzung der Kaufbereitschaft vieler Kundinnen und Kunden durch den geringen psychologischen Grad des Eigentums konterkariert. Diese Eigenschaft beeinflusst den wahrgenommenen Wert zum Zeitpunkt des Kaufs einer Ware und trägt dazu bei, dass digitale Assets wie Daten eine geringere Wertkonnotation haben als physische Güter, die man anfassen, manipulieren und bewegen kann. Eine Preisfindung im Vorfeld mit einer geeigneten Methode aus den verfügbaren Preisfindungsmechanismen zur Ermittlung des Wertes wird daher empfohlen.

3.4.4 Anwendungsszenarien von Datenmarktplätzen

Ein Datenmarktplatz ermöglicht neue Ansätze für die Erfassung und Steuerung der Nachhaltigkeit eines gesamten Unternehmens. Die große IoT-Datenbasis bietet potenziell einen vollständigen ökologischen Fußabdruck sämtlicher Lieferketten auf Basis eines Life Cycle Assessments (LCA), einer Methode zur produktspezifischen Messung der ökologischen Nachhaltigkeit. Dies gewinnt im Kontext des Pariser Klimaabkommens und des am 25. Juni 2021 erlassenen Lieferkettensorgfaltspflichtengesetzes (LkSG) zur Wahrung ausgewählter Umweltstandards zunehmend an Bedeutung. Alle Partizipierenden einer Lieferkette besäßen im Falle eines Lieferengpasses einen fälschungssicheren, datenbasierten Beweis für die Einhaltung sämtlicher Produktionsstandards sowie eine Verifikation der Herkunft von Rohstoffen oder Produkten, die einen bestimmten CO_2-Fußabdruck garantiert. Darauf aufbauend könnte die ab dem Jahr 2021 in Kraft tretende CO_2-Steuer automatisiert an den Staat entrichtet werden. Neben der Abwicklung der Steuer kann auf Basis der Informationen der LCA auch der von der Bundesregierung initiierte CO_2-Zertifikatshandel manipulationsgeschützt realisiert werden.

Zusätzlich bietet ein Datenmarktplatz mit den beschriebenen Charakteristika den echtzeitfähigen Zugang zum vollumfänglichen Potenzial von IoT-Daten und -Services und somit zur Steigerung der Produktivität und Rationalisierung der Prozessabläufe. Mithilfe von KI können bislang verborgene Kausalitäten und Korrelationen identifiziert und über Unternehmensgrenzen hinweg zur Effizienzsteigerung nutzbar gemacht werden. Die datengetriebenen und effizienzbezogenen Knowledge-Spillover-Effekte können durch die Nutzung von KI zur Schaffung von Innovationen und zur Optimierung bestehender Prozesse genutzt werden. Geteilte Wartungszeitpunkte oder Maschinenausfälle erhöhen die Effizienz und reduzieren die Emissionen ohne den Verlust von Know-how. KI-basierte IoT-Services zur Prädiktion von Verschleiß reduzieren den Ausschuss der Datennutzenden und bieten gleichzeitig neue Erlösströme für die Datenbereitstellenden.

Dennoch besteht die Gefahr, dass sich die Effekte gesteigerter Effizienz durch Smart Services, Nutzung des Datenmarktplatzes und deren Energiebedarfe in ihrer Ökobilanz nivellieren. Eine Kontrolle zwischen eingespartem und erzeugtem CO_2 ist daher ratsam. Ein mögliches Tool wäre die Incentivierung der Nutzung der Datenmonetarisierung mittels eines Öko(-Bilanz)-Rating-Systems als Teil des LCA. Ein solches System enthält alle nachhaltigkeitsbezogenen Kenngrößen eines IoT-Services wie beispielsweise den Energiebedarf des Services, seiner Erstellung inklusive der verwendeten Daten als auch das ökologische Einsatzpotenzial. Zum Beispiel hat die Entwicklung eines energiesparenden Systems zur Verschleißprädiktion durch die Anwendungsmöglichkeit in einer nachhaltigen Produktion einen positiven Effekt auf das Öko-Rating der zum Training verwendeten Daten. Durch die Entwicklung des Services steigt auch allgemein der (monetäre) Wert der verwendeten Daten. Trotz des Bezugs beider Ratings auf die Daten und ihre Verwendung in Services ist die Trennung der Rating-Systeme sinnvoll, da Services mit einem hohen finanziellen Potenzial nicht zwangsläufig für ökologische Effizienzsteigerung verwendet werden. Andere Daten können auch eine hervorragende Qualität aufweisen, ohne bereits für entsprechende Systeme verwendet worden zu sein. Marktteilnehmende können somit besonders auf die Nachhaltigkeitsoptimierung achten und dies ebenfalls an ihre Kundinnen und Kunden weitergeben.

3.5   Zusammenfassung

Jeremy Rifkin (2011) hat am Beispiel der ersten und zweiten industriellen Revolution herausgearbeitet, dass für eine echte Revolution die Konvergenz von drei Technologien erforderlich ist, die es wirtschaftlichen Akteuren erlauben, die Aktivitäten besser steuern, antreiben und bewegen zu können. Voraussetzung hierfür sind deutliche Technologiesprünge in der Kommunikationstechnologie, der Energiequelle und der Mobilität. Bezogen auf Industrie 4.0 hat sich, verglichen mit der zweiten industriellen Revolution, noch zu wenig getan. Es ist aber bereits heute absehbar, dass Daten und digitale Services das Potenzial haben, als Rohstoff nicht nur neue Energiekonzepte, sondern auch neue Mobilitätskonzepte zu ermöglichen. Die als *Monetarisierung von Daten als Wirtschaftsgut* bezeichnete Vision hat zum Ziel grenzkostenfreie digitale Produkte und Services zu designen, welche jeden Datenproduzierenden automatisch zum Technologieführer machen.

In diesem Beitrag wurde ausgehend von den vier Haupthemmnissen einer Monetarisierung von Daten als Wirtschaftsgut ausgearbeitet, wie die Datenmonetarisierung einen Beitrag zur Erhöhung der Effizienz in Unternehmen leisten kann. Die vier Haupthemmnisse sind

1. fehlende Unternehmensstrategien zur Datenakquise,
2. die mangelnde Verfügbarkeit von KI-Know-how,
3. fehlende dezentrale Plattformen, die einen automatisierten und spezifischen Austausch von Daten erlauben und
4. die Unklarheit über den Wert von Daten und der Verlust an Know-how ohne adäquate monetäre Entlohnung durch das Teilen von Daten.

Um das Potenzial einer Monetarisierung von Daten als Wirtschaftsgut zur Steigerung der ökologischen Effizienz zu bergen, müssen (technologische) Lösungen entwickelt werden, die diesen Hemmnissen begegnen. Kern der in diesem Beitrag diskutierten Lösungen ist zum einen die dezentrale Speicherung und Verwaltung von Daten auf einem Datenmarktplatz, sodass keine zentrale Entität die Souveränität über die Daten oder das Netzwerk besitzt. Zum anderen können durch Beteiligungsmodelle die Ex-ante-Investitionshürden im Bereich der Datenanalyse negiert werden. Damit werden Unternehmen Anreize zur Beteiligung an einem Ökosystem zur Datenmonetarisierung gesetzt und die Nutzung datengetriebener KI-Services zur Steigerung der Effizienz ermöglicht. Dies ist auch im Kontext der Ökologie von besonderer Bedeutung, da die Steigerung der Effizienz eine von drei zentralen Strategien zur Optimierung der ökologischen Nachhaltigkeit ist. So bewirkt die Verwendung einer Distributed-Ledger-Technologie wie der IOTA-Tangle-Technologie beim Gestalten der Architektur dieses Ökosystems eine Steigerung der Energieeffizienz. Die Vermeidung von Mining-Prozessen, wie sie in einer Bitcoin Blockchain benötigt werden, ermöglicht eine insgesamt positive Ökobilanz des Datenmonetarisierungssystems mit Potenzial einer langfristigen Nachhaltigkeitssteigerung für alle Teilnehmenden.

Danksagung Die Autoren bedanken sich für die Förderung des Projektes *SPAICER* (Förderkennzeichen: 01MK20015A) durch das Bundesministerium für Wirtschaft und Klimaschutz im Rahmen des Förderprogramms KI-Innovationswettbewerb.

Literatur

Born R (2018) Distributed ledger technology for climate action assessment. https://www.climate-kic.org/wp-content/uploads/2018/11/DLT-for-Climate-Action-Assessment-Nov-2018.pdf. Zugegriffen am 14.01.2022

Buchholz K (2020) Continental shift: the world's biggest economies over time. https://www.statista.com/chart/22256/biggest-economies-in-the-world-timeline/. Zugegriffen am 14.01.2022

Jara G (2021) IOTA – green technology for the internet of things. https://iotahispano.com/iota-green-technology-for-the-internet-of-hings/. Zugegriffen am 14.01.2022

Liang F, Yu W, An D, Yang Q, Fu X, Zhao W (2018) A survey on big data market: pricing, trading and protection. IEEE Access. https://doi.org/10.1109/Access.2018.2806881

Mayer J, Niemietz P, Trauth D, Bergs T (2021) A concept for low-emission production using distributed ledger technology. Procedia CIRP 98:619–624. https://doi.org/10.1016/j.procir.2021.01.164

Pennekamp J, Henze M, Schmidt S, Niemietz P, Fey M, Trauth D, Bergs T, Brecher C, Wehrle K (2019) Dataflow challenges in an internet of production: a security & privacy perspective. In: Proceedings of the ACM workshop on cyber-physical systems security & privacy (CPS-SPC'19). Association for Computing Machinery, New York, S 27–38. https://doi.org/10.1145/3338499.3357357

Rifkin J (2011) The third industrial revolution – how lateral power is transforming energy, the economy, and the world. Palgrave Macmillan, New York City

Rifkin J (2014) The zero marginal cost society: the internet of things, the collaborative commons, and the eclipse of capitalism. Palgrave Macmillan, New York City

Rix C, Horst C, Autenrieth P, Paproth Y, Frank J, Gudergan G (2020) Typology of digital platforms in the mechanical engineering. In: IEEE international conference on engineering, technology and innovation (ICE/ITMC). https://doi.org/10.1109/ICE/ITMC49519.2020.9198471

SPAICER (2020) Skalierbare adaptive Produktionssysteme durch KI-basierte Resilienzoptimierung. https://www.spaicer.de. Zugegriffen am 03.04.2022

Trauth D, Bergs T, Gülpen C, Maaß W, Mayer J, Musa H, Niemietz P, Rohnfelder A, Schaltegger M, Seutter S, Starke J, Szych E, Unterberg M (2020a) INTERNET OF PRODUCTION TURNING DATA INTO VALUE – Monetarisierung von Fertigungsdaten. https://doi.org/10.24406/ipt-n-589615

Trauth D, Niemietz P, Mayer J, Beckers A, Prinz W, Williams R, Bergs T (2020b) Distributed Ledger Technologien im Rheinischen Revier in Nordrhein-Westfalen. https://doi.org/10.31224/osf.io/5mdw6

Trauth D, Bergs T, Prinz W (2021) Monetarisierung von technischen Daten. Innovationen aus Industrie und Forschung. Springer. https://www.springer.com/de/book/9783662629147. Zugegriffen am 14.01.2022

Besonderheiten datenbasierter Geschäftsmodellentwicklung

4

Richard Stechow, Leonie Schäfer und Peter Brugger

Zusammenfassung

Die Erfahrungen der letzten Jahre zeigen, dass Unternehmen häufig den Wert ihrer eigenen Daten sowie die eigenen Fähigkeiten, Umsatz aus diesen Daten generieren zu können, systematisch überschätzen. In der Praxis sind die wenigsten Unternehmen tatsächlich in der Lage ein nachhaltiges auf Daten basiertes Geschäftsmodell zu etablieren. Dies hat vielfältige Gründe: eine zu geringe Menge verfügbarer Daten, fehlende Einheitlichkeit und Vergleichbarkeit der Daten, mangelnde Möglichkeiten, diese Daten zur Erzeugung von relevanten Informationen oder Handlungshinweisen interpretieren zu können, sowie die fehlende Monetarisierung der Resultate.

Für ein besseres Verständnis, welche grundsätzlichen Aspekte es bei der Entwicklung datenbasierter Geschäftsmodelle zu beachten gilt und wie eine mögliche Umsetzung aussehen kann, beschreibt dieser Beitrag die Besonderheiten sowie die unterschiedlichen Arten datengetriebener Geschäftsmodelle und für welche Unternehmen diese besonders geeignet sind, weist auf spezifische Chancen und Herausforderungen hin und stellt die systematische Entwicklung datenbasierter Geschäftsmodelle dar.

R. Stechow (✉) · L. Schäfer · P. Brugger
BMI Lab AG, Zürich, Schweiz
E-Mail: richard.stechow@bmilab.com; leonie.schaefer@bmilab.com;
peter.brugger@bmilab.com

M. Rohde et al. (Hrsg.), *Datenwirtschaft und Datentechnologie*,
https://doi.org/10.1007/978-3-662-65232-9_4

4.1   Einführung: Was ist ein datengetriebenes Geschäftsmodell?

Gemäß der Definition des Buches Business Model Navigator liefert ein Geschäftsmodell ein ganzheitliches Bild davon, wie ein Unternehmen Werte schafft und erfasst (Gassmann et al. 2013). Unter datengetriebenen Geschäftsmodellen werden im Folgenden solche Modelle verstanden, bei denen digitalisierte Daten – in verschiedenen Verarbeitungsgraden – den zentralen Mehrwert für die Kundschaft oder Konsumentinnen und Konsumenten bieten. Neben dieser Art von Geschäftsmodellen gibt es jedoch auch viele weitere Modelle, die durch die Nutzung von Daten verbessert werden oder erst durch Daten skalierbar angeboten werden können. Ein Beispiel hierfür sind Performance-basierte Geschäftsmodelle, bei denen die Kundschaft nur entsprechend einer erreichten Leistung bezahlt, wobei Daten dabei helfen, eine objektive Sicht auf die Erreichung dieser Leistung zu erhalten. Da solche Modelle theoretisch auch ohne die Nutzung digitalisierter Daten umsetzbar sind, werden sie im Folgenden nicht explizit berücksichtigt. Dieses Kapitel beschäftigt sich vielmehr ausschließlich mit Geschäftsmodellen, die der eingangs aufgeführten Definition entsprechen.

Für die Analyse eines Geschäftsmodells eignet sich das sogenannte magische Dreieck der Geschäftsmodellinnovation (Gassmann et al. 2013). Es ist eine vereinfachte Beschreibung des Geschäftsmodells anhand von vier Dimensionen (s. Abb. 4.1):

- WER: ist Ihre Zielgruppe und was sind deren Hauptbedürfnisse?
- WAS: ist Ihr Wertversprechen und Ihr Angebot zur Befriedigung der Bedürfnisse der Zielgruppe?
- WIE: liefern Sie Ihrer Zielgruppe das Wertversprechen?
- WERT: wie generieren Sie Wert? Was sind Umsatzquelle und Kostentreiber?

Abb. 4.1 Das magische Geschäftsmodelldreieck (Eigene Darstellung nach Gassmann et al. 2013)

Handlungsempfehlung: Ein häufig auftretendes Problem bei der Erarbeitung von Geschäftsmodellen ist ein nicht ausbalancierter Fokus auf einzelne Dimensionen des Geschäftsmodells. In der Praxis herrscht dabei zumeist ein stark ausgeprägtes Verständnis für die Werterzeugung für Kundinnen und Kunden vor, wohingegen das Wissen über die Ertragsmechanik nur unzureichend ausgebildet ist. Ryall formuliert diesbezüglich den dringend zu beachtenden Leitsatz: „don't just create value; but capture it" (Ryall 2013). Um dies zu berücksichtigen, sollten von Anfang an alle Dimensionen ausreichend beleuchtet werden. Insbesondere das Erlösmodell gilt es frühzeitig zu berechnen und zu prüfen, bevor das Angebot weiter ausgearbeitet wird.

4.1.1 WER-Dimension (Kunde und Bedürfnisse)

In datengetriebenen Geschäftsmodellen können Kundinnen und Kunden prinzipiell mehrere Funktionen übernehmen. Grundsätzlich bezahlt eine Kundin oder ein Kunde dabei für den Wert, der durch Daten generiert wird. Insofern können sie oder er für den Erhalt der Daten oder für eine Verarbeitung dieser Daten selbst zahlen, bis hin zu maßgeschneiderten Einsichten oder Informationspaketen. Das besondere an datengetriebenen Modellen ist aber, dass häufig die Kundschaft selbst auch Ursprung der Datengenerierung ist. Erst durch die Abgabe von Daten über das eigene Verhalten oder die Nutzung eines Produkts kann der Wert generiert werden, für den die Kundin oder der Kunde anschließend bezahlt. Heidelberger Druckmaschinen bietet seiner Kundschaft zum Beispiel die Möglichkeit, Effizienzsteigerungen bei der Nutzung ihrer Produkte zu erzielen. Um diese zu realisieren, werden die aktuellen Nutzungsdaten der Kundin oder des Kunden benötigt, um darauf basierend Verbesserungsvorschläge definieren zu können. Neben den „Nutzer-Kunden", welche selbst ein Angebot nutzen, ihre Daten einspeisen und dafür zahlen, gibt es zudem in vielen datengetriebenen Geschäftsmodellen auch Drittparteien, die Wert aus den Daten über das Konsumverhalten von Nutzenden generieren. Zu dieser Kategorie gehören vor allem Entwicklerinnen und Entwickler sowie Lösungsanbietende, welche auf der Basis dieser Daten ihre Lösungen (weiter)entwickeln.

4.1.2 WAS-Dimension (Wertversprechen)

Vor der Umsetzung eines datenbasierten Geschäftsmodells sollte Klarheit darüber bestehen, wie mit den vorhandenen Daten ein Mehrwert oder Effizienzgewinne erzielt werden sollen (Bulger et al. 2014). Am Anfang eines erfolgreichen Geschäftsmodells muss zwingend ein zu adressierendes Kundenbedürfnis stehen. Hierbei ist zu beachten, dass ein Wertversprechen eine höhere Chance auf Erfolg hat, wenn es Bedürfnisse mit hoher Intensität und/oder Frequenz befriedigt. Neben Daten und deren Auswertung werden mit datengetriebenen Geschäftsmodellen häufig auch Zusatzleistungen angeboten, die mit den Daten in Verbindung stehen. Dies können beispielsweise Beratungsleistungen oder Umsetzungsunterstützung sein, aber auch Produkte, welche die Datenübertragung oder -auswertung optimieren.

4.1.3 WIE-Dimension (Werterbringung)

Um durch Daten Mehrwert zu generieren, müssen Firmen neue Fähigkeiten entwickeln oder bereits bestehende Fähigkeiten auf die Anforderungen des neuen Wertversprechens anpassen. Typischerweise werden bei datengetriebenen Geschäftsmodellen folgende Ressourcen und Fähigkeiten im Unternehmen benötigt:

- Daten: diese stellen eine Kernressource zur Wertgenerierung des datengetriebenen Geschäftsmodells dar (Hartmann et al. 2016).
- Analyse der Daten: dabei sind Qualität und Übertragungszeit der Daten entscheidend für das Ergebnis.
- Lösungsvorschläge basierend auf der Analyse: Datenbestandsanalyse zur Entscheidungsunterstützung in deskriptiver, prädiktiver oder präskriptiver Form einschließlich der zugehörigen Aufbereitungen (zum Beispiel Datenvisualisierung) (Hartmann et al. 2016; Pigni et al. 2016)

Je nach Ausprägung des Geschäftsmodells sind die oben genannten Mittel mehr oder weniger von Bedeutung. Je stärker die Stoßrichtung des Modells in Richtung Lösungsvorschläge geht, desto wichtiger wird zudem das Markt-Know-how. Nicht zu vernachlässigen ist außerdem der Aspekt des Vertrauens von Kundinnen und Kunden auf die Relevanz der Datenquellen, die richtige Kalibrierung bei der Auswertung sowie auf die Richtigkeit der aus den Erkenntnissen gezogenen Schlussfolgerungen.

4.1.4 WERT-Dimension (Erlösmodell)

Erlöse können mit datengetriebenen Geschäftsmodellen auf unterschiedliche Weise erzielt werden. Bei Nutzer-Kunden-Modellen bezahlt für gewöhnlich die Nutzerin oder der Nutzer selbst für das Angebot. Daneben gibt es aber auch viele Beispiele für den Verkauf der (verarbeiteten) Daten an Drittanbieter wie Entwicklerinnen und Entwickler oder Lösungsanbietende. In der Praxis kommen je nach Nutzungshäufigkeit und generiertem Mehrwert Pay Per Use-, Subscription- und Flatrate-Modelle am häufigsten zum Einsatz. Außerdem können in einzelnen Fällen auch weitere indirekte Erlösströme durch Zusatzleistungen oder Produkte erzielt werden, wie zum Beispiel Tools für die Auswertung von Daten oder Sensorik für eine verbesserte Datensammlung.

4.2 Datengetriebene Geschäftsmodellmuster

Geschäftsmodelle sind selten völlig einzigartig, weder innerhalb einer bestimmten Industrie noch branchenübergreifend. Die Forschungsarbeiten von Prof. Gassmann und Prof. Frankenberger haben aufgezeigt, dass dieselben Geschäftsmodell-Ansätze in verschiedenen Branchen zur Entwicklung neuer, innovativer Geschäftsmodelle geführt haben (Gassmann et al. 2013). Es macht daher Sinn die Essenz der Geschäftsmodelle einzelner Unternehmen zu beobachten, um dahinter Muster zu erkennen, welche sich auf das eigene Unternehmen übertragen lassen. Im Bereich datengetriebener Geschäftsmodelle können dabei grundlegend drei verschiedene Muster identifiziert werden, die sich primär durch den Verarbeitungsgrad der Daten und das dadurch realisierbare Wertversprechen unterscheiden. Häufig verwenden Unternehmen mit datengetriebenen Geschäftsmodellen mehrere dieser Muster gleichzeitig.

4.2.1 Data-as-a-Service (DaaS)

Das wohl bekannteste datengetriebene Geschäftsmodellmuster ist Data-as-a-Service. In diesem Modell sammelt eine zentrale Organisation zumeist durch eine digitale Plattform (zum Beispiel soziale Netzwerke wie Facebook oder LinkedIn) Daten von Nutzerinnen und Nutzern. Die gesammelten Rohdaten werden anonymisiert und unverarbeitet oder nur leicht verarbeitet zu kommerziellen Zwecken über einen Marktplatz angeboten.

Interessentinnen und Interessenten für diese Art von Datensätzen sind Entwicklerinnen und Entwickler sowie kommerzielle Lösungsanbieter, die die Basisdaten nutzen, um Einblicke in das Verhalten von Nutzenden oder in die Nutzung von Produkten zu gewinnen. Ziel ist es, dadurch das eigene bestehende Angebot zu verbessern (zum Beispiel Produktverbesserungen, User Experience) oder zu analysieren, welche neuen Angebote potenziell am Markt erfolgreich sein können. Häufig werden diese Daten auch benötigt, um eigene, verfeinerte datengetriebene Geschäftsmodelle anzubieten.

Um Data-as-a-Service als Geschäftsmodellmuster anwenden zu können, benötigt ein Unternehmen in erster Linie die Ressourcen und Fähigkeiten, um einen großen Datenbestand zu sammeln. Hierfür ist zumeist eine Plattform notwendig, die von möglichst vielen Stakeholdern genutzt wird, um sowohl das Volumen als auch die Qualität der Daten zu erhöhen. Eine weitere Voraussetzung ist ein Marktplatz, über den die Daten verkauft werden können. Ein nicht zu unterschätzender Aufwand ist die Anonymisierung der Daten. Dieser Aspekt ist für einen Datenmarktplatz von grundlegender Wichtigkeit, nicht nur aus regulativen Gründen, sondern auch, um Vertrauen in die Plattform zu schaffen, wodurch der Zugang zu weiteren Daten erleichtert wird.

Erlöse können bei diesem Muster auf verschiedene Art generiert werden. Am häufigsten sind Pay-per-Data-Modelle zu beobachten, bei denen Käuferinnen und Käufer für einzelne Datensätze bezahlen. Weiterhin ist auch ein Subscription- oder Flatrate-Modell denkbar, bei dem die Kundin oder der Kunde periodisch für die Bereitstellung bestimmter Daten zahlen. Während die Kosten für die Entwicklung und Aufrechterhaltung der zugrunde liegenden Plattform relativ hoch sind, entstehen weniger zusätzliche Kosten für die Verarbeitung der Daten als in anderen datengetriebenen Geschäftsmodellmustern.

Data-as-a-Service ist ein besonders attraktives Geschäftsmodell für Unternehmen, die eine zentrale und dominante Rolle in einer Industrie innehaben und in der Lage sind, ein hohes Volumen an Daten zu sammeln. Je mehr Daten angeboten werden können und je höher das Vertrauen in die Daten ist, desto höher ist die Chance auf Erfolg dieses Geschäftsmodells. In der Praxis sind allerdings nur die wenigsten in der Lage, dieses Modell profitabel zu führen (zum Beispiel Amazon, Google). Neben wenigen erfolgreichen Firmen konnte man in der Vergangenheit viele gescheiterte Versuche erkennen, in denen einzelne Unternehmen oder Konsortien von Unternehmen innerhalb einer Branche versucht haben, ein solches Geschäftsmodell zu etablieren.

Beispiel: Facebook

Ein bekanntes Beispiel für Data-as-a-Service ist Facebook. Meta, wie der Anbieter der sozialen Netzwerk-Plattform mittlerweile heißt, sammelt unterschiedlichste Daten der Nutzenden und bietet diese anonymisiert Drittanbieterinnen sowie -anbietern und Unternehmen im Bereich Softwareentwicklung an, damit diese ihre Angebote weiterentwickeln oder verbessern können. Zur Kundschaft gehören Spielehersteller, welche ihre Services auf der Plattform anbieten und durch Nutzungsdaten ihre Spiele ständig verbessern können, aber auch Werbeunternehmen, welche mit den Rohdaten ihre Kommunikation mit Konsumentinnen und Konsumenten optimieren können. ◀

Beispiel: Snowflake

Ein prominentes Beispiel im B2B-Sektor ist der Datenmarktplatz Snowflake. Die Cloud-basierte Plattform vereinheitlicht Datensilos für Kundinnen und Kunden und stellt entsprechende Datenlakes auf Abruf zur Verfügung. Snowflake bietet so einen ortsunabhängig und sicheren bedarfsgerechten Datenzugriff. Der Datenmarktplatz verbindet die Daten verschiedener geografisch unterschiedlicher Geschäftseinheiten und bietet eine ganzheitliche Lösung für Unternehmen, um Daten mit anderen Einheiten zu teilen oder zur Monetarisierung zu nutzen. Der Hauptnutzen der Kundschaft liegt im Speichern, Transformieren, Analysieren und Teilen von Daten. Das Data-as-a-Service-Modell kennt jeden Datentyp, wie beispielsweise Bilder, Tonspuren oder halbstrukturierte Datensätze und öffnet somit einen breiten Anwendungsbereich. Diese Vielfältigkeit zeigt sich auch in der Diversität der Basiskundschaft wie beispielsweise SONOS, Pizza Hut oder Adobe zeigen. ◀

4.2.2 Information-as-a-Service (IaaS) – Der Vertrieb von Analysen

Dieses Geschäftsmodellmuster basiert nicht auf dem Verkauf von Rohdaten, sondern von darauf aufbauenden Analysen oder Reporten. Die zugrunde liegenden Informationen können auf einem selbst gesammelten Datenpool basieren und damit eine Ergänzung zum Data-as-a-Service-Modell (DaaS) bieten, oder auf „fremden" Daten beruhen. Im Gegensatz zu dem DaaS-Modell sind die verkauften Produkte stärker auf das bestimmte Bedürfnis der Kundin oder des Kunden zugeschnitten, was einen Mehraufwand bei der Verarbeitung der Daten erfordert, aber zugleich zu einer höheren Zahlungsbereitschaft der Nutzenden führt.

Die möglichen Kundengruppen in diesem Modell sind vielfältig und können von Unternehmen bis hin zu Endkonsumentinnen und -konsumenten reichen, je nachdem welche Daten verarbeitet werden. Das Kundenbedürfnis, das mit diesem Modell angesprochen wird, ist dagegen zumeist dasselbe: Spezifische Analysen basierend auf Datenpools werden zum Treffen besserer (Geschäfts-)Entscheidungen genutzt.

Um ein IaaS-Modell umzusetzen, sind neben den Rohdaten primär Analyse- und Visualisierungsfähigkeiten unabdingbar. Da die Informationen stärker auf die Kundschaft zugeschnitten sind, ist zusätzlich noch ein bestimmtes Branchen-Know-how notwendig. Letztlich hängt der Erfolg eines IaaS-Modells auch von der Nähe des anbietenden Unternehmens zur Zielgruppe und der Überzeugungskraft der jeweiligen Analysen ab.

Das Erlösmodell eines IaaS-Geschäftsmodells lässt sich grundsätzlich ähnlich aufbauen wie das eines DaaS-Modells. So lassen sich entweder einzelne Analysen beziehungsweise Informationen verkaufen oder periodisch über Abos oder Flatrates Nutzenden zur Verfügung stellen. Kosten entstehen in diesem Modell vor allem beim Ankauf der Daten, deren Verarbeitung und der Erstellung von Analysen. Dafür können für die strukturierten Analysen aber auch höhere Preise gefordert werden.

IaaS-Modelle sind besonders attraktiv für Firmen, die bereits starke Analysefähigkeiten besitzen oder diese aus strategischen Gründen aufbauen möchten. Ein gewisses Industrie-Know-how ist dabei notwendig. Wichtigster Erfolgsfaktor ist aber die Aussagekraft der Datenanalyse.

Beispiel: Google Maps

Ein gutes Beispiel für eine IaaS-Lösung ist Google Maps. Google bietet mit seinem Kartendienst verschiedensten Kundinnen und Kunden sowie Nutzenden eine Kombination aus Echtzeitdaten (zum Beispiel Verkehrsaufkommen, Verspätungen im öffentlichen Verkehr) und beständigen Daten (zum Beispiel Karten, Adressen) an, welche für verschiedenste Zwecke verwendet werden können. Um diese Services anzubieten, muss Google Maps ständig Rohdaten sammeln und auswerten und diese für die Nutzenden visualisieren. Während die Endkonsumentin oder der Endkonsument für die Nutzung des Services nicht mit Geld, sondern mit Daten zahlt, müssen Anbietende kommerzieller Lösungen wie Uber pro Aufruf oder pro Auftragseingang, welcher über Google Maps realisiert wurde, einen Betrag an Google zahlen. ◄

Beispiel: Celonis Process Mining

Eines der am schnellsten wachsenden Unternehmen im Bereich des Process Minings ist Celonis. Der Service basiert auf einem IaaS-Modell und bietet Firmen die Möglichkeit Prozessabfragen basierend auf großen Datenmengen abzurufen. Prozessabfragen beinhalten das Entdecken, Analysieren und Benchmarking von Datensätzen. Die Kundschaft kann zusätzlich Echtzeitkonformitätsprüfungen vornehmen und gewonnene Erkenntnisse über ein frei zugängliches Tool visualisieren. Celonis bietet eine Abonnement-basierte kostenpflichtige und eine kostenfreie Option. Die Gratisversion („Free Plan") senkt die Eintrittsbarrieren für potenzielle Kundinnen und Kunden, sammelt jedoch eingetragene Informationen und verwendet diese für die interne Leistungsverbesserung sowie für Trainingszwecke für Systeme auf Basis von künstlicher Intelligenz. Diese Datenaggregation und die entsprechende Weiterverwendung der Daten ermöglicht Celonis zudem Kundenbedürfnisse detaillierter zu verstehen und die zugrunde liegende Wertkette zu verbessern. ◀

4.2.3 Answers-as-a-Service (AaaS) – Konkrete Antworten auf Fragen

Die Königsdisziplin bei datengetriebenen Geschäftsmodellen ist Answers-as-a-Service (AaaS). Das Leistungsangebot umfasst hier die konkrete Beantwortung von Fragen, die von Nutzenden gestellt werden. Diese Antworten helfen Nutzenden dabei, bessere Entscheidungen zu treffen. Auch ermöglicht dieses Geschäftsmodell weitere, auf den Antworten aufbauende Services und Erlösquellen wie Beratungsservices oder Unterstützung bei der Umsetzung. Mögliche Kundinnen und Kunden für AaaS sind Konsumentinnen und Konsumenten oder Unternehmen, die eine konkrete Anleitung bei (Unternehmens-)Entscheidungen suchen.

Um AaaS anbieten zu können, benötigt ein Unternehmen neben den notwendigen Daten in verarbeiteter oder nicht verarbeiteter Form ein tiefes Verständnis für die Fragestellung der Kundin oder des Kunden und damit verbunden ein sehr spezifisches Markt- beziehungsweise Branchen-Know-how. Zumeist kommen Unternehmen, welche dieses Geschäftsmodell nutzen, direkt aus dem Markt, für den sie Antworten anbieten. Die Datenverarbeitung und die dafür notwendigen Algorithmen bilden die Basis für ein skalierbares Funktionieren dieses Modells und stehen im Kern des Geschäftsmodells. Zentral für das Funktionieren ist auch das Vertrauen der Kundschaft, eigene Daten an das Unternehmen freiwillig abzugeben, welche als Basis für die Fragenbeantwortung genutzt werden und den dahinterstehenden Algorithmus verbessern können.

Das Erlösmodell deckt sich oft mit denen der vorhergehenden Modelle, kann also eine Bezahlung pro Antwort oder ein Abo-Modell für die häufige Nutzung beinhalten. Da konkrete Antworten auf spezifische Fragen noch komplexer als reine Analysen sind und in den Augen der Kundschaft zumeist als wertvoller betrachtet werden, können höhere Preise für dieses Modell durchgesetzt werden. Der Aufbau der Kompetenzen ist aber auch schwieriger, da mehr Wissen über die Industrie beziehungsweise das spezifische Umfeld der Kundschaft nötig ist und die damit verbundenen Kosten entsprechend höher sind. Dieses Modell profitiert von der Skalierung, bei dem der gleiche Algorithmus für die Beantwortung verschiedenster Fragen genutzt werden kann. Zusätzlich können noch weitere Erlösströme durch Beratungs- oder Umsetzungsunterstützung generiert werden.

Das AaaS-Modell ist besonders geeignet für Firmen mit engem Kundenkontakt, die über ein tiefes Wissen zu den Problemen und Bedürfnissen ihrer Kundschaft verfügen. Die große Herausforderung ist dabei herauszufinden, welche Fragestellungen für die Kunden besonders wichtig sind und wieviel diesen die generierte Antwort wert ist.

Beispiel: Runtastic

Runtastic ist ein gutes Beispiel für ein Unternehmen, das seinen Kundinnen und Kunden Antworten anbietet. Das ehemalige Start-up, welches von Adidas erworben wurde, bietet Sportlerinnen und Sportlern anhand ihrer Körper- und Bewegungsdaten ein auf sie maßgeschneidertes Trainingsangebot. Der oder die Nutzende bezahlt dafür eine monatliche Gebühr und liefert dem Unternehmen Daten, die wiederum dafür verwendet werden, den Algorithmus für Trainingsangebote zu verbessern und für andere nutzbar zu machen. Daneben hat das Unternehmen ein Ökosystem von Begleitangeboten von persönlichem Training bis hin zu Kleidung und Wearables entwickelt, um zusätzliche Umsätze über dieses Modell erzielen zu können. ◄

Beispiel: Programm Schneider Electric EcoStruxure Asset Advisor

Die umfassende Suite EcoStruxure von Schneider Electric beinhaltet Softwareprogramme im Sinne des AaaS-Modells. Das Programm EcoStruxure Asset Advisor ermöglicht Unternehmen im Industriesektor frühzeitig etwaige Wartungsarbeiten an Maschinen zu erkennen. Daten werden über Sensoren an Industriegeräten gesammelt und über Cloud-Dienste an den Asset Advisor geliefert. Die Kundschaft erhält Statistiken und Übersichten zum Zustand der Anlage und kann so präzise einsehen, wann Reparaturen und Erneuerungen anfallen. Simultan verringern sich Ausfallzeiten und Kapazitäten können optimal ausgelastet werden. Nutzende erhalten somit explizite Antworten zum Wartungsstand ausgewählter industrieller Maschinen. Die Lösung der EcoStruxure Suite basiert primär auf maschinellem Lernen und bedarf kontinuierlicher Einspeisung von Daten für eine stetige Verbesserung der zugrunde liegenden Algorithmen. ◄

4.3 Chancen und Herausforderungen von datengetriebenen Geschäftsmodellen

4.3.1 Chancen

Ein Vorteil datengetriebener Geschäftsmodelle sind die schnellen Skalierungsmöglichkeiten (Economies of Scale). Ein Beispiel hierfür ist die Onlineplattform Airbnb. Das Unternehmen hat sich innerhalb von vier Jahren als größtes Unternehmen im Reiseunterkunftsbereich etabliert und hat inzwischen mehr Gäste als die drei größten Hotelketten der Welt zusammen. Das Herzstück von Airbnbs Angebot ist die Suchfunktion. Diese wurde durch das systematische Erfassen und Auswerten von Daten der Kundschaft so optimiert, dass bei jeder Suche auf die Kundin oder den Kunden individuell zugeschnittene Angebote angezeigt werden. Die Ergebnisanzeige wird von vielen Faktoren wie beispielsweise den demografischen Nutzerdaten oder dem Urlaubsziel beeinflusst. Die Verbesserung der Suchfunktion hat Airbnb durch die Erstellung eines Modells erreicht, das die bedingte Wahrscheinlichkeit einer Buchung an einem bestimmten Ort schätzt (Charkov et al. 2013). Eine Suche nach San Francisco würde zum Beispiel Unterkünfte in Vierteln aufzeigen, in denen Menschen, die ebenfalls nach San Francisco suchen, typischerweise buchen (Charkov et al. 2013).

Gleichzeitig besitzt das Unternehmen keine Sachanlagen und kann somit sehr kostengünstig und schnell wachsen. In der Praxis ist die Realisierung dieses Vorteils nicht so einfach, denn der Kundenmehrwert der Daten und die Anzahl der Nutzenden sind entscheidend für den Erfolg.

Daneben bieten datengetriebene Geschäftsmodelle die Möglichkeit, das bestehende Geschäft durch zusätzliche Leistungen (Add-Ons) zu ergänzen. Google Maps hat dies genutzt, indem das Unternehmen nicht nur dem Endnutzenden seine Navigationsdienstleistungen anbietet, sondern den Großteil seines Umsatzes mit dem Verkauf der Daten an Drittanbieter generiert. So können zum Beispiel Unternehmen Werbung auf der Karte schalten. Wenn Nutzende den Kartenbereich auf Google Maps vergrößern und Gebiete durchsuchen, finden sie in den Suchergebnissen passende Anzeigen von Restaurants, Einzelhandel oder anderen Dienstleistenden. Für diese Anzeigen zahlen die Anbietenden eine Gebühr an Google.

Zudem haben datengetriebene Geschäftsmodelle häufig einen Vorteil durch ihre Erlösmodelle. Oft kommen in der Praxis die Erlösmodelle Subscription und Flatrate zum Einsatz. Hier zahlt die Kundin oder der Kunde für den Service einen Pauschalpreis in einem festgelegten Zeitintervall. Dies macht beispielsweise der Musikstreamingdienst Spotify. Nutzende können keine einzelnen Songs oder Alben kaufen. Stattdessen erhalten sie gegen eine monatliche Gebühr Zugang zu tausenden von Songs auf der Plattform und erhalten Musikempfehlungen auf Grundlage ihres Streamingverhaltens. Diese Erlösmodelle bieten den Vorteil wiederkehrender und besser vorhersehbarer Einnahmen.

Des Weiteren können datengetriebene Geschäftsmodelle Verbundeffekte (Economies of Scope) ermöglichen. Diesen Vorteil hat auch das im vorherigen Abschnitt erwähnte Unternehmen Runtastic genutzt. Neben dem maßgeschneiderten Trainingsprogramm in der App, hat das Unternehmen ein darauf basierendes Ökosystem von Begleitangeboten entwickelt. Dieses umfasst unterschiedliche Hardwareprodukte, wie das Fitnessarmband Runtastic Orbit oder Sportbekleidung. Diese Verbundeffekte sind möglich, da durch die Kundendaten Trends frühzeitig erkannt und Potenziale für neue Innovationen genutzt werden können (Bergs et al. 2020).

Dies führt auch zu einem weiteren Vorteil datengetriebener Geschäftsmodelle, der insgesamt kürzeren Feedbackschleife. Da Unternehmen wie Facebook oder Airbnb kontinuierlich Nutzungsdaten sammeln und auswerten, können sie Veränderungen im Nutzungsverhalten und in den -reaktionen erkennen. Facebook hat sich das zunutze gemacht und zum Beispiel neue Funktionen zunächst als Minimum Viable Products (MVPs), eine erste funktionstüchtige Iteration eines Produkts mit minimalem Initialinput (Ries 2014), auf der Plattform getestet. Anhand der Kundenreaktionen wurde dann entschieden, ob und wie eine Weiterentwicklung erfolgen soll.

4.3.2 Herausforderungen

Eine Herausforderung datenbasierter Geschäftsmodelle ist die Sicherstellung einer hohen Datenqualität. Denn einheitliche Formate, Einheiten und Standards sind als Grundlage datenbasierter Geschäftsmodelle essenziel (Bulger et al. 2014). Ein Beispiel für ein Unternehmen mit Problemen bei der Datenqualität von Geschäftsprozessen ist Johnson & Johnson (Otto 2014). Das Unternehmen hatte für logistische Daten zu Artikeln (zum Beispiel Gewicht oder Abmessungen des Artikels) einen Fehlertoleranzbereich von 5 % (Otto 2014). Im Jahr 2007 stellte sich jedoch heraus, dass 70 % der logistischen Daten nicht korrekt waren und somit der Fehlertoleranzbereich von 5 % weit überschritten wurde (Otto 2014). Infolgedessen wurde die Datenverwaltung verbessert, regelmäßige Qualitätsmessungen eingeführt und neue Arbeitsabläufe definiert (Otto 2014). Durch dieses neue Datenmanagementsystem konnte die Fehlertoleranz auf null gesenkt werden (Otto 2014).

Ein weiterer wichtiger Aspekt ist eine kritische Bewertung der vorhandenen Daten und der Datenanalyse, d. h. den Kontext zu kennen, sich der Grenzen der Analyse bewusst zu sein und der Aussagefähigkeit der Daten nicht blind zu vertrauen (Bulger et al. 2014). Eine Überschreitung dieser Grenze lässt sich beispielhaft an fehlerhaften Analysen des Unternehmens für persönliche Genomik und Biotechnologie, 23andme, beobachten. Über Speichelproben werden genetische Informationen ausgewertet und identifizierte Krankheiten an den Kunden übermittelt. Nach zahlreichen Falschauswertungen der genetischen Daten wurde gegen das Unternehmen 2013 ein Gerichtsprozess angestrengt, in dem rund 5 Millionen US-Dollar Schadensersatz gefordert wurden, wobei viele tausend weitere US-Kundinnen und Kunden Ansprüche gegen das Unternehmen geltend machten (Murphy 2019).

Daneben stellt das Finden von passenden Mitarbeitenden zur Entwicklung von datenbasierten Geschäftsmodellen eine Herausforderung dar. Insbesondere Fähigkeiten im Bereich Statistik, Programmierung aber auch Business Skills werden vermehrt gesucht (Bulger et al. 2014). Aus diesem Grund locken zum Beispiel Unternehmen wie Google Talente im Bereich Software Engineering mit sehr hohen Einstiegsgehältern und attraktiven Arbeitszeitmodellen sowie weiteren Benefits.

Zudem existiert eine spezifische Herausforderung für datenbasierte Geschäftsmodelle, das sogenannte „Cold Start Problem". Mit dieser Herausforderung kämpfen Unternehmen, die das disruptive Potenzial durch das Sammeln, Analysieren und Weitergeben bestimmter Daten erkannt haben und nun das angestrebte Wertversprechen mit einer zunächst begrenzten Datenmenge realisieren müssen. Je weniger Daten zur Verfügung stehen, desto geringer ist der erzielte Mehrwert. Auf der anderen Seite muss das Unternehmen aber einen größeren Mehrwert schaffen, damit mehr Daten über Bestandskunden oder neue Kunden in das System fließen. Um dieses Problem zu lösen, ist es häufig notwendig, Zwischenlösungen zu finden, die für Kundinnen und Kunden attraktiv genug sind, um weiter Daten an das Unternehmen abzugeben.

4.4   Die Entwicklung neuer, datengetriebener Geschäftsmodelle

Die Entwicklung von neuen Geschäftsmodellen ist grundlegend von Ungewissheit geprägt: die erarbeiteten Ideen liegen nicht selten außerhalb des Kernmarktes der jeweiligen
Unternehmen und zur Realisierung müssen neue Wertversprechen umgesetzt, andere Zielgruppen angesprochen und/oder neue Bezahlmodelle realisiert werden. Dies trifft verstärkt auf datengetriebene Geschäftsmodelle zu. Da sich die annahmebasierte Geschäftsmodellentwicklung in der Praxis bewährt hat, um die inhärente Ungewissheit systematisch
in fünf Phasen zu reduzieren, wird sie im Folgenden unter Berücksichtigung der Besonderheiten für datengetriebene Geschäftsmodelle dargelegt. Am Ende des Gesamtprozesses
steht ein validiertes neues Geschäftsmodell, welches am (Pilot-)Markt eingeführt werden
kann (s. Abb. 4.2). Eine häufige Herausforderung ist die fehlende technische Expertise im
Unternehmen zur Auswertung und Nutzung der Daten. Daher sollte diese möglichst frühzeitig extern zugezogen werden. Dies erhöht zu Beginn die Flexibilität beim Ressource-
neinsatz, zum Markteintritt hin sollte das Know-how intern aufgebaut sein.

Ausgangspunkt der annahmebasierten Geschäftsmodellentwicklung ist ein erstes Konzept für ein Geschäftsmodell – entsprechend den bereits vorgestellten Mustern. Dabei
sollte darauf geachtet werden, das Geschäftsmodell entlang der Bedürfnisse der Kundschaft zu entwickeln und nicht ein datengetriebenes Geschäftsmodell um seiner selbst
willen zu erarbeiten. Zum Konzept gehört hierbei zusätzlich die Daten und Datenpunkte
zu identifizieren, welche für die Umsetzung des Wertversprechens notwendig sind. Im
Unterschied zum allgemeinen Vorgehen der Geschäftsmodellentwicklung ist es hierbei
notwendig, den aus den Daten generierten Wert frühzeitig mittels eines Proof-of-Concepts
(PoC) zu validieren. Dies gilt insbesondere für IaaS- und AaaS-Modelle, da häufig vorab
nicht bekannt ist, ob die Analyse der vorhandenen Daten überhaupt die gewünschten Ergebnisse liefern kann.

Es gibt unterschiedliche Vorgehensweisen für die kreative Erarbeitung von neuen
Geschäftsmodellen. Das bekannteste Vorgehen dürfte der St. Galler Business Model

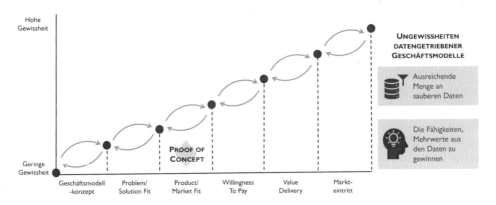

Abb. 4.2 Entwicklungsprozess von datenbasierten Geschäftsmodellen (Eigene Darstellung)

Navigator sein, welcher mittels Geschäftsmodellmusterkarten dabei hilft, innovative neue Geschäftsmodellideen zu entwickeln (Gassmann et al. 2013). Dabei ist darauf zu achten, möglichst vielfältige Perspektiven aus dem Unternehmen bei der Generierung von Geschäftsmodellideen zusammenzuführen. Die Erfahrung zeigt, dass die für die Geschäftsmodell-Entwicklung Verantwortlichen mindestens 50 Prozent ihrer Zeit darauf verwenden sollten.

4.4.1 Problem-Solution Fit

In der zweiten Phase wird mittels Interviews mit potenziellen Kundinnen und Kunden validiert, ob und in welcher Form das mit dem Geschäftsmodell anvisierte Problem oder Bedürfnis tatsächlich existiert und ob das Geschäftsmodell dieses wirklich löst oder befriedigt (WER-Dimension). Hierfür müssen die Kundensegmente und deren Probleme klar definiert sein. Der Fokus liegt darauf, zunächst das zugrunde liegende Problem klar herauszuarbeiten: Existiert dieses wie angenommen? Gibt es weitere Aspekte, die problematisch sind und bisher unklar waren? Welche Workarounds nutzt die Kundschaft?

Im Interview muss unbedingt vermieden werden, zu früh auf die erarbeitete Lösung einzugehen. Die Abfrage, ob die angedachte Lösung das Problem behebt, sollte erst am Ende der Interviews erfolgen, wenn das grundlegende Verständnis der Gesamtsituation bei der Kundin oder dem Kunden besteht.

Abhängig davon, ob für das Geschäftsmodell die Daten der Kundschaft selbst benötigt werden, sollte die Bereitschaft zur Teilung dieser Daten bereits hier abgeschätzt werden. Dabei kann im Falle von starker Zurückhaltung direkt erörtert werden, woher diese kommt, um mögliche Alternativen frühzeitig zu evaluieren.

4.4.2 Product-Market Fit

Hier wird überprüft, ob die Zielgruppe (WER-Dimension) Interesse am konkreten Geschäftsmodell in seiner Gesamtheit hat, inklusive der Mischung aus Service, Produkt und dessen Ausprägungen (WAS-Dimension). Dabei sollten vor allem die „Must-haves" (WAS-Dimension) sowie im Falle einer technisch neuartigen Lösung die theoretische Machbarkeit dieser herausgearbeitet werden (Vorgriff auf die WIE-Dimension). Das Ziel ist es, ein Produkt beziehungsweise Angebot so zu gestalten, dass es auf eine klare Nachfrage bei den adressierten Zielgruppen trifft. Dies ist wichtig, da ein validierter Problem-Solution Fit nicht zwangsläufig in einem Produkt mündet, das am Markt akzeptiert wird. Beispielsweise kann aufgrund von fehlender organisatorischer Aufstellung bei den Zielkundinnen und -kunden das Angebot zwar als wünschenswert empfunden, jedoch nicht angenommen werden, falls die Zuständigkeiten nicht klar geregelt sind. Dies ist beispielsweise der Fall, wenn der Nutzen in einer bestimmten Abteilung anfällt, diese jedoch über kein ausreichendes Budget verfügt oder das Angebot zu effektiveren Prozessen bei den

Kundinnen und Kunden führt, die Nutzenden jedoch dadurch Stellenabbau befürchten und den Kauf verhindern. Auch kann das Angebot zwar zu besseren Daten in einer Abteilung führen, wenn dies jedoch zu keinem produktiven Nutzen beim Budgetverantwortlichen führt, wird dafür kein Budget zur Verfügung gestellt werden.

Je nach Ausrichtung des Unternehmens ist es in dieser Phase entscheidend, die richtigen Partner auszuwählen, um das Wertversprechen nicht nur umzusetzen, sondern ebenfalls richtig validieren zu können. Je nach Modell (vor allem IaaS und AaaS) sowie Ausrichtung des Unternehmens sind häufig nicht die richtigen technischen und industriellen Expertisen gleichzeitig vorhanden. Damit ist es von entscheidender Bedeutung, passende Partnerschaften zu schließen, welche die eigenen Fähigkeiten entsprechend ergänzen. Dabei kann es sich zum Beispiel um Implementierungspartnerinnen und -partner handeln, die von der MVP-Erstellung über das Design bis hin zur Umsetzung die Entwicklung der technologischen Lösung übernehmen. Entscheidend ist, dass die Schnittstellen zwischen dem Unternehmen und dem Dienstleister klar aufgesetzt sind, sodass dieser trotz der fehlenden Branchenexpertise die Entwicklung angemessen steuern kann. Fähigkeiten im Bereich des Produktmanagements oder als Product Owner nach SCRUM kann der Dienstleister dem Unternehmen häufig selbst beibringen. Da sich das Unternehmen bei diesem Vorgang neue Fähigkeiten im Bereich des Produktmanagements aneignet, sollte der Partner eher als strategischer Partner betrachtet werden, der im besten Fall die Weiterentwicklung des Unternehmens begleiten kann. Dies kann je nach strategischer Positionierung des eigenen Unternehmens über die Ausbildung der entsprechenden Schnittstellenfähigkeiten bis hin zum Aufbau eigener Digitalabteilungen reichen. Bei komplexen Datenstrukturen oder Zusammenhängen ist ein weiterer wichtiger Baustein die Aufbereitung und Interpretation der Daten. Diese Fähigkeiten sollten intern oder beim Partner vorhanden sein oder entsprechend zusätzlich hinzugezogen werden. Fähigkeiten im Bereich Data Science sowie weiterführend Machine Learning oder Deep Learning sind vor allem für Information-as-a-Service- oder Answers-as-a-Service-Modelle von großer Bedeutung.

Die Besonderheit bei der Entwicklung datengetriebener Geschäftsmodelle liegt in dieser Phase jedoch darin, dass es bereits hier notwendig sein kann, mit dem Partner gemeinsam einen PoC zu entwickeln, um zu beweisen, dass die gewünschten Ergebnisse und „Must-haves" prinzipiell geliefert werden können. Typischerweise geschieht dies erst später in der fünften Phase (Value Delivery). Allerdings liegt bei neuartigen, datengetriebenen Geschäftsmodellen häufig eine grundsätzliche Unsicherheit bezüglich der tatsächlichen technischen Machbarkeit der Lösung vor.

Durch die häufig fehlende Expertise sollte an dieser Stelle ein Partner hinzugezogen werden, der dabei helfen kann einzuschätzen, ob das angedachte Wertversprechen (die Lösung des Kundenproblems oder Befriedigung des Bedürfnisses) überhaupt technisch machbar ist – und anschließend hierfür einen PoC entwickeln kann. Zudem sollte überprüft werden, ob die Datennutzung datenschutzkonform erfolgen kann. Es muss allen Beteiligten zudem klar sein, dass sich im Laufe der Geschäftsmodellentwicklung die Ausgestaltung noch stark verändern kann, gegebenenfalls in eine Richtung, die die Lösung für einen Partner obsolet macht und nicht mehr benötigt wird.

Ein weiteres Risiko besteht in dieser Phase, wenn ein Partner aus dem Bereich UI/UX auch Interviews und Validierungen übernimmt. Dabei kann es dazu kommen, dass einzig das Produkt und dessen UX überprüft wird – und nicht die generelle Zustimmung zum Produkt, den Features und damit dem Geschäftsmodell. Dabei ist unbedingt sicherzustellen, dass die Validierung der Annahmen zur Attraktivität des Angebots in dieser Phase an erster Stelle steht.

4.4.3 Willingness to Pay

Erst wenn die Lösung ausgereift genug ist und klar kommuniziert werden kann, was genau angeboten wird, kann eine erste belastbare Einschätzung der Zahlungsbereitschaft erfolgen. Ansonsten laufen Unternehmen Gefahr, unspezifische Zustimmung aus den vorherigen Phasen überzubewerten und zu schnell zu viel zu riskieren. Gerade bei datengetriebenen Geschäftsmodellen werden sehr leicht zu hohe Erwartungen bei Kundinnen und Kunden geweckt: die Daten könnten zu extrem hohen Effizienzgewinnen führen oder sehr schnell zur Ermittlung weiterer, attraktiver Services führen.

An dieser Stelle kann ein frühzeitig erarbeiteter PoC von Vorteil sein, da damit ein deutlich greifbareres Angebot vorgestellt werden kann. Dies erleichtert die Validierung der Zahlungsbereitschaft erheblich, da nach der Vorstellung oder Nutzung der Lösung beispielsweise direkt ein *Letter of Intent* oder ähnliche Vereinbarungen erarbeitet werden können. Gleichzeitig erhalten potenzielle Kundinnen und Kunden eine klarere Sicht auf die zu erwartenden Mehrwerte und das Unternehmen wiederum ehrlicheres und handhabbareres Feedback. Idealerweise sollten die kontaktierten Kundinnen und Kunden auf Grundlage des PoCs bereits einen großen und dringenden Bedarf zur Nutzung der Lösung signalisieren.

Am Ende dieser Phase muss ein Business Case erarbeitet oder detailliert werden. Dieser sollte explizit darstellen, welche Annahmen den Berechnungen zugrunde liegen und wie deutlich diese bereits validiert sind. Dabei ist neben einer realistischen Markteinschätzung darauf zu achten, ein klares Preismodell zu erarbeiten, das einen gewissen Spielraum in den ersten Gesprächen zulässt, der Kundschaft leicht erklärt werden kann und somit schnelle Rückmeldungen ermöglicht.

4.4.4 Value Delivery (Wertschöpfung)

In dieser Phase wird konkret erarbeitet, wie die Produktions- und Logistikprozesse, die Zusammenarbeit mit Partnerinnen und Partnern sowie die exakte Kostenstruktur aussehen werden.

Bei datenbasierten Geschäftsmodellen ist dabei die technologische Architektur, aber auch die Entwicklungs-Roadmap der eingesetzten Technologie entscheidend, da die für den PoC eingesetzte Software-Architektur häufig nicht skalierbar genug für den breitflächigen Einsatz ist. Da datenbasierte Geschäftsmodelle servicebasiert sind, ist es für produktorientierte Unternehmen wichtig, die damit einhergehenden Änderungen zu verstehen und im zukünftigen *Operating Model* zu verankern. Häufig ist dabei auch eine Anpassung der vertrieblichen Strukturen oder zumindest der Zielvorgaben notwendig – oder je nach Situation sogar die Etablierung eines alternativen Vertriebsweges.

Zu diesem Zeitpunkt sollten die notwendigen technischen Fähigkeiten intern aufgebaut werden, das Geschäftsmodell strategisch zur Ausrichtung des Unternehmens passen und die Rückmeldungen vom Markt eindeutig zeigen, dass ein Interesse an der Lösung besteht. Hierbei sollte eine ausreichende Übergangsphase für die Einarbeitung in die bestehenden Systeme und Prozesse durch Partnerinnen und Partner einkalkuliert werden.

Eine Herausforderung im aktuellen Umfeld ist es, qualifizierte Mitarbeitende mit technischen Kenntnissen wie Data Analytics, Cloud-Ingenieurswesen und Software-Systemarchitekturen, die im Unternehmen nicht vorhanden sind, zu finden und deren Kompetenzen realistisch zu bewerten. Dies ist einer der Gründe, weswegen die Wahl passender und vertrauenswürdiger Partnerinnen und Partner, die nicht nur bei der Umsetzung, sondern ebenfalls beim Finden und Einarbeiten von neuen Mitarbeitenden unterstützen können, von entscheidender Bedeutung ist.

Gerade wenn das Unternehmen aus der gleichen Branche stammt, für die das datenbasierte Geschäftsmodell entwickelt wird, ist das Know-how bezüglich der möglichen Datenquellen und Schnittstellen entscheidend für die Erarbeitung einer funktionsfähigen Lösung. Die Anbindung einer Vielzahl unterschiedlichster Schnittstellen ist in der Praxis häufig der zeitaufwändigste Aspekt – dadurch allerdings auch die beste Strategie gegen Nachahmer. Es ist davon auszugehen, dass trotz guter Schätzungen hierfür meist mehr Zeit benötigt wird als gedacht; daher bedarf es eines ausreichenden zeitlichen Vorlaufs mit dem Partnerunternehmen für die Integration der Schnittstellen.

An dieser Stelle ist darauf zu achten, woher die Daten kommen, wie diese verarbeitet werden sollen und, je nach Art des datenbasierten Geschäftsmodells, dass mindestens das Lösungskonzept bereits datenkonform ausgearbeitet ist.

4.4.5   Scaling & KPIs

Im letzten Schritt vor dem (Pilot-)Markteintritt wird festgelegt, wie ein Erfolg des Geschäftsmodells überhaupt aussehen und gemessen werden kann.

Hierbei muss insbesondere darauf geachtet werden, sinnvolle Key Performance Indicators (KPIs) festzulegen, die die Ziele des neuen Geschäftsmodells messen können. Im Gegensatz zum bestehenden Geschäft sind diese typischerweise eher auf Lernerfolge und Wachstum ausgerichtet als auf Profit und Effizienz. Zudem muss bei datenbasierten Geschäftsmodellen insbesondere die weitere Gewinnung von Daten und deren Nutzung einen besonderen Stellenwert erhalten. Entscheidend ist dabei eine enge Rückkopplung mit den Nutzenden, um zu validieren, dass die gelieferten Mehrwerte mit den Wertversprechen übereinstimmen und dies gleichzeitig für die Verbesserung der Ergebnisse zu nutzen.

4.5 Fazit

Datenbasierte Geschäftsmodelle bieten besondere Anreize für Unternehmen, vor allem, wenn bereits viele Daten vorhanden sind oder zumindest auf Grund der technischen Optionen deren Sammlung mittlerweile leicht möglich ist. Daten bieten dabei inhärent eine Möglichkeit, sich von der Konkurrenz abzusetzen, was diese Modelle sehr attraktiv macht. Gleichzeitig sind Herausforderungen wie die Fähigkeiten für den korrekten Umgang mit den Daten nicht leicht zu bewältigen, wie häufig vermutet. Damit kommt Partnerschaften zur technischen Umsetzung eine gesteigerte und damit strategische Bedeutung zu und die damit verbundene Auswahl wird zum entscheidenden Erfolgsfaktor bei der Umsetzung datengetriebener Geschäftsmodelle. Diese Unterstützung geht über die reine Umsetzung der Lösung hinaus, da häufig ebenfalls eine Umstrukturierung des Unternehmens vom reinen Produzenten hin zum Servicedienstleister vonnöten ist. Damit werden neue Fähigkeiten, Prozesse und Organisationsformen benötigt, denn IT ist nicht mehr reine Supportfunktion, sondern Wertschöpfer. Anstatt wie früher den Kernaktivitäten unterstützend zur Seite zu stehen und Arbeitsmittel oder Software bereitzustellen, sind digitale Lösungen bei der Kundschaft selbst im Einsatz und Teil des Wertversprechens.

Genauso wichtig ist jedoch zu verstehen, dass ein derartig neues Geschäftsmodell auch Umstrukturierungen im Vertrieb und der Incentivierung der Vertriebsmitarbeitenden (WERT-Dimension) erfordert. Zudem führt dies zu neuen Anforderungen bezüglich der Weiterentwicklung des Angebots, der Unterstützung der Kundschaft in Form von Support zur Nutzung der digitalen Angebote, sowie engem Kontakt während der Nutzungs- und vor allem Einführungsphase (WIE-Dimension). Dies bedeutet für viele Firmen ein großes Umdenken, weswegen sich ein Unternehmen der damit einhergehenden Änderungen vorab bewusst sein und diese intern klar kommunizieren sollte.

Der Sprung von der richtigen Handhabung der Daten zum gewinnbringenden Einsatz in neuen Geschäftsmodellen ist eine weitere Hürde. Wie bei allen Arten von Geschäftsmodellinnovationen kann vorab nicht abschließend eruiert werden, ob diese erfolgreich sein werden. Ein systematischer Ansatz zur Validierung ist damit unabdingbar. Dieser ermöglicht ein einheitliches und skalierbares Vorgehen und stellt gleichzeitig sicher, dass nicht zu früh zu hohe Investitionen getätigt werden. Deswegen ist beispielsweise ein frühzeitiger PoC besonders wichtig, um die grundsätzliche technische Machbarkeit vor allem bei Answers-as-a-Service-Modellen rechtzeitig zu überprüfen.

Erst wenn sich Unternehmen sowohl der technischen als auch geschäftsmodellbezogenen Änderungen bewusst sind und diese aktiv managen, können sie von den Chancen datenbasierter Geschäftsmodelle profitieren.

Literatur

Bergs T, Brecher C, Schmitt R, Schuh G (2020) Internet of Production – Turning data into value. Satusbericht aus der Produktionstechnik. Fraunhofer-Institut für Produktionstechnologie IPT und Werkzeugmaschinenlabor WZL der RWTH Aachen, Aachen

Bulger M, Taylor G, Schroeder R (2014) Data-driven business models: challenges and opportunities of big data. NEMODE and Oxford Internet Institute, Oxford

Charkov M, Newman R, Overgoor J (2013) Location relevance at Airbnb aka knowing where you want to go in places we've never been. Medium, San Francisco

Gassmann O, Frankenberger K, Csik M (2013) Geschäftsmodelle entwickeln: 55 innovative Konzepte mit dem St. Galler Business Model Navigator. Hanser, München

Hartmann P, Zaki M, Feldmann N, Neely A (2016) Capturing value from big data – a taxonomy of data-driven business models used by start-up firms. Int J Oper Prod 36(10). https://doi.org/10.1108/ijopm-02-2014-0098

Murphy H (2019). Don't count on 23andme to detect most breast cancer risks. The New York Time. https://www.nytimes.com/2019/04/16/health/23andme-brca-gene-testing.html. Zugegriffen am 10.20.2022

Otto B (2014) Stammdatenqualität: Das Rückgrat moderner logistischer Systeme, Fraunhofer Institut für Materialfluss und Logistik. IML, Dortmund

Pigni F, Piccoli G, Watson R (2016) Digital data streams: creating value from the real-time flow of big data. Calif Manag Rev 58(3):5–25

Ries E (2014) Lean Startup: Schnell, risikolos und erfolgreich Unternehmen gründen. Redline, München

Ryall M (2013) Don't just create value; capture it. Harvard Business Review. https://hbr.org/2013/06/dont-just-create-value-capture-it. Zugegriffen am 10.02.2022

Herausforderungen der Preisbildung datenbasierter Geschäftsmodelle in der produzierenden Industrie

Calvin Rix, Tobias Leiting und Lennard Holst

Zusammenfassung

Hohe Umsatzpotenziale, welche im Rahmen der Industrie 4.0 und hiermit einhergehender, datenbasierter Geschäftsmodelle prognostiziert wurden, können bisher noch nicht voll ausgeschöpft werden und bleiben hinter den Erwartungen zurück. Der Etablierung datenbasierter Geschäftsmodelle stehen in der Industrie, die noch stark auf das Transaktionsgeschäft mit physischen Produkten und Dienstleistungen ausgerichtet ist, im Rahmen der Preisbildung historisch gewachsene Handlungsweisen entgegen, die es in Zukunft zu vermeiden gilt. Daher wurde mit Hilfe eines Fallstudienansatzes ein Rahmenwerk für die systematische Preisbildung entwickelt. Das Modell charakterisiert die Typen datenbasierter Leistungsangebote und zeigt deren nutzen- und wertbestimmende Besonderheiten auf. Weiterhin wird basierend auf dem Preispotenzial und der Risikoübernahmefähigkeit die Auswahl und Ausgestaltung des passenden Preismodells erläutert. Abschließend wird ein Ansatz zur Festlegung der Preismetrik aufgezeigt, wobei Preiskomponenten und -punkte sowie die Auswahl von Zahlungsintervallen und die Vertragslaufzeit beleuchtet werden. Das vorgestellte Modell präsentiert Entscheidungsvariablen und Handlungsempfehlungen, welche Praktiker dabei unterstützt, die Preisbildung datenbasierter Geschäftsmodelle erfolgreich umzusetzen.

C. Rix (✉) · T. Leiting · L. Holst
Forschungsinstitut für Rationalisierung (FIR) e. V. an der RWTH Aachen, Aachen, Deutschland
E-Mail: Calvin.Rix@fir.rwth-aachen.de; Tobias.Leiting@fir.rwth-aachen.de;
Lennard.Holst@fir.rwth-aachen.de

© Der/die Autor(en) 2022
M. Rohde et al. (Hrsg.), *Datenwirtschaft und Datentechnologie*,
https://doi.org/10.1007/978-3-662-65232-9_5

5.1   Einführung

Spätestens seit dem Launch des ersten iPhones im Jahr 2007 ist der digitale, gesellschaftliche Wandel in vollem Gange und Unternehmen, die datenbasierte Geschäftsmodelle verfolgen, prägen nachhaltig das Leben privater Kundinnen und Kunden. So wurden beispielsweise auf Netflix im Jahr 2020 circa 2,5 Milliarden Videos geschaut (Statista 2021) und über 6 Milliarden Suchanfragen pro Tag von der Suchmaschine von Google verarbeitet (Renderforest 2020). Den industriellen Startschuss in das „digitale Zeitalter" stellte die Veröffentlichung der Hightech-Strategie durch die Bundesregierung im Jahr 2011 auf der Hannover Messe dar (FAZ 2021). Mit dem Begriff der „Industrie 4.0" wurde die echtzeitfähige, intelligente, horizontale und vertikale Vernetzung von Menschen, Maschinen sowie informations- und kommunikationstechnischen Systemen (IKT) zur dynamischen Beherrschung komplexer Systeme definiert (acatech 2013). Es wurde ein Begriff geschaffen, der sich rund um die Welt etablierte und produzierende Unternehmen in Deutschland dazu inspirieren sollte, eine Optimierung ihrer Produktionsprozesse, Produkte und Dienstleistungen durchzuführen und so die internationale Wettbewerbsfähigkeit zu stärken (FAZ 2021). Neben der Optimierung der eigenen Wertschöpfung, wurde insbesondere die Verwendung von Daten aus der Nutzungsphase der Produkte avisiert, um neue Umsatzmöglichkeiten im Rahmen datenbasierter Geschäftsmodelle zu erschließen (QV Beitrag Trauth & Mayer). Kagermann et al. (2011) postulierten diesbezüglich die Etablierung „neuer Geschäftsmodelle" und eine führende Rolle Deutschlands.

Seither verfolgten viele produzierende Unternehmen die Zielsetzung neue, datenbasierte Leistungsangebote für Kundinnen und Kunden zu schaffen, diese stärker zu binden und gleichzeitig durch die Etablierung eines datenbasierten Geschäftsbereichs neues Umsatzpotenzial zu erschließen. Es wurde verstärkt in die Digitalisierung investiert, um den Zugriff auf Nutzungsdaten vernetzter Maschinen zu erhalten und neuartige, datenbasierte Leistungsangebote zu entwickeln. Dabei werden immer größere Mengen an Daten generiert, sodass alleine in der Industrie der Wert bei 33 Zettabyte im Jahr 2018 lag und bis 2025 auf schätzungsweise 175 Zettabyte anwachsen wird (Reinsel et al. 2018). Vor dem Hintergrund sich weiter entwickelnder Möglichkeiten in den Bereichen der Datenanalyse und -speicherung sowie der künstlichen Intelligenz (KI) konnte so ein enormes ökonomisches Potenzial aufgebaut werden (Fruhwirth et al. 2020).

Trotz der prognostizierten Potenziale und einer großen Euphorie bleiben die Umsätze mit den neuartigen, datenbasierten Leistungsangeboten bisher jedoch hinter den hohen Erwartungen zurück. Erfolge zeigen sich allenfalls in verbesserten Prozessen, aber kaum in neuen, umsatzrelevanten Geschäftsfeldern (Accenture 2020). Ein Grund hierfür besteht darin, dass die etablierte Industrie noch stark auf das Transaktionsgeschäft mit physischen Produkten und Dienstleistungen ausgerichtet ist. In diesen Geschäften dominiert der kostenorientierte Preisbildungsansatz, bei dem die Erbringungskosten einer Leistung mit einem Margenaufschlag weitergegeben werden. Bei datenbasierten Leistungsangeboten werden hierdurch jedoch Wertschöpfungspotenziale verschenkt, da der Wert und somit die

Zahlungsbereitschaft der Kundinnen und Kunden die Kosten inklusive der Zielmarge deutlich übersteigen können (Frohmann 2018). Auch die weit verbreitete wettbewerbsbasierte Preisbildung unterliegt für neuartige, datenbasierte Leistungen erheblichen Einschränkungen, da die Existenz eines aktiven Marktes vorausgesetzt wird, auf dem Preise kontinuierlich beobachtet und verglichen werden können (Krotova et al. 2019). Da die Leistungserbringung datenbasierter Geschäftsmodelle konsequent auf den Kundennutzen auszurichten ist, ist daher ebenfalls ein Preisbildungsansatz zu wählen, der sich auf den Kundennutzen bezieht (Liozu und Ulaga 2018). Der individuelle Nutzen hängt dabei vom jeweiligen Wertschöpfungssystem der Kundinnen und Kunden ab und sollte über digital erfassbare Daten abgeleitet und gemessen werden. Dies führt zu neuartigen Herausforderungen bei der Preisbildung (Frohmann 2018; Husmann 2020):

- *Verkauf von Nutzenversprechen statt physischer Leistungen*: Das Leistungsangebot stellt kein physisches Produkt oder eine Dienstleistung mehr dar, sondern ein Nutzenversprechen. Demnach orientiert sich der Wert der Leistung nicht mehr an den Erbringungskosten, sondern misst sich am Mehrwert der Leistung für die Kundin oder den Kunden. Dies erfordert tiefere Kenntnis der Wertschöpfungsaktivitäten dieser und großes Vertrauen in die Erfüllung des Nutzenversprechens seitens der Nutzenden.
- *Datenbasierte Quantifizierung des Nutzens*: Da der Nutzen einer datenbasierten Leistung je Kundin beziehungsweise je Kunde individuell ist, stellt die Quantifizierung des Nutzens eine weitere Herausforderung dar. Hierzu sind Kennzahlen erforderlich, die eine objektive Bewertung des Kundennutzens auf Basis der erfassbaren Daten ermöglichen.
- *Gestaltung nutzenbasierter Preismodelle:* Die Gestaltung nutzenbasierter Preismodelle auf Basis der erfassbaren Daten bei der Kundin oder dem Kunden ermöglichen die Verwendung innovativer neuartiger Preismodelle. Diese sind in Abhängigkeit des Anwendungsfalls hinsichtlich Umsatzpotenzial und Risiko zu bestimmen. Dabei können Kundinnen oder Kunden beispielsweise durch das Angebot von ergebnis- und erfolgsbasierten Preismodellen hohe Preispotenziale realisieren. Gleichzeitig besteht jedoch das Risiko, dass der Erfolg nicht eintritt, sodass mit dem Leistungsangebot auch bisher bei der Kundschaft liegende Risiken übernommen werden.
- *Definition der Preismetrik:* Eine vierte Herausforderung stellt die Definition der Preismetrik für das gewählte Preismodell dar. Hierbei sind die Preispunkte verschiedener Preiskomponenten derart festzulegen, dass der Mehrwert durch die datenbasierte Leistung zwischen Kundinnen und Kunden einerseits und Anbietenden andererseits aufgeteilt wird, sodass eine Win-Win-Situation entsteht, welche einen langfristigen und hohen Anreiz zur langfristigen Geschäftsbeziehung bietet.

Festzuhalten ist, dass neuartige, nutzenorientierte Preisbildungsansätze höhere Preispotenziale durch die Harmonisierung mit dem Kundennutzen ermöglichen. Dabei bieten Daten nicht nur Potenzial für die Erbringung einzigartiger Nutzenversprechen. Über Kennzahlen bieten diese auch eine objektive Bewertungsgrundlage des Nutzens für eine Kundin oder einen Kunden während der Nutzungsphase und auch bereits im Vorhinein können Daten für eine Prognose genutzt werden. Im Rahmen der Preisbildung sollte nicht von einem Nullsummenspiel ausgegangen werden, bei dem nur entweder der Anbietende oder die Kundin beziehungsweise der Kunde gewinnt. Stattdessen sollten über die Preisbildung Win-Win-Situationen geschaffen werden, welche einen hohen Anreiz zur Etablierung einer langfristigen Geschäftsbeziehung innehaben. Bei der Ausgestaltung neuartiger Preismodelle sollten insbesondere potenzielle Risiken berücksichtigt werden, die während des Betriebs auftreten können.

5.2 Erfolgreiche Preisbildung durch die Harmonisierung von Leistungs- und Preisfaktoren

Um eine erfolgsversprechende Preisbildung datenbasierter Leistungsangebote realisieren zu können, ist es erforderlich eine Harmonisierung der Leistungs- und Preisfaktoren vorzunehmen. Dazu wird im Folgenden ein systematisches Rahmenwerk vorgestellt, das Entscheidungsvariablen und Handlungsempfehlungen aufzeigt. Abb. 5.1 stellt die vier Schritte des Vorgehens dar, welche in den folgenden Abschnitten beschrieben werden.

Im ersten Schritt erfolgt die *Leistungssystemgestaltung*, die in Abschn. 5.2.1 weiter ausgeführt wird. Im Rahmen dieses Abschnittes werden fünf Archetypen datenbasierter Leistungsangebote und deren Besonderheiten für die Preisbildung vorgestellt. Ferner werden die Kriterien zur Strukturierung und Zusammenführung für eine Leistungsmodularisierung und -bündelung aufgezeigt. Darauf folgt im zweiten Schritt die Erläuterung der *Nutzen- und Wertbestimmung* (Abschn. 5.2.2). Hierbei wird auf die Anforderungen und Eigenschaften von Bewertungsverfahren eingegangen, die entweder während der Nutzungsphase oder im Vorhinein zur Nutzenbestimmung einzusetzen sind. Die *Preismodellierung* in Schritt drei zielt darauf ab, die Auswahl und Ausgestaltung des passenden Preismodells zu verwirklichen. In Abschn. 5.2.3 wird dargelegt, wie basierend auf dem Preispotenzial und der Risikoübernahme diese komplexe Entscheidungssituation gelöst werden kann. In Abschn. 5.2.4 wird der vierte Schritt, die Auswahl der *Preismetrik*, vorgestellt. Dabei werden die Merkmale verschiedener Preiskomponenten und -punkte beschrieben und die Handlungsfaktoren für die Auswahl von Zahlungsintervallen und der Vertragslaufzeit erläutert. Hiermit wird eine Entscheidungsgrundlage für die systematische Aufteilung des Mehrwertes zwischen Kundinnen oder Kunden und Anbietenden gegeben.

Abb. 5.1 Vorgehen zur Preisbildung datenbasierter Geschäftsmodelle (Eigene Darstellung)

5.2.1 Leistungssystemgestaltung

Für die wirkungsvolle Gestaltung des Leistungssystems, ist das Spektrum des möglichen Angebotsportfolios zu durchdringen. Bei der Integration eines Primärproduktes in die Wertschöpfungsarchitektur ist dieses beispielsweise umfangreicher als bei reinen Softwareanbietenden. Gemäß einer Fallstudienanalyse, die im Rahmen des Projektes *EVA-REST* (2020), aus dem Technologieprogramm Smarte Datenwirtschaft des Bundesministeriums für Wirtschaft und Klimaschutz (BMWK), durchgeführt wurde, lassen sich fünf unterschiedliche Archetypen datenbasierter Angebote identifizieren, die sich hinsichtlich der Leistungsgestaltung sowie der Zielsetzung für den Ausbau des Digitalgeschäftes unterscheiden. Die Typen reichen von *Daten als Produkt*, welche bei reiner Transaktion kaum datenbasierte Wertschöpfung enthalten (Krotova 2020) und *digitalisierten Produkten* über *digitale Produkte* bis hin zu integralen, *datenbasierten Dienstleistungen* und *Lösungen*. Abb. 5.2 stellt die unterschiedlichen Angebotstypen dar, wobei der Nutzen durch die datenbasierte Wertschöpfung von der linken zur rechten Seite immer weiter zunimmt.

Der erste Angebotstyp ist *Daten als Produkt*. Die Zielsetzung dieser datenbasierten Leistung besteht in der Monetarisierung wertvoller Daten, die entweder im laufenden Produktionsbetrieb oder aus dem einflussnehmenden Ökosystem der Industrie gewonnen werden. Es besteht aus Rohdaten, die über Analysedienste zu einem Datenprodukt aggregiert werden, welches geschäftskritische Fragen für den Kunden beantwortet. Der Wert des Datenproduktes bemisst sich am potenziellen Mehrwert, den die Erkenntnisse für eine Geschäftsentscheidung innehaben. Neben grundlegenden Kriterien wie der Qualität und der Relevanz im Geschäftskontext spielt insbesondere der Grad der analytischen Reife eine entscheidende Rolle für den Mehrwert. Der Informationswert der zur Verfügung gestellten Daten steigt von der reinen Beschreibung der Vergangenheit und Gegenwart, über Diagnosen bis hin zu Prognosen und entfaltet den höchsten Wert bei Entscheidungshilfen, die zielgerichtete Handlungsanweisungen bereithalten (Amann et al. 2020). Ein Beispiel aus dem Produktionsbetrieb stellt die *REST API* von Schaeffler dar, welche ihren

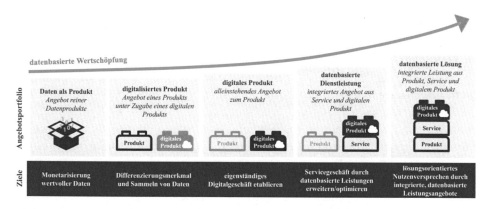

Abb. 5.2 Archetypen datenbasierter Leistungsangebote (Eigene Darstellung)

Kundinnen und Kunden Zugang zu den „*OPTIME*-Daten" (Zustandsüberwachungslösung, rotierende Maschinen) verschafft (Schaeffler 2021). Schwingungen und KPI-Werte sowie der Maschinenstatus mit historischen und offenen Alarmen können gegen eine monatliche Gebühr zugekauft werden, um den Betrieb zu optimieren (Schaeffler 2021).

Ein *digitalisiertes Produkt* stellt ein Angebot im Sinne der „Digitalization" (s. Kap. 3.) eines bestehenden Primärproduktes dar. Die Funktionalitäten werden digital erweitert, um einerseits ein Differenzierungsmerkmal am Markt zu schaffen und andererseits wertvolle Daten für Datenprodukte sowie ergänzende datenbasierte Dienstleistungen und Lösungen sammeln zu können. Da digitale Zusatzleistungen immer mehr zu einer Grundvoraussetzung in der industriellen Produktion avancieren, zielt die integrale, digitale Produktverbesserung primär darauf ab, die Wettbewerbsfähigkeit aufrecht zu halten und Umsätze mit dem Produkt abzusichern. Nichtsdestoweniger nehmen digitalisierte Produkte eine elementare Rolle bei der Transformation hin zu datenbasierten Geschäftsmodellen ein. Erst durch das Schaffen eines digitalen Abbildes von Maschinen, Anlagen und Prozessen sowie der Bereitstellung der notwendigen digitalen Infrastruktur, ist es möglich hochwertige, datenbasierte Lösungen anzubieten. Durch die zusätzlichen Funktionen wird eine Grundlage für den Mehrwert unterschiedlichster Stakeholder im Ökosystem des Primärproduktes erzeugt. So bietet das digitalisierte Zapfsystem *IntelliDraught* von Celli (Celli 2020) für Bars und Restaurants digitale Transparenz über Produkthaltbarkeit und Ausschanktemperatur, um die Ausschankqualität zu erhöhen (Microsoft 2020). Der Live-Zugriff auf die Betriebsdaten der Zapf- und Kühlanlagen ermöglicht Serviceanbietern Kontrollen remote durchzuführen und zu einer vorausschauenden Wartung überzugehen (Microsoft 2020). Außerdem ermöglicht die datenbasierte Transparenz über den Betrieb der Produkte eine nutzungs- oder auch erfolgsorientierte Abrechnung.

Bei *digitalen Produkten* handelt es sich um eigenständige, digitale Leistungsangebote, die ein eigenständiges Nutzenversprechen für die Kundin oder den Kunden aufweisen. Hierzu wird die Begriffsdefinition von Seidenfaden (2006) für digitale Güter zugrunde gelegt, wonach diese „ihrer Funktion wegen gekauft werden" und der Verkauf von Daten als Produkt nur eine untergeordnete Rolle spielt. So bietet eine Software dem Nutzenden mehrwertstiftende Funktionalität, an der zugrunde liegenden Programmierung ist dieser für gewöhnlich jedoch nicht interessiert (Seidenfaden 2006). Durch das Angebot digitaler Produkte wird die Etablierung eines eigenständigen Digitalgeschäftes angestrebt, um zusätzlichen Umsatz durch neue, produktunabhängige Angebote mit einem klaren Mehrwert für die Kundin oder den Kunden zu generieren. Das Ziel besteht darin produkt- und produktionsbezogene Prozesse zu beschleunigen, qualitativ zu verbessern oder kostengünstiger zu gestalten sowie Prozessergebnisse hinsichtlich des „magischen Dreiecks" Zeit – Qualität – Kosten (Coenenberg und Fischer 1996) zu optimieren. Digitale Produkte müssen dabei nicht zwingend mit den eigenen Produkten in Verbindung stehen, sondern können auch auf fremde Primärprodukte und -prozesse ausgerichtet werden. Der Softwarehersteller Fero Labs bietet beispielsweise eine nach dem WhiteBox-Prinzip[1] konzipierte Machine Learning-Anwendung, welche auf die Qualitäts- und Instandhaltungsverbesserung sowie die Optimierung des Energieverbrauchs in der industriellen Produktion abzielt (fero labs 2020). Weitere exemplarische Anwendungen finden sich im *Adamos Store* (Adamos 2021). Das Portfolio des „zentralen und herstellerunabhängigen Industriemarktplatzes für digitale Produkte" (Busse 2021) reicht von Instandhaltungs- und Asset-Management-Lösungen bis hin zu Kalkulationstools.

Datenbasierte Dienstleistungen stellen ein integriertes Leistungsangebot aus einer industriellen Dienstleistung und einem digitalen Produkt dar. Die Zielsetzung besteht darin das bestehende Servicegeschäft durch datenbasierte Leistungen zu erweitern oder zu optimieren. Bei auftretenden Maschinenschäden kann beispielsweise sensorbasiert ein Reparaturtermin angesetzt werden. Infolgedessen werden automatisch korrektive Maßnahmen (zum Beispiel Disposition des Technikereinsatzes sowie automatische Ersatzteilbestellung) eingeleitet. So setzt Bosch Rexroth das *Nexeed Industrial Application System* zur Überwachung von Hydrauliköl ein, um schädliche Partikel, die zuvor zwischen zwei Wartungsterminen unbemerkt zu Schäden führten, zu erkennen (Bosch 2021). Durch die fortlaufende Ölzustandsüberwachung werden Qualitätsabweichungen direkt an die Wartungstechniker weitergeleitet, sodass feste Wartungsintervalle durch Predictive Maintenance ersetzt und verunreinigungsbedingte Anlagenstillstände verhindert werden können, wodurch eine Verbesserung der Anlageneffektivität von 5 % erreicht werden kann (Bosch 2021).

Eine *datenbasierte Lösung* stellt eine integrierte Leistung aus physischen Produkten, Dienstleistungen und digitalen Produkten dar, die zur Lösung eines Kundenproblems individuell zugeschnitten und als ein ganzheitliches System in das Arbeitsumfeld der Kundin oder des Kunden integriert werden. Im Kern steht die starke Interaktion zwischen Anbietendem und Kundin beziehungsweise Kunde in der Nutzungsphase und das damit verbundene Wertverständnis, das den „Value-in-Use" in den Vordergrund stellt (Grönroos und Helle 2010). Der Fokus wird damit auf die Nutzungsprozesse und die Potenziale einer Kooperation nach der Inbetriebnahme der Kernleistung gelegt. In der Nutzungsphase können zusätzliche Erlöspotenziale erzeugt und mit entsprechenden Modellen ausgeschöpft werden. Preismodelle, die Erlöse in der Nutzungsphase der Kundin oder des Kunden erzielen, werden in Abschn. 5.2.3 dieses Beitrags aufgeführt. Ein Beispiel stellt das Geschäftsmodell SIGMA AIR UTILITY von Kaeser dar, bei dem Kundinnen und Kunden nicht mehr die Druckluftkompressoren kaufen, sondern für die tatsächlich verbrauchte Druckluft „as-a-Service" bezahlen (Bock et al. 2019). Kaeser bleibt Eigentümer der Anlagen und betreibt die Kompressoren im Arbeitsumfeld seiner Kundschaft. Datenbasierte Technologien stellen die Schlüsselressource für den Erfolg dar, denn sie ermöglichen die betriebliche Effizienz der integrierten Dienstleistungen durch Datenanalytik und Predictive Maintenance (Bock et al. 2019).

---

[1] die Berechnungen der Algorithmen sind für den Anwender nachvollziehbar.

5.2.2 Nutzen- und Wertbestimmung

Um eine erfolgsversprechende Kalkulation für eine nutzenbasierte Preisgestaltung realisieren zu können, ist es essenziell ein tiefgreifendes Verständnis für den Wert datenbasierter Leistungsangebote zu entwickeln. Dies wird in der einschlägigen Literatur auch
„Customer Intimacy" genannt (Govindarajan 2020; Liozu und Ulaga 2018; Osterwalder
und Pigneur 2011): *„Customer intimacy is the most important prerequisite for success-
fully monetizing data"* (Liozu und Ulaga 2018). Dieses Verständnis muss über das übliche
Kundenwissen, wie beispielsweise über die groben Geschäftsabläufe, hinausgehen. Erst
wenn der Anbietende das Geschäftsmodell der Kundinnen und Kunden, das heißt wie
diese „Geld verdienen", durchdrungen hat, kann er ihnen dabei helfen, das Geschäft effek-
tiver und effizienter zu führen. Um Daten schlussendlich erfolgreich monetarisieren zu
können, müssen Unternehmen verstehen, dass neben den notwendigen Ressourcen (Daten) und Kompetenzen (Analytik) ebenfalls die Entwicklung des Nutzenversprechens für
die Kundinnen und Kunden und somit die Fragen nach dem „Warum?" und „Wie?" durch
Datennutzung Wert geschaffen wird, entscheidend ist (QV Beitrag Schäfer, Stechow &
Brugger). Hierbei sind folgende Fragen zu stellen: Was sind die Kennzahlen, die das Geschäft des Kunden oder der Kundin messbar machen? Was sind die grundlegenden Probleme, die ein Kunde oder eine Kundin lösen möchte? Harvard Professor Clayton Christensen definierte diesen „Job to be done" im MIT Sloan Management Review als „the
fundamental problem a customer needs to resolve in a given situation" (Christensen et al.
2007). Ist der Job to be Done definiert und identifiziert, wie ein Mehrwert bei der Kundin
oder dem Kunden erzeugt wird, ist der nächste Schritt zur Nutzenbestimmung die Überführung dieses Mehrwerts in Kennzahlen (KPIs). Dazu sind die relevantesten KPIs für den
Geschäftskontext der Kundin oder des Kunden zu identifizieren. Ist ein grundlegendes
Verständnis für den Nutzenzugewinn hergestellt, ist abzuwägen, ob eine Nutzenabschät-
zung vor oder eine Nutzenerfassung während der Nutzung vorgenommen wird (Abb. 5.3).
    Eine standardisierte Nutzenabschätzung kann anhand einer Pilotkunden-Nutzenbe-
rechnung vorgenommen werden. Diese ist einfach und aufwandsarm durchzuführen sowie

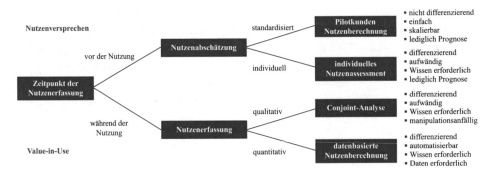

Abb. 5.3 Arten der Nutzenbewertung (Eigene Darstellung)

gleichzeitig hoch skalierbar, da Pilotkunden als Referenz für die Prognose des Nutzens aller weiteren Kundinnen und Kunden herangezogen werden und keine differenzierte Abschätzung erfolgt. Dadurch kann jedoch eine Diskrepanz zwischen dem letztlich von der Kundin oder dem Kunden realisierten Nutzen und dem vorab antizipierten und mit einem Preis monetär ausgedrückten Wert entstehen. Ein *individuelles Nutzenassessment* differenziert dagegen jede einzelne Kundin und jeden einzelnen Kunden, sodass beispielsweise Risiko, Nutzenintensität und Lebensdauer individuell prognostiziert werden, um einen sinnvollen Preispunkt zu ermittelt. Dadurch ist das Vorgehen weitaus aufwändiger und es ist spezifisches Fachwissen über die jeweiligen Wertschöpfungsprozesse notwendig.

Um den geschaffenen Nutzen tatsächlich während der Erbringung zu ermitteln, ist eine Erfassung des Value-in-Use erforderlich. Eine qualitative Bewertung ist durch eine *Conjoint-Analyse* zu erreichen, mit der ermittelt werden kann, wie Produktmerkmale sowie Nutzen- oder Kostenaspekte wertgeschätzt werden. Dadurch ist es möglich die Customer Experience zu verbessern und die individuelle Zahlungsbereitschaft für angebotene Leistungen abzuschätzen. Durch das umfragebasierte Vorgehen weist der Ansatz jedoch eine Manipulationsanfälligkeit auf (Klarmann et al. 2011). Demgegenüber wird bei der *datenbasierten Nutzenberechnung* der Value-in-Use anhand von Kennzahlen aus dem Kundenbetrieb ermittelt, welche automatisiert über eine Datenschnittstelle aggregiert werden. So kann zum Beispiel die Messung eingesparten Rohmaterials durch den Einsatz einer intelligenten Dosiereinrichtung als Bezugsgröße für den Preis herangezogen werden. Da der Ansatz die geringsten strategischen und hypothetischen Verzerrungsrisiken aufweist und sich direkt auf den tatsächlich erzeugten Wert in der Nutzenphase bezieht, wird dieser für lösungsorientierte Ansätze als überlegen angesehen (Klarmann et al. 2011). Problematiken bestehen in der praktischen Umsetzung, da häufig notwendiges Wissen fehlt, um die Datenbasis in der Preisbildung zu verankern und zu skalieren (Klarmann et al. 2011).

5.2.3 Preismodellierung

Für die Preismodellierung lassen sich produkt- und nutzungsorientierte Preismodelle unterscheiden, die sich neben der quantifizierbaren Bezugsgröße durch den Umfang des durch den Anbietenden übernommenen Risikos (und der somit bereitgestellten Value Proposition) und der datenbasierten Voraussetzungen differenzieren lassen (Abb. 5.4).

Bei *produktzentrierten Modellen* stehen die Merkmale und Funktionalitäten des Produktes im Mittelpunkt der Betrachtung. Die tatsächliche Nutzungsphase der angebotenen Leistungen wird hingegen nicht berücksichtigt. Dabei wird entweder eine einmalige Transaktionsgebühr erhoben oder zum Beispiel über Leasing- oder Mietmodelle das Recht eingeräumt, ein bestimmtes Produkt zu nutzen. Die Bemessung ist dabei fast ausschließlich auf die Kosten des Anbietenden ausgerichtet und neben der herkömmlichen Herstellergarantie werden keine weiteren Risiken vom Anbietenden übernommen. So wird bei digitalisierten Produkten zwar eine Datenkonnektivität hergestellt, diese wirkt sich in der Regel jedoch nicht auf die Preisbildung aus. Die Vorteile dieser Modelle bestehen in einer

Abb. 5.4 Preismodelle zur Preisbildung datenbasierter Leistungsangebote (Eigene Darstellung nach Roth und Stoppel 2014, S. 193)

hohen Akzeptanz auf Kundenseite und einer einfachen und schnellen Ermittlung der kostenbasierten Bemessungsgrundlage (Krotova et al. 2019). Ferner ist keine datenbasierte Analyse der Bezugsgröße während des Betriebs bei Kundinnen und Kunden notwendig und eine anspruchsvolle Bewertung der Zahlungsbereitschaft entfällt (Krotova et al. 2019).

Daneben lassen sich vier *nutzungsorientierte Preismodelle* unterscheiden, die unter anderem hinsichtlich des vom anbietenden Unternehmen übernommenen Risikos variieren (Stoppel und Roth 2017): Das im Vergleich geringste Risiko übernimmt der oder die Anbietende bei einem *verfügbarkeitsorientierten Preismodell*. Den Kundinnen und Kunden wird die kontinuierliche Verfügbarkeit einer Leistung gewährleistet. Das anbietende Unternehmen übernimmt somit durch die Finanzierung das Investitionsrisiko und zusätzlich das Verfügbarkeitsrisiko, da eventuelle Serviceleistungen und Entwicklungsaufwände in seiner Verantwortung liegen und potenzielle Schäden durch eine Nichtverfügbarkeit der Leistung, beispielsweise bei einem Ausfall, zu seinen Lasten gehen. Die Vorteile des verfügbarkeitsorientierten Modells liegen in der Planbarkeit der Zahlungen, den unkomplizierten Modalitäten sowie in der Möglichkeit zur einfachen Skalierung des Leistungsangebots. Eine datentechnische Verknüpfung ist nicht erforderlich. Voraussetzung für die Implementierung ist lediglich die Identifikation einer standardisierten Bemessungsgrundlage und der Transparenz über die Einhaltung festgelegter Toleranzen (beispielsweise 98 % Verfügbarkeit der Software/Maschine/Anlage).

Die nächste Stufe stellt das *nutzungsorientierte Modell* dar. Hierbei dient der Umfang der Nutzung einer Leistung als Bemessungsgrundlage für die Preisbildung. Infolgedessen unterliegt der Erfolg des Anbietenden einer Abhängigkeit vom Nutzungsverhalten der Kundin oder des Kunden. Besteht kundenseitig ein geringerer Bedarf, so wirkt sich das auf den Nutzungsumfang der Leistung negativ aus und folglich auf die Höhe der Zahlungen an den Anbietenden. Letzterem entstehen somit Marktrisiken. Darüber hinaus trägt der oder die Anbietende die Prozessrisiken der Kundin oder des Kunden durch ineffiziente und störanfällige Abläufe, da auch hier eine direkte Auswirkung auf die Nutzung der in den Prozess integrierten Leistung besteht. Vorteilhaft an diesem Modell sind die Reduktion von Verwaltungsaufwänden durch die Möglichkeit der Standardisierung sowie die direkte Verknüpfung der Kundendaten mit dem Preis, was sich positiv auf Verständlichkeit und Transparenz auswirkt. Um zu vermeiden, dass Kundinnen und Kunden Vorbehalte gegenüber einer höheren Nutzung aufbauen, kann das Modell beispielweise mit Nutzungskontingenten oder reduzierten Preisen bei erhöhter Nutzung kombiniert werden. Weiter kann die Festsetzung von Mindestabnahmeumfängen das Risiko für den oder die Anbietenden reduzieren. Die Möglichkeit der Erfassung der für die Bemessung relevanten Nutzungsdaten ist Voraussetzung für die Umsetzung des Modells.

Wird als Bemessungsgrundlage der Produktionsoutput herangezogen, kommt ein *ergebnisorientiertes Preismodell* zum Tragen. Zusätzlich zur vorherigen Stufe übernimmt der Anbietende dabei das Qualitätsrisiko und spätestens jetzt auch das Produktivitätsrisiko, weshalb ein hohes Leistungsniveau angestrebt werden sollte. Um dieses zu realisieren, können Nutzungsdaten anderer Kundinnen und Kunden herangezogen werden, um Wissen zur Optimierung der Produktivität zu generieren. Entsprechend ist ein hoher Digitalisierungsgrad eine notwendige Voraussetzung zur erfolgreichen Implementierung dieses Modells. Der wesentliche Vorteil dieses Modells liegt in der Interessengleichrichtung bezogen auf das Produktionsergebnis, welche in den vorherigen Modellen noch nicht vorherrschte. Anbietende und Kundschaft profitieren von einer optimierten Wertschöpfung, welche durch eine hohe Kundenperformance erreicht wird. Somit wird bei erfolgreicher Umsetzung eine starke Kundenbindung erzielt.

Beim *erfolgsorientierten Ansatz* wird als Bemessungsgrundlage der wirtschaftliche Erfolg der Kundin oder des Kunden gewählt. Der Umsatz wird durch eine Beteiligung am zusätzlichen Gewinn oder an den eingesparten Kosten realisiert. Es besteht somit eine starke Abhängigkeit des Anbietenden von der Performance seiner Kundinnen und Kunden. Verliert ein Produkt durch wettbewerbsbedingten Preiskampf an Wert, mindert sich der wirtschaftliche Erfolg auf Kundenseite und folglich auch der des Anbietenden. Diese zeitliche Variabilität der Bewertung der Bemessungsgröße resultiert in einem Wertrisiko, welches durch den Anbietenden zu tragen ist. Die Vorteile des Modells bestehen in der Gleichrichtung der Interessen, einer optimierten Kundenakzeptanz und -bindung und folglich einem langfristig hohen Wertschöpfungspotenzial. Voraussetzung für die Implementierung ist auch hier primär ein hohes Maß der Digitalisierung, um kontinuierlich Daten erfassen und auswerten zu können. Weiter ist zu Beginn die Definition eines Status-Quo beim Kunden oder bei der Kundin erforderlich, anhand dessen der Erfolg bewertet wird. Entsprechend ist die Anwendung nur in eingeschränkten Betriebsszenarien effizient umsetzbar, da eine Rückführung des Erfolgs der Kundinnen und Kunden in Bezug auf die Leistung des Anbietenden gewährleistet werden muss. Nicht zuletzt muss auch die Akzeptanz der Kundin oder des Kunden hinsichtlich der Erfolgsaufteilung vorliegen.

5.2.4 Preismetrik

Die Preismetrik stellt die Maßeinheit dar, welche für die Preisberechnung bei der Erbringung einer Leistung zugrunde gelegt wird. Sie fasst damit die relevanten Preis- und Abrechnungselemente zusammen. Die *Preiselemente* sind die *Preiskomponenten* und der *Preispunkt*. Bezüglich der Preiselemente wird in den meisten Fällen eine Kombination aus Einmalzahlung und festen oder variablen Gebühren gewählt, um sich auf Anbieterseite gegenüber Kundenrisiken abzusichern. Der Preispunkt bestimmt dagegen die Aufteilung des generierten Zusatznutzens (added value) zwischen Kundschaft und Anbietenden. Ziel muss es sein, einen für beide Parteien akzeptablen Preis (Win-Win-Situation) zu schaffen. Hierfür wird der zusätzliche Nutzen durch einen prozentualen Zuschlag in die Bemessung integriert. Für die Festlegung kann grundsätzlich keine einheitliche Vorgabe bestehen, wobei folgende Faktoren einen preissteigernden oder -mindernden Einfluss ausüben: Wenn es bereits Konkurrierende mit dem gleichen Nutzenversprechen auf dem Markt gibt, hat dies einen mindernden Einfluss auf den Preispunkt. Ein hoher Aufwand oder Individualität der Lösung wirken sich dagegen steigernd auf den Preispunkt aus. Unternehmen setzten ferner zur Erreichung einer schnellen Skalierung einen eher niedrigeren Preis an. Falls dies nicht im Fokus steht, ermöglicht ein hoher Preis die Abschöpfung hoher Margen.

Für die *Abrechnung* sind darüber hinaus *Zahlungsintervall* und *Vertragslaufzeit* festzulegen. Aus Kundensicht bietet es sich an, eine möglichst kurze Vertragslaufzeit zu wählen, da so eine höhere Flexibilität ermöglicht wird. Mit datenbasierten Leistungen wird außerdem ein höherer Kundennutzen und individuelle Lerneffekte angestrebt, sodass die Kundinnen und Kunden nicht über langfristige Verträge, sondern über einen positiven Lock-In-Effekt – bei den Kundinnen und Kunden gar nicht mehr wechseln möchten – gebunden werden. Längerfristige Verträge können auch von Vorteil sein, wenn die Leistung beispielsweise vom Energiepreis abhängt und so einer hohen Volatilität unterliegt, sodass eine zusätzliche Sicherheit erzeugt wird. Grundsätzlich korreliert die Vertragslaufzeit in der Praxis meist mit dem Wert des Vertrages, da gerade bei hohen Aufwänden und Risiken, die beispielsweise mit der Installation kostenintensiver und komplexer Maschinen einhergehen, kurzfristige Vertragslaufzeiten unter Umständen nicht rentabel sind. Das Angebot reiner digitaler Produkte kann meist auch ohne langfristige Vertragslaufzeiten realisiert werden. Hinsichtlich der Zahlungsintervalle sind insbesondere monatliche Abrechnungen zu empfehlen, wobei längerfristige Verträge auch jährlich abgerechnet werden können.

Bei der Harmonisierung von Leistungs- und Preisfaktoren sollte darauf geachtet werden, systematisch vorzugehen und zunächst das Nutzenversprechen und die Eigenschaften des möglichen Leistungsangebots zu analysieren. Für ein hochskalierbares digitales Produkt sind aufwändige, individuelle Berechnungen eher hinderlich, wohingegen erfolgsabhängige Preismodelle nur mit einer datenbasierten Nutzenberechnung umsetzbar sind. Für die Identifikation eines passgenauen Preismodells empfiehlt es sich, das datenbasierte Leistungsangebot, die zugrunde liegenden Zielsetzungen sowie die damit einhergehenden Voraussetzungen und Risiken genau zu bestimmen. In der Preismetrik sollten Preis- und Abrechnungselemente sinnvoll zusammengeführt werden. Letztlich gilt es bei der Definition des Preispunktes beidseitige Akzeptanz anzustreben.

5.3 Preisbildungsmuster

5.3.1 Daten als Produkt

Wenn Daten als Produkt verkauft werden, kann entweder eine einmalige oder eine wiederkehrende (verfügbarkeitsorientierte-) Zahlung – zum Beispiel für die stetige Aktualisierung der Daten – im Preismodell verankert werden. Die Höhe des Preises sollte sich am potenziellen Mehrwert orientieren, welcher durch den Erkenntnisgewinn für die Geschäftsentscheidungen erzeugt werden kann. Dieser Mehrwert wird einerseits durch grundlegende Qualitätsattribute und darüber hinaus durch wertbestimmende Attribute bestimmt. Zu den *grundlegenden Attributen* gehören *Zugänglichkeit* (möglichst einfache und direkte Abrufbarkeit), *Glaubwürdigkeit* (Datenerhebung, -aufbereitung und -verarbeitung sollten nachvollziehbar und transparent sein), *Fehlerfreiheit, Vollständigkeit, Verständlichkeit, Objektivität* (streng sachlich und wertfrei), *Eindeutigkeit* (Erstellung in gleicher, fachlich korrekter Art und Weise), *Beschaffenheit* (kein Interpretationsspielraum für die Käuferin oder den Käufer), *Übersichtlichkeit* (Informationen sollten in einem passenden und leicht fassbaren Format zur Verfügung gestellt werden) und *Einheitliche Darstellung* (Wang und Strong 1996).

Auch wenn die Einhaltung der beschriebenen Qualitätskriterien obligatorisch für den Verkauf eines Datenproduktes ist, wird der tatsächliche Mehrwert für Kundinnen und Kunden durch die *wertbestimmenden Attribute* gekennzeichnet, sodass diese zwingend in die Preisbildung zu integrieren sind: Die Bewertung lehnt sich in erster Linie an die jeweilige *Wertsteigerung* für die Kundin oder den Kunden an, die sich in Zeit-, Arbeits- oder Geldersparnis, einem höheren ROI (Return on Investment) oder auch vermindertem Risiko auswirken. Da das hohe Ansehen eines Anbietenden insbesondere auf Datenmarktplätzen maßgeblich den Wert der Angebote bestimmen kann, sollte außerdem eine hohe *Reputation* angestrebt werden. Dazu ist eine hohe Qualität bei der Leistungserbringung zu gewährleisten, um die Erwartungen der Kundschaft zu erfüllen und das Vertrauen in die Datenprodukte stetig zu steigern. Die Verfügbarkeit von Daten kann den Wert für die Kundinnen und Kunden maßgeblich beeinflussen, sodass bei einer hohen *Exklusivität* der jeweilige Preis höher angesetzt werden kann. Die *Aktualität* von Daten und der abgeleiteten Informationen ist die Basis für Entscheidungen in Unternehmen und kann ein maßgebliches Wertattribut darstellen. Der Wertbeitrag des Datenproduktes hängt außerdem von der *zielgerichteten Veredelung* für die Käuferin oder den Käufer ab. Häufig steigt der Aufwand mit den individuellen Anpassungen der Daten an die spezifischen Kundenbedürfnisse. Dieser muss in die Kalkulation integriert werden. Der Wert des Datenprodukts wird nicht zuletzt auch durch Grenzen der Verwendungs- und Einsatzmöglichkeiten bestimmt. Daher muss beim Angebot festgelegt werden, in welchem Umfang Nutzungsrechte zur Verfügung gestellt werden, um den wertstiftenden Einsatz des Datenprodukts durch potenzielle Käuferinnen und Käufer sicherzustellen. Es sollten *zusätzliche Funktionen und Services* in die Preisbildung integriert werden, die über den eigentlichen Inhalt des Datenproduktes hinausgehen. Zusatzfunktionen wie ein Dashboard können dabei unterstützen Daten zu sortieren, zu verstehen und besser darzustellen. Ferner wird ein ergänzender Beratungsservice von vielen Käuferinnen und Käufern als äußerst wertvoll empfunden und sollte als zusätzlicher Baustein in die Bewertung einfließen.

Exemplarisch für die Preisbildung von Daten als Produkt und die Anwendung der soeben aufgeführten Kriterien ist die Datenbank handelsdaten.de des EHI Retail Institute anzusehen, in der Daten, Zahlen und Fakten der Handelsbranche zur Verfügung gestellt werden (EHI 2021). Es werden vier verschiedene Preismodelle (*Basic* (kostenfrei), *Select 30* (99 € einmalig), *Business S* (39 €/Monat), *Business XL* (199 €/Monat)) angeboten, die jeweils differenzierte Ausprägungen der identifizierten Merkmale aufweisen. Insbesondere die Nutzungsrechte für die Kundinnen und Kunden variieren merklich zwischen den einzelnen Angeboten. Die Versionen „Basic", „Select 30" und „Business S" bieten nur die Möglichkeit eines Nutzenden, wohingegen „Business XL" eine Mehrplatzlizenz ermöglicht. Weiterhin unterscheiden sich Laufzeit und Leistungsumfang. Nur die Business Modelle sind dabei im Umfang der Datendiagramme nicht eingeschränkt und lediglich die Version „Business XL" ermöglicht es, auf die Quellen der Datendiagramme zuzugreifen. Weiterhin ergänzt ein Recherche- und Beratungsservice das Business XL-Paket. Zudem ist die Aktualität der Daten in der „Basic"-Variante eingeschränkt.

Bei der Preisbildung von Daten als Produkt ist sicherzustellen, dass die Datenprodukte grundlegende und wertbestimmende Attribute aufweisen und darüber hinaus über wertbestimmende Attribute einen entscheidenden Mehrwert erzeugen. Es empfiehlt sich verschiedene Versionen eines Datenproduktes anzubieten, um unterschiedliche Kundenbedürfnisse zu adressieren und unterschiedliche Zahlungsbereitschaften abzuschöpfen.

5.3.2 Digitalisiertes Produkt

Die Ziele digitalisierter Produkte bestehen darin, das Preisniveau oder den Absatz des Primärproduktes zu sichern oder zu erhöhen und insbesondere eine Grundlage für den Verkauf komplementärer digitaler Leistungen zu schaffen. Zudem können digitalisierte Produkte dazu beitragen, die eigene Wettbewerbsfähigkeit zu sichern.

Digitale Zusatzleistungen sollten indirekt über das Primärprodukt abgerechnet werden, um so niedrige Einstiegshürden für Kundinnen und Kunden zu schaffen. Dennoch sollte der Mehrwert gegenüber den Kundinnen und Kunden bestmöglich kommuniziert und wenn möglich quantifiziert werden. Aus Sicht des Anbietenden sollte das digitalisierte Produkt die grundlegende Komponente für komplementäre digitale Produkte und Leistungen darstellen. Dadurch werden Lock-In Effekte ermöglicht. Anbietende sollten daher entscheiden, ob die zusätzlichen Funktionen kostenfrei oder im Rahmen eines Preisaufschlages angeboten werden. Viele digitalisierte Produkte werden ohne oder zu geringen Aufschlägen zur Verfügung gestellt, um die Einstiegshürden für die Kundinnen und Kunden so gering wie möglich zu halten und eine bestmögliche Skalierung zu realisieren. So vergrößert sich der Umfang an wertvollen Daten, die für die Entwicklung weiterführender digitaler Produkte und Dienstleistungen zur Verfügung stehen, weiterhin erleichtert es den Kundinnen und Kunden in eine Testphase überzugehen und die neuen und für viele noch ungewohnten Leistungen live erleben zu können. Es sollte jedoch darauf geachtet werden, dass die Kundinnen und Kunden sich nicht an eine Kostenfreiheit für digitale Leistungen gewöhnen und diesen keinen Wert beimessen. Die zusätzlichen Funktionen sollten klar im Angebot aufgeführt und auf die Mehrwerte hingewiesen werden. Ferner sollte verdeutlicht werden, welcher zusätzliche Nutzen über komplementäre digitale Produkte und Services erzeugt werden kann.

Die Heidelberger Druckmaschinen AG ist ein weltweit führender Hersteller von Bogenoffset-Druckmaschinen und Anbieter eines weitreichenden Lösungsportfolios für die Printmedienindustrie. Das digital angebundene Maschinenportfolio des Herstellers und der ergänzende Heidelberger Assistant, welcher die Schnittstelle zur betriebenen Hardware darstellt, zeigt exemplarisch die Preisbildung digitalisierter Produkte. Mit dem Heidelberger Assistant bietet das Unternehmen seinen Kundinnen und Kunden eine kostenlose App-Suite mit verschiedensten Services an, welche vom Vertragsmanagement über einen eShop bis hin zu Servicemeldungen und einer Echtzeit-Transparenz der „Overall Equipment Efficiency" (OEE) basierend auf den Betriebsdaten der Maschinen reichen (Heidelberger Druckmaschinen 2021a). Ergänzende Mehrwertleistungen können über verschiedene Verträge im Abonnement hinzugebucht werden. Dazu gehören beispielsweise das „Predictive Monitoring", oder auch „Performance-Verträge" für die Druckmaschinen, bei denen basierend auf der Analyse der zur Verfügung gestellten Kennzahlen die Festlegung und Umsetzung von Verbesserungsmaßnahmen unterstützt wird (Heidelberger Druckmaschinen 2021a). Die datenbasierte Anbindung der Maschinen sowie die digitale Schnittstelle für die Kundin oder den Kunden werden in den Produktpreis integriert und schaffen die Basis mehrwertstiftender digitaler Produkte und Services.

5.3.3 Digitales Produkt

Um ein digitales Produkt erfolgreich zu vertreiben, sind vor der Preisbildung bestimmte Grundvoraussetzungen zu beachten. Zunächst ist dabei das Skalierungspotenzial einzuschätzen. Existieren viele Bestands- oder potenzielle Neukundinnen und -kunden, die ähnliche Herausforderungen haben, die mit dem digitalen Produkt angegangen werden können? Ist eine Standardisierung der Leistung für diese Kundensegmente möglich? Außerdem sind operative und administrative Grundlagen zu klären und der erzielte Mehrwert für die Kundschaft sicherzustellen. Ist eine kontinuierliche Leistungserbringung und -abrechnung technisch umsetzbar? Kann ein signifikanter Mehrwert für die Kundin oder den Kunden erzielt werden? Für die Preisbildung sollten eigenständige Pakete angeboten werden, die aus mehreren Einzelfunktionen zu einem gebündelten Nutzenversprechen zusammengeführt werden. Um verschiedene Zahlungsbereitschaften und Kundenbedürfnisse zu adressieren, sollte eine Versionierung eingesetzt werden. Der Preis ist als Flatrate zu empfehlen, bei der die Bemessungsgrundlage passgenau zu wählen ist. Es sind beispielsweise Abrechnungen pro Messpunkt, pro Nutzerin oder Nutzer oder auch standortbezogen möglich. Der Preispunkt der Flatrate (monatlich/jährlich) sollte dabei einem konkreten Prozentsatz des Nut-

zens für die Kundin oder den Kunden entsprechen. Durch dieses Muster der Preisbildung
und das Denken in Standards wird ein niedrigschwelliges Angebot für eine breite Masse
an Kundinnen und Kunden geschaffen.

Um eine breite Masse an Kundinnen und Kunden erreichen zu können, sollten die Leistungserbringung und -abrechnung automatisiert und standardisiert erfolgen. Zudem empfiehlt es sich die Leistungsmodule nach Zielbereichen (beispielsweise Aufgaben, Kostentreiber) zu strukturieren und mit Leistungsbündeln auf heterogene Kundenanforderungen
und Preisbereitschaften einzugehen. Trotz der standardisierten Leistung sollte versucht
werden, den Nutzenzuwach für Kundinnen und Kunden zu ermitteln – beispielsweise
durch die gesammelten Erfahrungen und Analysen aus der Zusammenarbeit mit einem
Pilotkunden.

Im Folgenden werden die zuvor aufgezeigten Handlungsempfehlungen für die Preisbildung eines digitalen Produktes am Beispiel der IoT-Lösung eines Herstellers von Kälte-
und Klimatechnik verdeutlicht. Dieser bietet vier verschiedene Pakete an, die sich am
Kundennutzen und der digitalen Reife orientieren. Die jeweiligen Leistungskomponenten
der Pakete wurden gemäß den zentralen Kostentreibern der Kundinnen oder Kunden
strukturiert (Energieeffizienz, Betriebseffizienz und Asset Performance) und bauen aufeinander auf. Im Rahmen des *Transparenzpaketes* können Messdaten lediglich eingesehen
werden, im *Stabilisierungspaket* wird der Zustand überwacht und Alarme werden gesen-
det, wohingegen im *Optimierungspaket* die Regelungsgrößen automatisiert angepasst
werden und ein Benchmark zur Verfügung steht. Das *Best-in-Class Paket* beinhaltet darüber hinaus ein permanentes Beratungsangebot durch Expertinnen und Experten. Somit
werden heterogene Kundenanforderungen und Preisbereitschaften adressiert sowie geringe Einstiegshürden und die Möglichkeit zum Up-Selling geschaffen. Für die Erfassung
des Nutzens wurden bei einem Supermarkt als Pilotkunden die zentralen Kostentreiber
(Kälteverlust, Lebensmittelverschwendung) ermittelt. Die positiven Veränderungen durch
die App-basierte Lösung, wie reduzierte Abfallmengen, Energie- und Servicekosten, wurden erfasst und als Kostenersparnis in die Preisbildung integriert.

5.3.4 Datenbasierte Dienstleistung

Datenbasierte Dienstleistungen zeichnen sich dadurch aus, dass ein interner Nutzen für
den Anbietenden, durch eine effizientere Serviceerbringung (zum Beispiel durch weniger
Technikerstunden) und ein externer Kundennutzen (zum Beispiel durch schnellere Reak-
tionszeiten oder höhere Maschinenverfügbarkeit) realisiert werden kann. Demnach können schon ohne Anpassungen des Preismodells im Vergleich zu analogen, produktbe-
gleitenden Dienstleistungen höhere Erträge erzielt werden. Für das Preismodell sind
Service-Level-Agreements basierend auf einer Flatrate, erfolgsabhängige Modelle oder
eine Kombination der beiden Varianten zu empfehlen. Der Preis (monatlich/jährlich) sollte
sich an den Servicekosten ausrichten und darüber hinaus einen prozentualen Aufschlag für
den zusätzlichen Nutzen beinhalten. Kann der zusätzliche Nutzen quantifiziert werden,

sollte ein Mechanismus mit der Kundin oder dem Kunden hinsichtlich der Erfolgsaufteilung gefunden werden.

Die Preisbildung einer datenbasierten Instandhaltungslösung eines Anlagenbauers aus den analysierten Fallstudien verdeutlicht das Muster. Nach der Einwilligung der Kundin oder des Kunden für das erfolgsbasierte Preismodell folgt dabei eine längere Verhandlungsphase, in der die konkreten Preise ermittelt werden. Hierzu wird die integrierte Lösung im individuellen Anwendungskontext betrachtet und die Anforderungen der Kundin beziehungsweise des Kunden aufgenommen. Grundsätzlich kalkuliert der betrachtete Anlagenbauer eine dauerhafte Flatrate, die unabhängig von der Leistungssteigerung zur Kostenabdeckung und Risikoprävention dient. Die zusätzlich erzielten Gewinne gegenüber dem Status-Quo werden in der Regel mit der Kundin beziehungsweise dem Kunden im Verhältnis 30 zu 70 aufgeteilt. Die Lösung wurde schon zuvor mit Pilotkunden getestet, sodass Referenzen vorgewiesen werden können und der Anbietende die Sicherheit hat, dass der Ansatz auch bei weiteren Kundinnen und Kunden funktioniert.

5.3.5 Datenbasierte Lösung

Für eine datenbasierte Lösung sollte ein individuelles, auf die Anforderung der Kundin beziehungsweise des Kunden zugeschnittenes Preismodell angewendet werden. Die Leistungs- und Preisbildung sollte auf modularen Bausteinen und auf einer nutzenabhängigen Preismodellierung aufbauen. Zur Auswahl der jeweiligen Stufe des Preismodells lässt sich festhalten, dass mit wachsendem Umfang des durch den Anbietenden übernommenen Risikos auch dessen Wertschöpfungspotenzial steigen muss. Weiter bildet die im gleichen Sinne steigende Interessensgleichrichtung die Grundlage eines partizipativen Geschäftsmodells. Generell sollte daher vor der Angebotsunterbreitung das Geschäftsmodell der Kundschaft analysiert werden, um festzustellen, ob dieses für ein angestrebtes Preismodell geeignet ist. Ein Indikator sind hier die Wachstumsambitionen und -möglichkeiten der potenziellen Kundin beziehungsweise des potenziellen Kunden. Ferner sind die Einfluss- und Risikofaktoren der angestrebten Geschäftsbeziehung insbesondere im Rahmen ergebnis- und erfolgsabhängiger Modelle kritisch zu bewerten. Wenn auf der Seite des Anbietenden die Übernahme notwendiger Risiken wirtschaftlich nicht tragbar ist, sollte von der Wahl eines entsprechenden Preismodells abgesehen werden.

Ein richtungsweisendes Beispiel für ein erfolgsabhängiges Preismodell stellt die datenbasierte Lösung Global Energy Optimization (GEO) von enlighted™ dar (enlighted 2020). Neben reduzierten Energiekosten ermöglicht das System die Bestimmung und Optimierung von Mitarbeitendenbewegungen beispielsweise in großen Lagerhallen. Das erfolgsorientierte Preismodell basiert ausschließlich auf den Betriebseinsparungen, welche durch die optimierte Beleuchtung über einen Zeitraum von sieben Jahren realisiert werden können (enlighted 2020). Basierend auf den Ist-Energiekosten für die Beleuchtung der Kundin oder des Kunden werden von den gesamten jährlichen Energieeinsparungen durch die innovative Lösung ca. 70 % als performance-basierte Flatrate an enlighted gezahlt (enlighted 2020). Nach Ablauf der Vertragslaufzeit von sieben Jahren geht das Eigentum auf die Kundin beziehungsweise den Kunden über, sodass diese oder dieser vom gesamten Einsparungspotenzial auf lange Sicht profitiert. Das Unternehmen AT&T konnte so auf einer Fläche von 1,86 Millionen m^2 circa acht Millionen USD pro Jahr an Energiekosten für Beleuchtung einsparen.

5.4   Fazit

Die Potenziale im Bereich Industrie 4.0 sind bisher, trotz der hohen Umsatzpotenziale mit datenbasierten Geschäftsmodellen in diversen Anwendungsfeldern, noch nicht voll ausgeschöpft. Insbesondere in der Industrie bleiben die ehrgeizigen Bestrebungen zur Monetarisierung digitaler Lösungen zumeist hinter den hohen Erwartungen zurück.

Der Etablierung datenbasierter Geschäftsmodelle stehen derzeitig insbesondere im Rahmen der Preisbildung historisch gewachsenen Handlungsweisen entgegen, die es in Zukunft zu ändern gilt. Anbietende sollten sich nicht mehr auf etablierte kosten- oder wettbewerbsbasierte Preisbildungsansätze verlassen, sondern neuartige, nutzenorientierte Preisbildungsansätze verfolgen. Weiterhin sollten Daten nicht nur zur Erbringung einzigartiger Nutzenversprechen, sondern auch als objektive Bewertungsgrundlage des Nutzens für Kundinnen und Kunden während der Nutzungsphase herangezogen werden. Bei der Preisbildung darf außerdem nicht mehr von einem Nullsummenspiel ausgegangen werden, bei dem nur entweder der Anbietende oder die Kundin beziehungsweise der Kunde gewinnt. Stattdessen sollten über die Preisbildung Win-Win-Situationen geschaffen werden, welche einen hohen Anreiz zur Etablierung einer langfristigen Geschäftsbeziehung innehaben.

Zur erfolgreichen Monetarisierung datenbasierter Geschäftsmodelle sind somit vier zentrale Hürden im Rahmen der Preisbildung zu überwinden: 1) Verkauf von Nutzenversprechen statt physischer Leistungen, 2) datenbasierte Quantifizierung des Nutzens, 3) Gestaltung nutzenbasierter Preismodelle und 4) Definition der Preismetrik. Um die Preisbildung datenbasierter Leistungsangebote erfolgsversprechend realisieren zu können, ist es erforderlich eine Harmonisierung der Leistungs- und Preisfaktoren vorzunehmen. In diesem Beitrag wird daher eine systematische Lösung hierzu vorgestellt. Neben den Typen datenbasierter Leistungsangebote und deren Besonderheiten für die Preisbildung wird auf die Nutzen- und Wertbestimmung eingegangen. Weiterhin wird basierend auf dem Preispotenzial und der Risikoübernahmefähigkeit die Auswahl und Ausgestaltung des passenden Preismodells erläutert. Abschließend wird auf die Festlegung der Preismetrik eingegangen, wobei Preiskomponenten und -punkte sowie die Auswahl von Zahlungsintervallen und die Vertragslaufzeit beleuchtet werden. Für jeden Typen datenbasierter Leistungsangebote werden Handlungsempfehlungen für die Preisbildung gegeben und diese durch Praxisbeispiele erfolgreicher Unternehmen veranschaulicht.

Danksagung Die Autoren bedanken sich für die Förderung des Projektes *EVAREST* (Förderkennzeichen: 01MT19003A) durch das Bundesministerium für Wirtschaft und Klimaschutz im Rahmen des Förderprogramms Smarte Datenwirtschaft.

Literatur

acatech (2013) Umsetzungsempfehlungen für das Zuklunftsprojekt Industrie 4.0; Abschlussbericht des Arbeitskreises Industrie 4.0. Promotorengruppe Kommunikation. https://www.acatech.de/wp-content/uploads/2018/03/Abschlussbericht_Industrie4.0_barrierefrei.pdf. Zugegriffen am 31.10.2021

Accenture (2020) Top500-Studie Deutschland Weltmarktführer von morgen. https://www.accenture.com/_acnmedia/PDF-115/Top500-Studie-Deutschland-Weltmarktf%C3%BChrer-von-morgen.pdf. Zugegriffen am 31.10.2021

Adamos (2021) ADAMOS STORE; Der digitale Marktplatz für Industrie-Apps. https://adamos-store.com/. Zugegriffen am 31.10.2021

Amann K, Petzold J, Westerkamp M (2020) Prädiktive Analytik. In: Amann K, Petzold J, Westerkamp M (Hrsg) Management und Controlling. Instrumente – Organisation – Ziele – Digitalisierung. Springer, Berlin/Heidelberg, S 251–256

Bock M, Wiener M, Gronau R, Martin A (2019) Industry 4.0 Enabling Smart Air: Digital Transformation at KAESER COMPRESSORS. In: Urbach N, Röglinger M (Hrsg) Digitalization cases. Springer International Publishing, Cham, S 101–117

Bosch (2021) Bosch Rexroth: Zustandsbasierende Wartung bei Hydraulik-Prüfständen. https://www.bosch-connected-industry.com/de/de/fertigungsbetreiber/maschinenstillstaende-reduzieren/referenzen/bosch-rexroth/. Zugegriffen am 31.10.2021

Busse T (2021) ADAMOS: Digitalisierung im Maschinen- und Anlagenbau. https://www.adamos.com/. Zugegriffen am 31.10.2021

Celli (2020) Celli innovation for internet of things; Transforming companies and competition through smart and connected products. https://www.sigroup.info/public/file/media/20201119074044-depliant_intellidraught.pdf. Zugegriffen am 31.10.2021

Christensen CM, Anthony SD, Berstell G, Nitterhouse D (2007) Finding the right job for your product. MIT Sloan Manag Rev 48:38–47

Coenenberg AG, Fischer TM (1996) Produktcontrolling im „magischen Dreieck": von Kosten, Qualität und Zeit. In: Eversheim W, Schuh G (Hrsg) Produktion und Management „Betriebshütte". Springer, Berlin/Heidelberg, S 46–54

EHI (2021) Preise und Tarife|Handelsdaten.de|Statistik-Portal zum Handel. https://www.handelsdaten.de/preise. Zugegriffen am 31.10.2021

enlighted (2020) ENLIGHTED GEO® PROGRAM. https://www.enlightedinc.com/why-enlighted/geo-program/. Zugegriffen am 10.09.2020

EVAREST (2020) Erzeugung und Verwertung von Datenprodukten in der Lebensmittelindustrie durch Smart Services. https://www.evarest.de/. Zugegriffen am 03.04.2022

FAZ (2021) Zehn Jahre Industrie 4.0. https://www.faz.net/aktuell/wirtschaft/digitec/digitale-technik/digitalisierung-der-produktion-zehn-jahre-industrie-4-0-17267696.html. Zugegriffen am 26.10.2021

fero labs (2020) Solutions; Actionable machine learning software, designed to improve performance and reduce costs. https://www.ferolabs.com/solutions#solutions_energy. Zugegriffen am 19.10.2021

Frohmann F (2018) Digitales Pricing; Strategische Preisbildung in der digitalen Wirtschaft mit dem 3-Level-Modell. Springer Gabler, Wiesbaden

Fruhwirth M, Rachinger M, Prlja E (2020) Discovering Business Models of Data Marketplaces. In: Proceedings of the 53rd Hawaii International Conference on System Sciences. Hawaii International Conference on System Sciences, S 5736–5747. https://scholarspace.manoa.hawaii.edu/handle/10125/64446

Govindarajan V (2020) Who will win the industrial internet?; Industrial incumbents and digital natives both have a chance. In: Review HB (Hrsg) Monopolies and tech giants. Harvard Business Review Press, La Vergne, S 87–92

Grönroos C, Helle P (2010) Adopting a service logic in manufacturing. J Serv Manag 21:564–590. https://doi.org/10.1108/09564231011079057

Heidelberger Druckmaschinen (2021a) Heidelberg assistant. https://www.heidelberg.com/global/de/services_and_consumables/digital_platforms/heidelberg_assistant/heidelberg_assistant_1.jsp. Zugegriffen am 23.10.2021

Husmann M (2020) Erfolgsfaktoren bei der Markteinführung von datenbasierten Dienstleistungen im Maschinen- und Anlagenbau. Apprimus Wissenschaftsverlag, Aachen

Kagermann H, Lukas W-D, Wahlster W (2011) Industrie 4.0: Mit dem Internet der Dinge auf dem Weg zur 4. industriellen Revolution. VDI Nachrichten:2

Klarmann M, Miller K, Hofstetter R (2011) Methoden der Preisfindung auf B2B-Märkten. In: Homburg C (Hrsg) Preismanagement auf Business-to-Business Märkten. Preisstrategie – Preisbestimmung – Preisdurchsetzung. Gabler, Wiesbaden, S 155–178

Krotova A (2020) Der Weg zu datengetriebenen Geschäftsmodellen; Eine modellbasierte Analyse. https://www.iwkoeln.de/studien/manuel-fritsch-alevtina-krotova-der-weg-zu-datengetriebenen-geschaeftsmodellen.html. Zugegriffen am 13.10.2021

Krotova A, Rusche C, Spiekermann M (2019) Die ökonomische Bewertung von Daten: Verfahren, Beispiele und Anwendungen. Institut der deutschen Wirtschaft, Köln

Liozu SM, Ulaga W (2018) Monetizing data; A practical roadmap for framing, pricing & selling your B2B digital offers. Value Innoruption Advisors Publishing, Anthem

Microsoft (2020) Celli Group transforms the beverage industry with powerful IoT solution. https://customers.microsoft.com/de-de/story/792978-celli-group-manufacturing-azure-iot. Zugegriffen am 31.10.2021

Osterwalder A, Pigneur Y (2011) Business model generation; Ein Handbuch für Visionäre, Spielveränderer und Herausforderer. Campus, Frankfurt/New York

Projekt EVAREST (2020) Projektwebseite EVAREST – Erzeugung und Verwertung von Datenprodukten in der Lebensmittelindustrie durch Smart Services. https://www.evarest.de/. Zugegriffen am 03.04.2022

Reinsel D, Gantz J, Rydning J (2018) The digitization of the world; From edge to core. https://www.seagate.com/files/www-content/our-story/trends/files/idc-seagate-dataage-whitepaper.pdf. Zugegriffen am 21.10.2020

Renderforest (2020) 70+ Google search statistics to know in 2021. https://www.renderforest.com/blog/google-search-statistics. Zugegriffen am 31.10.2021

Roth S, Stoppel E (2014) Preissysteme zur Gestaltung und Aufteilung des Service Value. In: Hadwich K (Hrsg) Service Value als Werttreiber. Konzepte, Messung und Steuerung Forum Dienstleistungsmanagement. Springer Gabler, Wiesbaden, S 183–204

Schaeffler (2021) Schaeffler OPTIME – Was ist OPTIME und wie funktioniert die Lösung? https://www.schaeffler.de/remotemedien/media/_shared_media/08_media_library/01_publications/schaeffler_2/manualmountingoperation/downloads_7/optime_manual_de_de.pdf. Zugegriffen am 31.10.2021

Seidenfaden L (2006) Absatz digitaler Produkte und Digital Rights Management: Ein Überblick. In: Hagenhoff S (Hrsg) Internetökonomie der Medienbranche. Univ.-Verl. Göttingen, Göttingen, S 18–48

Statista (2021) Netflix.com – Visits weltweit 2021. https://de.statista.com/statistik/daten/studie/1021414/umfrage/anzahl-der-visits-pro-monat-von-netflixcom/. Zugegriffen am 31.10.2021

Stoppel E, Roth S (2017) The conceptualization of pricing schemes: from product-centric to customer-centric value approaches. J Revenue Pricing Manag 16:76–90. https://doi.org/10.1057/s41272-016-0053-1

Wang RY, Strong DM (1996) Beyond accuracy: what data quality means to data consumers. J Manag Inf Syst 12:5–33. https://doi.org/10.1080/07421222.1996.11518099

Bewertung von Unternehmensdatenbeständen: Wege zur Wertermittlung des wertvollsten immateriellen Vermögensgegenstandes

6

Hannah Stein, Florian Groen in't Woud, Michael Holuch, Dominic Mulryan, Thomas Froese und Lennard Holst

Zusammenfassung

Dieser Beitrag stellt dar, welche Chancen und Herausforderungen mit der Bewertung von Daten sowie der Abbildung monetärer Datenwerte verbunden sind und geht auf mögliche Lösungsansätze zur Bewertung von Unternehmensdatenbeständen, insbesondere im Kontext der industriellen Produktion, ein. Zunächst werden Grundlagen zur Charakterisierung, Nutzung und Verwertung von Daten sowie bestehende Methoden zur Bewertung von immateriellen Vermögensgegenständen dargestellt. Darauf aufbauend werden Chancen und Herausforderungen spezifiziert, potenzielle Lösungsansätze zur Datenbewertung abgeleitet und anschließend Anforderungen für die Datenbewertung beschrieben sowie die nutzenorientierte Datenbewertung skizziert.

H. Stein (✉)
Deutsches Forschungszentrum für Künstliche Intelligenz GmbH, Kaiserslautern, Deutschland
E-Mail: hannah.stein@dfki.de

F. Groen in't Woud · L. Holst
Forschungsinstitut für Rationalisierung (FIR) e. V. an der RWTH Aachen, Aachen, Deutschland
E-Mail: Florian.Groen@fir.rwth-aachen.de; Lennard.Holst@fir.rwth-aachen.de

M. Holuch · D. Mulryan
DMG Mori Aktiengesellschaft, Bielefeld, Deutschland
E-Mail: michael.holuch@dmgmori.com; dominic.mulryan@dmgmori.com

T. Froese
ATLAN-tec Systems GmbH, Mönchengladbach, Deutschland
E-Mail: t.froese@atlan-tec.com

© Der/die Autor(en) 2022   71
M. Rohde et al. (Hrsg.), *Datenwirtschaft und Datentechnologie*,
https://doi.org/10.1007/978-3-662-65232-9_6

6.1   Einleitung

Erstmals in der Geschichte sind nur Digitalkonzerne unter den Top 6 der wertvollsten Unternehmen der Welt. Apple, Amazon, Alphabet, Microsoft, Facebook und Alibaba kommen dabei zusammen auf eine Marktkapitalisierung von circa 4273 Milliarden US-Dollar (EY GmbH 2018). Im Gegensatz zu traditionellen Industrieunternehmen bestimmt sich der größte Anteil des Unternehmens- bzw. Börsenwertes der Konzerne nicht durch physische Assets, sondern durch den Wert immaterieller Vermögensgegenstände wie zum Beispiel Daten, Informationen und informationstechnische Dienste.

Der Zugriff und die Nutzung von Daten sind zunehmend ein wettbewerbsentscheidender Schlüsselfaktor und begründen die Notwendigkeit zur digitalen Transformation etablierter Geschäftsmodelle und -prozesse innerhalb der produzierenden Industrie (Akred und Samani 2018). Allerdings bestehen derzeit im deutschen Mittelstand, in KMU beziehungsweise anlagen-, ressourcen- und kapitalintensiven Betrieben, große Hemmnisse für Investitionen in die digitale Transformation, gekennzeichnet vor allem durch einen Mangel an Budget, Vertrauen und Know-how zur Beurteilung von digitalen Technologien und Datenpotenzialen (STAUFEN AG 2017).

Die digitale Transformation erfordert jedoch auf allen Unternehmensebenen zusätzliche Investitionen in Sachkapital, Software sowie Aus- und Weiterbildung der Mitarbeitenden. Hierzu existieren derzeit keine standardisierten, belastbaren Kennzahlen, die den wirtschaftlichen Erfolg von Investitionen in die digitale Transformation beziffern: Vorhandene und potenziell verfügbare Daten, die im Zuge der Investition in die digitale Transformation anfallen, werden nicht systematisch monetär bewertet und dem Management als Entscheidungshilfe zur Verfügung gestellt. Kaufmännische Bilanzkennzahlen gehören hingegen seit Jahrzehnten zum ökonomischen Bewertungsstandard.

Dagegen existieren keine standardisierten Kenngrößen und Bewertungssystematiken, die die monetäre Sichtbarkeit der Potenziale und Aufwände adressieren, die durch die intelligente ökonomische Verwertung von Daten im Sinne eigenständiger Wirtschaftsgüter entstehen (Siemens Financial Services 2018; STAUFEN AG 2017).

Die genannten Punkte werden im Rahmen des durch das Bundesministerium für Wirtschaft und Klimaschutz (BMWK) im Rahmen des Technologieprogramms Smarte Datenwirtschaft geförderten Forschungsprojekts *Future Data Assets* (2020) untersucht. Ziel des Projekts ist es, Datenbestände in Unternehmen bewertbar zu machen. Die Bewertung soll auf interner Seite als Entscheidungsgrundlage genutzt werden und auf externer Seite Informationen über unternehmerische Daten-Vermögenswerte für die Unternehmensberichterstattung liefern. Dieser Beitrag stellt dar, welche Chancen und Herausforderungen mit der Bewertung von Daten sowie der Abbildung monetärer Datenwerte verbunden sind und geht auf mögliche Lösungsansätze zur Bewertung von Datenbeständen ein.

Zunächst wird im Rahmen der Grundlagen der Begriff „Daten" abgegrenzt und deren wirtschaftlichen Eigenschaften hervorgehoben. Des Weiteren wird ein Ansatz zur Charakterisierung von Daten definiert, der es Unternehmen ermöglichen soll, ihre heterogenen Datenbestände vergleichbarer zu machen. Bestehende Ansätze zur Wertermittlung von immateriellen Vermögensgegenständen aus dem Kontext der Rechnungslegung und verwandten Bereichen werden anschließend vorgestellt, um eine Ausgangssituation für die Entwicklung von Bewertungsmethoden für Daten zu schaffen. Anschließend werden Chancen und Herausforderungen aus Forschungs-, Rechnungslegungs- sowie Anwendungssicht abgeleitet. Darauf aufbauend werden Lösungsansätze beschrieben, die eine Bewertung von Daten, sowie die potenzielle Integration von Daten in Konzernabschlüsse ermöglichen sollen. Dies würde eine umfassendere Abbildung und eine bessere Vergleichbarkeit von Unternehmensvermögenswerten ermöglichen. Der Beitrag endet mit einer Zusammenfassung sowie einem Ausblick.

6.2 Grundlagen

6.2.1 Begriffsdefinition und wirtschaftliche Eigenschaften

Daten sind Fakten, Signale oder Symbole, die objektiv oder subjektiv sein können, zwar einen Wert aber nicht unbedingt eine spezielle Bedeutung haben (Cao 2018). Im Alltagsgebrauch werden die Begriffe „Daten", „Information" und „Wissen" oftmals synonym verwendet. In der Literatur existiert hingegen eine Trennung der Begrifflichkeiten, die in Abb. 6.1 visualisiert wird.

Daten werden demnach aus Zeichen eines Zeichenvorrats nach definierten Syntaxregeln zu einer Zeichenfolge gebildet (Bodendorf 2006), welche erkennbare Unterschiede physikalischer Zustände, die der realen Welt entstammen, beschreiben und so materielle und immaterielle Eigenschaften dieser Zustände widerspiegeln (Boisot und Canals 2004).
Die Aufbereitung zur *Information* erfolgt, wenn Daten eine Bedeutung (Semantik) zugeordnet wird, sie also kontextualisiert werden (siehe Abb. 6.1).

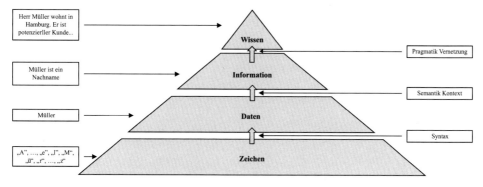

Abb. 6.1 Konzepthierarchie: Zeichen, Daten, Information und Wissen, angereichert mit Syntax, Semantik und Pragmatik (Eigene Darstellung nach Bodendorf 2006)

Wissen entsteht aus der Verknüpfung von Information und der Ergänzung einer Bedeutung (Bodendorf 2006). Dieses Wissen kann genutzt werden, um Wettbewerbsvorteile am Markt zu erzielen. Daten sind in diesem Zusammenhang also als Rohstoff von Wissen, oder „Insights" zu sehen, der es Unternehmen ermöglicht effizienter als die Konkurrenz zu agieren.

Daten können als immaterielle Produkte angesehen werden. Analog zu materiellen Rohmaterialen, die in Herstellprozessen zu physischen Produkten verarbeitet werden, werden auch (Roh-)Daten durch Aufbereitung und Weiterverarbeitung in Informationssystemen zu Informationsprodukten aufgewertet (Wang 1998 s. auch Abschn. 4.2).

In der ökonomischen Betrachtung von Daten und daraus abgeleiteter Information existieren also Parallelen zu materiellen Wirtschaftsgütern, jedoch dominieren die Unterschiede. Dazu wurden Grundsätze von Moody und Walsh (1999) aufgestellt, die die ökonomischen Eigenschaften von Daten zusammenfassen:

1. Information ist (unendlich) teilbar
2. Der Wert von Information nimmt bei Nutzung zu
3. Information ist vergänglich
4. Der Informationswert steigt mit zunehmender Genauigkeit
5. Der Wert von Information steigt bei Kombination mit anderer Information
6. Mehr Information ist nicht per se besser
7. Information ist nicht erschöpflich

Aus ökonomischer Perspektive ist es selbstverständlich, dass Daten nicht per se Mehrwert erzielen, sondern die zuvor genannten ökonomischen Eigenschaften nur dann wirken, wenn Daten als Rohstoff durch gezieltes Management und Weiterverarbeiten zu Information aufbereitet werden (Fadler und Legner 2019, S. 12). Dabei ist es essenziell die eigenen Datenbestände zu kennen, diese also charakterisieren zu können und ihnen ein Nutzungsziel, beziehungsweise den monetären Verwertungskontext zuzuordnen. Nachfolgendes Teilkapitel beschreibt Ansätze zur Charakterisierung von Daten, um diese im Zuge der Bewertung untereinander besser vergleichbar zu machen.

6.2.2　Charakterisierung von Daten

Aus logischer Sicht unterscheidet man die sogenannten Datenobjekte, Datensätze, Datentabellen beziehungsweise -dokumente, Datenbanken sowie den kompletten Datenbestand eines Unternehmens (Otto 2015). Dabei kann zwischen Eingabedaten (bereitgestellte Daten), Ausgabedaten (Ergebnisse eines Programms), Stammdaten (Grunddaten im Betrieb), Bewegungsdaten (zur Aktualisierung von Stammdaten verwendet), numerischen (Ziffern) und alphanumerischen Daten (Ziffern, Buchstaben, Sonderzeichen) unterschieden werden (Wohltmann et al. 2018).

Tab. 6.1 Überblick zu Strukturtypen von Daten

Typ	Strukturierte Daten (Arasu und Garcia-Molina 2003)	Unstrukturierte Daten (Blumberg und Atre 2003)	Semi-strukturierte Daten (Buneman 1997)
Digitale Informationen	Unterliegen vorgegebenem Aufbau/Struktur	Ohne genaue Vorgaben zur Anordnung	Ohne genaue Vorgaben zur äußerlichen Form, unterliegen jedoch hierarchischen Anordnungen
Beispielformate	Excel, CSV, relationale Datenbanken	Alphanumerische Texte in natürlicher Sprache (Word/PDF), Audio-Aufnahmen	Markup Languages wie XML oder JSON (zur Repräsentation)
Verarbeitung	Effizient möglich	Schwer: keine Metainformationen in maschinenlesbarer Sprache	Anreicherung von Metainformationen innerhalb bestimmter Tags, Daten enthalten also zusätzliche Informationen.
Nutzung	Genutzt von Suchmaschinen, um Suchergebnisse zu verbessern.	Informationen müssen zunächst mit natürlicher Sprachverarbeitung analysiert werden.	Tags ermöglichen, dass Mensch und Maschine die Informationen „lesen" können.

Zudem unterscheidet man drei Strukturtypen von Daten: strukturierte, unstrukturierte, sowie semi-strukturierte Daten (vgl. Tab. 6.1).

Nutzungsziele

Jegliche Datenarten aus unterschiedlichen Unternehmenseinheiten sollten einem Nutzungsziel unterliegen, welches ebenfalls als Möglichkeit zur Einteilung dient. Werden Daten lediglich nebenläufig, ohne konkretes Ziel, im Betrieb gesammelt, so können im Nachgang die Kosten für die Weiterverarbeitung und Speicherung den potenziellen Wertgewinn durch Daten übersteigen. Ist vor der Sammlung der Daten bekannt, wofür diese genutzt werden, zum Beispiel für Kundenanalysen, zur Produktnachverfolgung oder Preisanalysen (Alfaro et al. 2019), können früh entsprechende Strukturen geschaffen werden. Zu diesen Strukturen zählen Hardware und Software zur Sammlung, Speicherung und Verarbeitung von Daten. Häufig sind vorab Investitionen in diese Strukturen erforderlich, um den bestmöglichen Nutzen aus den Daten zu generieren.

Interne sowie externe Verwertung von Daten

Nach der Betrachtung der unterschiedlichen Einteilungsmöglichkeiten wird deutlich, dass Daten nicht nur intern gesammelt, sondern auch extern erworben und gemeinsam verwertet werden können. Mit der internen oder externen Verwertung durch Unternehmen ist die Monetarisierung der Daten gemeint. Monetarisierung von Daten bedeutet, dass ihr immaterieller Wert in reelle Werte transferiert wird, in der Regel durch den Verkauf der Daten (Najjar und Kettinger 2013). Jedoch sollte die Monetarisierung nicht mit dem Verkauf von Daten an Dritte gleichgesetzt werden, sondern mit Methoden, die genutzt werden, um Profite oder Kosteneinsparungen zu generieren (Laney 2017.). Wixom und Ross (2017) formulieren drei Konzepte zur Monetarisierung von Daten:

(1) Verkauf von Informationslösungen
(2) Verbesserung von Geschäftsprozessen
(3) Ergänzung der Kernkompetenzen mit Analysen oder Erfahrungswerten

Insbesondere in der produzierenden Industrie führt dies zu disruptiven Geschäftsmodellen, die sich vom Produkt- hin zum Lösungsgeschäft bewegen. DMG Mori beispielsweise kann durch eine breite Maschinendatenerfassung umfangreiche nachgelagerte Services anbieten, die den gesamten Produktionsprozess von der Planung über die Fertigung bis hin zu Instandhaltung der Maschinen abdecken. Dies führt zu einer immensen Steigerung der Kundenbindung und sorgt langfristig für datengetriebene Umsatzsteigerungen. Die *externe bzw. direkte Verwertung* von Daten setzt in der Regel eine Interaktion mit externen Stakeholdern voraus. Im Rahmen der externen Verwertung ist der generierte Wert in der Regel als monetärer Rückfluss zu messen. Als primäre Verwertungsmöglichkeit ist hier der Tauschhandel oder Handel mit Rohdaten beziehungsweise mit bereits analysierten Daten und daraus resultierenden Informationen oder Datenprodukten zu nennen (Woerner und Wixom 2015; Laney 2017; Davenport und Kudyba 2016). Der Direktverkauf von Rohdaten über etablierte Datenbroker oder andere Drittanbieter (Laney 2017) vereinfacht den Verwertungsprozess für Unternehmen, da sie bestehende Handelsstrukturen nutzen können. Da die Daten hier jedoch teilweise über mehrere Knotenpunkte weitergeleitet werden, muss zudem die Frage der Datensicherheit betrachtet werden. Auch die Erweiterung und Verbesserung von Produkten oder Services durch gewonnene Daten und Informationen sind möglich (Woerner und Wixom 2015; Laney 2017). Hierbei können beispielsweise durch die Analyse von Kundendaten besondere Präferenzen einzelner Kunden extrahiert und in das Produktportfolio aufgenommen werden, wodurch auch personalisierte, beziehungsweise kundenindividuelle Produkte und Lösungen entworfen werden können. Die Entwicklung und das Anbieten von Daten- und Informationsabonnements, sowie der Verkauf von Datenanalysen als Teil einer Komplettlösung können ebenfalls Werte schaffen, als Beispiel aus der Praxis wurde dazu zuvor der Maschinenhersteller DMG Mori genannt. Die kostenfreie Bereitstellung von Daten (van den Broek und van Veenstra 2015; Kennedy und Moss 2015) kann ebenfalls als externe Verwertungsmöglichkeit angesehen werden. Die Bereitstellung von Open Data ermöglicht (1) die Stimulation von Innovationen (van den Broek und van Veenstra 2015) sowie (2) Transparenz, zum Beispiel über Unternehmensentscheidungen (Kennedy und Moss 2015). Hier wird allerdings kein direkter monetärer Wert geschaffen: Imagegewinn und damit zusammenhängende gestiegene Verkaufszahlen können folgen. Egal welche Möglichkeit für Sie und Ihr Unternehmen infrage kommt, bei der externen Verwertung muss besonders darauf geachtet werden, bis zu welchem Grad Daten integriert, analysiert und veröffentlicht werden und wie beziehungsweise von wem die Daten verbreitet werden, um die Verfügungshoheit über das immaterielle Vermögenswerte und daraus generiertem Wissen zu behalten (Laney 2017).

Die *interne Verwertung* von Daten kann auch als indirekte Verwertung bezeichnet werden. Hierbei werden Daten selten nach außen gegeben und beispielsweise verkauft. Auch sind keine direkten Rückflüsse messbar, die finanziellen Effekte der internen Datenverwertung wirken sich eher auf Kostenersparnisse durch Effizienzsteigerungen auf das Unternehmensergebnis aus. Daten werden in unternehmensinternen Strukturen überführt und nur dort verwendet, da größtenteils kein Austausch mit Dritten stattfindet. Daten können beispielsweise zur Entscheidungsfindung im Unternehmen herangezogen werden. Im Rahmen einer Studie fanden Forschende heraus, dass Unternehmen, die ihre Entscheidungen mithilfe datengetriebener Informationen fällen, eine fünf bis sechs Prozent höhere Produktivität erzielen können, als andere Unternehmen (Brynjolfsson et al. 2011). Hierbei handelt es sich oft um strategische oder investitionsbezogene Entscheidungen. Unternehmen können Daten nutzen, um bisher unbeantwortete Fragestellungen zu beantworten und somit ihre Geschäftsprozesse und -modelle zu verbessern oder gänzlich neue, innovative Geschäftsmodelle zu generieren. Durch das Sammeln von Daten können zudem neue Einblicke in ihre gesamten Unternehmensbereiche erhalten: Die Erfassung von Kundendaten erhöht beispielsweise das Verständnis für Kundenbedürfnisse und unterstützt die Entwicklung neuer Produkte und Wertversprechen (Woerner und Wixom 2015) bevor diese auf den Markt gelangen. Mit Hilfe von datenbasierten Informationen aus der Produktion können beispielsweise Fertigungsprozesse effizienter koordiniert, Lagerbestände minimiert und Energiekosten gesenkt werden. Weiterhin können Daten eingesetzt werden, um Partnerschaften mit anderen Unternehmen zu entwickeln oder zu stärken (Laney 2017). Die monetäre Bewertung von Daten im Rahmen der internen Verwertung gestaltet sich schwierig, da oft eine eindeutige Zurechnung von Kosten, zum Beispiel bei Maschinendaten nicht möglich ist. Somit können auch die Rückflüsse nicht genau kalkuliert werden (Sinsel 2020). Aus diesem Grund werden im Rahmen des Projekts *Future Data Assets* finanzielle Bewertungsmethoden untersucht und weiterentwickelt, die die monetäre Bewertung von Daten zur internen Verwertung ermöglichen, sodass Investitionsentscheidungen für die Erstellung und interne Verwertung von Daten besser getroffen werden können.

Erfassung der Datencharakteristika

Basierend auf den vorherigen Anforderungen werden folgende Aspekte zur Charakterisierung einzelner Datenbestände abgeleitet (vgl. Tab. 6.2):

Festzuhalten ist, dass sich die ökonomischen Eigenschaften von Daten stark von materiellen Wirtschaftsgütern unterscheiden. Daten dienen in unterschiedlichen Verwertungskontexten als Rohstoff, um Informationen und Wissen generieren zu können, womit sich Wettbewerbsvorteile erschließen lassen.

Wichtig dabei ist, die eigenen Ziele bei der Datennutzung zu definieren. Dies schafft ein grundlegendes Verständnis für realisierte Potenziale, beziehungsweise nicht realisierte Datenpotenziale und somit eine fundierte Grundlage für die spätere Bewertung der eige-

Tab. 6.2 Charakterisierung von Datenbeständen in Unternehmen

Name	(Bezeichnung des Datensatzes)
Quelle	(intern/extern)
Struktur	(strukturiert/semi-strukturiert/unstrukturiert)
Aggregationsgrad	(Rohdaten/verarbeitete Daten/…)
Anzahl der Datenpunkte/Größe des Samples	(Wert XY)
Nutzungsziel	(s. o.)
Format	(csv/…)
Verwertungsziel	(intern/extern)
Zeitbezug	(aktuell/historisch/sonstiges)

nen Datenbestände. Ungenutzte Daten erzeugen keinen Wert, sondern lediglich Kosten. Daher sollte insbesondere die aktuelle und zukünftige Nutzung der Daten klar definiert sein, um den Bedarf eindeutig abschätzen zu können.

6.2.3 Bestehende Ansätze zur Wertermittlung von Daten

Bevor neue, konsistente Datenbewertungsansätze entwickelt werden können, sollten bestehende Ansätze betrachtet werden. Grundsätzlich existieren in der Rechnungslegung drei Verfahren, die eine finanzielle Bewertung von immateriellen Vermögensgegenständen ermöglichen, nämlich *kosten-, marktpreis- und kapitalwert-, beziehungsweise nutzenorientierte* Verfahren (Moody und Walsh 1999; Laney 2017). Diese können in Teilen auf die Bewertung von Daten übertragen werden. In der Rechnungslegung wird der Einsatz von marktbasierten Verfahren bevorzugt, gefolgt von kapitalwert- und kostenbasierten Verfahren. Da der Projektfokus jedoch auf der Ermittlung des monetären Nutzwerts des unternehmerischen Datenkapitals liegt, wurde vor allem der kosten- und nutzenorientierte Ansatz näher untersucht. Denn bisher ist der Handel von Daten zum Beispiel im deutschen produzierenden Mittelstand noch wenig verbreitet. Im Folgenden werden die Verfahren genauer erläutert.

Mit Hilfe von *kostenbasierten Verfahren* wird der Wert von Daten als immaterieller Vermögensgegenstand anhand der Kosten bestimmt, die im Rahmen der Erzeugung und Haltung von Daten aufkommen. In der Literatur wird dabei zwischen zwei Kostenarten unterschieden, nämlich (1) Kosten, die benötigt werden, um einen einzigartigen immateriellen Vermögensgegenstand neu zu erschaffen (Herstellungskosten) und (2) Kosten, die aufzuwenden sind, um einen immateriellen Vermögensgegenstand wieder zu kreieren, nachdem der ursprüngliche immaterielle Vermögensgegenstand verloren, gelöscht oder zerstört wurde (Wiederherstellungskosten) (Krotova et al. 2019). Der wesentliche Unterschied der beiden Alternativen besteht darin, dass bei der Bestimmung der Wiederherstellungskosten davon ausgegangen wird, dass das benötige Know-how und die Dateninfrastruktur bereits vorhanden sind (Reilly und Schweihs 2016). Hauptkritikpunkt am kostenorientierten Ansatz ist, dass bei einer retrospektiven Betrachtung des Datenwerts nur dessen Akquise-, beziehungsweise Reproduktionskosten berücksichtigt werden, allerdings nicht der jetzige oder zukünftige Nutzen, der durch den Vermögenswert in spezifischen Anwendungsfällen generiert werden und somit nur eine beschränkte Aussagekraft über den wahren Datenwert getroffen werden kann (Moody und Walsh 1999). Da zukünftiger ökonomischer Nutzen und Potenziale nicht berücksichtigt werden, empfiehlt es sich deshalb, den Ansatz bei vorrangig intern genutzten Daten als Controlling-Tool anzuwenden, die als Grundlage für andere Vermögenswerte dienen und keine direkten Rückflüsse generieren (Reilly und Schweihs 2016). Für den Fall, dass Sie selbst generierte Datenbestände in Ihren Geschäftsprozessen nutzen, eignet sich das kostenorientierte Verfahren hervorragend als Controlling-Tool (vgl. auch Stein und Maaß 2021).

Grundprinzip der *marktpreisorientierten Verfahren* ist die Interaktion von Angebot und Nachfrage innerhalb eines aktiven Marktes, bzw. die Bereitschaft anderer Organisationen, für einen angebotenen Vermögenswert zu zahlen (Moody und Walsh 1999). Reilly und Schweihs (2016) nennen und erläutern drei Methoden, die die Ermittlung eines marktpreisorientierten Datenwerts verfolgen, falls keine Märkte existieren. Diese wurden von Krotova et al. (2019) bereits ins Deutsche übertragen:

- Die *Vergleichswertmethode* ermittelt Werte eines Datensatzes anhand von Referenztransaktionen, bei denen ähnliche Datensätze gehandelt wurden. Der durchschnittliche Preis bezieht sich auf eine Einheit, zum Beispiel Umsatz, Kundenzahl oder Nutzungsdauer und ist maßgebend für den zu bewertenden Datenvermögenswert.
- Bei der *Lizenzpreisanalogiemethode* dienen Vereinbarungen zu möglichen Lizenzgebühren als Basis der Bemessungsgrundlage. Lizenzgebühren werden häufig erhoben, wenn Nutzungs- oder Eigentumsrechte für den zu bemessenden Vermögenswert zeitlich begrenzt sind.
- Die *Methode der vergleichbaren Umsatzrendite* bewertet Datenvermögenswerte monetär anhand der Umsatzrenditen des besitzenden Unternehmens und konkurrierender Unternehmen, die den gleichen oder einen vergleichbaren Vermögensgegenstand nicht besitzen. Da dieses Verfahren eine Vielzahl an Voraussetzungen zur korrekten Wertermittlung mit sich bringt, wird es selten eingesetzt.

Das marktpreisorientierte Verfahren bietet Potenzial, einen realitätsnahen Nutzwert zu ermitteln, trotzdem ist dieser Ansatz je nach untersuchtem Datentyp stark limitiert. Zum einen ist der Wert von datengenerierter Information für den Anwendenden sehr kontextspezifisch, was die Vergleichbarkeit ähnlicher Datensätze erschwert, zum anderen muss ein aktiver Markt existieren (Zechmann und Möller 2016).

Die *kapitalwertbasierten* Ansätze bestimmen den Gegenwartswert eines immateriellen Datenvermögenswerts auf Grundlage zukünftiger Kapitalflüsse, die er während der Nutzungsdauer voraussichtlich erzielt. Besonders hervorzuheben ist das von Zechmann (2017) entwickelte nutzenorientierte Bewertungsverfahren. Der erstmals im Jahr 2016 veröffentlichte Ansatz umfasst einen Ordnungsrahmen, der es ermöglicht, Datenbestände anhand der Chancen und Risiken in Abhängigkeit ihrer Datenqualität und der Nutzung in

Anwendungsfällen finanziell zu bewerten. Das Verfahren ist in fünf Phasen unterteilbar (Zechmann und Möller 2016):

1. Festlegung des Anwendungsfalls: Formulierung des Bewertungsziels.
2. Definition: Bestimmung und Festlegung von Prozessen, die für die Datenauswertung relevant sind.
3. Analyse: Identifikation von Datenanwendungskontexten, verwendeten Daten innerhalb der relevanten Prozesse und möglichen indirekten Effekten von Daten auf übrige Geschäftsprozesse.
4. Erhebung: Analyse von Chancen und Risiken sowie deren monetären Nutzen- und Schadenspotenzialen, Ermittlung der vorliegenden Datenqualität und Eintrittswahrscheinlichkeiten.
5. Bewertung: Quantifizierung der Nutzen- und Schadenserwartungswerte sowie datenbezogener Kosten, Berechnung des datenbezogenen Wertbeitrags basierend auf der Kapitalwertmethode.

Die Anwendbarkeit in der Praxis ist allerdings nur eingeschränkt gewährleistet, da die ermittelten Datenwerte einen hohen Grad an Subjektivität vorweisen und sich die Durchführung des Bewertungsverfahrens als unwirtschaftlich herausgestellt hat (Zechmann 2017).

Zusammenfassend ist festzuhalten, dass derzeit kein Bewertungsverfahren existiert, das sich dazu eignet, intersubjektive Datennutzwerte, das heißt die für die Ermittlung des Datenwerts obligatorischen, subjektiven Wahrnehmungen und Einschätzungen für Außenstehende gleichermaßen erkennbar und nachvollziehbar zu ermitteln, um diese in die finanzielle Berichterstattung einfließen zu lassen oder als internes Management-Tool zu nutzen. Es existiert meist nicht „der" Datenwert. Der wahre Nutzen des Datenbestandes ist aufgrund der Abhängigkeit des Verwertungskontextes in der Regel höchst subjektiv. Daraus folgt, dass Nutzwerte immer aus Sicht der nutzenden Entität und den jeweiligen Nutzungskonzepten bestimmt werden müssen. Zudem kann der monetäre Wert der betrachteten Daten für das eigene Unternehmen ein Vielfaches des Marktpreises betragen – oder auch nur einen Bruchteil.

6.3   Chancen und Herausforderungen im Kontext der Bewertung von Daten

Im Rahmen des Forschungsprojekts *Future Data Assets* wurden durch Anforderungs- und Bedürfnisanalysen verschiedene Chancen und Herausforderungen aus der Forschungs-, Rechnungslegungs- und Anwendungs- bzw. Unternehmenssicht für die Bewertung von Daten abgeleitet. Darauf aufbauend wurden verschiedene Lösungsansätze skizziert, die im Rahmen der Bewertung von Daten Anwendung finden können. Diese werden nachfolgend genauer erläutert und sind in Abb. 6.2 zusammengefasst.

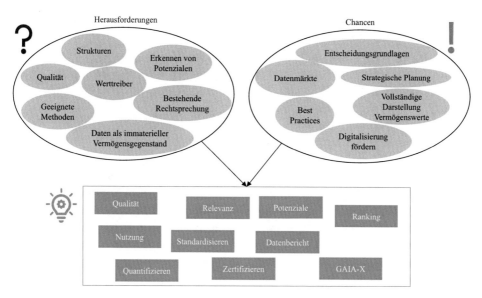

Abb. 6.2 Herausforderungen, Chancen und Lösungsansätze für die Datenbewertung (eigene Darstellung)

Im linken oberen Kreis werden Herausforderungen im Kontext der Bewertung von Daten dargestellt, die in Teilen als interdependent anzusehen sind. Verschiedene Strukturen in Unternehmen stellen Herausforderungen bei der Bewertung von Daten dar, nämlich die Struktur der Unternehmen selbst sowie die Struktur der Datenhaltung und -verwaltung (Data Governance). Abhängig von der Größe, dem Geschäftsfeld sowie der Branche eines Unternehmens ist das Wissen über die Bedeutung von Daten unterschiedlich. Verantwortlichkeiten und Zuständigkeiten sind oft nicht sauber abgegrenzt beziehungsweise strukturiert. Dies führt zur Herausforderung der Datenhaltung und -verwaltung. Ohne entsprechende Verantwortlichkeiten bestehen oft Datensilos, die nicht miteinander verknüpft sind, die für die Pflege der Daten verantwortlichen Personen sind gegebenenfalls unklar. So entsteht mitunter Intransparenz, die in einer geringen Datenqualität und verringerten Datennutzung mündet. Weiterhin können Daten, die nicht bekannt beziehungsweise nutzbar sind, auch nicht im Kontext einer Bewertung oder einer Nutzung im Rahmen von gewinnbringenden datengetriebenen Geschäftsmodellen eingesetzt werden. Diese Problemstellungen führen weiterhin zu einem Mangel an Datenqualität. Die Qualitätskontrolle ist in Unternehmen primär auf Produkte und Abläufe bezogen, während Daten oft noch nicht als Produkt oder Vorprodukt betrachtet werden. Das heißt, es besteht ein Defizit in der Kontrolle und Optimierung der Datenqualität, wie beispielsweise Richtigkeit, Vollständigkeit sowie Aktualität der Daten. Aus Unternehmenssicht ist oft das Erkennen von potenziellen Datenbeständen zur Bewertung eine Herausforderung. Bestehende Datenbestände sind oft heterogen, isoliert, unzusammenhängend oder keinem klaren

Nutzungsziel zuzuordnen. Die Auswahl geeigneter (bestehender) Bewertungsmethoden ist daher erschwert.

Bestehende Bewertungsansätze für immaterielle Vermögensgegenstände (vgl. Abschn. 6.2.2) können nicht unverändert auf Daten angewandt werden. Hierfür liegen mehrere Gründe vor. Daten besitzen zahlreiche Eigenschaften, die denen der immateriellen Vermögensgegenstände gleichkommen. Allerdings unterscheiden sich Daten dennoch in Teilen von diesen. Beispielsweise ist die rechtliche Schutzfähigkeit von immateriellen Vermögensgegenständen nicht spiegelbildlich auf Daten übertragbar. Zusätzlich hierzu formuliert die aktuelle Rechtsprechung zur Rechnungslegung teilweise Bilanzierungsverbote für Daten, wie beispielsweise Kundendaten. Dies verhindert einerseits die Bilanzierbarkeit von Daten im Rahmen des Jahresabschlusses und andererseits weisen die Unterschiede zwischen Daten und immateriellen Vermögensgegenständen darauf hin, dass bestehende Bewertungsmethoden erweitert werden müssen, um eine belastbare Bewertung von Daten zu ermöglichen.

Aufgrund der Eigenschaften von Daten sowie oftmals fehlenden Marktwerten müssen außerdem geeignete Werttreiber spezifiziert werden, die anschließend zur Erweiterung bestehender Bewertungsmethoden herangezogen werden können.

Im rechten oberen Kreis in Abb. 6.2 werden Chancen im Kontext der Bewertung von Daten skizziert. Die Bewertung von Daten bietet insbesondere die Möglichkeit der Verbesserung von Entscheidungsgrundlagen sowie der strategischen Planung in Unternehmen. Investitionen in zusammenhängende Geschäftsmodelle, Hard- oder Software können durch eine Bewertung von Daten mit höherer Sicherheit getroffen werden. Somit kann auch die Digitalisierung gefördert werden. Wird beispielsweise kalkuliert, dass hohe Datenwerte in einer bestimmten Abteilung bestehen und damit Gewinne erwirtschaftet werden können, so liegen gegebenenfalls auch Investitionen in andere datenbasierte Investitionen nahe. Dies fördert in der Regel die Digitalisierungsansprüche von Unternehmen. Durch bestehende Best Practices, das heißt datenbasierte Anwendungsfälle und zusammenhängende Bewertungen, können Datenwerte anschaulich demonstriert und zum Vorreiter-Modell für ganze Branchen werden.

Die Schaffung von realen oder simulierten Datenmärkten kann weiterhin eine Chance für die (Weiter-)Entwicklung von Datenbewertungsmethoden darstellen. Durch gezahlte Preise können Datenwerte marktbasiert gebildet werden. Die Untersuchung der Eigenschaften und Preise dieser gehandelten Daten kann eine reversible Entwicklung von Bewertungsmethoden unterstützen. Weiterhin werden Vergleichswerte geschaffen, die zum Beispiel bei der Anwendung von Markt- oder Lizenzpreisanalogien herangezogen werden können. Insgesamt kann die Bewertung von Daten eine nahezu vollständige Repräsentation von Unternehmenswerten ermöglichen, was wiederum für Investorinnen und Investoren sowie Partnerinnen und Partner die Möglichkeit bietet, Unternehmen besser einschätzen zu können.

6.4 Lösungsansätze zur Datenbewertung

Zur Überwindung der im vorangegangenen Kapitel beschriebenen Herausforderungen wurden verschiedene Lösungsansätze im Rahmen des Forschungsprojekts *Future Data Assets* spezifiziert. Die Aspekte, die im Rahmen dieser Lösungsansätze betrachtet werden, finden sich in der grünen Box in der Abb. 6.2. Weiterhin sind zweierlei Dimensionen zu differenzieren: Einerseits entwickelt das Projekt Ansätze zur quantitativen Datenbewertung auf Datensatz- beziehungsweise -tabellenebene. Hierbei liegt der Fokus jedoch zunächst auf dem industriellen Kontext und zugehörigen Daten, weshalb komplette Unternehmensdatenbestände aktuell noch nicht monetär bewertet werden können. Aus diesem Grund wird zusätzlich ein sogenannter Datenbericht entwickelt, mit dem der komplette Datenbestand eines Unternehmens beziehungsweise einer Unternehmenseinheit auf qualitativer Ebene beschrieben werden soll. Der Datenbericht soll zukünftig als Anhang beziehungsweise Teil des Lageberichtes von Unternehmen für Dritte zugänglich gemacht werden.

6.4.1 Datenbewertung auf Objektebene

Anforderungen für die Datenbewertung
Um existierende Ansätze, und insbesondere die nutzenorientierte Datenbewertungsmethode, zielgerichtet weiterentwickeln und modifizieren zu können, wurden zu Beginn des Projekts innerhalb des Konsortiums aufbauend auf Zechmann (2017) zehn Anforderungen definiert. Diese entsprechen der initialen Zielsetzung des Forschungsprojekts und sollen durch potenzielle Verfahren zur Datenbewertung erfüllt werden, um erfolgreich in der Praxis eingesetzt werden zu können:

1. Ermittlung eines monetären Datenwerts
2. Ausrichtung auf industriellen Kontext
3. Ermittlung eines Kapitalwerts
4. Berechnung des wahren Nutzwerts (Value in Use)
5. Unterscheidung zwischen gegenwärtigen (realisierten) und zukünftigen (potenziellen) Datenwerten
6. Berücksichtigung der Datenqualität bei Wertermittlung
7. Selbstständige Ermittlung verlässlicher Datenwerte
8. Uneingeschränkte Anwendbarkeit des Bewertungsverfahrens
9. Bewertungsmethode muss praktisch anwendbar sein
10. Generierung von Lerneffekten bei Mehrfachanwendung

Zusätzliche Anforderungen für die Entwicklung von quantitativen Datenbewertungsmethoden gehen aus qualitativen Experteninterviews hervor, die im Projektverlauf hinzugekommen sind. Diese unterteilen sich in Anforderungen an Bewertungsmethoden selbst, sowie Anforderungen daran, welche Eigenschaften von Daten in die Bewertung mit einbezogen werden sollten. Quantitative Datenbewertungsmethoden sollen (a) auf bestehenden Methoden aufbauen, (b) einen klaren Zweck haben, (c) objektive oder intersubjektive Werte ermitteln, (d) nachvollziehbar sein und (e) multi-dimensional aufgebaut sein. Die Bewertungsmethoden sollen folgende Aspekte beziehungsweise Eigenschaften von Daten mit einbeziehen: (f) Datenmanagement, (g) Datenqualität, (h) Datennutzung, (i) Datenkosten, (j) Datentypen sowie (k) den Grad der Einzigartigkeit der Daten (Stein und Maass 2022). Weiterhin wurde von Unternehmensseite insbesondere die Relevanz des Datenqualitätskriteriums der Aktualität hervorgehoben, da veraltete Daten meist zu Problemen in der Nutzung führen.

Messung von Datenqualität als Werttreiber

Insbesondere die Datenqualität stellt einen der wichtigsten Treiber des Wertes von Daten dar. Daher wurden im Projekt *Future Data Assets* zwei Ansätze zur Messung von Datenqualität entwickelt. Der erste Ansatz ermöglicht eine qualitative, fragebogenbasierte Bewertung der Datenqualität in Unternehmen beziehungsweise Unternehmensbereichen. Die fragebogenbasierte Bewertungsmethode sammelt Informationen über die Qualität der Datensammlung, -verarbeitung und -verwertung des Produktionsprozesses eines Nutzenden und bewertet auf der Grundlage dieser Informationen das Datenpotenzial, das dem Nutzenden zur Verfügung steht. Je nach Branche können Nutzerinnen und Nutzer zwischen verschiedenen Fragebögen auswählen, wobei die Fragen in ihrer Formulierung und Schwerpunktsetzung dem SIPOC-Ansatz (Supplier, Inputs, Process, Outputs, Customer) folgen. Der SIPOC-Ansatz ist eine DIN-genormte Methode zur Bewertung des Datenpotenzials. Die Methode unterscheidet zwischen den Bereichen Supplier, Input, Process, Output und Customer. Zu jedem dieser Bereiche wird der Nutzende hinsichtlich des Vorgehens bei der Datensammlung, der -verarbeitung und der -verwertung befragt. Der berechnete SIPOC-Score drückt das aktuelle Datenpotenzial des Nutzenden aus und hilft dabei, die momentan vorherrschende Lage und seine eigene Position innerhalb der Digitalisierung und der industriellen Transformation in eine Industrie 4.0 einzuschätzen. Für diesen Ansatz ist geplant, eine Zertifizierung zu entwickeln, sodass durch eine Prüfung sichergestellt wird, dass die Unternehmen verlässliche und richtige Angaben getätigt haben. Dies ermöglicht auch eine bessere Vergleichbarkeit der Datenqualität verschiedener Unternehmen.

Weiterhin wurde ein Modul zur automatisierten Datenqualitätsbewertung entwickelt, das eine *objektive Bewertung der Datenqualität* von beispielsweise Datentabellen ermöglicht. Über die dezentrale FDA-Datenbilanz Plattform können Datensätze in Form von CSV-Dateien in der lokalen Umgebung eines Unternehmens geladen werden. Anschließend wird ein Service in der lokalen Umgebung auf die Daten angewandt, ohne dass die Daten diese Umgebung verlassen. Der Service analysiert die Daten hinsichtlich den Qualitätskriterien *Genauigkeit, Konsistenz, Vollständigkeit,* sowie *Integrität* und resultiert in

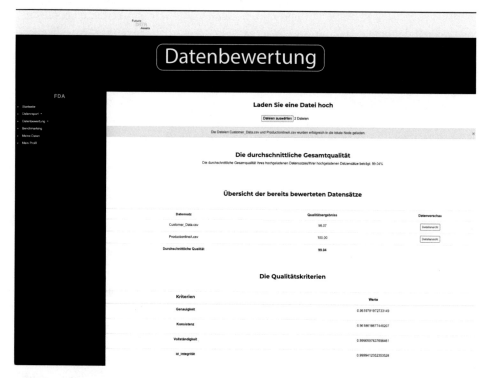

Abb. 6.3 Automatisierte Ermittlung der Datenqualität (Eigene Darstellung des Demonstrators Future Data Assets)

einem Prozentsatz zwischen null Prozent (schlechte Datenqualität) und hundert Prozent (perfekte Datenqualität), wie in Abb. 6.3 zu sehen ist.

Die Datenqualität sollte die Charakterisierung von Datenbeständen (vgl. Tab. 6.2) erweitern um eine umfänglichere Einschätzung der Datenbestände im Unternehmen vorzunehmen.

Nutzenorientierte Datenbewertung

Da im Forschungsprojekt *Future Data Assets* die Ermittlung des monetären Nutzwerts des unternehmerischen Datenkapitals besonders relevant ist, wurde unter anderem das nutzenorientierte Bewertungsverfahren als Variante der kapitalwertorientierten Verfahren als Lösungsansatz fokussiert, der hier nachfolgend kondensiert aufgeführt wird (s. Abschn. 5.1). Im Kern des Bewertungsverfahrens steht ein Kreis an Expertinnen und Experten, der Datenobjekte im Kontext von Anwendungsfällen betrachtet, die durch das Unternehmen forciert werden (Zechmann 2017). Dabei handelt es sich beispielsweise um datengetriebene Service-Leistungen im After Sale (Smart Services) oder datenbasierte Produktionsoptimierungen, wie zum Beispiel nachfrageorientierte Produktionsplanung und intelligentes Energiemanagement. Die Wertermittlung erfolgt also durch die Abschätzung des Mehrwerts, der durch den Einsatz von Daten in diesen Geschäftsaktivitäten realisiert wird.

In seiner aktuellen Form erfüllt das nutzenorientierte Bewertungsverfahren bereits einen Großteil der durch das Konsortium aufgestellten Anforderungen (A1-A6). Schwachstellen der Methode wurden bereits durch den ursprünglichen Verfasser hervorgehoben (Zechmann 2017).

1) *Reliabilität*: A7 und A10
   Die ermittelten Datenwerte sind durch persönliche Meinungen und Abschätzungen höchst subjektiv und für Außenstehende nicht nachzuvollziehen.
2) *Wirtschaftlichkeit*: A8 und A9
   Die Durchführung des Verfahrens ist mit der Sammlung verschiedener Expertenmeinungen und deren Konsolidierung mit hohem Aufwand verbunden. Die Wirtschaftlichkeit ist somit nicht gewährleistet.

Für die Ausweisung im Lagebericht ist die Objektivität der ermittelten Datenwerte von höchster Priorität. Aktuell ist die Durchführung des Rahmenwerks durch Anwendende noch zu komplex, da insbesondere Entscheidungen zu monetären Wirkungsbeziehungen von Datenobjekten im betrachteten Anwendungsfall willkürlich getroffen werden können.

Durch das Projektkonsortium wird diese Problematik mittels Standardisierung des Verfahrens adressiert. Der Leitgedanke besteht darin, *intersubjektive* Datenwerte zu ermitteln. Dies soll durch eine Standardisierung der Entscheidungsmöglichkeiten innerhalb der verschiedenen Phasen des nutzenorientierten Bewertungsverfahren erreicht werden. Ziel ist die Steigerung der Reliabilität (A7) durch Intersubjektivität und die Möglichkeit Lerneffekte generieren zu können (A10), indem ein verbindlicher Ordnungsrahmen vorgegeben wird.

Dazu wurden vorrangig die Phasen 1–3 eines bestehenden Vorgehens modifiziert (Zechmann und Möller 2016).

Neben der Datenqualität ist auch die Nutzung ein relevanter Werttreiber von Daten. Die bereits charakterisierten Daten sollten daher einem internen Ranking unterzogen werden, um datengetriebene Geschäftsprozesse zu identifizieren, die durch die Nutzung von Daten den höchsten Mehrwert generieren (Holst et al. 2020; Stein et al. 2021).

In einem ersten Schritt werden zunächst die wertvollsten Datensätze für das betrachtete System oder Unternehmenssegment in Form eines Datenkatalogs ermittelt.

In Schritt zwei wird ein Katalog relevanter Anwendungsfälle für die in Schritt eins ermittelten Datensätze definiert. Hierbei erfolgt eine Eingrenzung und Beschreibung der datengetriebenen Anwendungsfälle, und es wird zum Beispiel definiert, ob diese eine interne oder externe Monetarisierung der Daten zur Folge haben.

Anschließend werden in Schritt drei Datenattribute (zum Beispiel Datenqualität, -beschaffung, -verarbeitung und -analyse wie bei der Charakterisierung von Daten) und Schwellwerte festgelegt, da jeder Anwendungsfall unterschiedliche Anforderungen an die genannten Attribute stellt. Involvierte Datenobjekte werden analysiert und Wirkungszusammenhänge werden in Form von sogenannten Benefit Aspects spezifiziert. Diese sollen dann zukünftig über Berechnungsmodelle objektiv und quantitativ bewertet werden.

Im Ergebnis steht hier aktuell eine Liste von verknüpften Datensätzen und Anwendungsfällen, die die subjektive Sicht von Unternehmen auf ihre wertvollsten Datensätze anhand festgelegter Kriterien und Schwellwerte zeigt.

Die bisher skizzierten Lösungsansätze zur Überwindung der Herausforderungen beziehen sich primär auf die Bewertung einzelner Datensätze oder -tabellen. Nachfolgend wird nun der sogenannte Datenbericht skizziert, der es ermöglichen soll, den kompletten Datenbestand auf qualitativer Ebene zu bewerten.

6.4.2 Skizzierung eines Datenberichts für Unternehmen

Da Daten nicht abschließend als immaterieller Vermögensgegenstand definiert, bewertet und in die Bilanz von Unternehmen aufgenommen werden können, wird im Rahmen des Forschungsprojekts die Entwicklung eines sogenannten Datenberichtes avisiert. Obwohl bereits heute Unternehmen, wie zum Beispiel Robert Bosch GmbH, thyssenkrupp AG oder Siemens AG, den Aspekt der Daten sowie von datengetriebenen Geschäftsmodellen in ihren Lagebericht mit aufnehmen, fehlt eine allgemeingültige Struktur, über welche Aspekte hier berichtet werden soll.

Der Datenbericht wird daher als Anhang zum Lagebericht konzipiert und ermöglicht es, über nicht bilanzierbare Daten zu berichten, die dennoch relevant für den Unternehmenserfolg sind. Er gibt den Unternehmen vor, welche Aspekte zu Daten und datengetriebenen Geschäftsmodellen aufgenommen werden sollen. Der Bericht kann sich sowohl auf gesamte Unternehmen, als auch auf verschiedene Geschäftsfelder und Segmente beziehen.

Es werden insbesondere die Themen der Strategie und Nutzung, Datenqualität, der Data Governance, Finanzierungsaspekte in Bezug auf Daten, rechtliche und Sicherheitsaspekte, sowie weitere IT-Themen, wie beispielsweise die Dateninfrastruktur, betrachtet.

Die Standardisierung dieses Datenberichts in Verbindung mit dem Deutschen Rechnungslegungs Standards Committee (DRSC) wird aktuell angestrebt.

6.5 Zusammenfassung und Ausblick

Dieser Beitrag befasste sich mit Chancen und Herausforderungen der Bewertung von Daten und den damit einhergehenden Verwertungspotenzialen für Unternehmen. Nach der Vermittlung von Grundlagen zur Charakterisierung von Daten und bestehenden Bewertungsansätzen wurden Chancen und Herausforderungen im Kontext der Bewertung von Daten spezifiziert. Darauf aufbauend wurden Anforderungen für die Entwicklung von Bewertungsmethoden sowie Lösungsansätze beschrieben, die aktuell im Projekt *Future Data Assets* untersucht beziehungsweise entwickelt werden.

Insbesondere die Entwicklung und Standardisierung eines Datenberichtes nach geltendem Recht wird zukünftig für die Vergleichbarkeit von Unternehmensvermögenswerten, sowie für die reelle Abbildung dieser Werte eine wichtige Rolle spielen. Denn obwohl

Datenbestände aktuell noch nicht in Bilanzen aufgenommen werden können, ist die Darstellung in Form eines Datenberichtes besonders relevant, um die Vermögensgegenstände von Unternehmen umfangreich darzustellen. Daraus können Vermögenswerte von Unternehmen, die unter anderem auch aus bisher nicht berücksichtigten Daten bestehen, umfänglicher abgebildet werden.

Zudem muss die Entwicklung von Datenmärkten im Rahmen der Datenbewertung genau betrachtet werden. Denn lediglich über Märkte können (Daten-)Werte belastbar festgelegt und in die Bilanz mit aufgenommen werden.

Danksagung Die Autoren bedanken sich für die Förderung des Projektes *Future Data Assets* (Förderkennzeichen: 01MD19010B) durch das Bundesministerium für Wirtschaft und Klimaschutz im Rahmen des Förderprogramms Smarte Datenwirtschaft. Zusätzlich gilt besonderer Dank den Konsortialpartnern von Deloitte Deutschland, die die Konzeption und Ausgestaltung des Datenberichts verantworten.

Literatur

Akred J, Samani A (2018) Your data is worth more than you think. Sloan Manag Rev. https://sloan-review.mit.edu/article/your-data-is-worth-more-than-you-think/. Zugegriffen am 21.01.2022

Alfaro E, Bressan M, Girardin F, Murillo J, Someh I, Wixom BH (2019) BBVA's data monetization journey. MIS Q Exec 18(2):117–128. Indiana University Press, United States

Arasu A, Garcia-Molina H (2003) Extracting structured data from web pages. Proceedings of the 2003 ACM SIGMOD international conference on Management of data. ACM, United States, S 337–348. https://doi.org/10.1145/872757.872799

Blumberg R, Atre S (2003) The problem with unstructured data. Dm Rev 13:42–49

Bodendorf F (2006) Daten- und Wissensmanagement, 2. Aufl. Springer, Berlin/Heidelberg

Boisot M, Canals A (2004) Data information and knowledge: have we got it right? J Evol Econ 14(1):43–67. https://doi.org/10.1007/s00191-003-0181-9

van den Broek TA, van Veenstra AF (2015) Modes of governance in inter-organizational data collaborations. In: Proceedings of the 23rd European conference on Information Systems. AIS, Münster

Brynjolfsson E, Hitt LM, Kim HH (2011) Strength in numbers: how does data-driven decisionmaking affect firm performance? Available at SSRN 1819486: https://doi.org/10.2139/ssrn.1819486. Zugegriffen am 21.01.2022

Buneman P (1997) Semistructured data. Paper presented at the Proceedings of the sixteenth ACM SIGACT-SIGMOD-SIGART symposium on Principles of database systems. Tucson, Arizona, USA

Cao L (2018) Data Science Thinking: The Next Scientific, Technological and Economic Revolution, 1. Aufl. Springer, Cham

Davenport TH, Kudyba S (2016) Designing and developing analytics-based data products. MIT Sloan Manag Rev 58(1):83. United States

EY GmbH (2018) Digitalriesen überholen Industrie – US-Internetkonzerne sind wertvollste Unternehmen der Welt. https://www.wiwo.de/unternehmen/it/apple-amazon-alphabet-us-digitalkonzerne-sind-wertvollste-unternehmen-der-welt/22751100.html. Zugegriffen am 21.01.2022

Fadler M, Legner C (2019) Managing Data as an Asset with the Help of Artificial Intelligence. Whitepaper, CDQ

Future Data Assets (2020) Intelligente Datenbilanzierung zur Ermittlung des unternehmerischen Datenkapitals. https://future-dataassets.de. Zugegriffen am 03.03.2022

Holst L, Stich V, Schuh G, Frank J (2020) Towards a comparative data value assessment framework for smart product service systems. IFIP international conference on Advances in Production Management Systems, Springer, Novi Sad, Serbien, S 330–337

Kennedy H, Moss G (2015) Known or knowing publics? Social media data mining and the question of public agency. Big Data Soc 2(2):2053951715611145. Sage Publishing, United States

Krotova A, Rusche C, Spiekermann M (2019) Die ökonomische Bewertung von Daten: Verfahren, Beispiele und Anwendungen. IW Analysen, Bd 129. Institut der deutschen Wirtschaft Köln e.V, Köln

Laney DB (2017) Infonomics: how to monetize, manage, and measure information as an asset for competitive advantage. https://doi.org/10.4324/9781315108650

Moody DL, Walsh P (1999) Measuring the value of information – an asset valuation approach. ECIS, AIS, Copenhagen, S 496–512

Najjar MS, Kettinger WJ (2013) Data monetization: lessons from a retailer's journey. MIS Q Exec 12(4). https://www.semanticscholar.org/paper/Data-Monetization%3A-Lessons-from-a-Retailer%27s-Najjar-Kettinger/2dc975221f85645d0d142383934527f7b3e77b04. Zugegriffen am 25.02.2022

Otto B (2015) Quality and value of the data resource in large enterprises. Inf Syst Manag 32(3):234–251. https://doi.org/10.1080/10580530.2015.1044344, S Taylor & Francis, London

Projekt Future Data Assets (2020) Projektwebseite Future Data Assets. https://future-data-assets.de. Zugegriffen am 03.03.2022

Reilly RF, Schweihs RP (2016) Guide to intangible asset valuation. Wiley, Hoboken

Siemens Financial Services (2018) Praktische Wege zu Industrie 4.0. Die Hindernisse digitaler Transformation und wie Hersteller sie überwinden können. https://new.siemens.com/de/de/produkte/finanzierung/studien/whitepaper-praktische-wege-zu-industrie-4-0.html. Zugegriffen am 21.01.2022

Sinsel A (2020) Smart Manufacturing. In: Das Internet der Dinge in der Produktion: Smart Manufacturing für Anwender und Lösungsanbieter. Springer, Berlin, S 1–35

STAUFEN AG (2017) Industrie 4.0. Deutscher Industrie 4.0 Index 2017. STAUFEN AG, Köngen

Stein H, Maaß W (2021) Monetäre Bewertung von Daten im Kontext der Rechnungslegung. In: Monetarisierung von technischen Daten. Springer Vieweg, Berlin/Heidelberg, S 115–130

Stein H, Maass W (2022) Requirements for data valuation methods. In: Proceedings of thee 55th Hawaii international conference on System Sciences (HICSS 2022), Hawaii, United States, S 6155–6164

Stein H, Holst L, Stich V, Maass W (2021) From qualitative to quantitative data valuation in manufacturing companies. Advances in Production Management Systems. Artificial Intelligence for Sustainable and Resilient Production Systems. Springer International Publishing, Cham, S 172–180

Wang RY (1998) A product perspective on total data quality management. Communications of the ACM 41(2):58–65 https://doi.org/10.1145/269012.269022

Wixom BH, Ross JW (2017) How to Monetize Your Data. MIT Sloan Manag Rev 58(3):10–13

Woerner SL, Wixom BH (2015) Big data: extending the business strategy toolbox. J Inf Technol 30(1):60–62. Sagepub, United States

Wohltmann H-W, Lackes R, Siepermann M (2018) Daten. https://wirtschaftslexikon.gabler.de/definition/daten-30636/version-254213. Zugegriffen am 21.01.2022.

Zechmann A (2017) Nutzungsbasierte Datenbewertung: Entwicklung und Anwendung eines Konzepts zur finanziellen Bewertung von Datenvermögenswerten auf Basis des AHP. Dissertation Universität St. Gallen, Schweiz

Zechmann A, Möller K (2016) Finanzielle Bewertung von Daten als Vermögenswerte. Controlling 28(10):558–566. https://doi.org/10.15358/0935-0381-2016-10-558

Teil II

Datenrecht

Einleitung: Datenrecht

Sebastian Straub

Zusammenfassung

Daten sind Grundlage für neue Produkte und Dienstleistungen und zugleich Voraussetzung für die Entwicklung selbstlernender Systeme und künstlicher Intelligenz. Sie stehen im Mittelpunkt des digitalen Transformationsprozesses und der Datenwirtschaft. Die nutzerübergreifende Verwendung von Daten ist aber auch mit Risiken verbunden, insbesondere wenn sensible Informationen über Unternehmensgrenzen hinaus ausgetauscht werden. Neben vertrauenswürdigen Infrastrukturen bedarf es auch einer rechtlichen Absicherung von Datenaustausch und –handel, um rechtssicher zu agieren und die Werthaltigkeit von Daten zu bewahren. In diesem Buchteil werden Diskussionsergebnisse zu Konzepten und Ansätzen, wie ein rechtssicheres Umfeld in datenbasierten Wertschöpfungsnetzen geschaffen werden kann, dargestellt. Dabei werden regulatorische Herausforderungen identifiziert sowie Lösungsansätze erarbeitet und hier für die Lesenden praxisnah aufbereitet.

Daten stehen im Mittelpunkt des digitalen Transformationsprozesses und der Datenwirtschaft. Sie sind Grundlage für neue Produkte und Dienstleistungen und zugleich Voraussetzung für die Entwicklung selbstlernender Systeme und künstlicher Intelligenz. Die Erschließung von neuen Datenräumen und die Fähigkeit, diese nutzen zu können, sind der Schlüssel zu Innovation und Wachstum. Die nutzerübergreifende Verwendung von Daten ist aber auch mit Risiken verbunden, insbesondere wenn sensible Informationen über

S. Straub (✉)
Institut für Innovation und Technik (iit) in der VDI/VDE Innovation + Technik GmbH,
Berlin, Deutschland
E-Mail: straub@iit-berlin.de

© Der/die Autor(en) 2022
M. Rohde et al. (Hrsg.), *Datenwirtschaft und Datentechnologie*,
https://doi.org/10.1007/978-3-662-65232-9_7

Unternehmensgrenzen hinaus ausgetauscht werden. Um rechtssicher zu agieren und die Werthaltigkeit von Daten zu bewahren, bedarf es neben vertrauenswürdigen Infrastrukturen auch einer rechtlichen Absicherung von Datenaustausch und -handel.

Im folgenden werden Diskussionsergebnisse zu Konzepten und Ansätzen, wie ein rechtssicheres Umfeld in datenbasierten Wertschöpfungsnetzen geschaffen werden kann, dargestellt. Dabei werden regulatorische Herausforderungen identifiziert sowie Lösungsansätze erarbeitet und hier für die Lesenden praxisnah aufbereitet.

Der Beitrag *Compliant Programming – Rechtssicherer Einsatz von Blockchains und anderen Datentechnologien* von David Saive widmet sich dem Umgang mit regulatorischen Hindernissen im Kontext von datenwirtschaftlichen FuE-Projekten und anderen Datentechnologien. In diesem Zusammenhang werden die Forschungsergebnisse des Forschungsprojekts *HAPTIK* dargestellt und ein Vorgehen zur Einbeziehung von juristischer Expertise im Rahmen von agiler Produktentwicklung gezeigt.

Der Beitrag *Data Governance – Datenteilung in Ökosystemen rechtskonform gestalten* thematisiert die Anforderungen an ein rechtssicheres Data Sharing. Die Autorinnen Beatrix Weber aus dem Forschungsprojekt *REIF* und Regine Gernert beleuchten dabei die maßgeblichen regulatorischen Vorgaben und geben Hinweise, wie eine Data Governance in Übereinstimmung mit dem bestehenden Rechtsrahmen umgesetzt werden kann.

In der Praxis werden Daten auf Grundlage von vertraglichen Vereinbarungen ausgetauscht. In diesem Zusammenhang wird geregelt, wem Daten zuzuordnen sind und wer sie für welche Zweck nutzen darf. Die damit einhergehenden Rechtsfragen behandelt Sebastian Straub in dem Beitrag *Herausforderung und Grenzen bei der Gestaltung von Datenverträgen*. Es werden Vorgehensweisen zum Vertragsabschluss sowie der Durchführung und Abwicklung von Datenverträgen dargelegt.

In dem Forschungsprojekt *BIMContracts* wurden Zahlungstransaktionen im Bauwesen mittels Smart Contracts teilautomatisiert abgewickelt. Dominik Groß zeigt in dem Beitrag *Vertragsdurchführung mit Smart Contracts – rechtliche Rahmenbedingungen und Herausforderungen* wie ein solcher Einsatz von Smart Contracts zu gestalten ist und erörtert Einsatzmöglichkeiten und rechtliche Hindernisse.

Die Beiträge dieses Kapitels geben einen Überblick den bestehenden Rechtsrahmen und die damit einhergehenden Herausforderungen für die Entwicklung von innovativen digitale Technologien. Es zeigt sich, dass die Hebung der datenwirtschaftlichen Potenziale nur dann gelingt, wenn ein vertrauenswürdiges und rechtssicheres Umfeld geschaffen wird.

Compliant Programming – Rechtssicherer Einsatz von Blockchains und anderen Datentechnologien

8

David Saive

Zusammenfassung

Es gibt keine rechtsfreien Räume: nicht im „realen" Leben, nicht im Internet und insgesamt auch nicht bei der Softwareentwicklung. Dieses Mantra kann nicht oft genug wiederholt werden. Das Primat des Rechts gilt fort. Es ist der Grundstein des modernen, rechtsstaatlichen Zusammenlebens. Dennoch werden rechtliche Anforderungen an Software und deren Entwicklungsprozess zumeist stiefmütterlich behandelt. Das ist erstaunlich. Schließlich beeinflusst die zunehmende Digitalisierung unser gesamtes Leben und Arbeiten. Eine korrekt funktionierende Software ist für den Alltag genauso entscheidend wie das Dach über dem Kopf. Doch niemand würde auf die Idee kommen, Häuser ungeachtet der geltenden Bauvorschriften zu planen und zu bauen. In der Softwareentwicklung sieht das leider anders aus. Dieser Beitrag soll als Aufruf für mehr interdisziplinäre Zusammenarbeit zwischen Recht und Technik verstanden werden und gleichzeitig konkrete Hinweise zu den rechtlichen Herausforderungen moderner Blockchain-Netzwerke geben.

8.1 HAPTIK – gelebte Interdisziplinarität

Der Beitrag ist das Ergebnis der Arbeiten und zugleich Erfahrungsbericht aus dem Verbundforschungsprojekt *HAPTIK* des Technologieprogramms Smarte Datenwirtschaft, des Bundesministeriums für Wirtschaft und Klimaschutz (BMWK) an der Universität Olden-

D. Saive (✉)
Department für Wirtschafts- und Rechtswissenschaften, Bürgerliches Recht, Handels- und Wirtschaftsrecht sowie Rechtsinformatik an der Carl Ossietzky Universität Oldernburg, Oldenburg, Deutschland
E-Mail: david.saive@uol.de

burg. Gemeinsam mit den Verbundpartnern OFFIS e. V. und DB Schenker wurde hier an der vollständig rechtssicheren Umsetzung elektronischer Konnossemente geforscht und gearbeitet. Bei dem Konnossement handelt es sich um ein Warenwertpapier der internationalen Seefracht. Dessen Besonderheit liegt darin, dass es nicht nur Beweisurkunde über den Transport ist, sondern zugleich das Eigentum an der im Konnossement beschriebenen Ware repräsentiert. Diese, auch als Traditionsfunktion bezeichnete Eigenschaft, macht das Konnossement so bedeutsam für die Handelsfinanzierung. Der physische Besitz an der Urkunde ermöglicht somit zugleich die Eigentumsübertragung an der sich noch auf See befindenden Ware.

Den Projektmitarbeitenden ist es gelungen, prototypisch zu zeigen, dass es möglich ist, unter den Voraussetzungen des geltenden Rechts eine vollständig funktionsäquivalente elektronische Aufzeichnung dieses Konnossements mittels einer Blockchain zu erzeugen und zu handeln. Dabei wurden alle Anforderungen der digitalen Öffnungsklausel für elektronische Konnossemente in § 516 Abs. 2 HGB umgesetzt. Allerdings mussten dabei erhebliche Veränderungen an der eingesetzten Blockchain-Implementierung vorgenommen werden. Die hohen Anforderungen des Rechts führten zu einem regelrechten Bruch mit dem Dogma „Blockchain" als vollständig dezentral und autonom agierendes Netzwerk. Im Zuge der Arbeiten wurde eine eigene Methodik, das sogenannte „Compliant Programming" entwickelt, das es ermöglicht, rechtliche Anforderungen schon von Anfang an zu berücksichtigen. Im Folgenden wird auch hierauf näher eingegangen.

8.2   Herkömmliche Softwareentwicklungsmethodik

In herkömmlich organisierten Softwareentwicklungsprojekten wurde bis vor einiger Zeit noch immer das sogenannte „Wasserfallmodell" praktiziert. Dieses Modell bzw. dessen Beschreibung geht wohl auf die Publikation von Winston W. Royce zurück (1970, S. 1–9). Darin beschreibt er den sequenziellen Durchlauf von fünf verschiedenen Phasen: Analyse, Design, Implementierung, Testen und Wartung. Erst nach Abschluss einer Phase kann in die nächste gewechselt werden. Ebenso ist erst nach Abschluss ein Rückschritt in die vorhergehende Phase möglich. Juristische Anforderungen kommen hier zunächst nicht vor. Allenfalls im Stadium „Design" könnten auch juristische Fragen untergebracht werden.

In der Praxis ist es jedoch meist so, dass erst nach dem Abschluss aller Entwicklungsarbeiten die Rechtsabteilungen miteinbezogen und um rechtliche Einschätzung gebeten werden. Leider passiert dann häufig Folgendes: Nach der juristischen Überprüfung fällt auf, dass die Anforderungen des Rechts nur zum Teil, im schlimmsten Fall überhaupt nicht berücksichtigt wurden. Schon aus Gründen der Produkthaftung – ja, auch Software unterliegt dem Produkthaftungsgesetz (ProdHaftG) – sollte eine solche Software nicht auf den Markt gebracht werden. Daher müssen die Entwicklungsarbeiten fortgesetzt werden, dieses Mal jedoch unter Berücksichtigung der rechtlichen Anforderungen. Nach Abschluss der erneuten Entwicklung wird diese Anwendung erneut einer juristischen Prüfung unterzogen. Im besten Fall bleibt es bei dieser Iteration. Im schlechtesten Fall muss erneut angesetzt werden. Dies verzögert den Projektabschluss enorm. Zusätzlich entstehen (Mehr-) Kosten für die zusätzlich aufgewendeten Entwicklungsstunden. Nicht zu unterschätzen ist auch der soziale Aspekt zwischen den Disziplinen. In dieser Konstellation nehmen die Entwickelnden ihre Kolleginnen und Kollegen aus den Rechtsabteilungen zu Recht als Bremsende der Entwicklung und Fortschrittsverhindernde wahr. Der Interdisziplinarität und dem Projektfortschritt ist damit ein Bärendienst erwiesen!

8.3 Compliant Programming

Im Gegensatz dazu ermöglicht der im Rahmen des Projekts *HAPTIK* entwickelte Ansatz des „Compliant Programmings" die Einbeziehung der juristischen Anforderungen von Beginn an und stärkt somit nicht nur die Produktqualität, sondern auch das Miteinander der Bereiche.

Das *Compliant Programming* baut auf den Grundsätzen der agilen Projektmethodik Scrum auf. Der Scrum-Prozess wurde erstmals von Schwaber und Sutherland (2017) beschrieben. Stark verkürzt wird bei Scrum der Entwicklungsprozess in kurze Sprints aufgeteilt. Innerhalb dieser Sprints werden Teile des zuvor definierten, aber nicht statischen Anforderungskataloges, dem Product Backlog, herausgegriffen und von dem Entwicklungsteam implementiert. Das Product Backlog selbst wird vom sogenannten Product Owner eigenverantwortlich geführt. Zudem steht der Product Owner im engen Austausch mit dem Entwicklungsteam, um die fachlichen Anforderungen für eine mögliche Umsetzung zu verfeinern. Der Scrum-Master ist dafür zuständig, dass die Regeln des Scrum-Prozesses von allen Beteiligten eingehalten werden. Er sorgt insbesondere dafür, dass die erforderlichen Meetings ihren vorgesehenen Ablauf beibehalten. So dient das Sprint Planning als Planungsmeeting für den bevorstehenden Sprint. Im Daily Scrum informieren sich die Mitglieder gegenseitig über den aktuellen Entwicklungsfortschritt. Im Sprint Review werden die Entwicklungsergebnisse vorgestellt und diskutiert. Im Rahmen der Sprint-Retrospektive wird die Zusammenarbeit der Mitglieder untereinander besprochen und Verbesserungsvorschläge für die weitere Zusammenarbeit ausgearbeitet. Der gesamte Scrum-Prozess legt dabei besonderen Werk auf die gelungene Kommunikation zwischen allen Beteiligten.

Damit ist Scrum prädestiniert für die Einbindung weiterer Disziplinen, insbesondere der Jurisprudenz. Um die oben beschriebenen Probleme der Wasserfallmethode zu vermeiden, sollte die juristische Expertise schon in das Product Backlog einfließen. Juristische Anforderungen sollten dieselbe Wertigkeit erhalten wie funktionale Anforderungen des Anwendungsfalls. Dabei sollte es jedoch nicht bleiben. Gerade juristische Anforderungen sind oftmals zu komplex, um sie in wenigen Worten juristischen Laien verständlich zu machen. Bei der bloßen Benennung im Product Backlog liefe man Gefahr, dass das Entwicklungsteam die Anforderungen nicht oder nur teilweise korrekt umsetzt. Jedes Scrum-Team sollte mit mindestens einer Person mit juristischer Expertise versehen sein, die als permanente Ansprechperson für das gesamte Team und die Auftraggeberin oder den Auftraggeber dient, wenn es um Rechtliches geht.

Im Rahmen des Projekts *HAPTIK* hat sich dabei die Position des Product Owners als Schlüsselstelle für die Juristinnen und Juristen bewährt (Precht und Saive 2019, S. 591). Als sogenannter *Legal Product Owner* kann der juristische Sachverstand dauerhaft Einfluss auf die Produktentwicklung nehmen, das Product Backlog füllen und für die Einhaltung des regulatorischen Rahmens sorgen. Auf diese Weise entsteht mit Abschluss des letzten Sprints eine fertige Software, die nicht nur allen Anforderungen des Anwendungsfalls, sondern auch den juristischen Anforderungen genügt.

8.4   Compliant Programming in der Praxis

Im Rahmen von *HAPTIK* wurde die oben beschriebene Vorgehensweise erstmalig umgesetzt und die Rolle des Legal Product Owners aktiv eingesetzt. Bevor dieser jedoch mit der Befüllung des Product Backlogs beginnen konnte, war zunächst eine umfassende juristische Analyse des Anwendungsfalls „Elektronisches Konnossement" erforderlich. Compliant Programming ist insofern kein Ersatz zu den Methoden des rechtswissenschaftlichen Arbeitens, insbesondere des Gutachtenstils und der Canones der Auslegung, sondern ein Vehikel zur praktischen Umsetzung der Ergebnisse des rechtswissenschaftlichen Gutachtens.

8.4.1   Domänenspezifische Anforderungen

Ausgangspunkt jeder juristischen Betrachtung sind die originären und unmittelbaren Anforderungen, die sich aus der Domäne selbst ergeben. Für das Forschungsprojekt *HAPTIK* bedeutete dies, zunächst den Rechtsrahmen papierbasierter und elektronischer Konnossemente zu untersuchen. Entscheidend hierfür ist der bereits anfangs angesprochene § 516 Abs. 2 Handelsgesetzbuch (HGB). Dieser regelt in knappen Sätzen den Umgang mit elektronischen Konnossementen im deutschen Recht. Dabei handelt es sich um wortgleiche Formulierungen zu den weiteren „digitalen Öffnungsklauseln" im HGB. Konkret heißt es dort: „Dem Konnossement gleichgestellt ist eine elektronische Aufzeichnung, die dieselben Funktionen erfüllt wie das elektronische Konnossement, sofern sichergestellt ist, dass die Authentizität und Integrität der elektronischen Aufzeichnung gewahrt bleiben (elektronisches Konnossement)."

Die Norm ist insoweit instruktiv, als dass sie schon vom Wortlaut ausgehend genau das vorschreibt, was im Kern bei jedem Digitalisierungsprojekt geschehen muss. Zunächst muss eine (juristische) Beschreibung der zu digitalisierenden Funktionen erfolgen. Erst wenn bekannt ist, welche Funktionen das analoge Vorbild erfüllt, können diese ins Digitale überführt werden. Das Konnossement erfüllt als Warenwertpapier der Seefracht gleich mehrere Funktionen: Aufgrund seiner Beweisfunktion gem. §§ 514, 517 HGB besteht die gesetzliche Vermutung, dass die Ware die beschriebene Qualität aufweist; aufgrund der Legitimationsfunktion aus § 519 HGB berechtigt es nur die benannten Empfangenden zur

Geltendmachung der inkorporierten Rechte und durch die Sperrfunktion gem. 519 HGB ist eine Geltendmachung dieser Ansprüche nur gegen Vorlage des Konnossements möglich. Die wohl herausforderndste Funktion des Konnossements ist seine Wirkung als Traditionspapier gem. § 524 HGB. Bei einem Traditionspapier handelt es sich um ein Wertpapier, dessen Übergabe die zur Eigentumsübertragung grundsätzlich erforderliche Übergabe der Ware ersetzt. All diese Funktionen müssen durch die elektronische Aufzeichnung des Konnossements erfüllt werden. Ansonsten fehlt es an der Äquivalenz der Funktionen. Kurzum werden die Voraussetzungen von § 516 Abs. 2 HGB auch als schlichte „Funktionsäquivalenz" bezeichnet.

Darüber hinaus gibt die Norm zugleich ein gewisses Maß an IT-Sicherheit vor. Es muss sichergestellt werden, dass stets die Authentizität und Integrität der elektronischen Aufzeichnung gewahrt bleiben. Damit wird zumindest der Einsatz fortgeschrittener elektronischer Signaturen i. S. d. Art. 3 Nr. 12 Verordnung (EU) Nr. 910/2014 über elektronische Identifizierung und Vertrauensdienste für elektronische Transaktionen im Binnenmarkt und zur Aufhebung der Richtlinie 1999/93/EG (eIDAS-VO) vorausgesetzt.

8.4.2 Sonstige Anforderungen des Rechts

Neben den rechtlichen Besonderheiten des Anwendungsfalls gelten jedoch auch die sonstigen Anforderungen des Rechts fort. Hier ist eine umfassende und abschließende Analyse aller berührten Rechtsgebiete erforderlich. Nur so kann konkret festgestellt werden, welche Anforderungen an die zu entwickelnde Software gestellt werden.

Am Beispiel des Konnossements bedeutet dies, dass eben nicht bei der Funktionsäquivalenz als solches stehengeblieben werden kann. Das oben schon angesprochene IT-Sicherheitsniveau muss mit Leben gefüllt werden. Überdies ist bei der IT-gestützten Verarbeitung von personenbezogenen Daten stets ein Blick auf das Datenschutzrecht erforderlich. (s. Abschn. 9.3.2, s. auch Abschn. 13.3). Des Weiteren können Aspekte des Telemedien- und Telekommunikationsrechts berührt werden. Nicht zuletzt können auch originär strafrechtliche Aspekte eine Rolle spielen. Überdies muss das regulatorische Umfeld im Auge behalten werden. Gerade bei einem Warenwertpapier, das eine entscheidende Rolle in der Außenhandelsfinanzierung spielt, wie es bei dem Konnossement der Fall ist, müssen ggf. auch Anforderungen der Geldwäscheprävention und anderer Gebiete Rechnung getragen werden.

8.5 Compliant Programming in der Blockchain

Nachdem die Anforderungen der Domäne sowie der damit zusammenhängenden Rechtsgebiete untersucht wurden, müssen diese Erkenntnisse auf die Blockchain-Technologie und ihre Besonderheiten angepasst werden. Ein Bruch mit dem Dogma der Blockchain als vollständig dezentrales Netzwerk ohne zentrale Instanz oder Überwachung ist dabei quasi unumgänglich (Saive 2019, S. 53). Im Folgenden werden die wesentlichen Ergebnisse des Forschungsprojekts *HAPTIK* kurz vorgestellt. Für die Details wird auf die jeweiligen Veröffentlichungen verwiesen.

8.5.1 Zivilrecht

Da es sich bei dem Konnossement um ein Warenwertpapier des Handelsrechts und damit um einen Gegenstand des Zivilrechts handelt, bildet der Ausgangspunkt dieser Betrachtung zunächst die zivilrechtlichen Herausforderungen der Blockchain. Dies ist jedoch keineswegs zwingend erforderlich. Nicht jeder Anwendungsfall ist zivilrechtlicher Natur. Hier ist unbedingt eine Entscheidung im Einzelfall erforderlich.

Für die Blockchain eröffnen sich gleich mehrere Problemfelder. Zunächst stellt sich die Frage nach dem wirksamen Vertragsschluss auf der Blockchain. Dafür muss jedoch zuerst die Frage beantwortet werden, ob schon der Vertragsschluss selbst über die Blockchain erfolgen soll oder die Blockchain nur zur Dokumentation einer bereits zuvor erfolgten Einigung der Vertragsparteien dienen soll (s. Abschn. 11.2.1). Ebenso muss unterschieden werden, ob der volle Vertragsinhalt bzw. Inhalt der Willenserklärungen auf der Blockchain abgebildet werden („on chain") oder nur ein Hash dieser Informationen auf der Blockchain abgelegt werden soll („off chain"). Nur wenn bereits der Vertragsschluss mittels blockchainbasierter Willenserklärung erfolgen soll, kommt es auf die folgenden Ausführungen an.

Der Vertragsschluss setzt zwei aufeinander gerichteten Willenserklärungen über die Begebung eines Konnossements (Angebot und Annahme) voraus (Eckert 2021, Rn. 2). Das Angebot bzw. der Antrag i. S. d. § 145 Bürgerliches Gesetzbuch (BGB) ist eine empfangsbedürftige Willenserklärung, die auf den Vertragsschluss abzielt (Eckert 2021, Rn. 2). Diese kann nach herrschender Meinung auch elektronisch abgegeben werden (BGH 2002; Singer 2017, Rn. 57). Der erklärte Antrag entfaltet seine Bindungswirkung gem. § 130 BGB mit Zugang beim Empfänger. Eine Willenserklärung gilt dann als abgegeben, wenn nach außen hin mit Wissen und rechtlichem Wollen des Erklärenden dergestalt für andere wahrnehmbar gemacht wird, dass an der Endgültigkeit der Äußerung kein vernünftiger Zweifel mehr bestehen kann (Wendtland 2021, Rn. 5), der Absender also alles dafür getan hat, dass die Willenserklärung wirksam werden kann (Einsele 2021, Rn. 13 f.). Auf der Blockchain entspricht die Abgabe einer Willenserklärung einer Transaktion. Diese Transaktion wird erst dann ausgeführt, wenn der Abladende oder Befrachtende seine Erklärung mit seinem *Private Key* signiert. Dies gilt für jede Form der blockchainbasierten Abgabe von Willenserklärungen (Heckelmann 2018, S. 505). Erst mit Absendung dieser Transaktion können die Nodes die Transaktion verifizieren, validieren und der Inhalt der Transaktion schlussendlich von den Empfangenden und dem gesamten Netzwerk angenommen werden.

Damit die Willenserklärung wirksam werden kann, muss sie den Empfangenden auch zugehen. Für den Zugang muss sie so in dessen Machtbereich gelangt sein, dass damit zu rechnen ist, dass er von ihr Kenntnis nehmen kann (BGH 1977; Einsele 2021,

Rn. 13 f.). Daraus folgt, dass eine blockchainbasierte Willenserklärung mit dem Empfang der Transaktionsinformationen bei den Adressaten zugegangen ist (BMVI 2019, S. 114). Dies gilt unabhängig von der Konzeption des Netzwerks, da die Möglichkeit der Kenntnisnahme der Transaktionsinformationen nicht in anderer Form auf der Blockchain dargestellt werden kann.

Das Wissen um diese Zeitpunkte ist bei der Implementierung von enormer Bedeutung. Es muss sichergestellt werden, dass die Transaktion den vollständigen Inhalt der Willenserklärung enthält und von der empfangenden Node entsprechend verarbeitet werden kann. Zudem ist dies wichtig für die Erfüllung ggf. bestehender Informationspflichten, die zum Beispiel aus dem Fernabsatzrecht resultieren können. Bedient sich zum Beispiel eine Unternehmerin oder ein Unternehmer i. S. d. § 13 BGB der Blockchain, um gem. § 312i BGB einen Vertrag im elektronischen Geschäftsverkehr einzugehen, so müssen den Kundinnen und Kunden die Informationen aus § 312i Abs. 1 S. 1 BGB bereits bei Vertragsschluss bereitgestellt werden. Zudem muss über die einzelnen technischen Schritte, die zum Vertragsschluss führen, gem. Art. 246c Einführungsgesetz zum BGB (EGBGB) dezidiert informiert werden. Dies ist ohne Kenntnis der Funktionsweise einer Blockchain nicht möglich.

8.5.2 Telemedienrecht

Blockchainbasierte Anwendungen sind grundsätzlich als Telemedium i. S. d. § 1 Abs. 1 Telemediengesetz (TMG) (Saive 2018a, S. 188) einzuordnen. Die hinter einer Node einer Blockchain stehenden natürlichen oder juristischen Personen nehmen dabei eine Mehrfachrolle aus Anbietenden und Nutzenden der jeweiligen Blockchain wahr. Aufgrund der Tatsache, dass die Nodes ein vollständiges Abbild der Netzwerkinhalte speichern und dieses Abbild innerhalb des verteilten Netzwerks anbieten, handelt es sich bei ihnen um Diensteanbieterinnen und Diensteanbietern i. S. d. § 2 Nr. 1 TMG. Dies hat zur Folge, dass die Haftungsprivilegierungen der §§ 7 ff. TMG zur Anwendung gelangen. Dementsprechend muss hinsichtlich der Privilegierung sorgsam geprüft werden, ob es sich bei den gespeicherten Daten um eigene oder fremde Informationen der Nodes handelt. Diese Prüfung muss im Voraus der Errichtung des Netzwerks erfolgen, da eigene oder fremde Informationen, von deren Rechtswidrigkeit die Anbietenden gem. § 10 Abs. 2 TMG Kenntnis bekommen haben, ggf. Gegenstand eines Löschungsanspruchs sein können. Aufgrund der weitestgehend bestehenden Irreversibilität der Blockchain sollte eine dahingehende Risikoanalyse durchgeführt werden, bevor solche Informationen in Klarform in ein blockchainbasiertes Netzwerk abgelegt werden.

8.5.3 Datenschutzrecht

Selbiges gilt auch aus der Perspektive des Datenschutzrechts. Dies ist sogar gesetzlich normiert. Art. 25 EU-Datenschutzgrundverordnung (DSGVO) schreibt Datenschutz durch Technikgestaltung vor. Daher ist nicht nur eine Risikoanalyse vor dem Hintergrund der allgemeinen Haftungsrisiken vonnöten, sondern auch eine genaue Bestimmung, ob und welche personenbezogenen Daten in die Blockchain abgelegt werden sollen.

Dabei muss unbedingt das weite Verständnis der DSGVO von personenbezogenen Daten berücksichtigt werden. Schon die *Beziehbarkeit* eines Datums auf eine Person ist hierfür ausreichend. Dementsprechend werden nach derzeit geltendem Verständnis die Public Keys von natürlichen Personen entsprechend der Rechtsprechung zu IP-Adressen als personenbezogenes Datum eingeordnet (Janicki und Saive 2019, S. 252). Somit verarbeitet jedes Blockchain-Netzwerk personenbezogene Daten, sobald natürliche Personen eigene Public Keys zugeteilt bekommen, mit denen sie Transaktionen innerhalb des Netzwerks absenden und empfangen können (s. Abschn. 10.3.2).

Zudem müssen die Spezifika des Anwendungsfalls berücksichtigt werden. Wenn dieser bereits aus sich heraus die Verarbeitung personenbezogener Daten vorsieht – wie im Falle von *HAPTIK* zum Beispiel die persönlichen Angaben von Absendenden und Empfangenden der Ware sowie der unterzeichnenden Person (Janicki und Saive 2019, S. 203) – muss auch hier Vorsicht walten gelassen werden. Die DSGVO gibt dem Individuum in den Art. 17 und 18 DSGVO verschiedene Rechte an die Hand, auf bestehende Datenverarbeitungsprozesse Einfluss zu nehmen, diese sogar ganz zu untersagen. Dabei steht vor allem das Recht auf Löschung aus Art. 17 DSGVO in offensichtlichem Widerspruch mit dem Dogma der Irreversibilität einer Blockchain. Hier bestehen nun zwei Lösungsansätze: Entweder es wird vollständig auf die Verarbeitung personenbezogener Daten verzichtet („off chain") oder eine Möglichkeit der Löschung, z. B. durch „chameleon hashes" implementiert (Saive 2018a, b, S. 766).

Allerdings ist nicht zwangsläufig Dringlichkeit geboten. In manchen Fällen stehen regulatorische, insbesondere die bilanz- und abgabenrechtliche Aufbewahrungspflichten aus § 257 HGB bzw. § 147 Abgabenordnung (AO) einer unmittelbaren Veränderung oder gar Löschung entgegen (Janicki und Saive 2019, S. 207). Auch hier ist wiederum eine saubere juristische Prüfung vor der Implementierung erforderlich, ob und wie lange die Informationen der Blockchain tatsächlich aufbewahrt werden müssen.

Auf der anderen Seite kann die Blockchain bzw. ein darin implementierter „smart contract" auch gerade dazu genutzt werden, Datenschutz wirksam umzusetzen. So ist es z. B. möglich, über die Blockchain sog. Auftragsverarbeitungsverträge i. S. d. Art. 28 DSGVO automatisch einzugehen (Janicki und Precht 2020, S. 626 ff.).

8.5.4 Kartellrecht

Eine solche vorgreifende Pflicht zur Einhaltung rechtlicher Rahmenbedingungen findet sich jedoch nicht nur im Datenschutzrecht. Wie *Louven* zu Recht vorschlägt, sollte der „by design"-Ansatz aus Art. 25 DSGVO auch auf andere Rechtsgebiete, insbesondere auf das Kartellrecht übertragen werden (Louven 2018, S. 488). Dies folgt bereits aus dem kartellrechtlichen Selbstständigkeitspostulat und der Selbstveranlagung bei der Einhaltung der kartellrechtlichen Vorschriften (Louven 2018, S. 488).

Bei der Blockchain-Technologie bestehen gleich mehrere Anknüpfungspunkte für möglich Kartellrechtsverstöße. Zum einen könnte schon der Informationsaustausch über die Blockchain dem Prinzip des Geheimniswettbewerbs (Louven 2019, S. 703) widersprechen (Louven und Saive 2018, S. 349). Diese verbietet gerade einen zu großen Informationsaustausch zwischen Wettbewerberinnen und Wettbewerbern, um ein gesundes, weil innovationsförderndes Misstrauen (daher der Begriff „antitrust") beizubehalten. Dies müssen nicht immer offenkundige Sachverhalte wie beispielsweise der Austausch über Preise sein. Jede Information kann grundsätzlich von kartellrechtlicher Relevanz sein.

Um das zu verdeutlichen, ein konkretes Beispiel aus der Domäne von *HAPTIK*: Würde über die Blockchain bekannt, dass die marktbeherrschende Spedition A für die Erstellung des Konnossements stets einen Tag benötigt, so würde der Anreiz für alle weiteren Speditionen entfallen, diesen Prozess zu beschleunigen, wenn sie selbst bereits weniger als einen Tag dafür benötigen. Der Wettbewerb wäre an dieser Stelle gelähmt.

Des Weiteren bietet der Konsensmechanismus der Blockchains selbst Anlass zur kartellrechtlichen Untersuchung (Louven und Saive 2018, S. 351). Es muss streng darauf geachtet werden, dass durch den Konsensalgorithmus selbst keine verbotene Koordinierung bzw. Benachteiligung oder Bevorzugung bestimmter Transaktionen oder Nodes erfolgt. Dies ist anhand einer strengen Prüfung des Einzelfalls festzustellen.

Überdies könnte in permitted-Architekturen auch der zentralen Instanz kartellrechtliche Bedeutung zuwachsen, wenn diese es zum Beispiel bestimmten Unternehmen nicht ermöglicht, an der Blockchain mitzuwirken, obwohl dies kartell- bzw. wettbewerbsrechtlich geboten wäre (Louven und Saive 2018, S. 351).

8.5.5 Produkthaftungsrecht

Nach mittlerweile wohl herrschender Auffassung in der Rechtswissenschaft unterfällt Software grundsätzlich dem Produktbegriff aus § 2 ProdHaftG (Rebin 2021, Rn. 54; Taeger 1996, S. 270). Dementsprechend trifft die Herstellerinnen und Hersteller von Software die Haftung aus § 1 Abs. 1 ProdHaftG. Diese Haftung ist insbesondere gem. § 1 Abs. 2 ProdHaftG dann ausgeschlossen, wenn sie das Produkt nicht in den Verkehr gebracht haben oder nach den Umständen davon auszugehen ist, dass das Produkt den Fehler, der den Schaden verursacht hat, noch nicht hatte, als es in den Verkehr gebracht wurde, oder das Produkt in dem Zeitpunkt, in dem es in den Verkehr gebracht wurde, zwingenden Rechtsvorschriften oder dem Stand der Wissenschaft und Technik entsprach.

Bei einer so neuen Technologie wie der Blockchain ist hier insbesondere die Frage nach dem Stand der Wissenschaft und Technik von großer Bedeutung. Wie vergangene Fälle eindrucksvoll gezeigt haben, bestehen noch einige unbekannte Vulnerabilitäten, die bei der Implementierung berücksichtigt werden müssen (Tagesschau 2021).

Das Produkthaftungsrecht zwingt also dazu, mehr als „nur" eine Überprüfung der betroffenen Rechtsgebiete vorzunehmen. Darüber hinaus muss bei der Implementierung der

aktuelle Stand von Wissenschaft und Technik festgestellt und dann entsprechend umgesetzt werden.

8.5.6   Weitere Rechtsgebiete

An dieser Stelle darf keinesfalls stehengeblieben werden. Es ist denkbar und äußerst wahr-
scheinlich, dass der konkrete Anwendungsfall weitaus mehr oder völlig andere Rechtsgebiete berührt. Daher muss von vornherein eine saubere und abschließende Analyse des
Anwendungsfalls erfolgen, damit in der Folge auch eine vollständige Analyse aller rechtlichen Voraussetzungen erfolgen kann. Nur dann ist dem Entwicklungsteam möglich, das
Compliant Programming überhaupt in die Tat umsetzen zu können.

Zusätzlich muss eine laufende Überprüfung stattfinden, ob die juristischen Anforderungen noch dem aktuellen Stand von Rechtsprechung und Gesetz entsprechen. Das Recht
unterliegt ständigem Wandel. Dies setzt insofern eine gewisse Agilität voraus, damit ad
hoc auf neue Entwicklungen reagiert werden kann.

8.6   Fazit

Der Beitrag konnte zeigen, dass gerade bei der Verwendung der Blockchain rechtliche
Aspekte berührt werden, die auf den ersten Blick nur wenig mit dem eigentlichen Anwendungsfall der Technologie zu tun haben. Dies bedeutet allerdings nicht, dass Blockchain-
Projekte aufgrund des bestehenden rechtlichen Rahmens von vornherein zum Scheitern
verurteilt sind. Ganz im Gegenteil entstehen durch die konsequente interdisziplinäre Zusammenarbeit von Rechtswissenschaft und Informatik gänzlich neue Ideen, wie Rechtssicherheit durch Technikgestaltung erzeugt wird. Ein *Legal Product Owner* mit juristischer
Expertise der dem herkömmlichen Product Owner gegenübersteht ist ein zielführender
Ansatz um rechtliche und funktionale Anforderungen schon während der Entwicklung
von Software-Projekten in Einklang zu bringen.

Grundvoraussetzung hierfür ist allerdings eine gewisse Offenheit seitens der beiden Disziplinen für die Eigenarten der jeweils anderen. Juristinnen und Juristen müssen lernen,
juristische Anforderungen in Form von User Stories und anderen Einträgen in Product
Backlogs zu formulieren. Umgekehrt müssen die Entwicklerinnen und Entwickler lernen,
die eigene technische Umgebung zu beschreiben. Gefordert wird im Kern eine gegenseitige
Übersetzungsarbeit. Gelingt dies, steht auch dem Projekterfolg nichts mehr im Wege.

Danksagung Der Autor bedankt sich für die Förderung des Projektes *HAPTIK* (Förderkennzeichen: 01MT 19001D) durch das Bundesministerium für Wirtschaft und Klimaschutz im Rahmen des
Förderprogramms Smarte Datenwirtschaft.

Literatur

BGH, Urt. v. 03.11.1976 – VIII ZR 140/75, NJW (1977), 194

BGH, Urt. v. 07.11.2001 – VIII ZR 13/01, NJW (2002)

BMVI (2019) Chancen und Herausforderungen von DLT (Blockchain) in Mobilität und Logistik. https://www.bmvi.de/SharedDocs/DE/Anlage/DG/blockchain-gutachten.pdf?__blob=publicationFile. Zugegriffen am 11.12.2021

Eckert HW (2021) § 145 BGB. In: Hau W, Poseck R (Hrsg) Beck'scher Onlinekommentar zum BGB. Beck, München

Einsele D (2021) § 130 BGB. In: Säcker FJ et al (Hrsg) Münchener Kommentar zum BGB. Beck, München

Heckelmann M (2018) Zulässigkeit und Handhabung von Smart Contracts. Neue Jurist Wochenschr 2018:504–510

Janicki T, Precht H (2020) Smart-contract-basierte joint controllership agreements in privaten blockchains. In: Taeger J (Hrsg) Tagungsband Herbstakademie. OlWiR, Edwecht, S 615–637

Janicki T, Saive D (2019) Privacy by design in blockchain-Netzwerken. Z Datenschutz 2019:251–256

Louven S (2018) Antitrust by Design – kartellrechtliche Technik-Compliance für Algorithmen, Blockchain und Plattformen? In: Taeger J (Hrsg) Tagungsband Herbstakademie. OlWiR, Edewecht, S 477–491

Louven S (2019) Das Kartellrecht der Informationsgesellschaft. In: Taeger J (Hrsg) Tagungsband Herbstakademie. OlWiR, Edewecht, S 703–719

Louven S, Saive D (2018) Antitrust by Design – Das Verbot wettbewerbsbeschränkender Abstimmungen und der Konsensmechanismus der Blockchain. Neue Z Kartellr 2018:348–354

Precht H, Saive D (2019) Compliant programming – Juristen in der agilen Softwareentwicklung. In: Taeger J (Hrsg) Tagungsband Herbstakademie. OlWiR, Edewecht, S 581–595

Rebin I (2021) § 2 ProdHaftG. In: Gsell B et al (Hrsg) Beck'scher Online-Großkommentar zum BGB. Beck, München

Royce WW (1970) Managing the development of large software systems. Proceedings IEEE WESCON, S 1–9

Saive D (2018a). Haftungsprivilegierung von Blockchain-Dienstleistern gem. §§ 7 ff. TMG. Computer und Recht, S 186–193

Saive D (2018b). Rückabwicklung von Blockchain-Transaktionen. Datenschutz und Datensicherheit, S 764–767

Saive D (2019) Die drei Kränkungen der Blockchain – Entscheidungshilfen für Blockchain-Implementierungen. Datenschutzberater, S 52–54

Schwaber K, Sutherland J (2017) The scrum guide. The definitive guide to scrum: the rules of the game. https://www.scrumguides.org/docs/scrumguide/v2017/2017-Scrum-Guide-US.pdf#zoom=100. Zugegriffen am 11.12.2021

Singer R (2017) § 116 BGB. In: von Staudingers J (Hrsg) Kommentar zum BGB. de Gruyter, Berlin

Taeger J (1996) Produkt- und Produzentenhaftung bei Schäden durch fehlerhafte Computerprogramme. Computer und Recht, S 257–271

Tagesschau (2021) Krypto-Hacker stehlen 600 Millionen Dollar. https://www.tagesschau.de/wirtschaft/finanzen/krypto-waehrung-diebstahl-hacker-angriff-ethereum-binance-polygon-101.html. Zugegriffen am 11.12.2021

Wendtland, H (2021) § 130 BGB. In: Beck'scher Online-Kommentar BGB

Data Governance – Datenteilung in Ökosystemen rechtskonform gestalten

Beatrix Weber und Regine Gernert

Zusammenfassung

Die Europäische Union strebt mit einem Bündel von Verordnungsentwürfen die Ausgestaltung des Rechtsrahmens für Datenräume an. Mit dem Vorschlag eines Data-Governance-Gesetzes soll die Grundlage für einen zukünftigen Rechtsrahmen der Datennutzung und der Datenmärkte gelegt werden. Neben dem Datentransfer aus dem öffentlichen in den privaten Sektor und der Datenspende wird das Anbieten von Diensten für die gemeinsame Datennutzung (Datenmittlung) geregelt. Das Teilen von Daten soll rechtskonform gestaltet werden können, um die Entstehung von Datenräumen auch wirtschaftlich zu ermöglichen.

Anbietern von Diensten für das Teilen von Daten, sogenannten Datenmittlern, wird eine Schlüsselrolle in der Datenwirtschaft zugeschrieben. Sie schaffen Plattformen, die das Aggregieren und den Austausch erheblicher Mengen einschlägiger Daten erleichtern, und verbinden die verschiedenen Akteure miteinander. Sie unterstützen sowohl das Teilen von Daten mehrseitiger Herkunft für mehrseitige Nutzung als auch den bilateralen Datenaustausch von Unternehmen zu Unternehmen. So kann zukünftig eine „neuartige europäische Art der Data Governance" für datengetriebene offene Ökosysteme auf der Basis neutraler Datenmittler entstehen.

Unternehmen, die Datenbestände als Anbieter oder Nutzer innovativ einsetzen wollen, benötigen Modelle zur Datennutzung und eine Data Governance, die die künftigen

B. Weber (✉)
Institut für Informationssysteme der Hochschule Hof (iisys), Hof, Deutschland

R. Gernert
DLR Projektträger, Berlin, Deutschland
E-Mail: regine.gernert@dlr.de

© Der/die Autor(en) 2022
M. Rohde et al. (Hrsg.), *Datenwirtschaft und Datentechnologie*,
https://doi.org/10.1007/978-3-662-65232-9_9

gesetzlichen Vorgaben umsetzt und hierbei Technik, Ökonomie und Recht verbindet. Data Governance ist das Zukunftsmodell für alle datengetriebenen Innovationen, um die Teilhabe an Daten und datenbasierten Innovationen auch für KMU niederschwellig und rechtskonform zu ermöglichen und Markteinschränkungen aufgrund von Datenabhängigkeiten zu vermeiden. In diesem Beitrag wird für Entscheidungsträger in Unternehmen der aktuelle Rechtsrahmen erläutert und im Kontext von zukünftigen Ökosystemen bewertet.

9.1 Datenökonomisierung im Europäischen Datenraum

9.1.1 Datenstrategien der EU und in Deutschland

Der Aufbau einer Europäischen Datenwirtschaft wird innerhalb der EU seit einigen Jahren vorangetrieben. Wichtige Bausteine sind neben diversen anderen die Strategie für einen digitalen Binnenmarkt (COM 2015), ein Strategiepapier zur Datenökonomie (COM 2017) und die Europäische Datenstrategie (COM 2020a). Die Perspektive wird hierbei immer mehr auf die wirtschaftliche Nutzung von Daten im Binnenmarkt gerichtet.

Der Europäische Binnenmarkt soll ein einheitlicher *Europäischer Datenraum* werden, in dem die Nutzung von Daten und datengestützten Produkten und Dienstleistungen sowie die Nachfrage danach wächst. Der Austausch von Daten soll personen- und nicht personenbezogene Daten, sensible Geschäftsdaten und industrielle Daten umfassen. Unternehmen sollen Zugang zu einer „nahezu unbegrenzten Menge hochwertiger industrieller Daten" erhalten (COM 2020a, S. 2, 5). Im Europäischen Datenraum sollen datengetriebene Produkte und Dienstleistungen dabei EU-Recht entsprechen. Als Grundlage des Umgangs mit Daten werden nach und nach ein geeigneter Rechtsrahmen, Standards, Instrumente und Infrastrukturen entwickelt (COM 2020a, S. 2, 5).

Die immer größer werdenden Datenmengen und die steigende Intensität der Nutzung zur Gewinnerzielung werden auch kritisch beleuchtet. Das Datenteilen soll nach Ansicht von Vertreterinnen und Vertretern der öffentlichen Datennutzung vor allem den sozialen Nutzen der Daten ausschöpfen und gesellschaftliche Verantwortung gegenüber privatwirtschaftlicher Kontrolle bevorzugen (Blankertz 2020). Allerdings wird auch in der Europäischen Datenstrategie die Nutzung der Daten für soziales und wirtschaftliches Wohlergehen betont (COM 2020a, S. 5).

Mit der *Datenstrategie der Bundesregierung* (Bundeskanzleramt 2021) soll die Bereitstellung und Nutzung von Daten für Wirtschaft, Wissenschaft, Zivilgesellschaft und Verwaltung erhöht werden. Eine gerechte Teilhabe an Daten soll gesichert, Datenmonopole verhindert und Datenmissbrauch verfolgt werden. Eine verantwortungsvolle Datennutzung stellt den Menschen als Individuum und aufgeklärte Bürgerin und aufgeklärten Bürger in den Mittelpunkt. Datennutzung und das hierdurch immer exaktere digitale Abbild der Gesellschaft soll den Menschen nicht zum bloßen Objekt digitaler Prozesse degradieren. Technik soll grundsätzlich eine unterstützende, aber nicht entscheidungsersetzende

Funktion einnehmen. Damit fügt sich die nationale Datenstrategie in das zentrale Leitbild der EU ein und knüpft an den vom Bundesverfassungsgericht schon mit dem Volkszählungsurteil zur informationellen Selbstbestimmung gebahnten Weg an (BVerfG 1983). Das Konzept der *verantwortungsvollen Datennutzung* geht allerdings noch weiter: Einhaltung des Rechtsrahmens, Orientierung an zentralen ethischen Grundsätzen und Prinzipien, Datenqualität und Datensicherheit nach dem Stand der Technik, insbesondere hohe Datenqualität, hohe Standards des Datenmanagements sowie sorgfältige Dokumentation und transparente Datenauswertung. Die Datenstrategie adressiert hierbei *vier Handlungsfelder*: (1) Datenbereitstellung und Datenzugang, (2) Datennutzung, (3) Datenkompetenz und Datenkultur sowie (4) den Staat als Vorreiter der Datenkultur (Bundeskanzleramt 2021, S. 7 f.). Zur Umsetzung der Handlungsfelder wurden von der Bundesregierung verschiedene Technologieprogramme aufgelegt, die den rechtskonformen Austausch und die wirtschaftliche Nutzung von Daten in Deutschland fördern sollen, unter anderen Trusted Cloud, Smart Data, Smarte Datenwirtschaft und KI-Innovationswettbewerb (BMWi 2021).

9.1.2 Datenökonomie und Dateninfrastrukturen

Unter *Datenökonomie* wird eine Wirtschaftsform verstanden, bei der die Beziehungen der Marktteilnehmer primär datenbasiert sind. Hierbei können unterschiedliche Strukturen entstehen wie Plattformen, Datenkooperationen, Datenräume und Wertschöpfungsnetze. In einer *sozialen Datenökonomie* soll die faire Teilhabe der Gesellschaft an der Wertschöpfung aus Daten gesichert werden (Bundeskanzleramt 2021, S. 108). Das Konzept der Datenwirtschaft und des freien Verkehrs von Daten wurde für nicht personenbezogene Daten juristisch im Verordnungsweg etabliert (COM 2019). Die Daten-Wertschöpfungskette wird mit den Datenaktivitäten der Datenerzeugung und -erhebung, Datenaggregation und -organisation, Datenverarbeitung, Datenanalyse, -vermarktung und -verbreitung, Datennutzung und -weiterverwendung beschrieben (VO EU 2019, ErwGr 2). Die Datennutzung entwickelt sich in der Praxis von reiner Datenanalytik im Rahmen der Business Intelligence hin zur Nutzung von Daten für die digitale Transformation von Prozessen (Cattaneo et al. 2019, S. 30) (s. Abschn. 3.4).

Die *Wertermittlung* von Daten und Datenbeständen wird als kontextabhängig beschrieben (Wessels et al. 2019, S. 17). Hierauf basierende Preismodelle hängen vom Geschäftsmodell der Plattform bzw. des Ziels des konkreten Datentausches ab (s. Abschn. 3.3, s. auch Abschn. 5.2). Für die rechtliche Umsetzung von Datenprodukten und Services in Lizenzverträgen ist die Beschreibung der Produkte und die konkrete, transparente Einpreisung erforderlich.

Dateninfrastrukturen sollen die Datenökonomie technisch umsetzen. Neben attraktiven Geschäftsmodellen sind geeignete und niederschwellig verfügbare Hardware, Software und Datennetze Voraussetzungen der Zunahme der Datennutzung und -teilung. Insbesondere KMU sollen ohne umfangreiche Investitionen in eine technische Infrastruktur oder spezialisierte Mitarbeitende an der Datenökonomie teilhaben können.

In *Ökosystemen* werden Teilnehmende in einem komplexen Netzwerk organisiert. Die teilnehmenden (Partner, Akteure) können unterschiedlichen Stufen der Wertschöpfungskette oder auch unterschiedlichen Branchen angehören (u. a. Farhadi 2019). Datenökosysteme zielen auf den Austausch und die Nutzung von Daten mit dem Grundkonflikt der Datenerzeuger, der zwischen der Notwendigkeit des Austausches von Daten und dem Bedürfnis nach Schutz oder Geheimhaltung des eigenen Datenbestandes besteht (IDSA 2019, S. 14). Innerhalb eines Daten-Ökosystems kann der Austausch technisch entweder über dezentrale Netzwerkstrukturen oder über eine zentrale Plattform ablaufen. Beispiel 1 zeigt das Forschungsprojekt „Data Market Austria".

Der unternehmensübergreifende Datenaustausch und das Angebot von Datenprodukten und Services kann unter Standardisierung von Schnittstellen und Datenformaten erleichtert werden. Der Entwurf des Data Governance Act (im folgenden DGA-E, COM 2020b) zielt auf die Datenmittler ab, die Daten über eine Plattform, Datenbanken oder jedenfalls über eine gesonderte technische Infrastruktur anbieten (Art. 9 Abs. 1 DGA-E). Der Austausch von Daten über Infrastrukturen, die schon bei den Teilnehmenden bestehen und die ausschließlich direkt, ohne einen Datenmittler arbeiten, scheint daher vom Anwendungsbereich nicht erfasst zu sein.

Beispiel 1: Data Market Austria

Im Forschungsprojekt „Data Market Austria" wurden die Teilnehmenden an Daten-Infrastrukturen für die Verbesserung der Interkonnektivität von Daten-Infrastrukturen betrachtet. Die Service-, Data- und Infrastructure-Provider bieten Leistungen an, Broker fungieren als Vermittler zu den Data Market Customer und den End Usern. Über Forschung und Entwicklung sollen laufend neue Ansätze integriert werden. Im Projekt wurden Modell-Datenlizenzen mittels einer Blockchain-Technologie, Ethereum, entwickelt, bei denen ökonomische bzw. rechtliche Konditionen von Lizenzverträgen in technische Smart Contracts umgesetzt werden sollen. Prototypisch wurden eine Taxi-Heat-Map als App entwickelt und Satellitendaten für einen Informations-Service zur Ausbreitung von Steinschlag und für einen Monitor für Forstveränderungen im Rahmen der Forstwirtschaft genutzt. ◄

9.1.3   Standardisierung als Motor des Datenaustausches

Standardisierung soll die Hürden zum Datenteilen technisch und ökonomisch verringern helfen. Denn Anlauf- und Transaktionskosten sind neben der Unsicherheit zum Rechtsrahmen insbesondere für KMU Akzeptanzhindernisse für das Datenteilen. Im Gesetzgebungsverfahren zum DGA werden der Interoperabilität und den Standards immer mehr Bedeutung beigemessen. Datenmittler sollen nach dem aktuellen Stand angemessene Maßnahmen zur Herstellung von Interoperabilität ergreifen, um das Funktionieren des eigenen Marktes zu sichern. Zu den angemessenen Maßnahmen gehört der Einsatz bestehender, verbreiteter

Standards im eigenen Sektor (*existing, commonly-used standards*). Der Innovationsrat (European Data Innovation Board) soll die Entwicklung weiterer industrieller Standards fördern, soweit das notwendig erscheint (ErwGr 26a DGA-E). Hierzu wird unter anderem vorgeschlagen, Standardisierungsorganisationen in den Innovationsrat mitaufzunehmen, soweit dies zweckmäßig erscheint (LIBE 2021).

Standardisierung kann sich auf die technische Abwicklung beziehen. Technische Standardisierung kann über gesetzliche Vorgaben, technische Normen auf untergesetzlicher Ebene oder sich etablierende Branchennormen verbreitet werden. Rechtliche und ökonomische Standardisierung über Gesetze und Normen ist hinsichtlich des Leistungsgegenstandes Datenprodukt oder Services sowie der Vergütung nicht zulässig. Art und Umfang einer vertraglichen Hauptleistung und die hierfür unmittelbar zu zahlende Vergütung unterliegen auch bei Massengeschäften gegenüber Verbraucherinnen und Verbrauchern der Vertragsfreiheit der Parteien und damit nicht der Inhaltskontrolle der Gerichte. Überprüfbar sind hingegen Preisnebenabreden, die die Art und Weise der zu erbringenden Vergütung oder Preismodifikationen betreffen.

Mit dem *Referenzarchitekturmodell der International Data Space Association* (Reference Architecture Model: IDS-RAM, IDSA 2019) soll auf Basis technischer Standardisierung ein sicherer, domänenübergreifender Datenraum geschaffen werden, der den Unternehmen die Anpassung an ihre Anforderungen ermöglicht. Das IDS-RAM soll mithilfe der Interessensgemeinschaft im International Data Space e. V. zu einem internationalen Standard weiterentwickelt werden. Der Standard soll einerseits die Referenzarchitektur selbst beinhalten. Zum anderen sollen Methoden für den sicheren Austausch und das Teilen von Daten durch die sogenannten IDS-Konnektoren erleichtert werden. Die softwarebasierten Konnektoren ermöglichen den technischen Zugang eines Unternehmens oder einer Plattform zum IDS-Ökosystem. Die Konnektor-Architektur berücksichtigt die technischen Aspekte der Data Governance. So wird für das Preprocessing der Daten wie Filtern, Anonymisieren oder die Datenanalyse der Einsatz eines internen Konnektors empfohlen (IDSA 2019, S. 62; s. auch Kap. 14).

Das IDS-RAM sieht vor, dass alle Teilnehmenden Nutzungsbedingungen für die Daten (*usage policies*) definieren können, die Teil der Metadaten sind und die im Rahmen der Datennutzungskontrolle (*Usage Control*) durchgesetzt werden können (s. Kap. 15). Souveränität soll mit Datenhoheit (*Data Ownership*) und nicht mit Open Data einhergehen. Nach der IDS-RAM sollen Nutzungsbedingungen und Verträge für den Datentausch vermehrt standardisiert und automatisiert verhandelt werden. Das technische Rahmenwerk des IDS kann und soll allerdings nicht die rechtliche Umsetzung über Verträge ersetzen, soll aber bestehende Verträge technisch durchsetzen helfen. Kategorien von Verträgen können hierzu zum Einsatz und Nachweis im *Information Layer* hinterlegt werden (IDSA 2019, S. 28, 32, 104). Insgesamt erhebt das IDS-RAM nicht den Anspruch einer integrierten und rechtskonformen Referenzarchitektur, sondern bietet Ansätze zur technischen Umsetzung von rechtlichen Vorgaben, ohne diese rechtlich exakt zu spezifizieren. Insoweit sind die *Usage Contracts* und *Data Owner* aus dem Standard heraus rechtlich nicht definiert, sondern bedürfen der juristischen Ausfüllung. Die vermeintliche juristische Begrifflichkeit führt hier wie bei den *Smart Contracts* auf den ersten Blick in die Irre (s. Kap. 11). In der Darstellung der Referenzarchitektur wird die technische, nicht jedoch die rechtliche Anwendung klargestellt (IDSA 2019, S. 21, 28).

Mit dem europäischen Ökosystem GAIA-X soll folgend zur Europäischen Datenstrategie eine leistungsfähige, sichere und vertrauenswürdige digitale Infrastruktur aufgebaut werden, die über mittlerweile mehr als zwanzig nationale Hubs in verschiedenen Domänen und auch domänenübergreifend umgesetzt werden kann. Daten und Dienste aus unterschiedlichen Infrastrukturen sollen interoperabel und portabel werden. Das Vertrauen und die Akzeptanz der Nutzer sollen durch Offenheit, Transparenz und angemessene Governance-Mechanismen geschaffen werden (COM 2020a, S. 6, 20). Die GAIA-X Federation Services sollen für den Aufbau von Datenplattformen und die Vernetzung von vielen Teilnehmenden technische Grundlagen schaffen. Vier Federation Services sind bisher spezifiziert: Identity & Trust, Federated Catalogue, Sovereign Data Exchange und Compliance (GAIA-X 2021). Auf den hierzu definierten Standards und Frameworks können Nutzer aufbauen und sich unter Einhaltung der sogenannten Policies im GAIA-X-Rahmen selbstständig organisieren. Die Standardisierung umfasst regulatorische, industriespezifische und technische Standards. Das technische und das Policy Rules Comittee arbeiten laufend an der Weiterentwicklung. Mit anderen Standardisierungsorganisationen findet ein permanenter Austausch statt (Eco 2021). Wie im IDS-RAM sind die Rechtsbeziehungen im Ökosystem nicht notwendigerweise im technischen System enthalten. Die rechtliche Gestaltung von Plattformen und Services ist Teil der aktuellen Entwicklung, unter anderem unter Berücksichtigung des DGA-E und des bestehenden und sich entwickelnden Rechtsrahmens. GAIA-X und die IDS sollen komplementär wirken. Mit dem IDS-RAM sollen Softwarekomponenten für den Austausch und das Teilen von Daten spezifiziert und in GAIA-X als verteilte Dateninfrastruktur domänenübergreifend integriert werden (IDSA 2021, S. 13).

Die *Datenstrategie* der Bundesregierung hebt die Standardisierung für verschiedene Bereiche hervor: Schutz der personenbezogenen Daten durch technische Protokolle und Standards, die von Datentreuhändern zur Anonymisierung (s. Abschn. 14.1) eingesetzt werden könnten, erleichterten Datenzugang zu nicht personenbezogenen Daten aufgrund von Interoperabilität und Portabilität; Standards zur IT-Sicherheit; Mindeststandards und Nachhaltigkeitskriterien von neuen Technologien, zum Beispiel Blockchain, und Standards zur Datenqualität (Bundeskanzleramt 2021, S. 19, 22, 26, 30, 64).

Standardisierung im Recht ist über Allgemeine Geschäfts- oder Nutzungsbedingungen sowie Rahmenverträge im B2B-Bereich ein wichtiges Instrument zur Abwicklung von Massengeschäften. Für intangible Güter wie gewerbliche Schutzrechte werden Lizenzverträge geschlossen, die auf standardisierten Klauseln aufbauen. Die Standardisierung der vertraglichen Regelungen einschließlich des Vertragsgegenstandes funktioniert allerdings sowohl semantisch als auch codiert nur dann, wenn die Daten als zu lizenzierende „Produkte" oder die aus ihnen abgeleiteten Services wie Prognosen im Vorhinein so detailliert beschreibbar sind, dass in der Bestimmung des vertraglichen Leistungsgegenstandes weder eine technische Würdigung noch ein Verhandlungsspielraum oder eine sonstige individuelle Beurteilung erforderlich ist. Beispiel 2 zeigt das Forschungsprojekt *REIF* des Innovationswettbewerbs Künstliche Intelligenz des Bundesministeriums für Wirtschaft und Klimaschutz (BMWK) auf, in dem die „Übersetzung" von Semantik in Codes erforscht wird. Zertifizierung kann rechtliche Standards, zum Beispiel aus ISO- oder DIN-Normen, umsetzen helfen. In der Regel wird jedoch ein Produkt zertifiziert, beispielsweise ein Medizinprodukt, oder die Rechtskonformität der Gestaltung der Organisation und Prozesse, zum Beispiel im Datenschutz oder Compliance. Zertifiziert wird nicht die Einhaltung von Recht und Gesetz in Prozessen oder auf einer Plattform an sich (Weber und Lejeune 2019; Weber 2016).

Beispiel 2: *REIF*-Plattform mit API-Katalogen

- Im Projekt *REIF* wird innerhalb eines Ökosystems eine Plattform zum Datenaustausch entwickelt, die die Verschwendung von Lebensmitteln durch die bessere Koordinierung von Angebot und Nachfrage von den Lebensmittelproduzierenden bis hin zu den Verbrauchenden unter Nutzung von Künstlicher Intelligenz reduzieren soll.
- Die Plattform agiert als Datenmittler. Auf ihr liegen keine Daten. Die Daten werden mittels Schnittstellen (API) ausgetauscht. Hierzu finden Nutzer einen API-Katalog auf der Plattform.
- Die Plattform wird mit Blick auf den kommenden Data Governance Act schon europarechtskonform im Sinne einer umfassenden technischen, ökonomischen und rechtlichen Governance gestaltet. Datensouveränität und Geschäftsgeheimnisse werden über ein Rechtemanagement gesichert. Die Dateninhaber können so Nutzung ihrer Daten und Schutz miteinander verbinden.
- Lizenzmodelle werden über Blockchain-Technologien in Smart Contracts umgesetzt. Der Mehrwert der Plattform soll für die Nutzer in der Zusammenführung von Anbietern und Nachfragern in der Lebensmittelproduktion liegen. Aufgrund der einheitlich bereitgestellten Schnittstellen sinken für beide Seiten die Transaktionskosten des Datentauschs. ◄

9.2   Rechtskonforme Datennutzung im Europäischen Datenraum

9.2.1   Daten und Motivation zum Datenteilen

Daten kommen in Unternehmen vielfältig vor. So existieren eine Vielzahl an Datenbeständen, die personenbezogene Daten der Kundinnen und Kunden sowie Mitarbeitenden, aber auch personenbeziehbare Daten enthalten. Personenbeziehbare Daten sind vor allem solche, die unter Einsatz von Sensorik oder von Protokollen wie Einsatz-, Schichtplänen oder Werkstattkalendern Personen zugeordnet werden können.

Nicht personenbezogene Daten können Sachverhalte wie Entwürfe, Konstruktionen, Pläne und sonstige Vorgänge beinhalten. In allen Bereichen eines Unternehmens können

Daten entstehen. Dazu gehören in der Fertigung unter anderem Maschinendaten, Protokolldaten, Konfigurationsdaten, Sensordaten und im Vertrieb beispielsweise Absatz- und Prognosedaten, Preise etc.

Der Duden definiert *Daten* als unter anderem durch Beobachtungen, Messungen und statistische Erhebungen gewonnene Zahlenwerte, darauf beruhende Angaben und formulierbare Befunde (Duden 2021). Daten sind danach nicht mit den in ihnen enthaltenen Informationen identisch. Inhalt und Bedeutung von Daten sind von den Daten als „bloße Zeichenmenge" abzugrenzen. Daten können zunächst „als maschinenlesbar codierte Informationen" eingeordnet werden (Zech 2015).

Eine andere Einordnung wird bei *personenbezogenen Daten* getroffen. Das Recht auf informationelle Selbstbestimmung und das EU-Datenschutzgrundrecht beziehen sich auf den Informationsgehalt von Daten. Personenbezogene Daten sind daher alle Informationen, die sich auf eine identifizierte oder identifizierbare natürliche Person beziehen, Art. 4 Nr. 1 DSGVO.

Datenbeständen kann ein *wirtschaftlicher Wert* zukommen. Sie können als selbstständiges vermögenswertes Gut gegen Entgelt veräußert werden. Der Schutz dieser (nicht personenbezogenen) Daten wurde in der Vergangenheit vielfach über die Geheimhaltung angestrebt, um so die Exklusivität der Nutzung zu sichern. Denn öffentliche Daten sind für alle Personen zur Analyse und Nutzung zugänglich, ungeachtet möglicher Berechtigungen. Folgerichtig sieht das Geschäftsgeheimnisgesetz seit 2019 vor, dass ein Schutz nur noch dann besteht, wenn der Information ein wirtschaftlicher Wert aufgrund ihrer beschränkten Zugänglichkeit zukommt.

Damit schienen für die Praxis ungeachtet der Überlegungen der Wissenschaft keine weiteren Konzepte zur rechtlichen Einordnung und zum Schutz der Daten außerhalb des Bereiches der personenbezogenen Daten erforderlich zu sein. Nunmehr sollen (große) Daten(-mengen), unter anderem zur Nutzung in KI-basierten Anwendungen, auch in Teilmengen, aktiv geteilt werden. Hierbei sollen die Daten ökonomisch granular nutzbar gemacht werden, ohne die materiellen oder immateriellen sonstigen Werte des Unternehmens anzugreifen und ohne Datenbestände als Ganzes zu veräußern. Warum sollten aber Unternehmen Daten teilen, die unter Umständen ihre Innovationen offenlegen?

> „*Einer der Gründe, warum sie zögern, Daten zu teilen, ist, dass man ihnen die ganze Zeit sagt, dass sie auf Gold sitzen. Sie nutzen die Daten vielleicht nicht wirklich, aber wenn sie auf Gold sitzen, warum sollten sie dann teilen?*" (Vestager 2021). Die Motivation zum Datenteilen muss also klar sein, bevor das Recht oder die Pflicht zum Datenteilen untersucht werden kann. Aber: „*Es gibt einen Mangel an rechtlicher und auch an vertraglicher Klarheit. Wir arbeiten an etwas, das wir Datenräume nennen. Das ist im Grunde eine Metapher dafür, die vertraglichen Verpflichtungen so zu gestalten, dass ich als Unternehmer weiß, dass es sicher ist, wenn ich meine Daten in diesen Datenraum lege und vielleicht ein paar andere Daten herausnehme.*" (Vestager 2021)

Denn der unklare rechtliche Rahmen, transparent und rechtssicher Daten teilen zu können, ist einer der Hinderungsgründe für das Datenteilen. Zur Förderung des Datenaustausches müssen Datenbestände handelbar und übertragbar werden.

9.2.2 Rechtsnatur von Daten und Informationen

Rechtlich fassbar und damit ökonomisch handelbar sind zunächst Sachen und Rechte. *Sachen* als körperliche Gegenstände werden im Recht in bewegliche und unbewegliche Sachen (Grundstücke) eingeteilt. *Rechte* können an Sachen oder immateriellen Gütern entstehen und begründen eine Verfügungsgewalt oder ein Nutzungsrecht. So können Urheberrechte als Rechte am geistigen Eigentum selbst oder durch Übertragung verwertet werden. Gewerbliche Schutzrechte können beispielsweise als Patente an technischen Erfindungen oder als Marken an Bezeichnungen für Produkte oder Dienstleistungen entstehen und durch Lizenzen mit der Einräumung von Nutzungsrechten gegen eine Lizenzgebühr ökonomisch verwertet werden.

Daten entziehen sich dieser traditionellen rechtlichen Einordnung. Daten sind per se nicht verkörpert. Sie stellen keine Sachen dar, die herausgegeben werden können (BGH 2019a, b; OLG Brandenburg 2019). Sie können zwar auf einem Speichermedium vorhanden sein, das Speichermedium, beispielsweise ein Server, stellt aber in der Regel nicht den eigentlichen Wert dar, sondern die in den Daten enthaltenen Informationen. Ein wirtschaftlicher Wert kann daher im Zugang zu den Informationen liegen (BGH 2016). Die Berechtigung an den Inhalten und am Speichermedium folgen somit unterschiedlichen Regeln (BGH 2015a). Im Ergebnis wird die Anwendung oder die Konstruktion eines Eigentumsbegriffs zur Handelbarkeit von Datenbeständen in der juristischen Literatur überwiegend abgelehnt. (Roßnagel et al. 2015; für analoge Anwendung des Eigentumsbegriffs: Hoeren 2013). Auch die gewerblichen Schutzrechte als absolute Schutzrechte werden überwiegend nicht herangezogen, weil es den Daten an sich an der erfinderischen oder geistigen Leistung mangelt. Daten können gleichwohl Grundlage von technischen Erfindungen oder anderen Rechten werden. Dem Dateninhaber kann außerdem, zum Beispiel zur Durchsetzung von Auskunfts- und Löschungsansprüchen, eine „faktische Funktionsherrschaft" zukommen (BGH 2015b).

Der sogenannte Datenbetroffene hat für seine *personenbezogenen Daten* ein Recht an diesen Daten, das jedoch nicht schrankenlos wirkt. Der Einzelne hat kein Recht auf absolute, uneingeschränkte Herrschaft über seine Daten. Auch auf Individuen bezogene Informationen sind ein Abbild sozialer Realität und damit nicht ausschließlich allein dem Betroffenen zuzuordnen (BVerfG 1983; BGH 2009). Folgerichtig sehen die Datenschutzgrundverordnung und andere Gesetze auch gesetzliche Erhebungstatbestände vor, die keiner Einwilligung des Betroffenen bedürfen, allerdings unter Anwendung der Datenschutzgrundsätze.

9.2.3 Möglichkeiten der Nutzungsregelungen für Daten

Wirtschaftlich interessant können zum einen unbearbeitete Rohdaten aufgrund des Umfangs oder Inhalts des Datenbestandes sein. Der Wert von Daten kann aber auch in der Strukturierung oder sonstigen Bearbeitung liegen. Als Grundlage der Verwertung von

Daten, wozu auch das Teilen der Daten gehört, wird das *Recht, Zugang zu den Daten* und damit die wirtschaftliche Nutzung zu gewähren oder zu verhindern, für nicht personenbezogene Daten in der Regel dem Datenerzeuger zugewiesen. In der Datenstrategie der Bundesregierung wird die Schaffung eines „Dateneigentums" abgelehnt, aber im Sinne der Datensouveränität werden die legitimen Interessen des Datenerzeugers bzw. des Produktherstellers hervorgehoben (Bundeskanzleramt 2021, S. 22 ff.). Zugangsrechte können gesetzlich bestehen oder vertraglich begründet werden (s. Abschn. 10.2). Datenbestände können zunächst strukturiert werden und durch eine wirtschaftliche Investition von erheblichem Gewicht in eine *Datenbank* überführt werden. Das *Datenbankrecht* passt allerdings nicht so ganz für das Ziel eines Datenrechts. Es soll die Einrichtung von Systemen für die Speicherung und die Verarbeitung vorhandener Informationen anreizen, nicht das Erzeugen von Elementen, die später in einer Datenbank zusammengestellt werden können. *Die bloße Erzeugung von Datenbeständen bzw. die Zweitverwertung ohnehin vorhandener Daten fällt daher nicht unter den Investitionsschutz der Datenbank gem. § 87a UrhG* (EuGH 2004a, b). Es müssen über die Beschaffung und Darstellung der bestehenden Daten weitere Kosten für das Ermitteln, Ordnen, Zusammenstellen, Aufbereiten oder Erschließen der Datenbestände anfallen. Die Abgrenzung ist im Einzelfall schwierig. Die Veränderung von Rohdaten selbst wird in der Regel noch zur Erzeugung von Datenbankinhalten gehören. Die strukturierte Sammlung und Erschließung bereits vorhandener Rohdaten hingegen kann zu den berücksichtigungsfähigen Investitionen zählen, wenn die Rohdaten selbst nicht verändert, sondern beispielsweise mit Metadaten angereichert werden (OLG Hamburg 2017; kritisch Leistner 2018; Hermes 2019).

Soweit eine Datenbank entsteht, hat der Datenbankhersteller gem. § 87b UrhG das sogenannte Datenbankrecht als ausschließliches Recht, die Datenbank oder wesentliche Teile hiervon zu nutzen und über die Nutzungs- oder Zugangsrechte für Dritte für *wesentliche Teile der Datenbank* zu entscheiden. Wesentliche Teile der Datenbank dürfen auch dann nicht entnommen werden, wenn sie anders angeordnet werden (BGH 2005 mit Verweis auf EuGH 2004a). Insoweit beschränkt sich der Schutz bei Begründung des Datenbankrechts auf die Anordnung der Daten, wird aber bei Bestehen faktisch auch auf die Inhalte der Sammlung und damit auf die Daten selbst erweitert, soweit es sich um einen wesentlichen Teil handelt.

Soweit die Daten von der Anwendung deutlich getrennt werden können, kann die *Software* für den *Urheber* als Computerprogramm gem. § 69a ff UrhG schützbar sein oder für den *Erfinder* bei Erfüllung der gesetzlichen Voraussetzungen und ausreichender Technizität eine computerimplementierte Erfindung als Patent oder Gebrauchsmuster angemeldet werden.

Die in den Daten enthaltenen Informationen und damit die Daten selbst können als *Geschäftsgeheimnis* geschützt werden, wenn sie nicht allgemein bekannt sind, einen wirtschaftlichen Wert haben, die Inhaberin bzw. der Inhaber angemessene technische und organisatorische Geheimhaltungsmaßnahmen ergreift und ein berechtigtes Interesse an der Geheimhaltung hat, § 2 GeschGehG. Dann sind sie allerdings nur der selektiven, nicht öffentlichen Nutzung zugänglich.

Bei allen Zugangswegen zur Verwertung und zum Teilen der Daten sind die Datenbestände nach personenbezogenen und nicht personenbezogenen Daten zu unterscheiden, da bei ersterem dem Schutz der natürlichen Person ein besonderes Gewicht zukommt, der durch alle einschlägigen Gesetze respektiert wird.

9.2.4 Data Governance

Data Governance ist als Begriff bisher weder in Gesetzgebung noch Rechtspraxis etabliert. In der sonstigen Literatur finden sich vielfältige Annäherungen aus anderen disziplinenspezifischen Perspektiven wie dem Datenmanagement (Zusammenstellung bei Mahanti 2021). Im IDS-RAM werden Rollen, Funktionen und Prozesse aus der Perspektive Data Governance und Compliance betrachtet. Die Begriffe werden nicht trennscharf gebraucht, sondern als Anforderungen eines Ökosystems zur Herstellung sicherer und zuverlässiger Interoperabilität verstanden. Das Datenmanagement soll um die Elemente der Data Governance mit Regelung von Entscheidungsrechten, Verantwortlichkeiten, Rechten und Rollen erweitert werden. Data Governance wird als wesentliches Element des IDS-Ökosystems begriffen (IDSA 2019, S. 98).

Aus *rechtlicher Perspektive* erfolgt die Annäherung teilweise über den Datenschutz (u. a. Graef et al. 2020; Thüsing 2021). Ein zweiter Zugangsweg bietet sich in begrifflicher Anlehnung an die Corporate Governance und damit an Compliance an. Good Corporate Governance ist hierbei die Steuerung eines Unternehmens im Sinne einer guten Unternehmensführung, während Compliance als rechtliches Risikomanagement die Einhaltung von Recht und Gesetz, unternehmensinternen Richtlinien und ethischen Normen und Werten und die Umsetzung in Organisation und Prozesse umfasst (Weber 2016, S. 3 f.).

Data Governance kann als Teilgebiet der Corporate Governance eingeordnet werden mit dem Fokus auf die Steuerung der Rechtstreue unter Nutzung von Daten, das heißt mit Daten als Nachweis für Compliance (u. a. Mahanti 2021, S. 142 f.). Data Governance kann aber darüber hinaus auch die Steuerung des Umgangs mit den Daten selbst sein. Es geht dann nicht um Governance durch Daten, sondern die *Governance der Daten selbst*.

Im *DGA-E* wird der Begriff Data Governance nicht explizit definiert, sondern umschrieben. Das Teilen von Daten soll durch Kontrolle durch die Datenbetroffenen und sonstigen Dateninhaber, Zugangsmechanismen und Vorgaben zur Nutzung geregelt werden (ErwGr 4 DGA-E). Es ist auch von einer neuen Art der europäischen Data Governance die Rede, die die Trennung des Anbietens, Mittelns und Nutzens von Daten innerhalb der Datenökonomie vorsieht (ErwGr 25 DGA-E: „novel ‚European' way of data Governance by providing a separation in the data economy between data provision, intermediation and use"). Der DGA-E setzt daher voraus, dass es schon eine Art Data Governance in der Praxis gibt.

Data Governance kann somit neben der Funktion als Nachweis für Rechtstreue als *Steuerung des rechtskonformen Umgangs mit Daten* definiert werden. Mit dem DGA-E wird das Datenrecht vom Daten*schutz*recht zu einem umfassenden *Datenrecht* erweitert

(u. a. Richter 2021). Der Fokus der Data Governance aus der Perspektive des Rechts hat sich in Forschungsprojekten schon im Vorfeld des DGA-E zur Steuerung der rechtskonformen Datennutzung, des Datenschutzes, der Regelungen zur Datenqualität und Datensicherheit sowie der Beachtung des Wettbewerbsrechts, der gewerblichen Schutzrechte sowie der Geschäftsgeheimnisse bei der Nutzung von Daten entwickelt (Weber 2020, 2021).

9.3 Datenteilung in Ökosystemen gestalten

9.3.1 Neues Geschäftsfeld Datenmittlung

Mit dem DGA-E sollen Regeln und Mittel zur Nutzung, Verwendung und zum Teilen von Daten gesetzt werden. Mit der neuen Kategorie der Datenmittler (Datenintermediäre) soll der vertrauenswürdige Datenaustausch gefördert werden. Damit wird das übergeordnete Ziel des Zugänglichmachens von Daten bei der Entwicklung neuer Geschäftsmodelle unter Wahrung der Souveränität der Dateninhaber und Datenbetroffenen verfolgt. Es sollen nicht nur die Kosten für Erwerb, Integration und Verarbeitung von Daten gesenkt werden, sondern auch die Marktzutrittsschranken, unter anderem für KMU. Dies gilt insbesondere in Europäischen Datenräumen, die Einheiten erfordern, die die Datenräume strukturieren und organisieren. Die sogenannte *Orchestrierung* kann den Datenmittlern zufallen (ErwGr 22 DGA-E).

Daten sind nach dem DGA-E digitale Darstellungen von Handlungen, Tatsachen oder Informationen sowie Zusammenstellungen hiervon, auch in Form von Ton-, Bild- oder audiovisuellem Material, Art. 2 (1) DGA-E.

Datenmittlung umfasst das bilaterale oder multilaterale Teilen von Daten, den Aufbau von Plattformen oder Datenbanken zum Datenteilen (*Data Sharing*) oder die gemeinsame Nutzung von Daten (*Joint Use of Data*) sowie den Aufbau von spezifischen Infrastrukturen für das Zusammenführen von Dateninhabern und Datennutzern (ErwGr 22 DGA-E). Die Begriffe des Datenteilens und der gemeinsamen Nutzung werden hier unterschieden. In der deutschen Fassung des ersten Entwurfs des DGA-E wird das „Data Sharing" etwas missverständlich als „gemeinsame Datennutzung" bezeichnet und auch die Definition in Art. 2 Abs. 7 DGA-E ordnet dem *Data Sharing* die Datenlieferung zu gemeinsamen oder individuellen Zwecken zu.

Danach stellt das *Datenteilen* (*Data Sharing*) die Weitergabe von personenbezogenen Daten durch den Datenbetroffenen oder personenbezogenen und anderen Daten durch den Dateninhaber dar. Zweck ist die gemeinschaftliche oder individuelle Nutzung der geteilten Daten auf gesetzlicher oder vertraglicher Grundlage, direkt oder über einen Datenmittler gegen Gebühr oder unter einer unentgeltlichen, offenen Lizenz. Im ersten Entwurf des DGA war der Akt der Datenweitergabe auf die freiwillige, vertragliche Einräumung beschränkt. Im aktuellen Entwurf ist nun die Möglichkeit einer gesetzlichen Anordnung enthalten.

Datenmittlung (*Data Intermediation Services*) wird in Art. 2 Abs. 2a i. V. m. Art. 9 Abs. 1a DGA-E nunmehr auf kommerzielle, private Dienstleister beschränkt, bei denen mit technischen, rechtlichen und anderen Mitteln direkte Beziehungen zwischen einer unbestimmten Zahl an Datenbetroffenen und Dateninhabern auf der einen Seite und Datennutzern auf der anderen Seite aufgebaut werden. Zweck ist das Teilen der Daten und die Ausübung der Rechte des Datenbetroffenen. Die Definition der Datenmittlung und der gesetzliche Ausschluss sind in der Gesetzgebungsphase höchst umstritten, bedingen sie doch die wirtschaftlichen Entfaltungsmöglichkeiten des Anbietens von Datenmittlung durch den künftigen DGA.

Datenmittlung umfasst unter anderem die folgenden Bereiche (ErwGr 22a DGA-E):

- Datenmarktplätze („Data Market Places"), auf denen Unternehmen Informationen über Daten, Nutzung und Lizenzrechte einstellen können,
- Orchestrierung von Ökosystemen („Ecosystem Orchestrators"), die das Funktionieren von Ökosystemen zur Datenteilung gestalten und sichern, zum Beispiel im Zusammenhang mit Europäischen Datenräumen,
- Datensammlungen („Data Pools") zwischen verschiedenen Unternehmen zur Nutzung und Lizenzierung von Daten, wobei alle Beteiligten Daten liefern und nutzen sollen.

Datenmittler sollen *zusätzliche Services* zur Verbesserung des Datenteilens anbieten können. Hierunter sollen die Verbesserung der Nutzbarkeit der Daten und unterstützende Services zur Vereinfachung des Datenteilens wie Aggregierung, Pflege, Pseudonymisierung und Anonymisierung fallen.

Keine Datenmittlung sind danach die folgenden Dienstleistungen (ErwGr 22a DGA-E):

- Aggregierung, Anreicherung oder Transformation von Daten anderer Dateninhaber und Einräumung von Nutzungsrechten an den bearbeiteten Daten an Datennutzer, ohne dass zwischen dem Dateninhaber und dem Datennutzer eine direkte Rechtsbeziehung entsteht.

  Damit fallen unter anderem die Anbieter von Prognosen und Preismodellen nicht unter die Vorschriften zur Datenmittlung, jedenfalls dann nicht, wenn keine direkte Rechtsbeziehung zwischen Dateninhaber und Nutzer entsteht.
- Anbieten von Dienstleistungen, die das Datenteilen lediglich technisch unterstützen wie Cloud-Infrastrukturen, Data-Sharing-Software, Webbrowser, Browser-Plug-ins oder E-Mail-Services;
- Dienstleistungen zum Anbieten oder zur Vermittlung von Inhalten, insbesondere, aber nicht nur urheberrechtlich geschützter Inhalte;
- Dienstleistungen zum Datenaustausch lediglich eines Dateninhabers;
- geschlossene Gruppen von Dateninhabern und Datennutzern mit begrenztem Zugang zu den Datenprodukten und Services, u. a. durch Vertrag oder AGB;
- Plattformen, die von Herstellern für ihre Kundinnen und Kunden zur Nutzung der Funktionalitäten von IoT-basierten Produkten oder Geräten oder zusätzlichen Services („Value Added Services") angeboten werden.

Der DGA-E sieht ein *Notifikationssystem*, kein Genehmigungsverfahren, zur Aufnahme der Tätigkeit als Datenmittler vor, Art. 10 DGA-E. Die Erhebung von Gebühren für die Notifikation bleibt dem Recht der Mitgliedstaaten zur Regelung vorbehalten. Es ist ein EU-weites öffentliches Register der Datenmittler vorgesehen. Die Mitgliedstaaten benennen hierzu eine zuständige Behörde, die im Rahmen der Überwachung der Datenmittler mit dem Recht auf Information und weiteren Eingriffsrechten ausgestattet werden soll, Art. 12 und 13 DGA-E. Diese umfassen neben der Verhängung von Bußgeldern auch die Untersagung des Betriebs der Plattform bei erheblichen Rechtsverstößen.

Die *rechtlichen Anforderungen* zur Erbringung von Diensten zur Datenmittlung sind in Art. 11 DGA-E aufgelistet. Zentraler Ansatzpunkt ist die *Trennung von Vermittlung und Nutzung* von Daten. Der Datenmittler soll die Daten nur zu Zwecken des Vermittelns verwenden dürfen. Auch die im Zusammenhang mit dem Vermitteln von Daten erhobenen Daten von natürlichen und juristischen Personen wie Zeitpunkt, Zeitraum und Lokalisierung der Nutzung und Verbindungen zu anderen Personen dürfen nur zur Weiterentwicklung und Verbesserung der Plattformservices genutzt werden. Höchst umstritten sind die zusätzlichen Dienstleistungen, die Datenmittler erbringen wollen, Art. 11 Abs. 4a DGA-E. Zur Vereinfachung des Datenaustausches sollen jedenfalls Speichern, Aggregieren, Pflegen („Curation") von Daten, die Pseudonymisierung und die Anonymisierung erlaubt sein.

Datenmittler haben darüber hinaus Vorkehrungen zur *technischen Gestaltung* zu treffen: Austausch der Daten im demselben Format wie bereitgestellt, Umwandlung nur zur Verbesserung der Interoperabilität der Daten, soweit Dateninhaber oder Datenbetroffene hiergegen nicht widersprechen; Herstellung der Interoperabilität mit anderen Datenmittlern im Rahmen der üblichen Standards der Branche, Ergreifen der erforderlichen Maßnahmen zur Sicherheit der Daten bei Speicherung und Übertragung, auch für nichtpersonenbezogene Daten, sowie Verhinderung von betrügerischen oder missbräuchlichen Praktiken in Bezug auf den Zugang zu Daten.

Die vom Gesetzgeber erwartete *Neutralität des Datenmittlers* spiegelt sich in den Pflichten zur Schaffung eines fairen Zugangs und der Beratung der Nutzer wider. Die Zugangsverfahren und Preisbildung zum Zweck des Anbieters müssen *fair, transparent und nicht diskriminierend* sein – und zwar für beide Seiten: Dateninhaber und Datenbetroffene auf der einen Seite sowie Datennutzer auf der anderen Seite, Art. 11 Abs. 4a DGA-E. Welche Maßnahmen hier konkret zu ergreifen sind, wird sich erst in der Anwendung ggf. durch mitgliedsstaatliches Recht oder Branchennormen und der Reflexion in der Rechtsprechung zeigen.

Noch unklarer sind die Pflichten gegenüber den Datenbetroffenen: Der Datenmittler soll im besten Interesse der betroffenen Personen handeln und ihnen die Ausübung ihrer Rechte erleichtern („fiduciary duty towards individuals", ErwGr 26 DGA-E). Dies umfasst *Information und Beratung* in Bezug auf mögliche Arten der Nutzung der Daten und der allgemeinen Geschäftsbedingungen für solche Nutzungen durch Dritte. Die Information muss übersichtlich, transparent, verständlich und in leicht zugänglicher Form gestaltet werden. Der Datenmittler soll hierzu Formulare, auch zur Einholung und dem Widerruf von Einwilligungen, bereithalten. Die derzeit vorgesehene Informations- und Beratungsfunktion muss zukünftig zu den Pflichten der Anbieter der Datenprodukte abgegrenzt werden. Die Konkretisierung des Haftungsregimes für das Handeln des Datenmittlers wird den vertraglichen Beziehungen der Beteiligten nach dem nationalen Recht der Mitgliedstaaten zugewiesen (ErwGr 26 DGA-E).

9.3.2   Grenzen der Datenmittlung durch bestehenden Rechtsrahmen

Während der DGA-E die Handlungsmöglichkeiten der Plattformbetreiber erweitert, schränken Datenschutz, Wettbewerbsrecht und die gewerblichen Schutzrechte die Handlungsoptionen eher ein. Das anwendbare nationale Recht richtet sich hierbei nach dem Hauptverwaltungssitz des Datenmittlers (ErwGr 32 DGA-E).

Neben den allgemeinen zivilrechtlichen Regelungen sind die *Gesetze zum Schutz der gewerblichen Schutzrechte wie Patent-, Marken- und Designgesetz sowie zum Schutz des geistigen Eigentums das Urheberrechtsgesetz* zu beachten. Unberührt bleiben vom DGA-E ausdrücklich auch durch das *Geschäftsgeheimnisgesetz* schützbare Geschäftsgeheimnisse.

Das Verhältnis zur *Datenschutzgrundverordnung* (DSGVO) wird in den Entwürfen des DGA-E immer weiter geschärft. Zum einen wird insbesondere bei den Definitionen der Datenbetroffenen, des Nutzers und der Verarbeitung auf die DSGVO verwiesen. Zum anderen wird ausdrücklich klargestellt, dass der DGA-E keine rechtliche Grundlage zur Verarbeitung der personenbezogenen Daten bietet, sondern hier die DSGVO vorgeht (ErwGr 3a und 28 DGA-E). Die zuständigen Behörden zur Entscheidung von Belangen des Datenschutzes sind die nach der DSGVO (Art. 12 Abs. 3 und ErwGr 28 und 33 DGA-E). Eine Hürde für die Datenmittler ist daher nach wie vor die Beachtung der DSGVO zum Schutz personenbezogener Daten, die vom Datenmittler wie vom Dateninhaber einerseits alle Vorkehrungen zur Beachtung des Datenschutzes fordert, andererseits aber keine Zugangsschranke zu den Daten für Dritte kreiert. Die Bereinigung von gemischten Datensets, die personenbezogene und andere Daten enthalten, wird einschließlich der Kosten hierfür eine Hürde zum Datenteilen bleiben.

Neben den dem Datenmittler ausdrücklich zugewiesenen Pflichten zur Herstellung eines diskriminierungsfreien Zugangs sind die sonstigen Vorschriften des Wettbewerbsrechts zu beachten (ErwGr 29 DGA-E). Nach den Zielen des DGA-E zur Förderung der Datenteilung sollen einerseits Marktverschlüsse für Sekundärmärkte aufgrund fehlendem Datenzugangs verhindert werden. Zum anderen sollen aber *wettbewerbssensible Informationen* des Dateninhabers geschützt sein. Dazu gehören typischerweise Kundendaten, künftige Preise, Produktionskosten, Stückzahlen, Umsätze, Verkaufszahlen oder Fertigungskapazitäten (ErwGr 29 DGA-E). Die Gestaltung der Plattformen ist somit in beide Richtungen zu betrachten.

Nach dem „Gesetz zur Änderung des Gesetzes gegen Wettbewerbsbeschränkungen für ein fokussiertes, proaktives und digitales Wettbewerbsrecht 4.0 und anderer wettbewerbsrechtlicher Bestimmungen" (*GWB-Digitalisierungsgesetz*) vom 19. Januar 2021 kann das Bundeskartellamt gem. § 19a GWB nunmehr feststellen, dass einem Unternehmen eine überragend marktübergreifende Bedeutung zukommt und diesem vorbeugend unter anderem die Bevorzugung eigener Angebote untersagen. Ziel ist, dass Plattforminhaber die Inhaberschaft von Daten nicht zum Ausbau einer marktbeherrschenden Stellung missbrauchen.

Bei der Gestaltung von Plattformen zur Datenteilung sind insbesondere die folgenden Punkte im Blick zu behalten: Art. 11 Abs. 1 DGA-E sieht die Trennung des Mittelns von Daten und des Angebots von Datenprodukten und Dienstleistungen durch rechtlich voneinander unabhängige Unternehmen vor. Damit ist die Konstellation der Plattformanbieter, gleichzeitig Mittler und Anbieter zu sein, und hierbei die eigenen Angebote bevorzugt zu behandeln, die § 19a Abs. 2 Nr. 1 GWB im Blick hat, wesentlich entschärft und ein Teil der sogenannten *Gate-Keeper-Effekte* ausgeschlossen. Der DGA-E sieht hier ein Unbundling, das heißt eine Entflechtung vor, die schon aus dem Energiemarkt mit der Trennung von Netz und Vertrieb bekannt ist. Intermediäre können allerdings durch die von ihnen erbrachten Vermittlungsdienstleistungen den Zugang für Beschaffungs- und Absatzmärkte verschließen, sogenannte *Lock-in-Effekte*. Insoweit müssen sich die Datenplattformen mit den wettbewerbsrechtlichen Aspekten des Zugangs zu Daten und der Interoperabilität auseinandersetzen.

Das *Konzept der sogenannten Intermediationsmacht* hat in das Gesetz über § 18 Abs. 3b GWB Eingang gefunden (Deutscher Bundestag 2020). Intermediäre, deren Geschäftsmodell typischerweise auf mehrseitigen digitalen Plattformen das Sammeln, Aggregieren und Auswerten von Daten beinhaltet, können für andere Unternehmen, zum Beispiel den Anbietern von Datenprodukten, den Zugang zu Absatz- oder Beschaffungsmärkten behindern. Dies gilt für Datenmittler im Sinne des DGA-E, auch ohne, dass diese gleichzeitig Händler sind.

Der *Zugang zu wettbewerbsrelevanten Daten* kann zu einer marktbeherrschenden Stellung im Sinne von § 18 Abs. 3 und 3a GWB führen. Nach der *„essential facilities doctrine"* des § 19 Abs. 4 GWB hat ein marktbeherrschendes Unternehmen als Anbieter oder Nachfrager einer bestimmten Art von Waren oder gewerblichen Leistungen anderen Unternehmen Zugangsrechte zu gewähren, wenn der Zugang objektiv notwendig ist, um auf einem vor- oder nachgelagerten Markt tätig zu sein und die Weigerung den wirksamen Wettbewerb auf diesem Markt auszuschalten droht. Der Zugang kann unter anderem die physische Infrastruktur, die Nutzung der Plattform selbst, Schnittstellen, Lizenzen aus Immaterialgüterrechten und wettbewerbsrelevanten Daten betreffen.

Der Zugang ist nur gegen ein angemessenes Entgelt zu gewähren, wobei der Dateninhaber auch zur unentgeltlichen Gewährung berechtigt ist (Deutscher Bundestag 2020, S. 72 f.). Wie der Datenzugang funktionieren kann (oder auch nicht), ist noch offen.

Der Anspruch auf Zugang zu den Daten besteht nicht, wenn die *Weigerung sachlich gerechtfertigt* ist. Sie ist dann nicht missbräuchlich. Dies ist zunächst bei personenbezogenen Daten der Fall, wenn keine Einwilligung des Datenbetroffenen oder sonstige gesetzliche Grundlage zur Weitergabe vorhanden sind oder wenn die Daten durch den Wettbewerber vom Nutzer selbst erlangt werden können.

Auch gegenüber *nicht marktbeherrschenden Unternehmen* kann ein Anspruch auf Datenzugang bestehen, wenn ein Unternehmen für die eigene Tätigkeit auf den Zugang zu den Daten angewiesen ist, die von einem anderen Unternehmen kontrolliert werden. Dann besteht gem. § 20 Abs. 1a und 1 GWB eine Abhängigkeit von der Vermittlungsleistung der Daten, um Zugang zu bestimmten Beschaffungs- und Absatzmärkten zu erlangen. Auch hier darf keine ausreichende und zumutbare Ausweichmöglichkeit bestehen. Für die *sogenannte datenbedingte Abhängigkeit* bedarf es weder einer faktischen noch vertraglichen Beziehung, sie ist aber innerhalb von Vertragsverhältnissen eines Wertschöpfungsnetzwerkes möglich. Der Zugang zu Daten und die gemeinsame Nutzung von Daten durch die Teilnehmenden an einer Plattform, die verschiedene Beiträge zur Wertschöpfung erbringen, fällt in den Bereich des Vertrags- und AGB-Rechts, soweit kein relevantes Ungleichgewicht der Markt- bzw. Verhandlungsmacht zwischen den Partnern besteht. Nutzt aber der marktmächtigere Partner seine Marktmacht, um über fehlende Zugangsrechte die wirtschaftliche Tätigkeit der Partner einzuschränken, greifen die gesetzlichen Ansprüche. Als Beispiele werden in der Gesetzesbegründung das Anbieten verschiedener Komponenten eines Produktes und die Behinderung der Auswahl von Sekundärdiensten oder des Wechsels zu einem Wettbewerbsprodukt aufgrund fehlenden Datenzugangs genannt (Deutscher Bundestag 2020, S. 80 f.).

Ohne Bestehen eines Vertrags- oder sonstigen Geschäftsverhältnisses kann eine Abhängigkeit vom Datenzugang für Dritte entstehen, die Produkte oder Dienste auf einem vor- oder nachgelagerten Markt anbieten wollen. Die unbillige Behinderung und die daraus folgende Verpflichtung zur Datenlieferung an Dritte erfordert hier eine genaue Prüfung. Für Unternehmen mit Datenbeständen besteht diese Verpflichtung nur dann, wenn die Daten Grundlage bedeutender eigener Wertschöpfung des Dritten sein sollen bzw. ohne den Datenzugang die Machtverhältnisse im nachgelagerten Markt deutlich zu kippen drohen (Deutscher Bundestag 2020, S. 81 mit Bezug auf BGH 2012).

Bei der *Abwägung* zwischen den *Interessen* des Unternehmens, das über den Datenbestand verfügt, und denen des Anspruchstellers (Zugangspetenten) müssen über den Anreiz zur Datensammlung hinaus weitere Umstände wie die Gefahr des Verschlusses eines Sekundärmarktes, die Beteiligung des Anspruchstellers an der Erzeugung der Daten oder ein erhebliches Potenzial für zusätzliche Wertschöpfungsbeiträge für das abhängige Unternehmen vorliegen. Gegen den Zugang zu den Daten können das Erfordernis einer zu weit gehenden Offenlegung eines neuartigen Geschäftsmodells angeführt werden. Auch die Kosten zur Datenerzeugung, der Bereinigungsaufwand zur Befolgung des Datenschutzrechts sowie zur Wahrung der Geschäftsgeheimnisse und auch hohe Kosten der Zugänglichmachung selbst sprechen gegen die Gewährung des Zugangs, wenn sie in keinem angemessenen Verhältnis zum erwarteten Wertschöpfungsbeitrag beim abhängigen Unternehmen stehen. Auch die Beeinträchtigung von Anreizen zum Erzeugen, Speichern und Pflegen der Daten spricht eher gegen eine unbillige Behinderung. Das abhängige Unternehmen wiederum könnte die Chancen auf den Zugang der Daten erhöhen, indem es in diesen Fällen die teilweise oder vollständige Übernahme der Kosten des Zugangs anbietet.

Ausgeschlossen ist der Anspruch allerdings auf Daten Dritter und auf zukünftige Daten. Wenn der Zugang zu den Daten für das begehrende Unternehmen direkt über den

Nutzer des Produktes möglich ist, liegt schon keine Abhängigkeit vor (Deutscher Bundestag 2020, S. 82 mit Verweis auf EuGH 2017).

Für die Datenmittler von digitalen Plattformen zum Datenteilen sind die wettbewerbsrechtlichen Vorschriften dann relevant, wenn sie schon durch das Vermitteln der Datenteilung und die Art und Weise der Gestaltung der Plattform unzulässige Markteingriffe bewirken, insbesondere potenzielle Anbieter von Datenprodukten und Dienstleistungen von bestimmten Märkten ausschließen. Das kann vor allem dann zum Tragen kommen, wenn sich die Plattform auf eine gesamte Wertschöpfungskette oder ein Ökosystem in einer Branche richtet, hierbei auf der Plattform Daten aus verschiedenen Quellen zusammengeführt werden und die Plattform damit trotz der reinen Vermittlerfunktion marktbehindernde Wirkungen bei fehlender Offenheit entfalten kann.

9.4 Ergebnis und Ausblick

Sowohl die Nutzung von Daten als Teil von Produktions- oder anderen Prozessen als auch die Entwicklung von reinen Datenprodukten und Services erfordern Geschäftsmodelle, die auf der Basis von technischen Standards und innerhalb eines transparenten Rechtsrahmens Wertschöpfung ermöglichen. Die Steigerung von Angeboten zur Datenteilung erfordert niedrige technische, wirtschaftliche und rechtliche Zugangshürden, insbesondere für KMU und Startups. Eine Möglichkeit hierzu sind Plattformen, die auf der Basis der Datensouveränität der Beteiligten den Datenaustausch erleichtern können. Sie können für die Teilnehmer relevante Daten und Datenprodukte sowie Services konzentriert anbieten. Die Entwicklung von API-Katalogen und ein niederschwelliger technischer Zugang können helfen, die Anlauf- und Transaktionskosten zu senken.

Der Standardisierung im rechtlichen Bereich sind Grenzen gesetzt. Die Leistungsbestimmung ist Sache der Vertragsparteien und unterliegt damit nicht Standards, die von außen gesetzt werden. Nichtsdestotrotz können beschreibbare Datenbestände als Datenprodukte über allgemeine Nutzungsbedingungen angeboten werden, wenn die Angebotsalternativen eindeutig und transparent beschreibbar sind.

Transparenz und Sicherheit des Rechtsrahmens insgesamt sind noch in Entwicklung. Der DGA-E gehört auf europäischer Ebene zu einem Bündel von Gesetzgebungsvorhaben. Zu nennen sind hier insbesondere die Gesetzesvorhaben des *Digital Markets Act (DMA), des Digital Services Act (DSA)* und des *Data Act.* Mit dem *DMA* sollen gewerbliche Nutzer und Endnutzer der von Gatekeepern angebotenen zentralen Plattformdienste gegen unlautere Verhaltensweisen dieser geschützt, grenzüberschreitende Geschäfte innerhalb der Union erleichtert und auf diese Weise das reibungslose Funktionieren des Binnenmarkts verbessert werden. Der *DMA* soll das bestehende Wettbewerbsrecht mit präventiven Handlungsmöglichkeiten ergänzen (COM 2020c). Der *DSA* zielt auf Pflichten und Haftung von Online-Vermittlungsdiensten, das heißt Zugangsprovider, Hoster, aber auch Online-Plattformen zur Bekämpfung und Verhinderung illegaler Inhalte und des Missbrauchs von Services (COM 2020d). Mit dem *Data Act* soll domänenübergreifend der faire, verlässliche und transparente Zugang und die Nutzung von großen Datenbeständen erleichtert werden, indem insbesondere die Portabilität der Daten und Anwendungen und die technischen Standards hierzu verbessert werden (COM 2021a).

Darüber hinaus wird mit dem Entwurf des *Artificial Intelligence Act* (Gesetz über Künstliche Intelligenz, AI-Act-E) ein weiterer Regelungsbereich technologiebezogen adressiert. Auch bei datenbasierten Verfahren unter Einsatz von künstlicher Intelligenz ist die Data Governance zu beachten. Im Entwurf zum AI-Act werden Datennutzung und Data Governance sowie Transparenz und Informationspflichten mit Blick auf die von den AI-/KI-basierten Produkten ausgehenden Risiken geregelt, unter anderem in Art. 10 und 13 AI-Act-E (COM 2021b).

9.5   Praxistipps

Alle Unternehmen, die Daten innovativ nutzen wollen – sei es als Anbieter, Mittler oder Nutzer von Datenbeständen – benötigen Modelle zur Datennutzung und eine Data Governance, die die künftigen gesetzlichen Vorgaben umsetzt und hierbei Technik, Ökonomie und Recht verbindet, wie Abb. 9.1 zeigt. Um die Machbarkeit eines Innovationsvorhabens sicherzustellen, sollte ein Geschäftsmodell zur Gestaltung der Plattform nicht nur auf technische Machbarkeit, sondern auch auf rechtliche Zulässigkeit geprüft werden. Data Governance ist das Zukunftsmodell für alle datengetriebenen Innovationen, um die Teilhabe an Daten und datenbasierten Innovationen auch für KMU niederschwellig und rechtskonform zu ermöglichen und Markteinschränkungen aufgrund von Datenabhängigkeiten zu vermeiden. Um die Rechtskonformität und Qualität des Angebots zu wahren,

Abb. 9.1 Datenanleitung in Ökosystemen gestalten (Eigene Darstellung)

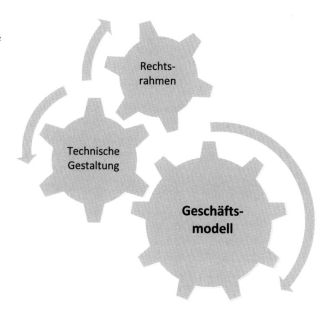

Rechts-rahmen

Technische Gestaltung

Geschäfts-modell

sollte die Data Governance mit Datennutzung, Datenschutz, Datenqualität und Datensicherheit umgesetzt und laufend angepasst werden. Gleichzeitig sollten technische Entwicklungen zur Interoperabilität und Standardisierung laufend im Blick behalten werden, einerseits zur Qualitätssicherung und Anschlussfähigkeit an ein Öko-system, andererseits auch zur Erfüllung der rechtlichen Pflichten als Stand der Technik. Ob es einen Shift zu neutralen Datenmittlern geben wird oder ob Unternehmen eher auf geschlossene Systeme setzen, um – unter Beachtung des Wettbewerbsrechts – mit direkten, vertraglich gestaltbaren Rechtsbeziehungen den Vorgaben des DGA-E zu entgehen, bleibt abzuwarten. Für Datenräume, die ganze Branchen oder Sektoren betreffen ist der Aufbau von Plattformen mit Datenintermediären erforderlich.

Danksagung Die Autorin Weber bedankt sich für die Förderung des Projektes *REIF* (Förderkennzeichen: 01MK20009A) durch das Bundesministerium für Wirtschaft und Klimaschutz im Rahmen des Förderprogramms KI-Innovationswettbewerb.

Literatur

Blankertz A (2020) Die Datenökonomie aus gesellschaftlicher Perspektive denken, Heinrich Böll Stiftung, 17.12.2020. https://www.boell.de/de/2020/12/17/die-datenoekonomie-aus-gesellschaftlicher-perspektive-denken. Zugegriffen am 16.12.2021

Bundeskanzleramt (2021) Datenstrategie der Bundesregierung. https://www.bundesregierung.de/breg-de/suche/datenstrategie-der-bundesregierung-1845632. Zugegriffen am 03.12.2021

Bundesministerium für Wirtschaft und Energie (2021) Aktuelle Technologieprogramme. https://www.digitale-technologien.de/DT/Navigation/DE/ProgrammeProjekte/AktuelleTechnologieprogramme/aktuelle_technologieprogramme.html. Zugegriffen am 03.12.2021

Cattaneo G, Micheletti G, Pepato C (2019) Data as the engine of Europe's digital future: second report on policy conclusions. https://datalandscape.eu/sites/default/files/report/EDM_D2.5_Second_Report_on_Policy_Conclusions_final_13.06.2019.pdf. Zugegriffen am 03.12.2021

Deutscher Bundestag (2020) Drs. 19/23492. Gesetzesentwurf vom 19.10.2020. GWB-Digitalisierungsgesetz. https://dserver.bundestag.de/btd/19/234/1923492.pdf. Zugegriffen am 03.12.2021

Duden (2021) Daten. https://www.duden.de/rechtschreibung/Daten. Zugegriffen am 03.12.2021

Eco – Verband der Internetwirtschaft (2021) Gaia-X Federation Services: Erste Spezifikationsrunde abgeschlossen. Pressemitteilung vom 25.05.2021. https://www.gaia-x.eu; https://www.eco.de/presse/gaia-xfederationserviceserstespezifikationsrundeabgeschlossen/. Zugegriffen am 03.12.2021

Europäische Kommission (2015) Mitteilung der Kommission an das Europäische Parlament, den Rat des europäischen Wirtschafts- und Sozialausschuss und den Ausschuss der Regionen: Strategie für einen digitalen Binnenmarkt für Europa. 192 final. https://eur-lex.europa.eu/legal-content/DE/TXT/PDF/?uri=CELEX:52015DC0192&from=DE. Zugegriffen am 03.12.2021

Europäische Kommission (2017) European Commission, Enter the data economy. EU policies for a thriving data ecosystem. EPSC strategic notes. Issue 21. https://op.europa.eu/de/publication-detail/-/publication/411368f9-ed01-11e6-ad7c-01aa75ed71a1/language-de. Zugegriffen am 03.12.2021

Europäische Kommission (2019) Mitteilung der Kommission an das Europäische Parlament und den Rat: Leitlinien zur Verordnung über einen Rahmen für den freien Verkehr nicht-personenbezogener Daten in der Europäischen Union. 250 final. https://eur-lex.europa.eu/legal-content/DE/TXT/PDF/?uri=CELEX:52019DC0250&from=DE. Zugegriffen am 03.12.2021

Europäische Kommission (2020a) Mitteilung der Kommission an das Europäische Parlament, den Rat, den europäischen Wirtschafts- und Sozialausschuss und den Ausschuss der Regionen – Eine europäische Datenstrategie. 66 final. https://eur-lex.europa.eu/legal-content/DE/TXT/?qid=1593073685620&uri=CELEX%3A52020DC0066. Zugegriffen am 03.12.2021

Europäische Kommission (2020b) Vorschlag für eine Verordnung des EP und des Rates über europäische Daten-Governance (Daten-Governance-Gesetz). 767 final. Fassung nach Trilog. https://data.consilium.europa.eu/doc/document/ST-14606-2021-INIT/en/pdf. Zugegriffen am 12.02.2022

Europäische Kommission (2020c) Vorschlag für eine Verordnung des Europäischen Parlaments und des Rates über bestreitbare und faire Märkte im digitalen Sektor (Gesetz über digitale Märkte). 842 final. ErwGr 5 und 7. https://eur-lex.europa.eu/legal-content/DE/TXT/PDF/?uri=CELEX:52020PC0842&from=DE. Zugegriffen am 03.12.2021

Europäische Kommission (2020d) Vorschlag für eine Verordnung des Europäischen Parlaments und des Rates über einen Binnenmarkt für digitale Dienste (Gesetz über digitale Dienste) und zur Änderung der Richtlinie 2000/31/EG. 825 final. https://eur-lex.europa.eu/legal-content/DE/TXT/PDF/?uri=CELEX:52020PC0825&from=de. Zugegriffen am 03.12.2021

Europäische Kommission (2021a) Datengesetz und geänderte Vorschriften über den rechtlichen Schutz von Datenbanken. https://ec.europa.eu/info/law/better-regulation/have-your-say/initiatives/13045-Data-Act-&-amended-rules-on-the-legal-protection-of-databases_en. Zugegriffen am 03.12.2021

Europäische Kommission (2021b) Vorschlag für eine Verordnung des Europäischen Parlaments und des Rates zur Festlegung harmonisierter Vorschriften für Künstliche Intelligenz (Gesetz über Künstliche Intelligenz) und zur Änderung bestimmter Rechtsakte der Union. 206 final. https://eur-lex.europa.eu/resource.html?uri=cellar:e0649735-a372-11eb-9585-01aa75ed71a1.0019.02/DOC_1&format=PDF. Zugegriffen am 03.12.2021

Farhadi N (2019) Cross-industry ecosystems. Springer, Wiesbaden

GAIA-X (2021) GAIA-X federation services. https://www.gxfs.de/. Zugegriffen am 03.12.2021

Graef I, Husovec M, van den Boom J (2020) Spill-overs in data governance: uncovering the uneasy relationship between the GDPR's right to data portability and EU sector-specific data access Regimes. J Eur Consum Market Law 9(1):3–16. https://kluwerlawonline.com/journalarticle/Journal+of+European+Consumer+and+Market+Law/9.1/EuCML2020002. Zugegriffen am 03.12.2021

Hermes K (2019) in Wandtke Arthur-Axel, Bullinger W. Urheberrecht Kommentar, 5. Aufl. 2019, § 87a Rdn 38

Hoeren T (2013) Dateneigentum, MMR 2013, 486, 491

International Data Space Association (2019) Reference Architecture Model. Version 3.0. https://internationaldataspaces.org/wp-content/uploads/IDS-RAM-3.0-2019.pdf. Zugegriffen am 03.12.2021

International Data Space Association (2021) GAIA-X and IDS. Position paper. https://internationaldataspaces.org/wp-content/uploads/dlm_uploads/IDSA-Position-Paper-GAIA-X-and-IDS.pdf. Zugegriffen am 03.12.2021

Leistner M (2018) Datenbankschutz – Abgrenzung zwischen Datensammlung und Datengenerierung. Computer und Recht. 34(1):17–22. https://doi.org/10.9785/cr-2018-0107

LIBE-Ausschuss (2021) Entwurf einer Stellungnahme zum Vorschlag Data-Governance-Gesetz. Änderungsantrag 24 zu ErwGr 40. https://www.bmwi.de/Redaktion/DE/Downloads/S-T/stellungnahme-bundesrepublik-deutschland-zu-daten-governance-gesetz.pdf?__blob=publicationFile&v=4. Zugegriffen am 03.12.2021

Mahanti R (2021) Data governance and compliance. Evolving to our current high stakes environment. Springer, Singapur

Richter H (2021) Europäisches Datenprivatrecht: Lehren aus dem Kommissionsvorschlag für eine „Verordnung über europäische Daten-Governance". Z Eur Privatr 29(3):634–666. http://hdl.handle.net/21.11116/0000-0009-0DC0-0. Zugegriffen am 03.12.2021

Roßnagel A, Jandt S, Marschall K (2015) Juristische Aspekte bei der Datenanalyse 4.0. In: Vogel-Heuser B et al (Hrsg) Handbuch Industrie 4.0. Springer, Heidelberg, S 1, 3 ff

Thüsing P (2021) In Thüsing: Beschäftigtendatenschutz und Compliance, 3. Aufl. § 18 Rdn 4f mit einer Checkliste. C.H. Beck, München

Vestager M (2021) Vize-Präsidentin der EU-Kommission und Kommissarin für Digitales. Euronews. Pressemitteilung vom 07.05.2021. https://de.euronews.com/2021/05/07/margrethe-vestager-der-mensch-muss-im-mittelpunkt-von-markt-und-technik-stehen. Zugegriffen am 03.12.2021

Weber B (2016) Rechtliche Herausforderungen durch Compliance. In: Schmola G, Rapp B (Hrsg) Compliance, Governance und Risikomanagement im Krankenhaus. Springer, Wiesbaden, S 3 ff.

Weber B (2020) Daten- und Rechtemanagement in KI-Projekten. Vortrag bei der Begleitforschung des KI-Innovationswettbewerbes des BMWi. Webkonferenz am 23.06.2020: Daten- und KI-Modelle als Wirtschaftsgut

Weber B (2021) Data Governance und Datentreuhänder. Vortrag beim Meet-up der „GAIA-X-Kontaktgruppe" im Rahmen des KI-Innovationswettbewerbes

Weber B, Lejeune S (2019) Compliance in Hochschulen: Handbuch für Universitäten, Hochschulen und außeruniversitäre Forschungseinrichtungen. Erich Schmidt Verlag GmbH & Co., Berlin

Wessels N, Laubach A, Buxmann P (2019) Personenbezogene Daten in der digitalen Ökonomie. In: Ochs C, Friedwald M, Hess T, Lamla J (Hrsg) Die Zukunft der Datenökonomie. Springer, Wiesbaden, S 11–27

Zech H (2015) Daten als Wirtschaftsgut – Überlegungen zu einem Recht des „Datenerzeugers", CR 2015, S. 137 ff

Verzeichnis der Rechtsprechung

BGH (2005) BGH, Urt. vom 21.07.2005, GRUR 2005, S. 857, 859

BGH (2009) BGH, Urt. vom 23.06.2009, Az VI ZR 196/08, Rdn 30

BGH (2012) BGH, Urteil vom 31.01.2012, KZR 65/10 Rdn 31

BGH (2015a) BGH, Urt. vom 10.07.2015, Az V ZR 206/14, S 10 f, 17

BGH (2015b) BGH, Urt. vom 13.10.2015, Az VI ZR 271/14, Rdn 20

BGH (2016) BGH, Urt. vom 21.07.2016, Az I ZR 229/15, Rdn 44

BGH (2019a) BGH, Beschl. vom 21.09.2019, Az I ZB 8/17, Rdn 15

BGH (2019b) BGH, Beschl. vom 21.09.2019, Az I ZB 8/17, Rdn 15

BVerfG (1983) BVerfG, Urt. vom 15.12.1983, Rdn 148 („Volkszählungsurteil")

EuGH (2004a) EuGH, Urt. vom 09.11.2004, GRUR 2005, S 244, 247, (BHB-Pferdewetten)

EuGH (2004b) EuGH, Urt. vom 09.11.2004, GRUR Int 2005, S 244, 246 („Fixtures Marketing")

EuGH (2017) EuGH, Urteil vom 14.09.2017, Rs. T-751/15 Rdn 161 – Contact Software

OLG Brandenburg (2019) OLG Brandenburg, Urt. vom 06.11.2019, CR 2020, S 7 f

OLG Hamburg (2017) OLG Hamburg, Urt. vom 15.06.2017, CR 2018, S 22, 25

Herausforderung und Grenzen bei der Gestaltung von Datenverträgen

10

Sebastian Straub

Zusammenfassung

Digitale Ökosysteme leben vom Austausch und der übergreifenden Nutzung von Daten. Dem wirtschaftlichen Nutzen von digitalen Innovationen stehen häufig Sorgen vor Kontrollverlust und missbräuchlicher Verwendung von Daten gegenüber. Abhilfe schaffen technische Lösungsansätze, die den souveränen Umgang mit Daten sicherstellen und Vertrauen zwischen den Akteuren schaffen sollen. Im engen Zusammenhang hierzu steht die Frage, wem Daten rechtlich zuzuordnen sind und wer sie nutzen darf. Die bestehende Rechtsordnung gibt hierauf nur punktuell Antworten. Die Überlassung von Daten erfolgt derzeit vor allem auf Grundlage von Verträgen. Dabei gilt weitgehend das Prinzip der Vertragsfreiheit. Dies ermöglicht eine interessengerechte Ausgestaltung der Vertragsbeziehung, stellt die Vertragsparteien aber gleichzeitig vor Herausforderungen. Die lückenlose und zugleich rechtssichere Gestaltung von Datenverträgen erweist sich mitunter als schwierig. Der folgende Beitrag befasst sich mit Herausforderungen und Grenzen bei der Gestaltung von Datenverträgen.

10.1 Rechtliche Einordnung von Daten

Die juristische Einordnung von Daten stellt die Rechtsanwendenden häufig vor Herausforderungen. Die Natur von Daten lässt sich rechtlich nur schwer erfassen. Neben der syntaktischen Information in Gestalt von Zeichenfolgen, verfügen Daten regelmäßig auch über

S. Straub (✉)
Institut für Innovation und Technik (iit) in der VDI/VDE Innovation + Technik GmbH,
Berlin, Deutschland
E-Mail: straub@iit-berlin.de

© Der/die Autor(en) 2022   133
M. Rohde et al. (Hrsg.), *Datenwirtschaft und Datentechnologie*,
https://doi.org/10.1007/978-3-662-65232-9_10

eine semantische Ebene. Während die syntaktischen Informationen wenig Anknüpfungspunkte für eine rechtliche Beurteilung bieten, können die in Daten repräsentierten Informationen durchaus von gesetzlichen Regelungen adressiert werden. Beispielsweise unterliegen personenbezogene Informationen dem *Datenschutzrecht* oder das digitale Abbild eines literarischen Werks dem *Urheberrecht*. Unterliegen die in Daten repräsentierten Informationen einem spezifischen Regelungsregime, hat dies Auswirkungen auf die Verwertbarkeit und Handelbarkeit dieser Daten. Der bestehende Rechtsrahmen sieht jedoch, abseits der ausdifferenzierten Vorschriften im Datenschutzrecht, meist keine oder nur vereinzelte Regelungen für die wirtschaftliche Verwertbarkeit von Daten vor. Insbesondere dem *Zivilrecht* sind Eigentumsrechte oder vergleichbare absolute Rechte an Daten fremd, da diese als immaterielle Güter den sachenrechtlichen Regelungen des Bürgerlichen Gesetzbuchs (BGB) entzogen sind. Auch das *Urheberrecht* kann nur einen partiellen Schutz von Daten vermitteln. Daten als solche sind nicht schutzfähig, da ihrer Entstehung keine persönlich geistige (und damit menschliche) Schöpfung zugrunde liegt. Urheberrechtsschutz kann lediglich die Gesamtheit eines Datenbestands in Form einer Datenbank genießen. Geschützt ist in diesem Fall jedoch nur die Gesamtstruktur der Datenbank und nicht die in ihr enthaltenen Einzelinformationen. Daneben besteht ein *Leistungsschutzrecht* zugunsten des Datenbankherstellers, der eine wesentliche Investitionsleistung in die Erstellung der Datenbank getätigt hat (§§ 87a ff. UrhG). Auch unternehmensrelevante Informationen können als Geschäftsgeheimnis vor unerlaubter Erlangung, Nutzung und Offenlegung geschützt sein. Schließlich können Informationen auch einem strafrechtlichen Schutz unterliegen, etwa wenn es um die Ausspähung oder Manipulation von Daten geht (vgl. §§ 202a, 303a StGB). Die genannten Vorschriften sehen punktuell Rechte und Beschränkungen in Bezug auf die Nutzung von Daten vor. Hieraus lassen sich jedoch keine abschließenden Schlussfolgerungen ziehen, wem Daten rechtlich zuzuweisen sind (s. Abschn. 9.2.2). Die Zuordnung von Daten erfolgt daher in der Praxis häufig rein faktisch. Derjenige, der die technische Verfügungsgewalt hat, kann die Weitergabe und Nutzung durch Technikgestaltung steuern. Die Sicherstellung der Datenhoheit wird dabei vor allem durch Mittel der Datennutzungskontrolle (s. Kap. 15) gewährleistet.

10.2   Gestaltung von Datenverträgen

In datenbasierten Wertschöpfungsketten ist eine rein technische Kontrolle der Datennutzung jedoch nicht ausreichend. Das gilt für einfache bilaterale Verhältnisse zwischen Datengebenden und Datennutzenden, aber auch für komplexe Anwendungsszenarien mit einer Vielzahl von Akteuren. Notwendig sind Verträge, die die wesentlichen Rechte und Pflichten zwischen den Beteiligten regeln und die im Falle von Pflichtverletzungen konkrete Rechtsfolgen vorsehen. Daneben wird in vertraglichen Vereinbarungen die Art und Weise des Datenaustausches festgelegt. Damit wird auch im Hinblick auf die technischen Umstände der Datenüberlassung für die notwendige Rechtssicherheit gesorgt.

10.2.1 Vertragsart

Geht es um die Gestaltung von Datenverträgen, können die im BGB normierten Vertragstypen wie Kauf-, Pacht-, oder Tauschvertrag als grober Orientierungsrahmen herangezogen werden. Dabei muss jedoch berücksichtigt werden, dass diese Vertragsarten zumeist nur mittelbar auf Rechtsgeschäfte mit Daten übertragbar sind. Dennoch haben sich Begriffe wie Datenkauf oder Datenpacht teilweise etabliert (Stender-Vorwachs und Steege 2018, S. 1363). Diese Kategorisierung lässt bereits grob die Art und den Umfang der möglichen Datenüberlassung erahnen. Beim *Datenkauf* erhält die Datenempfängerin oder der Datenempfänger die dauerhafte Nutzungsmöglichkeit am Datenbestand, wodurch ein endgültiger Inhaberwechsel herbeigeführt werden soll (Schur 2021, Rn. 9). Die erwerbende Person soll im Ergebnis also eine eigentumsähnliche Position erlangen, die ihm ein vollumfängliches Verfügungsrecht sichert. Nach Maßgabe von § 453 BGB sind die Vorschriften des Kaufrechts auch auf Daten (als sonstige Gegenstände) anwendbar (Hoeren 2013, S. 489).

Demgegenüber werden Rechtsgeschäfte, die lediglich eine vorrübergehende Überlassung von Daten vorsehen, als *Datenpacht oder -miete* angesehen. Das Nutzungsrecht an den vertragsgegenständlichen Daten ist danach zeitlich beschränkt. Durch die Möglichkeit, die Nutzungsdauer und ggf. zusätzlich den Nutzungsumfang zu begrenzen, wird daher in diesem Zusammenhang in Anlehnung an das Immaterialgüterrecht auch von *Datenlizenz* gesprochen (Schur 2020, S. 1142 ff.). Bei der Überlassung von Daten kann eine Zuordnung zu einer normierten Vertragsart von Bedeutung sein, denn unter Umständen hängt hiervon ab, welche Rechtsfolgen im Falle einer Leistungsstörung (etwa bei Bereitstellung von fehlerhaften Daten) zur Anwendung kommen. Treffen die Vertragsparteien keine vertragliche Regelung, wie etwa im Falle einer mangelhaften Lieferung von Daten zu verfahren ist, greifen die gesetzlichen Bestimmungen. Zum Beispiel wären bei einem Datenkauf die Vorschriften des Kaufrechts anwendbar. Viele vertragliche Vereinbarungen lassen sich jedoch nicht oder nicht eindeutig einem bestimmten Vertragstyp zuordnen, da neben der reinen Datenüberlassung noch weitere Leistungen geschuldet werden. Häufig handelt es sich dann um typengemischte Verträge, also um Vereinbarungen, in denen unterschiedliche Vertragstypen kombiniert werden. Daneben steht es den Vertragsparteien auch frei, eine von den gesetzlichen Leitbildern vollständig losgelöste (sui generis) Vereinbarung zu treffen (Hoeren 2013, S. 489).

10.2.2 Bestimmung des Vertragsgegenstandes

Im Rahmen der Vertragsgestaltung sollte eingangs der Vertragsgegenstand definiert werden. Der Vertragsgegenstand beschreibt ganz grundlegend, auf was sich die vertraglichen Regelungen beziehen sollen. Die Festlegung des Vertragsgegenstands konkretisiert dabei nicht nur die Leistungspflicht, sondern gibt auch Anhaltspunkte darüber, welche gesetzlichen Regelungen im Falle von Mängeln und Pflichtverletzungen zur Anwendung gelangen können (Kuß 2020, S. 393 Rn. 11). Bei Verträgen, die die Überlassung von Daten regeln, kann die Bestimmung des Vertragsgegenstands eine Herausforderung darstellen, denn Daten sind aufgrund ihrer fehlenden Verkörperung nur wenig greifbar (Froese und Straub 2021, S. 141). Umso wichtiger ist es, die zu überlassenden Datenbestände möglichst genau zu benennen. Hierzu gehört die Klärung, was unter dem Begriff „Daten" subsumiert werden soll. Um den Vertrag nicht zu überfrachten, bietet es sich an, eine ausführliche Beschreibung der vertragsgegenständlichen Daten in eine Anlage auszulagern und auf diese zu verweisen. Da Datensammlungen unter Umständen auch durch das Leistungsschutzrecht des Datenbankherstellers geschützt sein können (s. Abschn. 9.2.3), sollte eine Klarstellung erfolgen, dass auch derartige Schutzrechte vertragsgegenständlich sind. Beispielformulierung: „Gegenstand des Vertrags ist die vorrübergehende Überlassung der in Anlage 1 beschriebenen Daten, Datensammlungen und/oder Datenbanken einschließlich der jeweiligen Metadaten."

10.2.3 Einräumung von Datennutzungs- und -zugangsrechten

Als zentraler Vertragsbestandteil müssen die Parteien die Art und den Umfang der angestrebten Datennutzung bestimmen. Dabei steht die Einräumung von Datennutzungsrechten im Mittelpunkt. Enthält der Vertrag keine Bestimmungen zu Nutzungsrechten, darf die oder der Datenempfangende die Daten im Prinzip unbeschränkt für die eigenen Zwecke nutzen, da es in Bezug auf Daten gerade kein Eigentum oder ein anderes vergleichbares absolutes Recht gibt. Folglich sollte der Umfang der einzuräumenden Nutzungsrechte möglichst detailliert ausformuliert werden. Wird eine dauerhafte und unbeschränkte Überlassung der Daten angestrebt (*Datenkauf*), ist dies vertraglich festzuhalten. Durch eine derartige Vereinbarung kann die Exklusivität der Datennutzung sichergestellt werden. Ein solches Vorgehen kann dort sinnvoll sein, wo die empfangende Person sich durch die Verwertung des Datenbestands einen Wettbewerbsvorteil am Markt verschaffen möchte (von Oelffen 2020, S. 146.). Der häufiger anzutreffende Fall wird aber die zeitlich befristete Überlassung von Daten sein (*Datenpacht*), da hierdurch die Datenhoheit und die damit verbundenen Einflussmöglichkeiten des Datengebenden nicht vollständig aufgegeben werden. In diesem Zusammenhang wird auch der Begriff der *Datenlizenz* verwendet (Schefzig 2015, S. 551 ff.). Dabei ist aber zu beachten, dass durch eine Datenlizenz – im Gegensatz zu einer Lizenz im Urheberrecht – keine Rechte an einem absoluten Recht verschafft werden. Ein *absolutes Recht* ist dadurch gekennzeichnet, dass es gegenüber jedermann wirkt. Der Inhaber eines absoluten Rechts kann allein über sein Recht verfügen und Dritte von der Benutzung ausschließen. Vertraglich eingeräumte Datennutzungsrechte entfalten demgegenüber nur eine *relative Wirkung*. Der Datengeber kann etwaige Ansprüche also nur gegenüber seinem Vertragspartner (inter partes) geltend machen. Eine Rechtswirkung gegenüber Dritten entfaltet eine vertragliche Regelung nicht. Insofern hat der Datengeber in der Regel ein hohes Interesse daran, eine Datenweitergabe an Dritte zu verhindern bzw. nur dann zu gestatten, wenn hierdurch bestimmte, im Vertrag vorgesehene Zwecke erfüllt werden sollen. Zur Sicherstellung der Datenhoheit kann es daher empfehlenswert sein, pauschal alle nicht ausdrücklich erlaubten Nutzungshandlungen zu untersagen und die Nutzungsbefugnisse auf solche Rechte zu beschränken, die explizit vertraglich geregelt sind (Schur 2021, Rn. 22). In diesem Zusammenhang kann es auch im Interesse der Vertragsparteien liegen, den Zweck der beabsichtigten Datennutzung zu bestimmen. Zum einen hat die Festlegung des Nutzungszwecks Auswirkungen auf den Umfang der Leistungspflicht: Treffen die Vertragsparteien beispielsweise eine Vereinbarung, dass die überlassenen Daten für bestimmte Zwecke nicht geeignet sind, dann hilft eine solche Festlegung bei der Auslegung im Falle von Streitigkeiten hinsichtlich des Haftungsumfangs. Zum anderen dient eine Zweckfestlegung auch dazu, gerade im Hinblick auf sensible Daten eine ausufernde Datennutzung zu unterbinden. Das kann insbesondere bei schützenswerten Unternehmensdaten wichtig sein, denn dort hat das datengebende Unternehmen in der Regel ein hohes Interesse daran, dass die überlassenen Daten nur für den im Vertrag festgelegten Zweck verwendet werden. Im Zusammenhang mit der Bestimmung von Nutzungsumfang und -zweck wird es in der Regel auch unschädlich sein, den Datenempfänger zur Löschung der Daten nach Vertragsbeendigung zu verpflichten und im Nachgang einen entsprechenden Löschnachweis einzufordern. Eine Löschungszusicherung sollte auch für den Fall vereinbart werden, wenn Verträge aufgrund von Mängeln rückabgewickelt werden müssen (Quelle: Daten im Rechtsverkehr – Überlegungen für ein allgemeines Datenvertragsrecht).

10.2.4 Datenzugang und -übertragung

Im engen Zusammenhang mit der Einräumung von Datennutzungsrechten steht die Frage des Datenzugangs. Erst wenn die technischen Umstände der Datenbereitstellung geklärt sind, können Daten genutzt und für die jeweils intendierten Zwecke verarbeitet werden. In diesem Zusammenhang sollten die Vertragsparteien die technischen Umstände der Datenüberlassung bzw. -übertragung möglichst genau festlegen. Hierzu ist es notwendig, dass Datenstandards, -formate und -schnittstellen definiert werden (Sattler 2020, S. 74 Rn. 125). Nur wenn dieses „Wie" der Datenbereitstellung geklärt ist, lassen sich daraus verbindliche und auch rechtlich durchsetzbare Handlungspflichten ableiten. Bei der Festlegung von Übergabepunkten sind auch etwaig notwendige Mitwirkungshandlungen der Vertragsparteien zu bedenken. Ebenso sollte vertraglich festgelegt werden, wer die Kosten der Datenbereitstellung zu tragen hat (Sattler, S. 74 Rn. 125). Da die Bestimmung der technischen Umstände der Datenbereitstellung von herausragender Bedeutung ist, empfiehlt es sich, diese unter Einbeziehung der IT-Abteilung vorzunehmen (Apel 2021, Rn. 8).

10.2.5 Beschaffenheitsvereinbarung

Die Tragfähigkeit einer vertraglichen Vereinbarung zeigt sich besonders deutlich, wenn eine zugesicherte Leistung nicht oder nicht in der erwarteten Qualität erbracht wird. Im Falle einer Leistungsstörung stellt sich regelmäßig die Frage, ob und in welchem Umfang der Schuldner für die Schlechtleistung einzustehen hat. Die Beantwortung der Frage, wann Daten als vertragsgemäß anzusehen sind bzw. wann ein Mangel vorliegt, erweist sich häufig als schwierig. Der zivilrechtliche Mangelbegriff lässt sich nur teilweise auf Daten übertragen. Außerdem hängt die Brauchbarkeit von Daten sehr stark vom intendierten Verwendungszweck ab. Nicht zuletzt fehlt es häufig an Metriken zur Objektivierbarkeit der Datenqualität. Auch die Umsetzung der Digitale-Inhalte-Richtlinie (EU 2019/770) verspricht in diesem Zusammenhang keine wirkliche Klarstellung, da die dort aufgestellten Grundsätze zur Vertragsmäßigkeit digitaler Produkte (§ 327d BGB-RefE) nur im B2C-Bereich gelten. Für die Frage der Mangelhaftigkeit von Daten ist daher auf die bestehenden Regelungen des BGB zurückzugreifen. Ein *Mangel* liegt vor, wenn die Ist-Beschaffenheit von der Soll-Beschaffenheit abweicht. Für eine solche Feststellung ist es notwendig, dass die Vertragsparteien die Beschaffenheit der Daten vertraglich bestimmt haben. Festgelegt werden können beispielsweise Anforderungen zur Aktualität oder Einheitlichkeit der Daten. Die Festlegung von Mindeststandards stellt einerseits sicher, dass der oder die Datenempfangende die bereitgestellten Daten bestimmungsgemäß verarbeiten kann. Anderseits lässt sich eine Abweichung von zugesicherten Eigenschaften leichter feststellen. Die Bestimmung von konkreten Beschaffenheitskriterien ist auch deswegen von hoher Relevanz, weil sich die Mangelfreiheit von Daten ansonsten nach objektiven Kriterien bestimmt. Maßgeblich ist dann, ob die bereitgestellten Daten für den im Vertrag vorgesehenen Zweck geeignet sind. Ist keine Zweckeignung gegeben, stellt dies einen Mangel dar. Aus diesem Grund sollte neben der Bestimmung der Datenqualität auch der Verwendungszweck in den Vertrag aufgenommen werden (Schur 2021, Rn. 13; Kuß 2020, S. 414). Verzichten die Vertragsparteien hierauf, wird auf objektive Kriterien wie die übliche Beschaffenheit und Eignung zur gewöhnlichen Verwendung abgestellt. Da diese Kriterien in Bezug auf Daten schwer zu ermitteln sind, sollten die Vertragsparteien vorsorglich Beschaffenheit und Verwendungszweck vertraglich festhalten.

10.2.6 Haftung und Haftungsbeschränkung

Neben den Mängelgewährleistungsrechten ist bei der Vertragsgestaltung die Frage der Haftung- und Haftungsbeschränkung von großer Bedeutung. Grund hierfür ist, dass die überlassenen Daten häufig weiterverarbeitet werden und Grundlage für Analysen, Produkte oder Services sind. Erweisen sich Daten als fehlerhaft, kann das weitreichende Folgen haben, etwa wenn Maschinen falsch angesteuert werden und es in der Folge zu Produktionsausfällen kommt. Die Interessenslagen der Vertragsparteien sind beim Thema

Haftung in der Regel gegenläufig. Der Datenbereitsteller versucht, die Haftung weitestgehend auszuschließen oder wenigstens zu beschränken, während der Datenempfänger die Erwartung hat, für etwaige Folgeschäden eine Kompensation (meist finanzieller Art) zu erhalten. Ein Anspruch auf Schadensersatz im Rahmen eines Vertragsverhältnisses setzt zunächst voraus, dass eine Leistungspflicht verletzt wird. Besteht die (Haupt-)Leistungspflicht in der Bereitstellung von Daten in einer bestimmten Art und Güte und bleibt die tatsächliche Qualität der Daten hinter der geschuldeten Qualität zurück, kann dies im Falle eines kausalen Schadensereignisses einen Anspruch auf Schadensersatz begründen. Daraus ergibt sich die Notwendigkeit, die Beschaffenheit von Daten möglichst präzise vertraglich zu regeln (s. oben). Liegt es im Interesse einer Vertragspartei, die Haftung möglichst auszuschließen, etwa weil die Bereitstellung der Daten kostenlos erfolgt, kann auch die Festlegung einer *negativen Beschaffenheitsvereinbarung* in Erwägung gezogen werden (Kuß, S. 414, Rn. 95). Dort wird dann explizit vereinbart, dass die Qualität der Daten unterhalb eines bestimmten Niveaus liegt oder eine Eignung für bestimmte Einsatzzwecke nicht gegeben ist. Dabei gilt es aber zu beachten, dass derartige Beschaffenheitsvereinbarungen nicht im Widerspruch zum intendierten Vertragszweck stehen. Gerade bei vorformulierten Vertragsbedingungen (AGB) ist eine Freizeichnung von sogenannten „Kardinalspflichten" unzulässig. Dabei handelt es sich um Leistungspflichten, deren Verletzung den Vertragszweck gefährden würden und auf deren Erfüllung der Vertragspartner berechtigterweise vertrauen darf.

Zu beachten ist zudem, dass eine Vertragspartei nur dann schadensersatzpflichtig wird, wenn sie die Schlechtleistung zu vertreten hat. Das BGB differenziert in diesem Zusammenhang zwischen Vorsatz und Fahrlässigkeit (§ 276 Abs. 1 BGB). Im Bereich der Fahrlässigkeit wird zudem zwischen einfacher Fahrlässigkeit und grober Fahrlässigkeit differenziert. Häufig wird versucht, die Haftung für bestimmte Verschuldensformen auszuschließen. Im Grundsatz steht den Parteien dabei aufgrund der im Zivilrecht geltenden Vertragsfreiheit ein großer Handlungsspielraum zur Verfügung. Bei individuell ausgehandelten Verträgen kann die Haftung fast vollständig ausgeschlossen werden. Ausgenommen hiervon ist die Haftung für vorsätzlich herbeigeführte Schäden (§ 276 Abs. 3 BGB) oder Fälle, in denen der Ausschluss der Haftung gesetzlich untersagt ist. So ist beispielsweise der Ausschluss der Haftung für Schäden nach dem Produkthaftungsgesetz nicht möglich. Der Haftungsausschluss im Rahmen von Allgemeinen Geschäftsbedingungen (AGB) gestaltet sich demgegenüber als restriktiver. Haftungsausschlüsse bei Verletzung von Leben, Körper, Gesundheit und bei grobem Verschulden sind danach unzulässig.

10.2.7 Zusicherung von IT-Sicherheitsmaßnahmen

Eine wichtige zu erfüllende Anforderung bei der Überlassung von Daten ist die Festlegung von IT-Sicherheitsmaßnahmen. Unternehmen werden sensible Informationen nur dann bereitstellen, wenn der Datenempfänger wirksame und überprüfbare Schutzmaßnahmen zusichert, die etwa den unberechtigten Zugriff durch Dritte verhindern und die versehentlichen Datenfreigaben (Datenpannen) vorbeugen. Im Hinblick auf die Wahl von geeigneten IT-Sicherheitsmaßnahmen können sich die Vertragsparteien an den datenschutzrechtlichen Anforderungen der EU-Datenschutzgrundverordnung oder der ISO-Norm 27001 orientieren. Die Gewährleistung der IT-Sicherheit ist nicht nur in vertragsrechtlicher Hinsicht geboten, sondern auch vor dem Hintergrund des *Geschäftsgeheimnisschutzes* (s. Abschn. 9.2.3). Handelt es sich bei den in Daten verkörperten Informationen um Geschäftsgeheimnisse, sind diese durch das Geschäftsgeheimnisgesetz (GeschGehG) vor unberechtigter Erlangung, Nutzung und Offenlegung geschützt. Dies gilt allerdings nur, wenn der Inhaber des Geschäftsgeheimnisses angemessene Schutzmaßnahmen ergriffen hat. Hierzu gehören neben Schutzmaßnahmen technischer Natur auch die vertraglichen Maßnahmen zur Gewährleistung der Datensicherheit.

10.3 Grenzen der Vertragsgestaltung

Der Primat der Vertragsfreiheit gewährt den Akteuren in datengetriebenen Wertschöpfungsnetzen einen großen Gestaltungsspielraum. Dennoch gibt es eine Reihe von Bestimmungen, die Begrenzungen vorsehen und die bei der Vertragsgestaltung berücksichtigt werden müssen.

10.3.1 Allgemeine Geschäftsbedingungen

Werden durch die Vertragsparteien Allgemeine Geschäftsbedingungen (AGB) verwendet, so unterliegen die Bestimmungen der Inhaltskontrolle (§ 307 BGB). Bestimmungen in AGB sind unwirksam, wenn sie den Vertragspartner des Verwenders entgegen Treu und Glauben unangemessen benachteiligen. Eine unangemessene Benachteiligung kann sich daraus ergeben, dass eine Klausel nicht klar und verständlich formuliert ist und damit gegen das sogenannte Transparenzgebot verstößt. Eine unangemessene Benachteiligung ist etwa anzunehmen, wenn von wesentlichen Grundgedanken einer gesetzlichen Regelung abgewichen wird oder wesentliche Rechte und Pflichten, die sich aus der Natur des Vertrags ergeben, so eingeschränkt werden, dass die Erreichung des Vertragszwecks gefährdet ist (§ 307 Abs. 2 Nr. 1–2 BGB). Die Wahrung des Transparenzgebots kann bei Datenverträgen zu praktischen Schwierigkeiten führen. Denn diese Art von Verträgen lassen sich nur bedingt einem gesetzlich geregelten Vertragstyp zuordnen. Es fehlt in diesem Zusammenhang schlicht an einem gesetzlichen Leitbild (Kraus 2015, S. 546; Schefzig 2015, S. 563). Vor diesem Hintergrund sollten die Vertragsparteien die Leistungspflichten und den Leistungsumfang im Hinblick auf Daten besonders klar und verständlich ausarbeiten. Unklare Formulierungen und sich widersprechende Klauseln gehen zulasten des Verwenders der AGB und sollten vermieden werden.

10.3.2 Datenschutzrecht

Die Austauschbarkeit von Daten unterliegt vor allem dann Beschränkungen, wenn es sich um **personenbezogene Daten** handelt. Personenbezogene Daten sind gemäß Art. 4 Nr. 1 DSGVO „alle Informationen, die sich auf eine identifizierte oder identifizierbare natürliche Person beziehen". Ein Personenbezug ist auch dann anzunehmen, wenn eine Identifizierung erst durch Hinzuziehung von Zusatzinformationen möglich ist (Kühling und Buchner 2020, Art. 4 Rn. 19) Bei reinen Unternehmensdaten oder Sachinformationen, die auch nicht mittelbar zu einer Identifizierung einer Person führen, ist der Anwendungsbereich der DSGVO nicht eröffnet. Die Verarbeitung von personenbezogenen Daten unterliegt strengen Vorgaben. So gebietet unter anderem der Grundsatz der *Zweckbindung*, dass Daten nur für festgelegte, eindeutige und legitime Zwecke erhoben werden dürfen. Eine Sekundärnutzung zu anderen Zwecken ist nur in sehr begrenztem Umfang möglich und häufig gänzlich ausgeschlossen. Werden personenbezogene Daten datenschutzwidrig weitergegeben, kann dies Auswirkungen auf die Wirksamkeit des zugrunde liegenden Vertrags haben. Im Grundsatz sieht § 134 BGB vor, dass Rechtsgeschäfte nichtig sind, die gegen ein gesetzliches Verbot verstoßen. Erweisen sich Verträge als nichtig, können sie rückabgewickelt werden. Inwieweit Verträge bei einem Verstoß gegen das Datenschutzrecht nichtig sind, ist derzeit noch nicht höchstrichterlich entschieden. Aus Gründen der Rechtssicherheit ist bei der Vertragsgestaltung daher zu prüfen, ob personenbezogene Daten verarbeitet werden sollen. Ist das der Fall, sind die Vorgaben des Datenschutzrechts (nicht zuletzt mit Blick auf drohende Bußgelder) einzuhalten. Werden personenbezogene Daten gemeinschaftlich oder im Auftrag verarbeitet, muss der Vertrag in der Regel durch eine datenschutzrechtliche Zusatzvereinbarung (zum Beispiel einen Auftragsdatenverarbeitungsvertrag) flankiert werden.

10.4 Fazit und Ausblick

Der bestehende Rechtsrahmen gibt – vom Datenschutzrecht abgesehen – nur wenige Anknüpfungspunkte, wie Daten gehandelt oder verwertet werden können. Insbesondere fehlt es an Kriterien, welche Rechte an Daten bestehen und wem Daten zuzuordnen sind. In der Praxis erfolgt die Überlassung von Daten auf Grundlage von Verträgen. Den Vertragsparteien steht dabei ein großer Gestaltungsspielraum zur Verfügung. Grenzen bestehen dort, wo in vorhandene Schutzrechte eingegriffen oder gegen AGB- oder Datenschutzrecht verstoßen wird. Die Kehrseite der hohen Flexibilität des Vertragsrechts ist, dass die Akteure mit unterschiedlicher Verhandlungsmacht ausgestattet sind und marktschwache Akteure in Vertragsverhandlungen ins Hintertreffen gelangen könnten. Perspektivisch könnte der Einsatz von Standardvertragsklauseln die Aushandlungsposition gerade von kleinen und mittleren Unternehmen verbessern. Daneben wird voraussichtlich auch die Weiterentwicklung des Rechtsrahmens, etwa durch den EU-Data Act, die rechtlichen Rahmenbedingungen für Datenverträge beeinflussen.

Checkliste zu möglichen Vertragsbestandteilen:
• Festlegung des Vertragsgegenstands • Einräumung von Datennutzungs- und Zugangsrechten • Bestimmung des Nutzungszwecks • Vereinbarung über die Löschung von Daten nach Vertragsbeendigung • Beschaffenheitsvereinbarung • Haftung, Haftungsbeschränkung und -ausschluss • Zusicherung von IT-Sicherheitsmaßnahmen • Ggf. datenschutzrechtliche Zusatzvereinbarung bei Verarbeitung von personenbezogenen Daten

Literatur

Apel S (2021) Datenkaufvertrag (3.6). In: Nägele T, Apel S (Hrsg) Beck'sche Online-Formulare IT- und Datenrecht, 7. Edition, Stand 01.05.2021. C. H. Beck, München

Froese J, Straub S (2021) Wem gehören die Daten? – Vertragliche Regelungen, Möglichkeiten und Grenzen bei der Nutzung datenbasierter Produkte. In: Hartmann EA (Hrsg) Digitalisierung souverän gestalten II – Handlungsspielräume in digitalen Wertschöpfungsnetzwerken. Springer Vieweg, Berlin, S 136–151

Hoeren T (2013) Dateneigentum – Versuch einer Anwendung von § 303a StGB im Zivilrecht. MMR: 486–491

Kraus M (2015) Datenlizenzverträge. In: Internet der Dinge – Digitalisierung von Wirtschaft und Gesellschaft, Tagungsband Herbstakademie 2015. Oldenburger Verlag für Wirtschaft, Informatik und Recht, Oldenburg, S 537–546

Kühling J, Buchner B (2020) Datenschutzgrundverordnung BDSG – Kommentar, 3. Aufl. C. H. Beck, München

Kuß C (2020) Vertragstypen und Herausforderungen für die Vertragsgestaltung. In: Sassenberg T, Faber T (Hrsg) Rechtshandbuch Industrie 4.0 und Internet of Things. C. H. Beck, München, S 387–433

von Oelffen S (2020) Gestaltung von Verträgen mit Bezug zu KI. In: Ballestrem J, Bär U, Gausling T, Hack S, von Oelffen S (Hrsg) Künstliche Intelligenz, Rechtsgrundlagen und Strategie in der Praxis. SpringerGabler, Berlin

Sattler A (2020) Schutz von maschinengenerierten Daten. In: Sassenberg T, Faber T (Hrsg) Rechtshandbuch Industrie 4.0 und Internet of Things. C. H. Beck, München, S 35–75

Schefzig J (2015) Die Datenlizenz. In: Internet der Dinge – Digitalisierung von Wirtschaft und Gesellschaft, Tagungsband Herbstakademie 2015. Oldenburger Verlag für Wirtschaft, Informatik und Recht, Oldenburg, S 551–567

Schur N (2020) Die Lizenzierung von Daten – Der Datenhandel auf Grundlage von vertraglichen Zugangs- und Nutzungsrechten als rechtspolitische Perspektive. GRUR, S 1142–1152

Schur N (2021) Datenverträge, Teil 6.9. In: Leupold A, Wiebe A, Glossner S (Hrsg) Münchener Anwaltsbuch IT-Recht, 4. Aufl. C.H. Beck, München

Stender-Vorwachs J, Steege H (2018) Wem gehören unsere Daten? – Zivilrechtliche Analyse zur Notwendigkeit eines dinglichen Eigentums an Daten, der Datenzuordnung und des Datenzugangs. NJOZ, S 1361–1367

Vertragsdurchführung mit Smart Contracts – rechtliche Rahmenbedingungen und Herausforderungen

Dominik Groß

Zusammenfassung

Smart Contracts als algorithmen-basierte Routinen eignen sich zur automatisierten Vertragsabwicklung. Hierzu ist es notwendig, dass sich die Vertragsgestaltung der besonderen Anforderungen bewusst wird, die ein Programmcode, der lediglich einfache Wenn-dann-Beziehungen abbilden kann, an sie stellt. Ein automatisches Ablaufen eines Smart Contracts kann nur dann zur Vertragserfüllung eingesetzt werden, wenn die komplexen juristischen Vereinbarungen zwischen den Parteien derart dekonstruiert werden, dass seine automatische Ausführung möglich ist. Für den Bauvertrag wurde die Zahlungsabwicklung als ein Komplex identifiziert, der es mittels Bautenstandsfeststellungen mithilfe der Methode BIM erlaubt, eine (teil-)automatisierte Vertragsabwicklung durchzuführen. Der Beitrag möchte das Bewusstsein für das Potenzial einer solchen Teilautomatisierung, aber auch für deren Grenzen schärfen. Die Vertragsgestaltung muss ermitteln, an welchen Stellen trotz Teilautomatisierung menschlicher Input notwendig bleibt. Darüber hinaus gilt es die zwingenden Regelungen des Datenschutzes zu beachten. Im Rahmen eines Ausblicks wird untersucht, inwiefern sich die für den Bauvertrag gefundenen Ergebnisse auf die Abwicklung anderer Vertragstypen übertragen lassen.

D. Groß (✉)
Richter des Landes Nordrhein-Westfalen, Düsseldorf, Deutschland

© Der/die Autor(en) 2022
M. Rohde et al. (Hrsg.), *Datenwirtschaft und Datentechnologie*,
https://doi.org/10.1007/978-3-662-65232-9_11

11.1 Einführung

„Smart Contracts are neither smart nor are they contracts." Diese Feststellung aus unbekannter Quelle ist Grundlage und notwendige Prämisse für die rechtliche Analyse der Verwendung von Smart Contracts und ihrer Einbettung in bestehende – analoge – Vertragsverhältnisse (Fries 2018, S. 86 f.) spricht von „einer zweiten Vertragsspur"). Wenn von Smart Contracts die Rede ist, wird unter diesem Konzept nicht etwa ein autonomes System verstanden, das mittels Künstlicher Intelligenz eigenständig Entscheidungen trifft, sondern vielmehr ein Algorithmus, der automatisierte Programmabläufe ausführt. Ein Smart Contract kann also nur eine einfache „Wenn-dann-Beziehung" abbilden, indem er den Input verarbeitet, der ihm gegeben worden ist, ohne dadurch eigene neue und damit „intelligente" Inhalte zu schaffen.

Darüber hinaus wäre es aber auch irreführend, verkürzt davon zu sprechen, dass es sich bei Smart Contracts um „Verträge" handelt. Nach dem Verständnis der deutschen Rechtsgeschäftslehre ist für das Zustandekommen eines Vertrages notwendig, dass mindestens zwei Rechtssubjekte korrespondierende Willenserklärungen abgeben. Es muss also ein Akt natürlicher Willensbildung vorangegangen sein, bevor ein Vertrag zustande kommen kann. Dieses Kriterium ist bei den Softwareprogrammen, die Smart Contract genannt werden, nicht erfüllt (Legner 2021, S. 10, 11 f.). Wie bereits beschrieben, können Smart Contracts nur einen im Vorhinein in sie hineingegebenen Ablauf abbilden. Sie sind damit einem Getränkeautomaten ähnlicher als einem Vertrag (diese Parallele zog bereits der Schöpfer des Begriffs „Smart Contract", der Informatiker und Jurist Nick Szabo (1996)).

Der Einsatz von Smart Contracts in den vielfältigen Verträgen des Wirtschaftslebens kann unterschiedlich sein, sodass generalisierende Ausführungen nur schwer zu treffen sind. Auf absehbare Zeit werden Smart Contracts weder den Vertragsabschluss durch Menschen ersetzen, noch die Vertragsdurchführung vollständig übernehmen können. Solange der Smart Contract nicht von einer Form von Künstlicher Intelligenz unterstützt wird, kann er den Vertragsabschluss nicht anders abbilden, als dies bei automatisierten Willenserklärungen bislang auch schon der Fall war. Bei der Durchführung des Vertrages ist für jede einzelne Teilleistung die Frage zu stellen, inwiefern diese einer einfachen konditionalen „Wenn-dann-Beziehung" unterliegt. Daher kann es auch nicht zu einer vollständigen, sondern nur zu einer punktuellen Automatisierung der Vertragsabwicklung kommen, die eine unterstützende Funktion hat. Die Kunst, einen Smart Contract in ein Vertragswerk einzubetten, besteht also darin, sinnvolle Schnittstellen zwischen der analogen Abwicklung des Vertrages und den teilautomatisierten Elementen zu definieren. Der folgende Abschnitt hat zum Ziel, diese neue Aufgabe der Vertragsgestaltung am Beispiel der Teilautomatisierung der Zahlungsabwicklung im Bauwesen zu illustrieren und die im Rahmen dieser konkreten Aufgabe zur Vertragsgestaltung gewonnenen Ergebnisse auf ihre Generalisierbarkeit zu untersuchen.

11.2 Das Forschungsvorhaben „BIMcontracts"

11.2.1 Das Ausgangsproblem im Bauwesen: langsame Zahlungsflüsse

Im Bauwesen wird vielfach beklagt, dass planende und ausführende Baubeteiligte ihren Werklohn nur mit einiger Verspätung erhalten und die von ihnen gestellten Rechnungen gegebenenfalls in wenig transparenter Weise vom jeweiligen Auftraggeber gekürzt worden sind. Lange Rechnungsläufe sind der Tatsache geschuldet, dass der Auftraggeber in einem ersten Schritt aufwendig feststellen muss, ob der vereinbarte Werkerfolg tatsächlich auf der Baustelle erbracht worden ist und ob gegebenenfalls noch Einbehalte wegen Mängeln oder Ähnliches vorgenommen werden müssen. Ist diese Prüfung auf der Baustelle – für gewöhnlich durch einen Bauleiter des Auftraggebers – abgeschlossen, muss diese Information im Geschäftsgang des Auftraggebers erst einmal in der Buchhaltung verarbeitet und von der Geschäftsführung abgezeichnet werden. Erst dann kann eine Zahlung von der Buchhaltung des Auftraggebers angewiesen werden. Ziel des Forschungsvorhabens *BIMcontracts* ist es, durch Automatisierung dieses Prüfungs- und Zahlungsvorganges den gesamten Zahlungsprozess zu beschleunigen und damit letztendlich Effizienzgewinne für alle Baubeteiligten zu generieren.

11.2.2 Die teilautomatisierte Zahlungsabwicklung mittels Smart Contract

Die Methode BIM – Erstellung eines digitalen Gebäudemodells
Grundlage der Automatisierung ist, dass die Planung des entsprechenden Bauvorhabens mittels der Methode Building Information Modeling (BIM) durchgeführt worden ist. BIM bezeichnet eine Methode im Bauwesen, die es ermöglicht, an mehrdimensionalen digitalen Gebäudemodellen zu arbeiten. Dank BIM können alle Akteure auf der Baustelle, seien es Planer, Bauausführende oder Facility Manager, die notwendigen Schritte zur Realisierung oder zum Betreiben des Objektes ausführen (einen Überblick hierzu bietet das Werk von Eschenbruch und Leupertz (2019); daneben, auch aus interdisziplinärer Sicht, die Handreichungen *BIM4INFRA2020* (2019)). Bislang kommt die Methode BIM hauptsächlich im Rahmen der Planung von Bauwerken zur Anwendung. Der von einem durch das Bundesministerium für Wirtschaft und Klimaschutz (BMWK) im Rahmen des Technologieprogramms Smarte Datenwirtschaft geförderten, interdisziplinären Verbundforschungsvorhaben entwickelte Ansatz *BIMcontracts* möchte sich diese Methode nun gerade hinsichtlich der Bauausführung zunutze machen und dabei die Zahlungsabwicklung für alle Baubeteiligten vereinfachen, indem abgerechnete Leistungen transparent geprüft und freigegeben werden (Döinghaus et al. 2021). Auf Grundlage eines digitalen Soll-Ist-Abgleichs kann der Stand von Mengen, Kosten und Leistungen ermittelt werden, sodass diese Daten phasenübergreifend genutzt und automatisiert bearbeitet werden können (dieser Ansatz wird allerdings bisher in der Praxis erst zaghaft genutzt, insbesondere in soge-

nannten *Closed BIM*-Modellen bei ausführenden Unternehmen innerhalb von Generalunternehmeraufträgen (vgl. Strotmann et al. 2021)). Die digitale Definition des zwischen den Parteien vereinbarten Vertrags-Solls wird zur Automatisierung der Zahlungsabwicklung mit einem Smart Contract kombiniert, der fälschungssicher auf einer Blockchain gespeichert wird.

Als Grundlage muss eine mit der Methode BIM realisierte Planung vorliegen, die einen gewissen Detaillierungsgrad erreicht hat und über bestimmte Attribute verfügt. Hierbei wird häufig das Schlagwort „5D-BIM" verwendet, um auszudrücken, dass ein erstelltes 3D-Modell zusätzlich über die Dimensionen „Termine" und „Kosten" verfügt. Die Attribuierung eines Modells mit Terminen ist indes bisher noch sehr schwergängig und wird in der Praxis selten realisiert. Für die mit *BIMcontracts* ins Auge gefassten Zwecke ist eine Attribuierung mit Terminkomponenten darüber hinaus auch nicht notwendig, da dieser Aspekt auch vor dem Hintergrund der rechtlichen Komplexität dieser Frage einstweilen nicht automatisiert werden kann. Ausreichend für eine Smart Contract-basierte Zahlungsabwicklung ist es daher, wenn einzelne Elemente einer 3D-Planung mit dem Attribut „Kosten" versehen worden sind. Ein bestimmtes Bauteil, etwa eine in 3D dargestellte Betonmauer, muss also mit der zusätzlichen Information versehen werden, dass der Kubikmeter Ortbeton 100 Euro kostet. Ausgangspunkt der Betrachtung ist also ein 3D-Modell, das zusätzlich Kosten für die einzelnen Bauteile ausweist.

Automatisierung des Zahlungsverkehrs mithilfe von Smart Contracts

Der Einsatz eines Smart Contracts bedeutet nicht, dass das Vertragsverhältnis zwischen den Bauvertragsparteien vollständig digitalisiert würde. Ein Smart Contract kann aus rechtlicher Sicht immer nur im Rahmen eines herkömmlichen (analogen) Vertrages existieren (Mekki 2019, S. 27), den die Parteien nach den Regeln der §§ 145 ff. des Bürgerlichen Gesetzbuches (BGB) schließen und der im Fall des Bauvertrages den branchenbekannten Mechanismen und Standardklauseln folgt. Auch wenn die Bezeichnung als Smart Contract anderes vermuten ließe, handelt es sich hierbei nämlich nicht um einen Vertrag im juristischen Sinne, sondern nur um einen Algorithmus, der sowohl bei Vertragsabschluss als auch bei der Vertragserfüllung eine Rolle spielen kann (so die wohl inzwischen einhellige Meinung, etwa Eschenbruch und Gerstberger (2018, S. 3); Wilhelm (2020, S. 1807, 1809); Heckelmann (2018, S. 504, 505); aus der Sicht des belgischen Rechts: Enguerrand (2019, S. 22)). Im Ausgangspunkt schließen die Parteien also einen klassischen (analogen) Bauvertrag, zu dessen Abwicklung ein Algorithmus – der Smart Contract – eingesetzt wird. Dieser Bauvertrag muss um spezielle Klauseln zur Nutzung eines Smart Contracts angereichert werden.

Der verwendete Algorithmus kann nach heutigem Stand der Technik ausschließlich eineindeutige „Wenn-dann-Beziehungen" abbilden (Eschenbruch und Gerstberger 2018, S. 3; Eschenbruch et al. 2020, S. 7). Eine solche automatisierbare „Wenn-dann-Beziehung" liegt aus juristischer Sicht grundsätzlich beim Zahlungsverkehr vor (dies hat anhand des FIDIC Yellow Book für den Zahlungsverkehr im internationalen Bauwesen auch Rupa, 2021 S. 371, 375 f. noch einmal herausgearbeitet). Zentral und zwingend notwendig für den Abschluss eines Bauvertrages ist eine Abrede über die sogenannten Hauptleistungs-pflichten, welche nach § 650a Abs. 1 Satz 2 BGB i. V. m. § 631 Abs. 1 Satz 1 BGB für den Auftragnehmer die Erbringung der Bauleistung, für den Auftraggeber die Zahlung der Vergütung ist. Die Logik des Bauvertrages lautet also vereinfacht gesagt: „Wenn Fertig-stellung der Bauleistung – dann Zahlung der Vergütung". Diese beiden Vertragspflichten können daher im Rahmen des *BIMcontracts*-Systems in digitaler Form Teil des Bauvertra-ges werden, um eine Automatisierung der Zahlungsabwicklung zu ermöglichen. Das Ver-trags-Soll wird durch das nach der Methode BIM erstellte digitale Gebäudemodell sowie eine ebenfalls digitale Leistungsbeschreibung definiert. Diese beiden Dateien lösen die in rein analogen Bauverträgen anzutreffenden Planunterlagen (meist CAD-Modelle) und die analoge Leistungsbeschreibung beziehungsweise das Leistungsverzeichnis ab. Daneben – und dies stellt eine zentrale Fortentwicklung der bislang erhältlichen Tools dar – wird zur Definition der Vergütungpflicht des Auftraggebers ein digitales Abrechnungsmodell ge-schaffen, das den analogen Abrechnungsplan ablöst. Da die Methode BIM es erlaubt, einzelne Bauteile mit Attributen zu versehen, können die Kosten für die Ausführung des jeweiligen Bauteils unmittelbar aus dem digitalen Gebäudemodell abgeleitet werden. Auf Grundlage eines solchen mit Kosten attribuierten Modells werden Abrechnungseinheiten für das Abrechnungsmodell gebildet, die von den Vertragsparteien im Vorhinein im Rah-men der Vertragsverhandlungen festgelegt werden müssen (zu der Softwarearchitektur und insbesondere dem Abrechnungsmodell s. Sigalov et al. 2021, S. 7653).

Die vorstehend beschriebenen digitalen Vertragselemente (digitales Gebäudemodell, Leistungsverzeichnis und Abrechnungsmodell) werden, sobald sich die Parteien hierauf verständigt haben, zu einem *BIMcontracts-Container* (BCC) zusammengefasst. Hierbei handelt es sich technisch gesehen um eine ZIP-Datei, welche auf einer Datenbank gespei-chert wird. Bei der Nutzung der Methode BIM wird bei dieser gemeinsamen Datenumge-bung von einem „Common Data Environment" oder CDE gesprochen (Sigalov et al. 2021). Hash-Werte des BCC sowie des gesamten Textes des Bauvertrages werden zudem unveränderlich und dezentral abgespeichert. Hierzu wird die Blockchain-Technologie ver-wendet, die zusätzlich die einzelnen Schritte der Umsetzung des Zahlungsverkehrs unver-änderlich dokumentiert. Daneben wird die Blockchain-Technologie auch dafür verwen-det, den Vertragsparteien eine rechtssichere Bestätigung der vereinbarten digitalen Elemente des Bauvertrages zu ermöglichen. Den Parteien wird im Bauvertrag jeweils eine eineindeutige Blockchain-Identität verliehen, mittels derer nach Vertragsschluss auf der Blockchain bestätigt werden muss, dass der referenzierte Smart Contract tatsächlich der Parteivereinbarung entspricht. Erst dann kommt es zur Ausführung des Smart Contract, dem Deployment. Im Projekt *BIMcontracts* (2020) wurde entschieden, statt einer öffentli-chen Blockchain eine sogenannte Konsortialblockchain zu verwenden, um den Daten-schutz bestmöglich zu realisieren. Denn bei einer öffentlichen Blockchain kann nicht ge-steuert werden, wer die redundant gespeicherten Daten hält und wo dies geschieht. Bei einer Konsortialblockchain wird dagegen die Speicherung der Daten auf einige wenige sogenannte „Nodes" begrenzt, die mittels eines Vertrages (Konsortialblockchain-Abrede) auf die Einhaltung des Datenschutzes verpflichtet werden können. Hierdurch können die

Betroffenenrechte nach Art. 13 ff. DSGVO am effizientesten realisiert werden, ohne dass die Sicherheit und Transparenz der Blockchain darunter litte.

Vertragsrechtlich muss schließlich sichergestellt werden, dass sich die Fälligkeit der Vergütung am konkreten Baufortschritt orientiert. Hierzu soll konkret auf den mit Hilfe der Methode BIM erstellten Baufortschrittsplan Bezug genommen werden und nicht nur eine abstrakte Betrachtung stattfinden – wie dies das Gesetz in §§ 632a BGB und 16 der Vergabe- und Vertragsordnung für Bauleistungen Teil B (VOB/B) vorsieht. Ein digitaler Baufortschrittsplan in Verbindung mit dem digitalen Abrechnungsmodell führt dazu, dass der Auftragnehmer nach Fertigstellung einer im Vorhinein definierten Abrechnungseinheit Zahlung verlangen kann. Alle Zahlungen im Rahmen des *BIMcontracts*-Systems sind juristisch gesehen Abschlagszahlungen. Die Schlussrechnungslegung erfolgt nach wie vor analog, da das Gesetz hieran Folgen knüpft, die nicht ohne Weiteres in ein „Wenn-dann-Paradigma" einzubetten sind. Wie weit oder eng diese Abrechnungseinheiten gezogen werden, ist den Vertragsparteien bei Vertragsschluss überlassen. Der Auftragnehmer soll grundsätzlich nur bei Fertigstellung einer vollständigen Abrechnungseinheit automatisch eine Zahlung erhalten. Zentraler Diskussionspunkt zwischen Auftraggeber und Auftragnehmer wird dann sein, wie weit oder eng die einzelnen Abrechnungseinheiten zu ziehen sind. Eine eingehende Verhandlung über die Verteilung der Leistungspositionen des (analogen) Leistungsverzeichnisses entspricht aber auch heute bereits gängiger Praxis, sodass an dieser Stelle kein völlig neuer Aufwand für die Vertragsparteien entsteht. Da es bei der Definition von Abrechnungseinheiten keine Rolle spielt, ob die Parteien eine Pauschalvergütung vereinbart haben („300.000 Euro bei Fertigstellung des Rohbaus Erdgeschoss") oder eine Abrechnung nach Einheitspreisen („Einheitspreis für Ortbeton je Kubikmeter ist 100 Euro"), ist die Vertragsform unerheblich. Das *BIMcontracts*-System kann daher auch in den in der Praxis gängigen Vertragsketten verwendet werden. Dies gilt sowohl im Verhältnis zwischen einem Bauherrn und einem Generalunternehmer, hier werden häufig Pauschalpreisverträge geschlossen, als auch für das Verhältnis zwischen dem Generalunternehmer und seinen Nachunternehmern meist Einheitspreisverträge verwendet werden. Die übrigen Klauseln des Bauvertrages werden lediglich punktuell modifiziert, um der Zahlungsabwicklung mittels des *BIMcontracts*-Systems Rechnung zu tragen. So müssen etwa Nutzungsbedingungen für das *BIMcontracts*-System, die CDE sowie die Blockchain Vertragsgrundlage werden. Daneben müssen Regelungen für die Haftung bei Fehlfunktion des Algorithmus geschaffen und das Thema Datenschutz muss adäquat adressiert werden.

Im Ergebnis wird der Einsatz von *BIMcontracts* zu einer spürbaren Vereinfachung des Zahlungsverkehrs zwischen Auftraggebern und Auftragnehmern auf allen vertraglichen Stufen führen. Hierdurch wird die Liquidität der baubeteiligten Auftragnehmer gewährleistet und unnötigen finanziellen Engpässen bis hin zu Insolvenzen vorgebeugt.

11.3 Die Einbettung von Smart Contracts in Vertragsverhältnisse

Über die vorstehend skizzierte Anwendung eines Smart Contracts bei der Zahlungsabwicklung eines Bauvorhabens hinaus wird generell in den nächsten Jahren und Jahrzehnten die rechtsgestaltende Aufgabe von Rechtsanwältinnen und Rechtsanwälten darin bestehen, Algorithmen für die (teil-)automatisierte Abwicklung von Verträgen in bestehende, analoge Verträge einzubetten. Um diese Schnittstellen und deren rechtssichere Abbildung in Verträgen soll es im Folgenden gehen.

11.3.1 Die rechtssichere Einbeziehung eines Smart Contracts

Wenn sich die Parteien dafür entscheiden, die Vertragsabwicklung teilweise mithilfe eines Smart Contracts zu automatisieren, muss aus Sicht der Vertragsgestaltung sichergestellt werden, dass sowohl das Ob als auch das Wie der automatisierten Abwicklung rechtssicher in den Vertrag aufgenommen werden. Wenn es sich bei der Klausel im analogen Papiervertrag, durch die eine Teilautomatisierung aufgenommen wird, um Allgemeine Geschäftsbedingungen (AGB) einer Vertragsseite handelt, sind erhöhte Vorgaben des zwingenden Gesetzesrechts zu beachten. AGB liegen immer dann vor, wenn die Vertragsbedingungen für eine Vielzahl von Verträgen vorformuliert sind und eine Vertragspartei, die Verwender genannt wird, der anderen Vertragspartei bei Abschluss eines Vertrages diese Bedingungen einseitig stellt (vgl. § 305 Abs. 1 S. 1 BGB). Da es nach der Rechtsprechung bereits ausreicht, dass der Verwender der AGB die Absicht hat, dieselben Vertragsbedingungen auch in anderen Vertragsverhältnissen zu nutzen, ist der Anwendungsbereich des Rechts der AGB recht weit (s. Abschn. 10.2). Es greift sowohl zum Schutze von Verbrauchern als auch von Unternehmern, wobei der Schutz von Unternehmern stärker eingeschränkt, aber gleichwohl sichergestellt ist. In der Praxis wird es sich bei den Klauseln, mit denen Smart Contracts in Verträge einbezogen werden – gerade wenn es zu einer Typisierung von Smart Contracts für bestimmte Abwicklungsschritte in Vertragsverhältnissen kommen wird – um Allgemeine Geschäftsbedingungen im Sinne der §§ 305 ff. BGB handeln (näher zu den durchaus problematischen Einzelfällen, in denen die AGB-Eigenschaft einer Klausel in Abrede gestellt werden kann, Wilhelm, 2020, S. 1849, 1852 f.). Daher ist bei der Vertragsgestaltung hinsichtlich der Einbindung eines Smart Contracts ein erhöhtes Augenmerk auf die besonderen Voraussetzungen der §§ 305 ff. BGB richten. Zu denken ist hier vor allem an die allgemeine Inhaltskontrolle nach § 307 BGB, die Einbeziehungskontrolle in § 305 Abs. 2 BGB und die Regelungen in § 305c BGB.

Gemäß § 307 Abs. 1 S. 2 BGB sind Bestimmungen in AGB wegen unangemessener Benachteiligung unwirksam, wenn die Bestimmungen nicht klar und verständlich sind. Das hierin geregelte Transparenzgebot, das auch für Hauptleistungspflichten und das Preis-Leistungs-Verhältnis gilt (BGH, Urteil vom 15.02.2017, NJW 2017, 2346; Urteil vom 07.02.2019, NJW-RR 2019, 942), verpflichtet den Verwender dazu, einzelne Regelungen für sich genommen klar zu formulieren und diese für die Vertragsgegenseite auch im Kontext mit dem übrigen Klauselwerk verständlich zu machen (BGH, Urteil vom 26.03.2019, NJW-RR 2019, 811). Hierzu gehört vor allem auch, dass dem Vertragspartner klar sein muss, welche Rechtsfolgen gegebenenfalls auf ihn zukommen und wie er deren Eintritt verhindern kann (BAG, Urteil vom 03.12.2019, NJW 2020, 1317). Eine solche Transparenz ist bei Einbeziehung eines Smart Contracts, also letztlich von Binärcode, in den Papiervertrag nur gegeben, wenn die Vertragsgestaltung besondere Vorkehrungen trifft, um eine möglichst umfassende Einbeziehung der Vertragsgegenseite sicherzustellen (Wilhelm (2020, S. 1849, 1854) geht ebenfalls davon aus, dass die Formulierung von Abwicklungsmodalitäten ausschließlich in Programmcode, der mit Funktionen aus externen Programmbibliotheken gespeist wird, im Zweifelsfall mangels Verständlichkeit am Transparenzgebot scheitert). Dabei ist es fraglich, ob es bereits ausreicht, wenn eine Vertragsklausel lediglich abstrakt angibt, dass ein bestimmter, mittels einer Kennung identifizierter Smart Contract für die Abwicklung bestimmter Vertragsschritte herangezogen werden soll. Bei einer solchen Formulierung ist für die Vertragsgegenseite nicht unmittelbar ersichtlich, welchen Inhalt der Smart Contract hat. Wie konkret allerdings die Erläuterung der einzelnen Mechanismen des Smart Contracts im Papiervertrag sein muss, ist bislang weder in der Rechtsprechung geklärt noch lassen sich aus Sicht der Vertragsgestaltung hier abstrakte Grundsätze aufstellen. Eine Möglichkeit, dem Transparenzgebot aus § 307 Abs. 1 S. 2 BGB Rechnung zu tragen, bestünde darin, den Quellcode des Algorithmus als Vertragsanlage dem Papiervertrag beizufügen. Dieser Quellcode ist allerdings für den menschlichen Leser, der in den meisten Fällen ein IT-technischer Laie sein wird, ebenfalls nicht verständlich. Alternativ dazu sollte genügen, wenn in der Vertragsklausel, durch die die Einbeziehung des Smart Contracts in den Gesamtvertrag vorgenommen wird, eine Referenz auf den Code des konkreten Smart Contracts aufgenommen wird und dieser dann von der Vertragsgegenseite bei Interesse nachgeprüft werden kann. Damit dies gelingt, müssen allerdings die technischen Voraussetzungen geschaffen werden, um einen Smart Contract tatsächlich zu visualisieren. Eine solche einfache Konversion von Quellcode in semantische Informationen ist bislang allerdings nicht verfügbar. In zukünftigen Verträgen könnte angedacht werden, als Anlage eine Art „Smart Contract Workflow" bereitzustellen, der den Ablauf des Algorithmus grafisch oder textlich illustriert. Dies könnte ähnlich einem Bauablaufplan bei Bauverträgen geschehen. Insgesamt betont aber auch die Rechtsprechung wiederholt, dass die Transparenzanforderungen nicht überspannt werden dürfen (BGH, Urteil vom 10.07.1990, NJW 1990, 2383; Urteil vom 20.04.1993, NJW 1993, 2054). Die Verpflichtung, den Klauselinhalt klar und verständlich zu formulieren, besteht nur im Rahmen des Möglichen (BGH, Urteil vom 04.04.2018, NJW 2018, 1544). Wenn die Parteien also im Papiervertrag übereinkommen, die für alle Beteiligten effizientere Form der Abwicklung über einen Smart Contract durchführen zu wollen, muss die Vertragsgegenseite wertungsmäßig auch in Kauf nehmen, dass das unmittelbare Nachvollziehen jedes einzelnen Schrittes im Quellcode des Smart Contracts nicht möglich und nicht abbildbar ist. Dies gilt jedenfalls im Rechtsverkehr mit Unternehmern. Bei Vorliegen von Verbraucherverträgen, wenn also die Vertragsgegenseite den Vertrag zu Zwecken abschließt, die überwiegend weder ihrer gewerblichen noch ihrer selbstständigen beruflichen Tätigkeit zugerechnet werden können, sind die Anforderungen dagegen noch höher ausgestaltet. Es muss dann sichergestellt werden, dass der Verbraucher im Sinne von § 305 Abs. 2 Nr. 2 BGB die Möglichkeit hatte, in zumutbarer Weise vom Inhalt der AGB Kenntnis zu nehmen. Auch vor dem Hintergrund dieser gesetzlichen Regelung stellt sich die Frage, ob eine Visualisierung der Inhalte des Smart Contracts im Papiervertrag, sei es als Anlage sei es als Referenz auf eine Online-Ressource ausreichend ist (Wilhelm, (2020, S. 1849, 1853) sieht bei dieser sogenannten Einbeziehungskontrolle bei Beteiligung von Verbrauchern ein häufig nicht zu überwindendes Risiko. Er geht allerdings auch davon aus, dass die Inhalte des Smart Contracts im Regelfall nicht in von Menschen lesbare Sprache übersetzt werden). Da allerdings auch hier wie bei der Inhaltskontrolle keine überzogenen Anforderungen gestellt werden dürfen, um technologische Fortschritte nicht von vorneherein zu blockieren, sollte durch eine entsprechende Vertragsgestaltung den Einbeziehungserfordernissen des § 305 Abs. 2 Nr. 2 BGB Genüge getan sein. Besonders wichtig bei dieser Vertragsgestaltung sind eine möglichst klar verständliche Formulierung der Schnittstelle zwischen Papiervertrag und Smart Contract sowie eine möglichst eingängige Visualisierung der Inhalte des Smart Contracts.

Nach § 305c Abs. 1 BGB werden daneben solche Bestimmungen in AGB nicht Vertragsbestandteil, die nach den Umständen, insbesondere nach dem äußeren Erscheinungsbild des Vertrags, so ungewöhnlich sind, dass der Vertragspartner des Verwenders mit ihnen nicht zu rechnen braucht. Dies kann etwa der Fall sein, wenn eine Klausel eine Zahlungspflicht für den Vertragspartner des Verwenders vorsieht, mit der dieser nach den Umständen des Vertragsschlusses nicht zu rechnen brauchte. Eine Vertragsklausel, mit der ein Algorithmus Vertragsbestandteil werden soll, muss daher sicherstellen, dass die konkreten, im Algorithmus definierten Abläufe nicht dem widersprechen, was die Parteien semantisch im Vertragstext festgehalten haben. Zudem darf die Klausel keine Abläufe vorsehen, über die die Parteien überhaupt keine Abrede getroffen haben. Dies führt für Vertragsgestaltende zu einer doppelten Herausforderung: Einerseits müssen sie sicherstellen, dass die Parteien im Vertragstext eine möglichst umfassende Regelung hinsichtlich der Abwicklung des Vertrages getroffen haben oder sich die Abwicklungsmodalitäten jedenfalls aus dem subsidiär geltenden Gesetzesrecht ableiten lassen, sodass sich die Programmierenden des Smart Contracts darauf beschränken können, die vereinbarten Modalitäten IT-technisch umzusetzen. Andererseits muss sichergestellt sein, dass für den Fall einer Divergenz zwischen dem Inhalt des Papiervertrages und den im Smart Contract festgehaltenen Abläufen eine klare Vorrangregelung im Papiervertrag geschaffen wird. Dabei scheint jedenfalls die Regelung rechtlich unbedenklich zu sein, nach der im Zweifelsfall die Regelungen des Papiervertrages vorgehen, sodass der Smart Contract gegebenenfalls ausgesetzt oder umprogrammiert werden müsste. Schwieriger vor dem Hintergrund des § 305c Abs. 1 BGB ist es dagegen, wenn die Vorrangregelung festhält, dass der Inhalt des Smart Contract vorgehen soll, da in diesem Falle die Vertragsgegenseite keinen Überblick mehr über den Inhalt der Abwicklungsmodalitäten hätte. Gleichwohl erscheint auch eine solche Regelung dann realisierbar, wenn im Vertrag gleichzeitig festgehalten würde, dass der Vorrang des Smart Contract im Falle von Abweichungen von den Regelungen im Papiervertrag gleichzeitig zu einem Leistungsbestimmungsrecht des Verwenders im Sinne von §§ 315 ff. BGB führte. Die Vertragsgegenseite wäre dadurch geschützt, dass nach § 315 Abs. 1 BGB die Leistungsbestimmung im Zweifel nach billigem Ermessen zu treffen ist.

11.3.2 Die Abwicklung des Vertrages mittels Smart Contract

Ist die Schnittstelle zwischen Papiervertrag und Smart Contract mit Blick auf die rechtssichere Einbeziehung des Algorithmus in den Vertrag geklärt, muss näher in den Blick genommen werden, in welchem Umfang eine (Teil-)Automatisierung der Vertragsabwicklung mit algorithmischen Instrumenten überhaupt möglich ist und wie diese Abwicklung konkret gestaltet werden kann.

Welche Leistungspflichten können (teil-)automatisiert erfüllt werden?
Die Vorarbeiten im Projekt *BIMcontracts* haben gezeigt, dass ein Smart Contract in absehbarer Zukunft nicht vollständig an die Stelle eines komplexen analogen Vertragsgefüges treten kann. Nur bestimmte Ausschnitte eines Vertrages sind überhaupt automatisierbar. Wo juristische Vertragsregelungen mit Wertungsspielräumen verbunden sind, wie etwa die Feststellung eines Verschuldens, ist das Automatisierungspotenzial begrenzt. Wie etwa *Fries* anmerkt:

> *„Denn eine Automatisierung bringt wenig, wenn es zu viele Friktionen zwischen der Rechtslage und den Regeln der Software gibt. Automatische Rechtsdurchsetzungsmechanismen eignen sich daher vor allem für den Vollzug von Tatbeständen, deren Voraussetzungen sich im Internet der Dinge nahezu fehlerfrei prüfen lassen, die dem Rechtsanwender nur geringe Wertungsmöglichkeiten einräumen und deren Rechtsfolge sich automatisch auslösen lässt – etwa durch die Sperrung oder Freigabe von Gegenständen oder durch die Einziehung und Auszahlung eines Geldbetrags.“* (Fries 2019, S. 901, 902)

Insgesamt eignen sich Vertragsklauseln, die weniger komplexe Regelungen enthalten und aufwertende Adjektive oder Adverbien verzichten, besser zur Automatisierung als solche Verträge, die sich eines komplexen juristischen Vokabulars bedienen, um den Gegenstand der vertraglichen Pflichten der Parteien zu beschreiben (Patel et al. 2018, S. 153). Abstrakt unterscheidet die Literatur zwischen den operationalen Klauseln eines Vertrages und den nicht operationalen Klauseln (ISDA und Linklaters 2017; ebenso aus der Sicht des Schweizer Rechts (Gillioz 2019, S. 16)). Operationale Klauseln folgen einer Konditionallogik. Sie bilden eine „Wenn-dann-Beziehung" ab (diese Einschränkung auf „Wenn-dann-Beziehungen" hebt auch schon Guerlin (2017, S. 512) hervor). Nicht-operationale Klauseln hingegen sind solche, die sich auf die rechtliche Beziehung der Parteien im Weiteren beziehen, und nicht lediglich als „Wenn-dann-Regelung" interpretiert werden können und daher Wertungen enthalten. Nur operationale Klauseln können mittels Aussagenlogik dargestellt werden.

Der Anwendungsbereich von Smart Contracts ist daher keinesfalls auf Bauverträge beschränkt. Die vom Forschungsverbund geführten Untersuchungen haben jedoch gezeigt, dass eine automatisierte Abwicklung nur dann infrage kommt, wenn das Vertragsverhältnis hinsichtlich der zu automatisierenden Teile in seiner Komplexität möglichst reduziert worden ist. Die Kunst des Vertragsgestalters wird bei der Beratung von Parteien, die sich eines Smart Contracts bedienen wollen, also darin bestehen, bereits vorhandene „Wenn-dann-Beziehungen" zu identifizieren und gegebenenfalls komplexere Vertragsstrukturen auf eine einfache Konditionallogik herunterzubrechen. Hierbei muss die Praxis ein Gespür dafür entwickeln, ob Automatisierbarkeit überhaupt vorliegt und ob die Effizienzgewinne durch automatisierte Abwicklung nicht durch langfristige Auseinandersetzungen über das konkret gewählte Vertragskonstrukt zunichtegemacht werden.

In der Vertragsgestaltung ist darauf zu achten, dass sinnvolle Schnittstellen zwischen der analogen Vertragsabwicklung, die auf den Input der Vertragsparteien angewiesen ist, und dem automatischen Ablaufen des Smart Contract gebildet werden. Wenn etwa in einem Vertragsverhältnis nicht nur der Zahlungsvorgang automatisiert werden soll, sondern auch die Mängelhaftung, muss darauf geachtet werden, wo im Einzelfall noch manueller Input der Vertragsparteien notwendig sein wird. Dies sei am Beispiel der Kaufmängelgewährleistung illustriert: Möchte etwa ein Autohaus seine Mängelgewährleistung gegenüber den Kunden teilautomatisieren, müsste der hierfür eingesetzte Smart Contract einige Tatbestandsmerkmale der Mängelhaftung überprüfen, die nicht ohne Weiteres einer konditionalen Logik unterliegen, also keine einfache „Wenn-dann-Beziehung" darstellen. Zuerst einmal müsste festgestellt werden, dass ein bestimmter Wagen einen Sachmangel im Sinne von § 434 BGB aufweist. Dafür müsste das Programm eigenständig entscheiden können, ob die Ist-Beschaffenheit des Wagens von der vertraglich geschuldeten Soll-Beschaffenheit abweicht. Bereits dieser Vorgang ist mit mehreren Wertungen verbunden, insbesondere muss der konkrete Kaufvertrag zwischen den Parteien analysiert und ausgelegt werden. Sollte es in diesem Vertrag keine sogenannte Beschaffenheitsvereinbarung geben, müsste festgestellt werden, dass sich der Wagen für die „gewöhnliche Verwendung" im Sinne des § 434 Abs. 1 S. 2 Nr. 2 BGB eignet. Bereits diese ersten Schritte kann ein Smart Contract – jedenfalls ohne die Unterstützung einer Künstlichen Intelligenz – nicht leisten. Die Vertragsgestaltung könnte aber vorsehen, dass ein bestimmtes automatisiertes Regime in Gang gesetzt wird, wenn von außen der Input in das System gegeben wird, dass ein Sachmangel des verkauften Wagens vorliegt. Hierbei muss freilich definiert werden, wer diesen Input geben kann (etwa eine Mängelanzeige durch den Käufer und eine entsprechende Mängelbestätigung durch den Verkäufer). Auf dieser Grundlage wäre es dann möglich, die weiteren Rechte des Käufers bei Mängeln gegebenenfalls teilautomatisiert ablaufen zu lassen. Dies wäre jedenfalls vorstellbar, wenn der Verkäufer mit dem Käufer vereinbart hätte, dass im Zuge der Mängelgewährleistung regelmäßig eine Minderung des Kaufpreises infrage kommt (Schnell und Schwaab 2021, S. 1091, 1096 weisen ebenfalls darauf hin, dass es sinnvoll sein kann, Leistungsstörungsrechte, die sich nicht automatisiert abwickeln lassen, vertraglich zu begrenzen oder sogar ganz auszuschließen). Dann könnte auf Grundlage einer Mängelanzeige automatisch eine Teilrückzahlung des Kaufpreises an den Käufer erfolgen, vorausgesetzt der Mangel ist im Vorhinein bereits monetär bewertet worden. Dabei muss bei Verbrauchergeschäften allerdings im Einzelfall darauf geachtet werden, ob eine entsprechende Vereinbarung möglich ist oder zwingendes Gesetzesrecht entgegensteht. Dieses Beispiel soll verdeutlichen, dass in Smart Contracts zwar ein großes Potenzial steckt, das mit einer umsichtigen Vertragsgestaltung aktiviert werden kann. Zugleich zeigt es aber auch, dass Sensibilität hinsichtlich der Grenzen der Leistungsfähigkeit von Smart Contracts bestehen muss.

Haftung für einen fehlerhaften Smart Contract

Wenn sich die Parteien angesichts der Vorteile einer Teilautomatisierung der Vertragsabwicklung auf den Einsatz eines Smart Contracts einigen, muss in einem weiteren Schritt das Risiko verteilt werden, falls der Smart Contract fehlerhaft programmiert worden ist. Es erschiene nicht interessengerecht, dieses Risiko einseitig dem Schuldner der jeweils automatisierten Leistung aufzubürden, da – wie am Beispiel der Zahlungsabwicklung im Bauwesen gezeigt – beide Parteien Vorteile aus der Verwendung eines Smart Contracts ziehen. Eine interessengerechte Vertragsgestaltung kann etwa so aussehen, dass die Vertragsabwicklung bei Erkennen eines Fehlers im Smart Contract einstweilen ausgesetzt wird. Dies bedeutet auch, dass Leistungsfristen erst einmal nicht weiterlaufen. Die Parteien sind dann dazu zu verpflichten, den Smart Contract zu „reparieren" oder durch einen neuen, fehlerfreien Smart Contract zu ersetzen (für den Fall, dass die Vertragsgegenseite ein Verbraucher ist, weist Legner (2021, S. 10, 15) zu Recht darauf hin, dass bei einer Korrektur der Diskrepanz zwischen Smart Contract und rechtlich Gewolltem der Verbraucher strukturell unterlegen ist). Hierzu sind angemessene Fristen vorzusehen. Eine konkrete Pflicht zur Nachbesserung des Smart Contracts sollte im Zweifel diejenige Partei treffen, welche den Smart Contract ursprünglich gestellt hat. Sie wird auch in der Regel Mängelgewährleistungsrechte gegenüber einem Softwarehersteller haben, der für die Programmierung verantwortlich ist (so auch Wilhelm (2020, S. 1849, 1855), der bei der Stellung von Software durch einen Dritten darüber hinaus an § 311 Abs. 3 BGB, das allgemeine Deliktsrecht oder aber de lege ferenda an eine spezielle Form der Produkthaftung anknüpfen möchte). Wenn sich die Parteien vertraglich geeinigt haben, dass sie den Smart Contract gemeinsam stellen – also in der Regel von einem im Vertrag bezeichneten Dritten den entsprechenden Algorithmus erwerben –, sollten die Parteien auch gemeinsam dazu verpflichtet werden, den Smart Contract fristgerecht nachzubessern.

Unternimmt die für die Nachbesserung verantwortliche Partei nicht innerhalb der vertraglich vorgesehenen Frist die entsprechenden Schritte, sind mehrere Optionen denkbar:

(1) Der Vertrag kann nach Ablauf der Frist automatisch auf eine analoge Abwicklung der Leistungen umgestellt werden. Ob dies praktisch möglich ist, hängt davon ab, welche Leistungspflichten konkret automatisiert werden sollten und ob das Vertragswerk ins-

gesamt noch ein sinnhaftes Ganzes ergibt, wenn an die Stelle des Algorithmus eine klassisch analoge Abwicklung tritt.

(2) Hat die Vertragsgegenseite kein Interesse mehr an der weiteren Vertragsabwicklung, sollte ein Rücktritts- oder Kündigungsrecht vorgesehen werden, je nachdem, ob es sich um ein einmaliges Austauschverhältnis oder ein Dauerschuldverhältnis (oder auch um ein gestrecktes Austauschverhältnis wie einen Bauvertrag) handelt.

(3) Schließlich kann erwogen werden, dass die Partei, welche den Smart Contract nicht gestellt hat, gleichwohl dessen Nachbesserung vornimmt. Da es sich bei der Stellung des Smart Contracts um die Erbringung eines Werkerfolges handeln dürfte, hätte die Partei hierfür auch Anspruch auf einen Vorschuss im Sinne des Werkmängelgewährleistungsrechts, um die Selbstvornahme durchzuführen. Darüber hinaus ist denkbar, in den Vertrag bereits aufzunehmen, dass zwar eine Seite den Smart Contract stellt, deren Vertrag mit dem Ersteller des Algorithmus aber als echter Vertrag zugunsten Dritter ausgestaltet wird. Im Innenverhältnis zwischen den Vertragsparteien ließe sich dann vereinbaren, dass die nicht den Smart Contract stellende Partei ihre Mängelgewährleistungsrechte nur nach Ablauf der vereinbarten Frist ausübt.

Sollte es zu einem automatischen Leistungsaustausch aufgrund des Smart Contracts kommen, der nach den vertraglichen Regelungen insgesamt nicht intendiert war, kann auch hier die Vertragsgestaltung bereits vorbeugend abhelfen, indem vertragliche Rückgewähransprüche für den Fall einer nicht intendierten Transaktion statuiert werden (Fries (2018, S. 86, 90) geht davon aus, dass Gerichtsprozesse in der Zukunft bei Verwendung von Smart Contracts Bereicherungsansprüche aufgrund von Vollzugsfehlern der Software, die sich aus Mängeln des eingespeisten Datenmaterials ergeben, zum Hauptgegenstand haben werden. Dem sollte durch eine vorausschauende Vertragsgestaltung vorgebeugt werden).

11.4 Ergebnis

Das Forschungsvorhaben *BIMcontracts* hat neben der Entwicklung einer funktionierenden Softwarelösung für die Automatisierung der Zahlungsabwicklung im Bauwesen für die Vertragsgestaltung generell verwendbare Ergebnisse hervorgebracht. Ein Smart Contract ist kein Vertrag, sondern ein Algorithmus, der in der Vertragsabwicklung behilflich sein kann. Der Smart Contract wird daher den analogen Papiervertrag nicht ablösen, sondern ist eine sinnvolle Ergänzung hierzu. Es konnte am Beispiel des Bauvertrages herausgearbeitet werden, dass nur bestimmte, auf einfachen „Wenn-dann-Beziehungen" basierende Mechanismen mithilfe eines Smart Contracts automatisiert werden können. Aufgabe der Vertragsgestaltung wird es sein, diese Beziehungen in einem Vertragsgeflecht zu identifizieren und auf dieser Grundlage eine Schnittstelle zwischen analogem Vertrag und Smart Contract zu schaffen. Um zu einer erfolgversprechenden Vertragsgestaltung zu gelangen, muss bedacht werden, an welchen Stellen solche einfachen konditionalen Beziehungen vorliegen. Weiter muss sich der Vertragsgestalter fragen, wie er die Schnittstelle zwischen einfachen „Wenn-dann-Abläufen" und komplexeren Vorgängen, die zusätzlichen Input von den Vertragsparteien verlangen, strukturiert. In diesen Fällen kann es sinnvoll sein, den automatischen Ablauf eines Smart Contracts auszusetzen, bis ein manueller Input der Parteien erfolgt ist. Auf diese Weise können auch kompliziertere Sachverhalte (teil-)automatisiert werden. Die Grenzen der Automatisierung hängen damit häufig von der Qualität der Vertragsgestaltung und den Fähigkeiten der Vertragsgestaltenden ab.

Die Einbeziehung des Smart Contracts in den Vertrag muss dann möglichst eindeutig erfolgen, um eine Unwirksamkeit dieser Klauseln zu verhindern. Bei einer (Teil-)Automatisierung sollten auch vertragliche Vorkehrungen für den Fall einer Fehlfunktion oder Fehlprogrammierung des Smart Contracts vorgesehen werden.

Danksagung Der Autor bedankt sich für die Förderung des Projektes *BIMcontracts* (Förderkennzeichen: 01MD19006A) durch das Bundesministerium für Wirtschaft und Klimaschutz im Rahmen des Förderprogramms Smarte Datenwirtschaft.

Literatur

Arbeitsgemeinschaft BIM4INFRA2020 des Bundesministeriums für Verkehr und Digitale Infrastruktur (BMVI) (2019) Handreichungen zum Einsatz von Building Information Modeling (BIM) in der Praxis. https://bim4infra.de/handreichungen/. Zugegriffen am 15.09.2021

Döinghaus P, Klusmann B, Temme L, Rotermund U (2021) Ausführung und Übergabe in die Nutzung. In: DVP (Hrsg) Projektmanagement und Building Information Modeling. Arbeitshilfen für die Leistungen nach AHO-Heft 9, 2. Aufl. https://www.dvpev.org/sites/default/files/DVP_Arbeitshilfen_BIM_Aufl2.pdf, S 83. Zugegriffen am 31.03.2022

Enguerrand M (2019) Les smart contracts en Belgique: une destruction utopique du besoin de confiance. Dalloz IP/IT 1:22–26

Eschenbruch K, Gerstberger R (2018) Smart Contracts, Planungs-, Bau- und Immobilienverträge als Programm?. NZBau. Neue Zeitschrift für Baurecht und Vergaberecht. C.H. Beck, München

Eschenbruch K, Leupertz S (Hrsg) (2019) BIM und Recht, 2. Aufl. Kluwers, Köln

Eschenbruch K, Groß D, König M (2020) Auf dem Weg zum digitalen Bauvertrag – Automatisierung des Zahlungsverkehrs im Bauwesen mittels BIM und Smart Contracts (BIMcontracts). BauW – Z Bauwirtsch 1(2020):7–20

Fries M (2018) Smart Contracts: Brauchen schlaue Verträge noch Anwälte? Anwaltsblatt 2:86–90

Fries M (2019) Schadensersatz ex machina. NJW 72(13):901–905

Gillioz F (2019) Du contrat intelligent au contrat juridique intelligent. Dalloz IP/IT 1:16–21

Guerlin G (2017) Considérations sur les smart contracts. Dalloz IP/IT 10:512

Heckelmann M (2018) Zulässigkeit und Handhabung von Smart Contracts. NJW 71(8):504–510

ISDA, Linklaters (2017) Whitepaper: smart contracts and distributed ledger – a legal perspective. https://lpscdn.linklaters.com/-/media/files/linklaters/pdf/mkt/london/smart_contracts_and_distributed_ledger_a_legal_perspective.ashx. Zugegriffen am 31.03.2022

Legner S (2021) Smart Consumer Contracts – Die automatisierte Abwicklung von Verbraucherverträgen. Verbraucher und Recht: VuR. Z Wirtsch Verbrauch.r 36(1):10–17

Mekki M (2019) Le smart contract, objet du droit (Partie 2). Dalloz IP/IT 1:27

Patel, D., Shah, K., Shanbhag, S., Mistry, V. (2018). Towards Legally Enforceable Smart Contracts. In: Chen, S., Wang, H., Zhang, LJ. (eds) Blockchain – ICBC 2018. ICBC 2018. Lecture Notes in Computer Science(), vol 10974. Springer, Cham. https://doi.org/10.1007/978-3-319-94478-4_11

Projekt BIMContracts (2020) Projektwebseite BIMContracts. https://bimcontracts.com. Zugegriffen am 04.03.2022

Rupa J (2021) Standardisierte Projektverträge als Smart Contracts. Multimedia und Recht 5:371–376

Schnell S, Schwaab C (2021) Vertragsgestaltung beim Einsatz von Smart Contracts zur Automatisierung von Lieferbeziehungen. Betriebsberater 19(2021):1091–1098

Sigalov K, Ye X, König M et al (2021) Automated payment and contract management in the construction industry by integrating building information modeling and blockchain-based smart contracts. Appl Sci 11(16):7653

Strotmann H, Kölln L, Kappes A (2021) Kosten/Mengen/Leistungsbeschreibung. In: DVP (Hrsg) Projektmanagement und Building Information Modeling. Arbeitshilfen für die Leistungen nach AHO-Heft 9, 2. Aufl. https://www.dvpev.org/sites/default/files/DVP_Arbeitshilfen_BIM_Aufl2.pdf, S 68–78. Zugegriffen am 31.03.2022

Szabo N (1996) Smart contracts: building blocks for digital markets. https://www.fon.hum.uva.nl/rob/Courses/InformationInSpeech/CDROM/Literature/LOTwinterschool2006/szabo.best.vwh.net/smart_contracts_2.html. Zugegriffen am 15.09.2021

Wilhelm A (2020) Smart Contracts im Zivilrecht – Teil I. Z Wirtschafts- & Bankrecht (WM 2020): 1805–1811

Teil III

Kontrolle über Daten

Einleitung: Kontrolle über Daten

Tilman Liebchen

Zusammenfassung

Die Frage nach der Kontrolle über Daten spiegelt sich in populären, aber wenig konkreten Begriffen wie „Datenhoheit" oder „Datensouveränität" wieder. In dieser Einleitung zum dritten Teil des Buches werden kurz die Themenfelder und Zielstellungen der folgenden drei Beiträge eingeführt, die sich u. a. mit der Datenhoheit aus Perspektive der Nutzenden, einer Einführung in Verfahren zur Anonymisierung und Pseudonymisierung sowie dem Konzept der sogenannten Datennutzungskontrolle befassen. Damit werden rechtliche, organisatorische und technische Bausteine für die Umsetzung von Datensouveränität beschrieben, die Datenschutz, Informationssicherheit und Vertraulichkeit in datenzentrierten Wertschöpfungsnetzen ermöglichen.

In den vorausgehenden Teilen dieser Publikation wurden bereits die Rolle von Daten als Wirtschaftsgut, darauf basierende digitale Geschäftsmodelle sowie das rechtlich-regulatorische Umfeld und dessen Herausforderungen für datenbasierte Produkte und Dienstleistungen diskutiert.

Neben den rechtlichen Rahmenbedingungen ist vor allem deren konkrete Ausgestaltung und die damit verbundene Frage nach der Kontrolle über die Daten von entscheidender Bedeutung. Dies spiegelt sich in populären, aber wenig konkreten Begriffen wie „Datenhoheit" oder „Datensouveränität" wieder. Die Beiträge in diesem Teil des Buches legen

T. Liebchen (✉)
Institut für Innovation und Technik (iit) in der VDI/VDE Innovation + Technik GmbH,
Berlin, Deutschland
E-Mail: liebchen@iit-berlin.de

dar, wie Datenschutz, Informationssicherheit und Vertraulichkeit in datenzentrierten Wertschöpfungsnetzen sichergestellt werden können.

Aus der Perspektive der Nutzenden von datenbasierten Geschäftsmodellen sind beim Austausch personenbezogener Daten zunächst der Aspekt des Datenschutzes sowie die damit verbundenen Rechte interessant, für die Anbieter ihre entsprechenden Pflichten. Dies behandelt Sebastian Straub in seinem Beitrag *Datenhoheit und Datenschutz aus Nutzer-, Verbraucher- und Patientenperspektive*. Hierzu führt er auch praktische Beispiele aus Anwendungsbereichen wie intelligenten Stromzählern (Smart Meter), der elektronischen Patientenakte oder dem Schutz von persönlichen Kommunikationsdaten an.

Wesentlicher Bestandteil einer datenschutzkonformen Speicherung und Verarbeitung von Daten sind Verfahren zur Anonymisierung und Pseudonymisierung. Eine vollständige Anonymisierung entfernt zum Beispiel den Personenbezug soweit aus den Daten, dass sie nicht mehr unter die Datenschutzgesetzgebung fallen – allerdings reduziert sich damit oftmals auch die Nutzbarkeit dieser Daten. Diesen Zielkonflikt sowie die wichtigsten Ansätze zur technischen Umsetzung und Bewertung von Anonymisierungsverfahren wie unter anderem k-Anonymität und Differenzial Privacy erläutert Andreas Dewes in seinem Beitrag *Verfahren zur Anonymisierung und Pseudonymisierung von Daten*. Ergänzend wird ein Überblick zu Techniken zur Pseudonymisierung sowie deren rechtliche und technische Abgrenzung zur Anonymisierung gegeben. Der Autor, Andreas Dewes, ist im Forschungsprojekt *IIP-Ecosphere* tätig.

Die bereits erwähnte Datensouveränität kann auch als größtmögliche Kontrolle durch den Datengebenden über die Nutzung der Daten verstanden werden. Da dies über die reine Einhaltung von Rechtsvorschriften hinausgeht, handelt es sich dabei nicht um einen Ersatz zum Datenschutz, sondern um eine Ergänzung. Zudem ist eine derartige Kontrolle nicht nur bei personenbezogenen Daten erwünscht, sondern gerade auch beim Austausch und der wirtschaftlichen Verwertung von Geschäfts- und Maschinendaten. In ihrem Beitrag *Datensouveränität in Digitalen Ökosystemen: Daten nutzbar machen, Kontrolle behalten* beschreiben Christian Jung, Andreas Eitel und Denis Feth anschaulich anhand eines Anwendungsbeispiels aus der Automobilbranche, wie das Konzept der sogenannten Datennutzungskontrolle etablierte Ansätze der traditionellen Zugriffskontrolle erweitert und so einen technischen Baustein für die Umsetzung von Datensouveränität liefert.

Die Datennutzungskontrolle spannt dabei insbesondere auch einen Bogen zu Initiativen wie International Data Spaces (IDS) und GAIA-X, die sich ebenfalls der Umsetzung einer „souveränen" Speicherung, Nutzung und wirtschaftlichen Verwertung von Daten nach europäischen Rechtsmaßstäben verschrieben haben.

Datenhoheit und Datenschutz aus Nutzer-, Verbraucher- und Patientenperspektive

Sebastian Straub

Zusammenfassung

Daten bergen ein hohes Wertschöpfungspotenzial. Zur Umsetzung von innovative Geschäftsmodellen wird immer häufiger auch auf Daten von natürlichen Personen zurückgegriffen. Dabei stellt sich die Frage, inwieweit die betroffenen Personen Einfluss und Kontrolle auf die Verarbeitung der sie betreffenden Daten nehmen können. Der Beitrag widmet sich dem Thema Datenhoheit aus Sicht von Nutzenden, Verbraucherinnen und Verbrauchern sowie Patientinnen und Patienten. In diesem Zusammenhang werden die rechtlichen Rahmenbedingungen und bereichsspezifische Regelungen zur Gewährleistung der Datenhoheit dargestellt.

13.1 Einleitung

Die Frage der Hoheit über Datenbestände entwickelt sich in vielen Technologiezweigen zum Schlüsselthema. Besonders deutlich wird dies am Beispiel des automatisierten und autonomen Fahrens. Bereits teilautomatisierte Fahrzeuge generieren Daten in Größenordnungen von 10–25 Gigabyte pro Stunde (Straub und Klink-Straub 2018, S. 460). Die anfallenden Daten bergen ein enormes Wertschöpfungspotenzial und wecken Begehrlichkeiten bei Fahrzeugherstellern, Zulieferern oder Mobilitätsdienstleistern. In der Folge stellt sich die Frage, wer „Herrin oder Herr" dieser Daten ist und wer über ihre Nutzung und Weitergabe entscheiden darf. Nach Aussage des Vorstandsvorsitzenden eines großen deut-

S. Straub (✉)
Institut für Innovation und Technik (iit) in der VDI/VDE Innovation + Technik GmbH, Berlin, Deutschland
E-Mail: straub@iit-berlin.de

© Der/die Autor(en) 2022
M. Rohde et al. (Hrsg.), *Datenwirtschaft und Datentechnologie*,
https://doi.org/10.1007/978-3-662-65232-9_13

schen Automobilherstellers gehörten Daten in Europa zunächst den Kundinnen und Kunden – diese sollten entscheiden, was mit ihnen passiere (Handelsblatt 2021). Auch wenn diese Einschätzung einer rechtlichen Überprüfung nicht unbedingt standhält, wirft sie dennoch ein Schlaglicht auf die Frage, ob und in welchem Umfang natürliche Personen Einfluss auf das Schicksal „ihren Daten" nehmen können. Der folgende Beitrag nähert sich daher dem Thema Datenhoheit aus der Perspektive von Nutzenden, Verbraucherinnen und Verbrauchern sowie Patientinnen und Patienten. In diesem Zusammenhang werden die rechtlichen Rahmenbedingungen – insbesondere im Bereich des Datenschutzrechts – dargestellt. Darüber hinaus werden aber auch sektorspezifische Regelungen beleuchtet, die natürlichen Personen Einfluss- und Kontrollmöglichkeiten auf die Verarbeitung der sie betreffenden Daten gewähren.

13.2   Zuordnung von Daten

Der Begriff der *Datenhoheit* ist ein in der rechtspolitischen Diskussion häufig verwendetes Schlagwort.[1] Bislang wird die Terminologie vor allem im Zusammenhang mit einer zivilrechtlichen Zuordnung von Daten zu einem Datensubjekt verwendet. Die Forderung nach einem *Dateneigentum* wurde intensiv diskutiert. Eine Anerkennung durch den Gesetzgeber erfolgte jedoch bislang nicht. *De lege lata* gibt es kein Eigentum oder ein anderes vergleichbares absolutes Recht an Daten. Die Zuordnung von Daten erfolgt daher in der Praxis häufig rein faktisch. Derjenige, der die physische Verfügungsgewalt hat, kann die Weitergabe und Nutzung durch Technikgestaltung steuern. Einschränkungen bestehen jedoch dort, wo die Nutzung von Daten in Rechte Dritter eingreift oder der Umgang mit bestimmten Datenarten oder Informationsinhalten gesetzlichen Regelungen unterworfen ist (s. Abschn. 9.1.3). Der vorliegende Beitrag verwendet den Begriff der Datenhoheit vor allem unter dem Aspekt von gesetzlich normierten Einfluss- und Kontrollmöglichkeiten durch bestimmte Akteursgruppen.

13.3   Datenschutzrecht

Eine zentrale Säule des souveränen und selbstbestimmten Umgangs mit persönlichen Daten stellt das Datenschutzrecht dar. Das Recht auf Datenschutz wird auf primärrechtlicher Ebene durch Art. 8 Grundrechtecharta (GrCh) gewährleistet. Auf nationaler Ebene sind personenbezogene Daten zudem durch das verfassungsgerichtlich geprägte Recht auf informationelle Selbstbestimmung abgesichert. Den Anspruch eines selbstbestimmten Umgangs mit (personenbezogenen) Daten verfolgt auch die EU-Datenschutzgrundverordnung

---

[1] Eine Ausdifferenzierung der unterschiedlichen Bedeutungsebenen des Begriffs ist an dieser Stelle nicht möglich. Eine ausführliche Darstellung des Leitbegriffs kann bei Martini et al. 2021 nachvollzogen werden.

(DSGVO). Mit der seit dem Jahr 2018 geltenden Verordnung hat der Stellenwert des Datenschutzrechts erheblich an Bedeutung gewonnen. Die Vorgaben der DSGVO sind bei jeder Verarbeitung von personenbezogenen Daten zu beachten. Umfasst sind damit alle Informationen, die sich auf eine identifizierte oder identifizierbare Person beziehen (Art. 4 Nr. 1 DSGVO). Als identifizierbar gilt eine Person bereits dann, wenn anhand der Information eine indirekte Zuordnung möglich ist. Das kann beispielsweise der Fall sein, wenn Daten einer Person mit Zusatzinformationen eines Dritten verknüpft werden und erst hierdurch eine Identifikation ermöglicht wird (Simitis und Hornung 2019, Art. 6 Rn. 41). Gelangen die Vorschriften der DSGVO zur Anwendung, hat dies weitreichende Konsequenzen für die Datennutzung. Wer über die Zwecke und Mittel der Datenverarbeitung entscheidet, unterliegt als *Verantwortlicher* einem dichten Regelungsgefüge. Der Verantwortliche muss die datenschutzrechtlichen Vorgaben nicht nur gewährleisten, sondern deren Einhaltung auch nachweisen können (sogenanntes Rechenschaftsprinzip). Zudem gewährt die DSGVO der von der Datenverarbeitung betroffenen Person weitreichende Instrumente, um die Rechtmäßigkeit der Datenverarbeitung zu kontrollieren, wie etwa das Recht auf Auskunft oder Löschung. Die Kontrollmöglichkeiten der betroffenen Person können jedoch nur dann wirksam ausgeübt werden, wenn sie Kenntnis von der Datenverarbeitung hat. Dies setzt ein hohes Maß an Transparenz voraus. Mit der Einführung der DSGVO wurde der Grundsatz der Transparenz der Datenverarbeitung zu einem wesentlichen Strukturprinzip erhoben.

13.3.1 Transparenz der Datenverarbeitung

Der Grundsatz der Transparenz der Datenverarbeitung ist in Art. 5 DSGVO normiert und gibt vor, dass personenbezogene Daten in einer für die betroffene Person nachvollziehbaren Weise verarbeitet werden müssen. Voraussetzung hierfür ist, dass alle Informationen und Mitteilungen zur Verarbeitung von personenbezogenen Daten leicht zugänglich, verständlich und in klarer und einfacher Sprache abgefasst sind (ErwGr 39 S. 3 DSGVO). Umfasst sind damit alle Informationen und Informationsmaßnahmen, die notwendig sind, um die Rechtmäßigkeit der Datenverarbeitung zu überprüfen (Simitis und Hornung 2019, Art. 5 Rn. 50). Aus dem Grundsatz der Transparenz folgen eine Reihe von konkret umzusetzenden Pflichten, die darauf abzielen die betroffene Person über die beabsichtigte Datenverarbeitung zu informieren und sie über die ihr zustehenden Rechte aufzuklären. Sinn und Zweck der Informationsbereitstellung ist es, dass die betroffene Person selbst entscheiden kann, ob sie mit der Datenerhebung einverstanden ist bzw. ob sie bereit ist, Angaben zu machen (Taeger und Gabel 2019, Art. 13 Rn. 34). Zu informieren ist unter anderem über die Identität des Verantwortlichen, über die Zwecke und Risiken der Datenverarbeitung, aber auch über mögliche Datenempfänger oder die Speicherdauer (vgl. im Einzelnen Art. 13 f. DSGVO). In welcher Form diese Informationen beizubringen sind, wird nicht festgelegt. Es empfiehlt sich jedoch, die Informationen dort bereitzustellen, wo die betroffene Person von den mitgeteilten Informationen am besten Kenntnis erlangen kann (Wolff und Brink 2021, Art. 13 Rn. 85.1). Das kann beispielsweise bei der Anmeldung, Registrierung oder der ersten Nutzung eines Dienstes durch Verweis auf die Datenschutzerklärung geschehen. Werden die Daten unmittelbar bei der betroffenen Person erfasst, müssen die Pflichtinformationen bereits zum Zeitpunkt der Datenerhebung bereitgestellt werden. Ein nachträgliches Informieren ist unzulässig. Die nicht unerhebliche Bußgeldandrohung bei Verstößen gegen die Informationspflichten (20 Millionen Euro oder 4 Prozent des gesamten weltweit erzielten Jahresumsatzes) hat dazu geführt, dass viele Datenschutzerklärungen lang und sprachlich überkomplex abgefasst werden. Die Analyse der Datenschutzerklärung eines verbreiteten Messenger-Dienstes ergab beispielsweise eine höhere sprachliche Komplexität als Thomas Manns Werks „Der Tod in Venedig" (Harlan et al. 2019). Die vom Verordnungsgeber intendierte Transparenz der Datenverarbeitung wird in vielen Fällen damit nicht erreicht oder führt sogar dazu, dass die Autonomie der betroffenen Person durch überlange Datenschutztexte geschwächt und in der Folge die Wahrnehmung der Betroffenenrechte vereitelt wird.

13.3.2 Betroffenenrechte

Die in den Art. 15 ff. DSGVO geregelten Betroffenenrechte sind ein wichtiges datenschutzrechtliches Instrument, mit dem der betroffenen Person eine effektive Kontrolle über die sie betreffenden Daten ermöglicht werden soll. Hierzu gehören unter anderem das Recht auf Auskunft, Berichtigung, Löschung, Einschränkung der Verarbeitung sowie das Recht auf Datenübertragbarkeit. Die betroffene Person kann durch die Wahrnehmung dieser Rechte in dem gesetzlich vorgesehenen Rahmen Einfluss auf die Verarbeitung der sie betreffenden Daten nehmen.

Auskunftsrecht
Das Recht auf Auskunft ist bereits primärrechtlich in Art. 8 Abs. 2 GrCh enthalten und stellt ein zentrales Instrument des Selbstdatenschutzes dar. Durch das Auskunftsrecht soll eine wirksame Kontrolle der datenverarbeitenden Stelle ermöglicht werden (Simitis und Hornung 2019, Art. 15 Rn. 1). Es gewährleistet zudem die Überprüfung der Rechtmäßigkeit der Datenverarbeitung und ist zugleich Hilfsmittel, um weitergehenden Rechte wie zum Beispiel das Recht auf Löschung, Berichtigung oder Einschränkung der Verarbeitung auszuüben. Das Auskunftsrecht ist in Art. 15 DSGVO folgendermaßen ausgestaltet: die betroffene Person kann auf einer ersten Stufe eine Bestätigung darüber verlangen, ob ihre personenbezogenen Daten verarbeitet wurden. Auf einer zweiten Stufe kann Auskunft über die personenbezogenen Daten sowie weitere Informationen verlangt werden. Für die Ausübung des Auskunftsrechts muss die betroffene Person einen entsprechenden (formlosen) Antrag stellen. Der Verantwortliche muss dem Antrag unverzüglich, spätestens jedoch innerhalb eines Monats, nachkommen (Art. 12 Abs. 3 DSGVO). Zudem ist er verpflichtet die betroffene Person auf das Bestehen des Auskunftsrechts hinzuweisen (vgl. Art. 13 Abs. 2 lit. b, 14 Abs. 2 lit. c DSGVO).

Berichtigungsrecht

Das Recht auf Berichtigung ist ebenfalls auf Ebene der Grundrechtecharta (Art. 8 Abs. 2 GrCh) verankert und findet in dem Grundsatz der Richtigkeit der Datenverarbeitung in Art. 5 Abs. 1 lit. d (i. V. m. Art. 16 DSGVO) sein sekundärrechtliches Pendant. Es verfügt über zwei Bestandteile: Zum einen kann die betroffene Person die Korrektur unrichtiger Daten verlangen. Zum anderen kann die Vervollständigung oder Ergänzung unvollständiger Daten erwirkt werden. Das Recht auf Berichtigung ist gerade für Verbraucherinnen und Verbraucher von hoher Relevanz, denn die Verarbeitung von unrichtigen Daten kann mitunter nachteilige Konsequenzen nach sich ziehen, etwa wenn die Bewilligung eines Darlehens aufgrund fehlerhafter Einträge in einer Auskunftei abgelehnt wird. Erweisen sich die von der betroffenen Person beanstandeten Daten als unrichtig, ist der Verantwortliche zur unverzüglichen Berichtigung verpflichtet.

Löschungsrecht und Recht auf Vergessenwerden

Der Verantwortliche einer Datenverarbeitung muss personenbezogene Daten selbstständig löschen, wenn es keinen Anlass mehr für deren Speicherung gibt oder wenn sich die Daten als unrichtig erweisen. Das gebietet der Grundsatz der Richtigkeit der Datenverarbeitung wie er in Art. 5 Abs. 1 lit. d DSGVO festgeschrieben ist. Dennoch können Situationen auftreten, in denen die betroffene Person aktiv auf eine Löschung ihrer personenbezogenen Daten hinwirken will. Einen entsprechenden Durchsetzungsmechanismus bietet das in Art. 17 DSGVO normierte Löschungsrecht. Es sieht für eine Reihe von Konstellationen eine Löschpflicht vor, beispielsweise wenn die betroffene Person ihre Einwilligung widerruft oder die Datenverarbeitung sich als unrechtmäßig erweist. Wurden personenbezogene Daten an Dritte weitergegeben, so müssen diese über das Löschbegehren informiert werden. Die in Art. 17 Abs. 2 DSGVO festgelegte Pflicht beinhaltet jedoch nicht, dass der Verantwortliche die Löschung von personenbezogenen Daten bei Dritten tatsächlich herbeiführen muss. Er muss lediglich das Löschbegehren weiterleiten. Geschuldet sind somit lediglich „best efforts" (Paal und Pauly 2021, Art. 17 Rn. 32). Damit umfasst der in Art. 17 DSGVO verwendete Begriff des „Rechts auf Vergessenwerden" lediglich das Bemühen des Verantwortlichen, eine Löschung zu befördern. Eine Verpflichtung, die vom Löschbegehren adressierten Daten endgültig „aus der Welt zu schaffen" kann nicht verlangt werden. Art. 17 DSGVO kann somit nicht verhindern, dass über das Internet verbreitete Daten weiterhin abrufbar sind (Kühling und Buchner 2020, Art. 17 Rn. 49). Damit unterscheidet sich der in der DSGVO verwendete Begriff des „Rechts auf Vergessenwerden" mit dem Entscheidungsgehalt des EuGH-Urteils Google Spain welches ein „Recht auf Delisting" gegenüber Suchmaschinenbetreibern beinhaltet.

Einschränkung der Verarbeitung

Das Recht auf Einschränkung der Verarbeitung ist ein weiteres wichtiges Eingriffs- und Steuerungsinstrument der betroffenen Person (Taeger und Gabel 2019, Art. 18 Rn. 4). Nach Art. 18 DSGVO kann die Einschränkung der Verarbeitung verlangt werden, wenn einer der dort genannten Einschränkungsgründe gegeben ist. Hierzu gehört etwa der Fall, wenn die Richtigkeit der Daten bestritten wird (lit. a) oder ein Widerspruch gegen die Verarbeitung erhoben wird (lit. d). Das Recht auf Einschränkung der Verarbeitung ermöglicht die vorrübergehende Aussetzung der Verarbeitung in Fällen, in denen eine Löschung oder sofortige Berichtigung nicht sachgerecht erscheint (Simitis und Hornung 2019, Art. 18 Rn. 1 Rn. 1). Die Vorschrift stellt damit eine Vorstufe für die Durchsetzung eines späteren Löschungs- oder Berichtigungsanspruchs dar und vermittelt einen effektiven Rechtsschutz bis zur abschließenden Klärung der Rechtslage (Paal und Pauly 2021, Art. 18 Rn. 3).

Datenportabilitätsrecht

Mit dem Recht auf Datenübertragbarkeit hat der europäische Gesetzgeber ein völlig neues Instrument zur Stärkung der informationellen Steuerungsmöglichkeiten der betroffenen Person geschaffen (Simitis und Hornung 2019, Art. 20 Rn. 1 Rn. 1). Nutzerinnen und Nutzer sowie Verbraucherinnen und Verbraucher können auf Grundlage dieses Rechts ihre personenbezogenen Daten in einem strukturierten, gängigen und maschinenlesbaren Format herausverlangen. Daneben kann auch die Übermittlung von personenbezogenen Daten zu einem anderen Verantwortlichen (beispielsweise einem anderen Dienstleister) verlangt werden. Bei dem Recht auf Datenportabilität handelt es sich genaugenommen nicht um eine Bestimmung des Datenschutzrechts im engeren Sinne. Die Regelung ist vielmehr als eine Verbraucherschutz- bzw. Marktregulierungsvorschrift anzusehen. Durch sie soll sichergestellt werden, dass Daten leichter zwischen verschiedenen Anbietern ausgetauscht werden können. Hierdurch soll die Autonomie der Nutzenden gestärkt und *Lock-in-Effekte* verringert werden (Brüggemann 2018, S. 1). Gleichzeitig sollen die Transaktionskosten („switching costs") reduziert werden (Schantz und Wolff 2017, Rn. 1237). Der Gedanke der „Mitnahme" von Daten zu einem anderen Anbieter hat sich auch in anderen gesetzgeberischen Aktivitäten niedergeschlagen. So sieht beispielsweise Art. 16 Abs. 4 der Digital-Inhalte-Richtlinie (EU 2019/770) vor, dass der Verbraucher bei Beendigung des Vertragsverhältnisses einen Anspruch auf Bereitstellung derjenigen Daten hat, welche durch den Verbraucher bereitgestellt oder erstellt wurden (s. Abschn. 13.4.1).

13.4   Rechtmäßigkeit der Datenverarbeitung

Durch die Ausübung der Betroffenenrechte soll die betroffene Person in die Lage versetzt werden, die Rechtmäßigkeit der Datenverarbeitung zu überprüfen. Der Eingriff in das Grundrecht auf Datenschutz (Art. 8 Abs. 1 GrCh) ist nur dann rechtmäßig, wenn er auf einer gesetzlichen Grundlage erfolgt (Art. 52 Abs. 1 GRCh). Die Verarbeitung von personenbezogenen Daten steht damit unter einem Erlaubnisvorbehalt (Simitis und Hornung 2019, Einführung zu Artikel 6 Rn. 1). Das bedeutet, dass die Verarbeitung nur dann zulässig ist, wenn eine entsprechende Rechtsgrundlage diese gestattet. Verarbeitungstätigkeiten ohne eine legitimierende Rechtsgrundlage sind rechtswidrig und sanktionsbewehrt. Art. 6 Abs. 1 DSGVO enthält einen Katalog von insgesamt sechs Erlaubnistatbeständen. Vor jeder Verarbeitung von personenbezogenen Daten ist zu prüfen, ob (mindestens) einer der dort aufgeführten Erlaubnistatbestände erfüllt ist.

13.4.1 Einwilligung

Die Verarbeitung von personenbezogenen Daten ist nach Art. 6 Abs. 1 lit. a DSGVO zulässig, wenn die betroffene Person ihre Einwilligung erteilt hat. Dem Erlaubnistatbestand der Einwilligung kommt im Regelungsgefüge der DSGVO eine zentrale Rolle zu. Sie ist ein wichtiges Instrument des Datenschutzrechts und Ausdruck informationeller Selbstbestimmung. Die Einwilligung soll der betroffenen Person ermöglichen, selbst über das „Ob" und „Wie" der Datenverarbeitung zu entscheiden (Kühling und Buchner 2020, Art. 6 Rn. 17). Die Voraussetzung für eine wirksame Einwilligung sind hoch. Dies wird bereits in der Definition in Art. 4 Nr. 11 DSGVO deutlich. Eine Einwilligung ist demnach „jede freiwillig für den bestimmten Fall, in informierter Weise und unmissverständlich abgegebene Willensbekundung in Form einer Erklärung oder einer sonstigen eindeutigen bestätigenden Handlung". Betrachtet man die Einwilligung als Instrument zur Ausübung der informationellen Selbstbestimmung, nimmt das Merkmal der Freiwilligkeit eine besondere Rolle ein. Freiwilligkeit beinhaltet, dass die Betroffenen „ohne Zwang" einwilligen. Die betroffene Person muss also eine echte Wahl haben, ob sie der Datenverarbeitung zustimmt oder nicht (Paal und Pauly 2021, Art. 4 Rn. 69). Ein Mangel an Freiwilligkeit kann in Abhängigkeitslagen angenommen werden, etwa wenn ein Arbeitgeber die Einwilligung in die Verarbeitung von personenbezogene Daten eines Beschäftigten verlangt und sich dieser gegebenenfalls zur Erteilung der Einwilligung verpflichtet fühlt. Daneben können auch Einwilligungen zu beanstanden sein, bei denen „der Betroffene durch übermäßige Anreize finanzieller oder sonstiger Natur" zur Preisgabe seiner Daten verleitet wird (vgl. BGH, Urteil vom 16.07.2008 – VIII ZR 348/06, BGHZ S. 253). Aus Sicht der betroffenen Person sind zudem Konstellationen relevant, in denen eine Dienstleistung von der Erteilung der Einwilligung abhängig gemacht wird und die Leistung gewissermaßen mit Daten „bezahlt" wird (zum Beispiel beim kostenlosen Nutzen eines E-Mail-Kontos gegen Zustimmung zur Datennutzung). In derartigen Konstellationen ist Art. 7 Abs. 4 DSGVO zu beachten. Nach dieser Vorschrift muss bei der Beurteilung der Freiwilligkeit berücksichtigt werden, ob unter anderem die Erfüllung eines Vertrags von der Einwilligung zur Verarbeitung von personenbezogenen Daten abhängig ist, die für die Erfüllung des Vertrags nicht erforderlich ist. Die Norm nimmt damit Einwilligungserklärungen zu Datenverarbeitungsvorgängen in den Blick, die für die Erfüllung eines Vertrags nicht notwendig sind. Dabei ist ein ähnlicher Bezugspunkt wie bei Art. 6 Abs. 1 lit. b DSGVO erkennbar, wonach all jene Datenverarbeitungsvorgänge für rechtmäßig erklärt werden, die zur Erfüllung eines Vertrags erforderlich sind. Art. 7 Abs. 4 DSGVO untersagt damit lediglich überschießende, für den vertraglichen Zweck nicht erforderliche Einwilligungserklärungen (Sydow 2018, Art. 7, Rn. 32). Im Lichte von Art. 7 Abs. 4 DSGVO sind daher vor allem kostenlose (werbefinanzierte) Inhalte angreifbar. Anbieter von solchen Diensten sollten aus diesem Grund dahingehend argumentieren, dass die Erteilung der Einwilligung und die damit verbundene Möglichkeit der Datennutzung wirtschaftlich gesehen für die Erbringung der Dienstleistung zwingend notwendig ist. Zudem sollte darauf hingewiesen werden, dass die vertraglich geschuldete Leistung nur dann erbracht werden kann, wenn Nutzende ihre Einwilligung erteilen (Gola 2018, Art. 7 Rn. 30). Wird die Abhängigkeit zwischen Einwilligung und Gegenleistung klar herausgestellt, kann von einer zulässigen Kopplung ausgegangen werden (so auch die Rechtsauffassung der Aufsichtsbehörden, vgl. Datenschutzkonferenz 2018, S. 2).

13.4.2 Verarbeitung zur Wahrung berechtigter Interessen

Die Einwilligung ist nicht das einzige Mittel, um eine Datenverarbeitung zu legitimieren. Art. 6 Abs. 1 DSGVO nennt fünf weitere Erlaubnistatbestände. Beispielsweise ist die Verarbeitung von personenbezogenen Daten zulässig, wenn sie der Durchführung eines Vertragsverhältnisses (lit. b 1. Alt.) oder zur Erfüllung einer Rechtspflicht (lit. c) dient. Zudem ist aus Sicht der Nutzenden die Verarbeitung auf Grundlage der sogenannten Interessensabwägung (lit. f) von Bedeutung. Sie gestattet die Datenverarbeitung, wenn sie zur Wahrung eines berechtigten Interesses des Verantwortlichen oder eines Dritten erforderlich ist und die Interessen, Grundrechte oder Grundfreiheiten der betroffenen Person nicht überwiegen. Der Begriff des berechtigten Interesses ist weit zu verstehen und umfasst jedes wirtschaftliche und ideelle Interesse (Paal und Pauly 2021, Art. 6 Rn. 28).

Die Abwägung der widerstreitenden Interessen obliegt dem Verantwortlichen. Bei der Abwägung sind die „vernünftigen Erwartungen des Betroffenen" zu berücksichtigen (ErwGr 47). Daraus folgt, dass überraschende, für den Betroffenen nicht vorhersehbare, Verarbeitungssituationen regelmäßig dazu führen, dass die Interessensabwägung zugunsten des Betroffenen ausfällt. Der Verantwortliche kann dem vorbeugen, indem er seinerseits Maßnahmen zur Transparenz und Nachvollziehbarkeit ergreift und damit Einfluss auf die Erwartungshaltung des Betroffenen nimmt. Datenverarbeitungen auf Grundlage der Interessensabwägung gehen damit häufig mit einer gesteigerten Transparenzverpflichtung einher.

Die Anwendung von Art. 6 Abs. 1 lit. f DSGVO ist häufig mit einer gewissen Rechtsunsicherheit verbunden. Bei dem Begriff des berechtigten Interesses handelt es sich um ein auslegungsbedürftiges Tatbestandsmerkmal. Die Interpretation von Verarbeitungssituationen und die durchzuführenden Interessensabwägungen entziehen sich häufig einer schematischen Prüfung. Naturgemäß können die Auffassungen des Verantwortlichen auf der einen Seite und der Aufsichtsbehörde auf der anderen Seite über das Vorliegen der tatbestandlichen Voraussetzungen voneinander abweichen.[2]

---

[2]Teilweise gibt es Ansätze, um den Abwägungsprozess zu vereinheitlichen und Methoden zur „Objektivierbarkeit" zu entwickeln, wie zum Beispiel das „3x5-Modell", welches nachvollziehbare Ergebnisse anhand von 15 Kriterien liefern soll (Herfurth 2018).

Beruft sich der Verantwortliche auf Art. 6 Abs. 1 lit. f DSGVO kann die betroffene Person jederzeit Widerspruch gegen die Verarbeitung einlegen (Art. 21 Abs. 1 DSGVO). Der Verantwortliche darf die personenbezogenen Daten fortan nicht mehr verarbeiten, es sei denn, er kann besonders gewichtige Gründe für eine Weiterverarbeitung nachweisen. Die betroffene Person kann mit dem Instrument des Widerspruchs Einfluss auf das weitere Schicksal der Datenverarbeitung nehmen. Gleichzeitig wird das Widerspruchsrecht in der Praxis selten ausgeübt. Der Grund hierfür liegt häufig in der fehlenden Kenntnis der betroffenen Person. Diese muss zwar im Rahmen der Informationspflichten auf ihr Widerspruchsrecht hingewiesen werden. Jedoch bedarf es einer aktiven Ausübung des Rechts, was umfasst, dass die betroffene Person Gründe, „die sich aus der besonderen Situation des Betroffenen ergeben" vorträgt, die eine Verarbeitung ausschließen.

13.5 Regelungen zu Datenhoheit und Datenschutz in verschiedenen Anwendungsbereichen

Abseits des Datenschutzrechts gibt es eine Reihe von gesetzlichen Regelungen, die bestimmten Akteursgruppen datenhoheitsrechtliche Befugnisse zugestehen und damit die Autonomie und Kontrollmöglichkeiten von Nutzerinnen und Nutzer, Verbraucherinnen und Verbraucher sowie Patientinnen und Patienten stärken.

13.5.1 Rechte an digitalen Inhalten

Mit der Digitale-Inhalte-Richtlinie hat der europäische Gesetzgeber neue Rahmenbedingungen für die Bereitstellung digitaler Inhalte oder Dienstleistungen geschaffen. Durch die Vereinheitlichung bestimmter Kernbereiche des Vertragsrechts soll insbesondere das Vertrauen der Verbraucherinnen und Verbraucher beim Erwerb digitaler Produkte gestärkt werden. Die Richtlinie will damit einen Beitrag dazu leisten, ein hohes Verbraucherschutzniveau zu erreichen. Neben der Festlegung von Leistungs- und Gewährleistungspflichten enthält die Richtlinie auch Vorgaben, wie mit digitalen Inhalten nach Vertragsbeendigung zu verfahren ist. Hierdurch ergeben sich hinsichtlich einer Weiternutzung von digitalen Inhalten und Daten neue Kontroll- und Verfügungsmechanismen für Verbraucherinnen und Verbraucher. Die Richtlinie wurde bereits in nationales Recht umgesetzt. Hierzu wurden die Vorschriften des allgemeinen Schuldrechts des BGB um den Titel 2a (Verträge über digitale Produkte) erweitert. Die Änderungen traten am 1. Januar 2022 in Kraft. Die Vorschriften sind auf Verbraucherverträge anzuwenden, welche die Bereitstellung digitaler Inhalte oder digitaler Dienstleistungen (digitale Produkte) zum Gegenstand haben. Digitale Inhalte werden dabei definiert als Daten, die in digitaler Form erstellt und bereitstellt werden (§ 327 Abs. 2 BGB).

§ 327p BGB enthält Vorgaben, wie mit digitalen Inhalten nach Vertragsbeendigung umzugehen ist. Dabei wird unter anderem festgelegt, dass der Unternehmer Inhalte, die der Verbraucher bei der Nutzung des digitalen Produkts bereitgestellt oder erstellt hat, nach Vertragsbeendigung nicht weiter nutzen darf (Abs. 2). Solche Inhalte können beispielsweise digitale Bilder, Video- und Audiodateien sein (vgl. ErwGr 69 Richtlinie (EU) 2019/770). Die Vorschrift gilt explizit nicht für personenbezogene Daten. Die Verpflichtung zur Löschung von personenbezogenen Daten sowie die datenschutzrechtlichen Betroffenenrechte ergeben sich ausschließlich aus den Vorschriften der DSGVO. Unter bestimmten Umständen darf der Unternehmer Inhalte des Verbrauchers auch nach Vertragsbeendigung weiternutzen, etwa wenn die Inhalte in keiner anderen Art und Weise sinnvoll genutzt werden können als in dem vom Unternehmer bereitgestellten Umfeld (§ 327p Abs. 2 S. 2 Nr. 1 BGB). Als Beispiel hierfür kann ein vom Unternehmer vorgegebenes und vom Verbraucher lediglich ausgewähltes Profilbild für den Charakter eines Computerspiels dienen (BT-Drs. 19/27653 S. 73). Daneben darf der Unternehmer auch Inhalte weiternutzen, die vom Verbraucher gemeinsam mit anderen erzeugt wurden, sofern andere Verbraucher die Inhalte weiterhin nutzen können (§ 327p Abs. 2 S. 2 Nr. 4 BGB).

Neben dem Weiternutzungsverbot enthält § 327p Abs. 3 BGB auch einen Anspruch des Verbrauchers auf Wiedererlangung von bereitgestellten Inhalten. Die Regelung orientiert sich dabei an der Formulierung von Art. 20 der DSGVO, welcher das Recht auf Datenportabilität in Bezug auf personenbezogene Daten normiert (siehe 3.2.5). Die Inhalte sind dem Verbraucher unentgeltlich, ohne Behinderung durch den Unternehmer, innerhalb einer angemessenen Frist und in einem gängigen und maschinenlesbaren Format zu übermitteln. Vereitelt der Unternehmer die Durchsetzung des Anspruchs auf Wiedererlangung, etwa indem er Inhalte vorzeitig löscht, kann dies einen Schadensersatzanspruch des Verbrauchers begründen (Spindler und Schuster 2019, S. 530).

Mit den Regelungen zum Weiterverwendungsverbot und dem Anspruch auf Wiedererlangung von bereitgestellten Inhalten gewinnen Verbraucherinnen und Verbraucher damit im Ergebnis einen über das Datenschutzrecht hinausgehenden Mehrwert. Sie erhalten künftig mehr Selbstbestimmungsmöglichkeiten im Hinblick auf nicht-personenbezogene Daten.

13.5.2 Datenhoheit über Verbrauchsdaten bei Smart Meter

Der Einsatz von intelligenten Stromzählern (Smart Meter) führt zu einer nicht unerheblichen Anhäufung von Daten. Diese lassen mitunter Rückschlüsse über Umfang, Art und Zeitraum des Energieverbrauchs sowie die Art der genutzten stromverbrauchenden Geräte zu (Auer-Reinsdorff und Conrad 2019, § 34 Rn. 872). Auch lassen sich unter Umständen Informationen über die Alltagsgewohnheiten der Nutzenden ableiten (Bretthauer 2017, S. 57). Kommt es zur Verarbeitung von personenbezogenen Daten, müssen die Vorgaben des Datenschutzrechts beachtet werden. Die einschlägigen Vorschriften hierzu finden sich jedoch nicht in der DSGVO, sondern im Gesetz über den Messstellenbetrieb und die Datenkommunikation in intelligenten Energienetzen (MsbG). Dort wird geregelt, welcher Akteur welche Daten zu welchem Zweck erhalten darf. Daneben enthält das MsbG auch konkrete Anforderungen, wann Daten gelöscht werden müssen. Daneben sichert § 53 MsbG dem Anschlussinhaber ein umfangreiches Auskunftsrecht gegenüber dem Messstellenbetreiber zu. Dieser muss auf Verlangen des Anschlussinhabers Einsicht in die im elektronischen Speicher- und Verarbeitungsmedium gespeicherten auslesbaren Daten gewähren, soweit diese Daten nicht personenbezogen sind. Das Einsichtsrecht gilt unabhängig davon, ob die Daten im Messsystem selbst oder in einer externen Servereinheit beim Messstellenbetreiber oder seinem Dienstleister gespeichert und verarbeitet werden (BT-Drs. 17/6072, S. 80). Dabei geht die Vorschrift in ihrer Reichweite über das allgemeine Auskunftsrecht nach Art. 15 DSGVO und das Datenportabilitätsrecht nach Art. 20 DSGVO hinaus. Es bezieht sich auf alle im elektronischen Speicher- und Verarbeitungsmedium hinterlegten (nicht-personenbezogenen) Daten (Theobald und Kühling 2021, § 53 MsbG Rn. 3). Die Vorschrift sichert dem Anschlussinhaber damit ein umfassendes Auskunftsrecht zu, welches im Falle eines Lieferantenwechsels genutzt werden kann. Darüber hinaus können die herausverlangten Daten aber bei Auseinandersetzungen vor der Verbraucherschlichtungsstelle verwendet werden (BT-Drs. 17/6072, S. 80).

13.5.3 Einsichts- und Kontrollmöglichkeiten von Patientinnen und Patienten bei der Verarbeitung von Gesundheitsdaten

Bei der Verarbeitung von besonders sensiblen Gesundheitsdaten besteht grundsätzlich ein hohes Bedürfnis nach Transparenz und Kontrollmöglichkeiten. Die Ärzteschaft ist berufsrechtlich und zivilrechtlich verpflichtet, auf Verlangen der Patientinnen und Patienten Einsicht in sie betreffende Krankenunterlagen zu gewähren. Dies betrifft sowohl Patientenakten in Papierform als auch elektronisch geführte Patientenakten. Unabhängig davon besteht das datenschutzrechtliche Auskunftsrecht sowie das Recht auf Überlassung einer Datenkopie (s. Abschn. 13.3.2).

Mit dem Gesetz zum Schutz elektronischer Patientendaten in der Telematikinfrastruktur (PDSG) erhalten Patientinnen und Patienten weitere Instrumente, um auf die Verarbeitung ihrer Daten Einfluss zu nehmen. Eine zentrale Rolle nimmt dabei die elektronische Patientenakte (ePA) ein. Mit der ePA sollen Informationen, insbesondere zu Befunden, Diagnosen, durchgeführten und geplanten Therapiemaßnahmen sowie zu Behandlungsberichten, für eine einrichtungs-, fach- und sektorenübergreifende Nutzung für Zwecke der Gesundheitsversorgung barrierefrei elektronisch bereitgestellt werden (vgl. § 341 Abs. 1 S. 2 SGB V). Die ePA wird auf Verlangen der Versicherten durch die gesetzlichen Krankenkassen (GKV) eingerichtet. Die Nutzung der ePA ist freiwillig. Versicherte der GKV können von Leistungserbringern (also niedergelassenen Ärztinnen und Ärzten, Krankenhäusern, Apotheken usw.) die Übertragung von Behandlungsdaten in die ePA verlangen. Gleiches gilt seit dem 1. Januar 2022 auch für die Übertragung von Abrechnungsdaten, welche durch die gesetzliche Krankenkasse gespeichert werden.

Der Personenkreis, der Zugriff auf die Informationen der ePA hat, ist auf bestimmte zugriffsberechtigte Leistungserbringer beschränkt und nur nach vorheriger Einwilligung des Versicherten möglich. Zur Erteilung der Einwilligung bedarf es einer eindeutigen bestätigenden Handlung durch technische Zugriffsfreigabe (§ 339 Abs. 1 S. 2 SGB V). Es ist nachprüfbar elektronisch zu protokollieren, wer auf welche Daten zugegriffen hat. Die Protokollierungspflicht gewährleistet, dass Versicherte ihre Rechte im Rahmen der Patientensouveränität auch wahrnehmen und kontrollieren können (BT-Drs. 19/18793, S. 110).

13.5.4 Schutz von Kommunikationsdaten

Neben den Regelungen zum Schutz von personenbezogenen Daten steht auch der Schutz von Kommunikationsdaten zunehmend im Fokus von gesetzgeberischen Aktivitäten. Der Grund hierfür liegt darin, dass anhand von Kommunikationsdaten, einschließlich der Kommunikationsmetadaten, eine sehr detaillierte Nachverfolgung von Nutzerinnen und Nutzern möglich ist. Der Rechtsrahmen zum Schutz der Vertraulichkeit der elektronischen Kommunikation wurde zuletzt grundlegend durch die E-Privacy-Richtlinie vorgegeben. Mit der E-Privacy-Verordnung wollte die Europäische Kommission die Nutzung von elektronischen Kommunikationsdiensten eigentlich bereits im Jahr 2018 vollständig neu regeln. Ein harmonisierter Verordnungsentwurf lässt jedoch weiter auf sich warten. Der Datenschutz im Telekommunikations- und Telemedienbereich wurde in Umsetzung der E-Privacy-Richtlinie zuletzt im Telekommunikationsgesetz und Telemediengesetz geregelt. Mit Inkrafttreten des Gesetzes zur Regelung des Datenschutzes und des Schutzes der Privatsphäre in der Telekommunikation und bei Telemedien (TTDSG) gilt seit dem 1. Dezember 2021 ein vereinheitlichter Rechtsrahmen. Darin enthalten, ist mit § 25 TTDSG nunmehr auch eine Regelung, die die Voraussetzungen für das Speichern und Auslesen von Informationen auf Endeinrichtungen, insbesondere Cookies, regeln soll. Nach dieser Vorschrift ist die Speicherung von Informationen in der Endeinrichtung des Endnutzers oder der Zugriff auf Informationen, die bereits in der Endeinrichtung gespeichert sind, nur zulässig, wenn der Endnutzer auf der Grundlage von klaren und umfassenden Informationen eingewilligt hat. Von der Einwilligung kann lediglich in Ausnahmefällen abgesehen werden, etwa bei technisch zwingend notwendigen Cookies oder Cookies, die ausschließlich der Übertragung von Nachrichten über ein öffentliches Telekommunikationsnetz dienen. Gerade bei sogenannten funktionalen Cookies kommt es jedoch mitunter zu Abgrenzungsproblemen, weswegen häufig auch dann eine Einwilligung eingeholt wird, obwohl dies genaugenommen nicht notwendig ist (Golland 2021, S. 2238). Dieser Umstand wird zunehmend zu einer Belastung für Nutzende, die die erscheinenden Cookie-Banner in der Regel einfach wegklicken. Die eigentliche Intention, den Gestaltungsspielraum von Nutzenden zu erweitern und deren Souveränität zu stärken, wird damit ins Gegenteil umgekehrt (Golland 2021, S. 2238). Zu einer Auflösung dieser Situation könnten Dienste zur Einwilligungsverwaltung beitragen. Ziel dieser sogenannten PIMS (Personal Information Management Services) ist die Befähigung des Einzelnen zur Kontrolle über seine personenbezogenen Daten sowie die Entlastung des Einzelnen von Entscheidungen, die ihn überfordern (Datenethikkommission 2019, S. 21). § 26 TTDSG enthält in diesem Zusammenhang Vorgaben, unter welchen Voraussetzungen PIMS anerkannt werden können. Gefordert ist, dass

1. nutzerfreundliche und wettbewerbskonforme Verfahren und technische Anwendungen zur Einholung und Verwaltung der Einwilligung eingesetzt werden,
2. kein wirtschaftliches Eigeninteresse an der Erteilung der Einwilligung und an den verwalteten Daten besteht und die Unabhängigkeit von Unternehmen gewährleistet ist, die ein solches Interesse haben können,
3. die personenbezogenen Daten und die Informationen über die Einwilligungsentscheidungen für keine anderen Zwecke als die Einwilligungsverwaltung verarbeiten werden,
4. ein Sicherheitskonzept vorliegt, das eine Bewertung der Qualität und Zuverlässigkeit des Dienstes und der technischen Anwendungen ermöglicht und aus dem sich ergibt, dass der Dienst sowohl technisch als auch organisatorisch die rechtlichen Anforderungen der DSGVO erfüllt.

Liegen die genannten Voraussetzungen vor, können PIMS von einer unabhängigen Stelle anerkannt werden. Die Anerkennung von PIMS könnte für Nutzende perspektivisch eine Erleichterung bedeuten, da die Verwaltung von Einwilligungen an eine vertrauenswürdige Entität delegiert werden kann. Durch die neuen Regelungen im TTDSG werden einerseits die europarechtlichen Vorgaben hinsichtlich des Einwilligungserfordernis bei Cookies umgesetzt. Dies kann zur Überwindung der derzeit bestehenden Rechtsunsicherheiten beitragen. Zum anderen wird mit den Regelungen zur Einwilligungsverwaltung der im Abstimmungsprozess befindlichen ePrivacy-Verordnung vorgegriffen.

13.5.5 Datenschutz in der journalistischen und medialen Berichterstattung

Alltäglich werden personenbezogenen Daten von Presse- und Medienunternehmen verarbeitet. Gleichzeitig finden die datenschutzrechtlichen Regelungen im Bereich der medialen Berichterstattung nur teilweise Anwendung. Grund hierfür ist die Regelung des Art. 85 Abs. 2 DSGVO, der vorsieht, dass die Mitgliedsstaaten für die Verarbeitung zu journalistischen Zwecken Abweichungen oder Ausnahmen von den datenschutzrechtlichen Vorgaben machen können. Diese datenschutzrechtliche Medienprivilegierung ist auf nationaler Ebene im Rundfunkstaatsvertrag (RStV) normiert. Insbesondere die Betroffenenrechte werden dort abweichend von den Vorschriften der DSGVO geregelt. Das betrifft etwa das Recht auf Auskunft (§ 9c Abs. 3 S. 1 RStV) oder das Recht auf Berichtigung bzw. Hinzufügung einer Darstellung (§ 9c Abs. 3 S. 4 RStV). Von besonderer Bedeutung für die Persönlichkeitsrechte von Nutzerinnen und Nutzer ist aber die Frage, inwieweit die Berichterstattung über bereits Jahre zurückliegende Ereignisse über eine Person in Online-Archiven auffindbar sein darf. Die entsprechenden Regelungen finden sich in §§ 9c, 57 RStV. Danach sind Online-Archive umfassend privilegiert. Insbesondere das Recht auf

Löschung findet dabei keine Berücksichtigung. Das bedeutet, dass Nutzerinnen und Nutzer gegen negative Berichterstattung in Online-Archiven zumindest nicht auf Grundlage des Datenschutzrechts vorgehen können. Möglich ist aber das Vorgehen gegen Suchmaschinenbetreiber, die Verlinkungen auf Artikel in Online-Archiven bereitstellen. Hier greift nach der Rechtsprechung des EuGH das datenschutzrechtliche Medienprivileg nicht. Insofern kann der Betroffene zwar nicht gegen den Archiv-Betreiber selbst vorgehen, wohl aber gegen den zwischengeschalteten Intermediär (Specht und Mantz 2019, § 19 Rn. 113).

13.6 Zusammenfassung

Auch wenn es an einem einheitlich kodifizierten Datenrecht fehlt, steht Nutzenden, Verbraucherinnen und Verbrauchern sowie Patientinnen und Patienten eine Reihe von Instrumenten zur Verfügung, um Einfluss auf das Schicksal ihrer Daten zu nehmen. Besonders die Regelungen des Datenschutzrechts bieten der betroffenen Person Steuerungsmöglichkeiten. Hierdurch wird zwar kein *Dateneigentum* begründet, allerdings erhöht der Datenschutz insgesamt die Autonomie und die Handlungsmöglichkeiten der Betroffenen. Eine Ausübung der datenschutzrechtlichen Betroffenenrechte ist allerdings nur dann möglich, wenn die notwendige Verarbeitungstransparenz gegeben ist und alle datenbezogenen Prozesse erkennbar und nachvollziehbar sind. Abseits des Datenschutzrechts gibt es eine Reihe von gesetzlichen Regelungen, die bestimmten Akteursgruppen Hoheits- und Kontrollrechte an nicht-personenbezogenen Daten gewähren. Insgesamt ist die gesetzgeberische Tendenz erkennbar, die Autonomie und Selbstbestimmung von natürlichen Personen zu stärken. Diese Entwicklung kann durchaus als Gegenmodell zu dem international zu beobachtenden Trend gesehen werden, der dadurch geprägt ist, dass einige marktmächtige Akteure allein über die Art und den Umfang der Datennutzung entscheiden können.

Literatur

Auer-Reinsdorff A, Conrad I (2019) Handbuch IT- und Datenschutzrecht. C.H. Beck, München
Bretthauer S (2017) Smart Meter im Spannungsfeld zwischen Europäischer Datenschutzgrundverordnung und Messstellenbetriebsgesetz. Z Recht Energiewirtsch 2017:56–61
Brüggemann S (2018) Das Recht auf Datenportabilität, Die neue Macht des Datensubjekts und worauf Unternehmen sich einstellen müssen. Kommun Recht 2018:1 ff
Datenethikkommission: Gutachten der Datenethikkommission (2019). https://www.bundesregierung.de/breg-de/service/publikationen/gutachten-der-datenethikkommission-langfassung-1685238. Zugegriffen am 25.02.2022
Datenschutzkonferenz: Kurzpapier 3 – Verarbeitung von personenbezogener Daten für Werbung (2018). https://www.datenschutzkonferenz-online.de/media/kp/dsk_kpnr_3.pdf. Zugegriffen am 25.02.2022
Gola P (2018) Datenschutz-Grundverordnung VO (EU) 2016/679 Kommentar. C.H. Beck, München

Golland A (2021) Das Telekommunikation-Telemedien-Datenschutzgesetz – Cookies und PIMS als Herausforderungen für Website-Betreiber. NJW 2021:2238–2242

Handelsblatt (2021) Herbert Diess: Kunden entscheiden, was mit Fahrdaten geschieht. https://www.handelsblatt.com/unternehmen/industrie/vw-chef-herbert-diess-kunden-entscheiden-was-mit-fahrdaten-geschieht/27471842.html. Zugegriffen am 25.02.2022

Harlan E, Richt M, Schnuck O (2019) Der Haken am Häckchen, BR-Interaktiv. https://interaktiv.br.de/datenschutzerklaerungen. Zugegriffen am 25.02.2022

Herfurth C (2018) Interessenabwägung nach Art. 6 Abs. 1 lit. f DS-GVO – Nachvollziehbare Ergebnisse anhand von 15 Kriterien mit dem sog. „3x5-Modell". Z Datenschutz 2018:514–520

Kühling J, Buchner B (2020) Datenschutzgrundverordnung BDSG Kommentar. C.H. Beck, München

Martini M, Kolain M, Neumann K, Rehorst T, Wagner D (2021) Datenhoheit – Annäherung an einen offenen Leitbegriff. MultiMedia und Recht – Beilage 2021:3–23

Paal B, Pauly DA (2021) Beck'sche Kompakt-Kommentare Datenschutzgrundverordnung Bundesdatenschutzgesetz. C.H. Beck, München

Schantz P, Wolff HA (2017) Das neue Datenschutzrecht – Datenschutz-Grundverordnung und Bundesdatenschutzgesetz in der Praxis. C.H. Beck, München

Simitis S, Hornung G, Spiecker gen. Döhmann I (2019) Datenschutzrecht – DSGVO mit BDSG. Nomos, Baden-Baden

Specht L, Mantz R (2019) Handbuch Europäisches und deutsches Datenschutzrecht – Bereichsspezifischer Datenschutz in Privatwirtschaft und öffentlichem Sektor. C.H. Beck, München

Spindler G, Schuster F (2019) Recht der elektronischen Medien – Kommentar. C.H. Beck, München

Straub T, Klink-Straub J (2018) Vernetzte Fahrzeuge – portable Daten – Das Recht auf Datenübertragbarkeit gem. Art. 20 DS-GVO. Z Datenschutz 2018:459–463

Sydow G (2018) Europäische Datenschutzgrundverordnung Handkommentar. Nomos, Baden-Baden

Taeger J, Gabel D (2019) Kommentar DSGVO – BDSG. Deutscher Fachverlag GmbH, Frankfurt am Main

Theobald C, Kühling J (2021) Energierecht Band 1 Kommentar. C.H. Beck, München

Wolff HA, Brink S (2021) BeckOK Datenschutzrecht. C.H. Beck, München

Verfahren zur Anonymisierung und Pseudonymisierung von Daten

14

Andreas Dewes

Zusammenfassung

Dieses Kapitel gibt einen Überblick über aktuelle Techniken für die Anonymisierung und Pseudonymisierung von Daten. Nach einer kurzen Einführung in die Thematik sowie der Klärung wesentlicher Begriffe aus rechtlicher und organisatorischer Sicht werden Methoden für die Anonymisierung strukturierter Daten erläutert. Hierbei wird der Schwerpunkt auf aggregationsbasierte Anonymisierung gelegt. Differential Privacy wird als moderne Methodik zur Bewertung rauschbasierter Anonymisierungsverfahren diskutiert und anhand eines Praxisbeispiels erläutert. Es werden Methoden für das Testen von differenziell privaten Anonymisierungsverfahren und Praxisbeispiele vorgestellt, in denen Differential Privacy von Organisationen erfolgreich eingesetzt wird. Anschließend werden Pseudonymisierungsverfahren erläutert. Hierbei werden insbesondere moderne, kryptographische Verfahren betrachtet sowie die struktur- und formaterhaltende Pseudonymisierung von Daten. Die vorgestellten Verfahren werden wiederum anhand von Praxisbeispielen erläutert.

14.1 Einführung

Privatsphäre und informationelle Selbstbestimmung sind in vielen Regionen der Welt – so auch in Deutschland und der Europäischen Union – ein Grund- und Menschenrecht. Für die Verarbeitung personenbezogener Daten gelten daher starke Einschränkungen, die eine freie Nutzung der Daten teilweise erheblich erschweren. Anonymisierung ermöglicht es,

A. Dewes (✉)
KIProtect GmbH, Berlin, Deutschland
E-Mail: andreas.dewes@kiprotect.com

© Der/die Autor(en) 2022
M. Rohde et al. (Hrsg.), *Datenwirtschaft und Datentechnologie*,
https://doi.org/10.1007/978-3-662-65232-9_14

den Personenbezug von Daten zu entfernen. Anonymisierte Daten können nicht mehr oder nur sehr eingeschränkt auf einzelne Personen bezogen werden und senken damit das Risiko, das sich bei der Verwendung der Daten für diese Personen ergibt. Sie sind zudem von den Beschränkungen der Datenschutzgrundverordnung (DSGVO) befreit und können beliebig verwendet werden (s. Abschn. 10.3.2, s. auch Kap. 13). Die verlässliche Anonymisierung von Daten kann sich allerdings schwierig gestalten. Zusätzlich existiert keine einfache technische oder rechtliche Definition von Anonymität, was eine Bewertung von Anonymisierungsverfahren und vermeintlich anonymen Datensätzen zusätzlich erschwert.

In diesem Leitfaden liefern wir daher einen kurzen Überblick über rechtliche und mathematische Definitionen von Anonymität sowie relevante Anonymisierungsverfahren. Wir beschreiben die Anwendbarkeit sowie Vor- und Nachteile einzelner Ansätze. Wir diskutieren zudem Angriffsmethoden, mit denen anonyme Daten de-anonymisiert werden können und Methoden, die sich für die Risikoanalyse anonymer Daten nutzen lassen.

Weiterhin liefern wir einen Überblick über Techniken zur Pseudonymisierung von Daten. Pseudonymisierung verfolgt im Gegensatz zur Anonymisierung nicht das Ziel, den Personenbezug von Daten komplett zu entfernen, sondern soll vielmehr die Zuordnung einzelner Datensätze zu spezifischen Personen über technische und organisatorische Maßnahmen einschränken und kontrollierbar machen.

Die vorgestellten Techniken werden überwiegend im Kontext der Verarbeitung personenbezogener Daten diskutiert, lassen sich aber genauso auf andere Bereiche wie zum Beispiel die Verarbeitung von schützenswerten Industriedaten übertragen. Im Rahmen des Forschungsprojekts *IIP-Ecosphere*, des Innovationswettbewerbs Künstliche Intelligenz, des Bundesministeriums für Wirtschaft und Klimaschutz (BMWK) entwickelt das Projektteam beispielsweise im Industrie- und Forschungs-Konsortium eine Plattform/ Community mit deren Hilfe Unternehmen des produzierenden Gewerbes Zugang zu KI-Lösungen für die Produktion erhalten. Hierfür ist es notwendig, dass die Produktionsunternehmen wertvolle Daten aus ihren Produktionsprozessen auf die Plattform übermitteln. Die hier beschriebenen Pseudonymisierungsverfahren setzen wir dort ein, um sensible Daten zu schützen und somit die mit den Daten verbundenen Geschäftsgeheimnisse der Produktionsunternehmen zu wahren. Die Pseudonymisierung erschwert hierbei die Zuordnung der Daten zu einem konkreten Unternehmen und senkt damit das mit der Verarbeitung verbundene Risiko unter anderem im Falle eines Datenverlustes, Datendiebstahls oder der unbeabsichtigten Aufdeckung der Daten. Die im Rahmen des Projekts durchgeführte angewandte Forschung fokussiert sich hierbei auf die Vereinfachung der Anbindung von Datensicherheits- und Datenschutzmechanismen an bestehende Infrastrukturen sowie die Entwicklung moderner Ansätze zur Pseudonymisierung und Anonymisierung, die auch auf Industriedaten angewandt werden können.

Die hervorgehobene Bedeutung der Pseudonymisierung und Anonymisierung bei der Verarbeitung personenbezogener Daten ergibt sich aus der Verankerung der beiden Techniken im Datenschutzrecht, insbesondere im Rahmen der Datenschutzgrundverordnung (DSGVO). Jedoch können sie genauso im Bereich des Schutzes von Geschäftsgeheimnissen oder der generellen IT-Sicherheit angewandt werden, um Daten vor unbefugtem Zugriff zu schützen und das Schadensrisiko bei Datenverlust oder Datendiebstahl zu reduzieren. Sie stellen damit generelle Techniken zum Schutz von Daten dar, die unabhängig von einer konkreten rechtlichen Anforderung in der Praxis nützlich sind.

14.2 Begriffsbestimmungen

In diesem Leitfaden behandeln wir überwiegend *strukturierte Datensätze*. Diese besitzen eine vorgegebene Struktur und werden in Abgrenzung zu Daten definiert, die keiner solchen Struktur entsprechen (zum Beispiel Freitexte, Bilder, Audiodateien). Strukturierte Daten bestehen aus einzelnen *Datenpunkten*, welche jeweils verschiedene *Attribute* enthalten. Diese besitzen jeweils einen Namen und einen Datentyp. Beispielsweise könnte ein Datenpunkt das Attribut „Geburtsdatum" enthalten mit einem *Attributwert*, der eine Datumsangabe im Format YYYY-MM-TT (zum Beispiel 1986-09-14) enthält. Wir nehmen weiterhin an, dass jeder Datenpunkt mit allen Attributen einer spezifischen Person zugeordnet ist, welche im Folgenden als *betroffene Person* bezeichnet wird. Wir sprechen zudem von der *Veröffentlichung* oder Publikation anonymisierter oder pseudonymisierter Daten. Hiermit wird nicht impliziert, dass die Daten der allgemeinen Öffentlichkeit zur Verfügung gestellt werden, vielmehr ist zum Beispiel auch eine interne Veröffentlichung oder generell eine Verwendung der Daten in einem Unternehmen gemeint. Weiterhin definieren wir für unsere Analyse die Rolle eines *Angreifers*. Ein solcher Angreifer versucht mithilfe von ihm vorliegenden Kontextinformationen zu einzelnen Personen aus den publizierten Daten Rückschlüsse zu Attributwerten dieser Personen zu ziehen oder sie ggf. in den Daten zu *re-identifizieren*. Das Ziel einer Pseudonymisierung oder Anonymisierung von Daten ist, eine solche Re-Identifikation einzelner Personen sowie eine *Inferenz* (Ableitung) von Attributwerten dieser Person auszuschließen oder zumindest erheblich zu erschweren. Im Rahmen einer Risikomodellierung können unterschiedlich versierte Angreifer modelliert werden, um einzelne Ansätze für die Pseudonymisierung oder Anonymisierung von Daten zu bewerten.

14.3 Anonymität

In diesem Abschnitt werden verschiedene rechtliche Definitionen von Anonymität sowie deren Bedeutung in unterschiedlichen Rechtsordnungen beschrieben. Ein besonderer Fokus wird hierbei auf die Europäische Union gelegt, es werden jedoch auch kurz wesentliche Regelungen außerhalb der EU erläutert.

14.3.1 Europa

Mit dem Inkrafttreten der Datenschutzgrundverordnung (DSGVO) soll der Anonymitätsbegriff in der EU vereinheitlicht werden. Zwar bewerten einzelne nationale Aufsichtsbehörden Anonymität noch leicht unterschiedlich, es ist jedoch zu erwarten, dass in den
kommenden Jahren eine weitgehende Harmonisierung der Definition erfolgt. Eine wesentliche Rolle hierbei spielte die Arbeitsgruppe Data Protection der Europäischen
Kommission, welche 2014 in einer Publikation wesentliche Kriterien für die Anonymität
von Daten definiert hat (AG Data Protection der Europäischen Kommission 2014), die bis
heute vielen Aufsichtsbehörden als Richtlinie für die Bewertung von Anonymisierungsverfahren dienen. Gemäß den dort formulierten Kriterien sollen durch die Anonymisierung von Daten die folgenden drei Risiken minimiert werden:

- Re-Identifikation einzelner Personen,
- Vorhersage von Attributwerten einzelner Personen,
- Möglichkeit der Verknüpfung anonymer Daten mit Dritt-Daten.

Nicht alle Risiken sind für alle anonymisierten Datensätze gleich relevant und oft stellt
eine reine Re-Identifikation ohne mögliche Vorhersage von Attributwerten für eine Person
nur ein geringes Risiko dar. Eine Verknüpfung der anonymen Daten mit externen Datensätzen ist für sich genommen ebenfalls ein geringes Risiko, kann einem Angreifer in einem zweiten Schritt jedoch erlauben, anhand der verknüpften Daten einfacher eine
Re-Identifikation einzelner Personen vorzunehmen.

Außerhalb der Europäischen Union gibt es auch in vielen anderen Ländern Gesetzge-
bungen zur Anonymisierung von Daten. In den folgenden Abschnitten werden exemplarisch die Regelungen einiger Länder aufgelistet.

14.3.2 Singapur

Der *Personal Data Protection Act* (PDPA) wurde 2012 verabschiedet und trat schrittweise
bis 2014 in Kraft. Er schützt personenbezogene Daten, die in Singapur verarbeitet werden.
Die Gesetzgebung lehnt sich in vielen Bereichen an Regelungen aus der Europäischen
Union an. Die Datenschutzbehörde von Singapur bietet Richtlinien für die Anonymisierung von Daten an (Datenschutzkommission Singapur 2018), die Definition von Anonymität stützt sich hierbei sehr stark auf den Begriff der Re-Identifizierbarkeit. Aspekte wie
Vorhersagen sensibler Attributwerte oder Verknüpfung von anonymen Daten mit Drittda-
ten werden hingegen nicht oder nur am Rande behandelt.

14.3.3 Brasilien

Das *General Data Protection Law* (GDPL) wurde 2018 verabschiedet und schützt personenbezogene Daten, die in Brasilien verarbeitet werden. Das Gesetz hat ebenfalls viele Ähnlichkeiten zur DSGVO. Insbesondere der Anonymitätsbegriff und die Freiheiten, die Organisationen bei der Verarbeitung anonymer Daten gewährt werden, weisen eine hohe Ähnlichkeit zu den entsprechenden europäischen Regelungen auf.

14.3.4 Vereinigte Staaten von Amerika (USA)

In den USA existieren verschiedene Gesetze, die den Umgang mit personenbezogenen Daten in einzelnen Bereichen regeln, wie beispielsweise der *„Health Insurance Portability and Accountability Act"* (HIPAA), der den Umgang mit personenbezogenen medizinischen Daten regelt. Als einer der ersten Bundesstaaten hat Kalifornien zudem mit dem *„California Consumer Privacy Act"* (CCPA) 2019 ein der DSGVO in vielen Teilen ähnliches Gesetz verabschiedet. Der CCPA bezieht sich ähnlich wie die DSGVO auf personenbezogene Daten und schließt anonyme sowie re-identifizierte Daten aus, wobei ein hoher Standard für die Bewertung der Anonymität angesetzt wird.

14.3.5 China

China hat 2017 mit dem *Cybersecurity Law* ein Gesetz verabschiedet, das die Verarbeitung und Weitergabe personenbezogener Informationen stark einschränkt. 2018 hat die chinesische Standardisierungsbehörde TC260 zudem einen nationalen Standard veröffentlicht, der die Verarbeitung personenbezogener Daten noch weitgehender regelt. Beide Gesetze spezifizieren Anonymisierung als ein Schlüsselverfahren zum Schutz personenbezogener Daten und befreien anonymisierte Daten weitgehend von den sonst geltenden Beschränkungen.

14.4 Anonymisierung

Es existieren eine Vielzahl von Verfahren, die zur Anonymisierung von Daten genutzt werden können. Im Folgenden werden die wichtigsten historischen Ansätze betrachtet und im Anschluss wird exemplarisch das Konzept von *Differential Privacy* sowie darauf basierende moderne Anonymisierungsverfahren vorgestellt.

Generell müssen Anonymisierungsverfahren an den jeweiligen Anwendungsfall angepasst werden. Für die einmalige Anonymisierung eines Datensatzes bestehend aus strukturierten Daten sind beispielsweise andere Techniken nötig als für die Echtzeit-Anonymisierung unstrukturierter Daten wie zum Beispiel Videoaufnahmen. Unstrukturierte

Daten haben zudem oft eine sehr hohe Informationsdichte und werden dementsprechend als hochdimensional bezeichnet, da die Anzahl der Attribute eines Datenpunktes weitaus größer ist als die Anzahl der Datenpunkte in einem gegebenen Datensatz. Solche Daten sind sehr viel schwieriger verlässlich zu anonymisieren und viele Konzepte zur Risikoanalyse anonymisierter Daten können auf sie nicht angewandt werden. Im Folgenden liegt der Schwerpunkt der Betrachtung daher auf strukturierte Daten, bei denen jeder Datenpunkt eine überschaubare Anzahl an Attributen aufweist, die wiederum einer fest definierten internen Struktur unterliegen.

14.4.1 Aggregationsbasierte Anonymisierung

Anonymisierungsverfahren, die auf einer Aggregation, also Zusammenfassung verschiedener Datenpunkte basieren, erfreuen sich großer Beliebtheit und werden von vielen Anwendenden synonym mit dem Begriff der Anonymisierung betrachtet. Diese Verfahren versuchen hierbei die Anonymität einzelner Personen, die Datenpunkte zur Aggregation beitragen, zu gewährleisten, indem ihre Daten mit denen anderer Personen zusammengefasst und zur Berechnung aggregierter Statistiken verwendet werden. Da diese Statistiken aus den Daten vieler Personen berechnet werden, können aus ihnen im Idealfall keine Rückschlüsse mehr auf Daten einer einzelnen Person gezogen werden. Die Gruppierung sowie die Auswahl der zu berechnenden Statistiken erfolgt hierbei anhand des zugrundeliegenden Anwendungsfalls und muss vorab festgelegt werden. Beispielsweise könnte für einen Datensatz, der Lohndaten einzelner Mitarbeitenden eines Unternehmens enthält und zusätzlich zu diesen demografischen Daten wie Alter und Geschlecht erfasst, zunächst eine Gruppierung nach Altersklasse (zum Beispiel in 5-Jahres-Intervallen) und Geschlecht erfolgen. Für jede dieser Gruppen könnte anschließend der Median des Gehaltes sowie die Anzahl der Personen in der Gruppe veröffentlicht werden. Das Gehalt ist hierbei eine sensible Information, die schützenswert ist. Merkmale wie Alter und Geschlecht werden hingegen meist nicht als schützenswert betrachtet. In Kombination können solche Merkmale jedoch ermöglichen, einzelne Personen in einem Datensatz zu identifizieren. Falls zum Beispiel nur eine Person im Alter zwischen 80 und 85 Jahren im Betrieb arbeitet, ist einem Angreifer mit diesem Wissen sofort ersichtlich, dass ein Datenpunkt, der diese Attribute aufweist, zu dieser Person gehören muss. Man bezeichnet solche Attributkombinationen daher als Quasi-Identifikatoren, da sie in vielen Fällen einzelne Personen auch in großen Datensätzen mit hoher Wahrscheinlichkeit identifizieren können (Sweeney 2002).

Bei der Aggregation von Daten nach obigem Verfahren besteht jedoch die Gefahr, dass einzelne Gruppen nur eine geringe Anzahl an Datenpunkten enthalten. Im Extremfall kann eine Gruppe aus nur einem einzelnen Datenpunkt bestehen. In diesem Fall wäre die Anonymität der zugehörigen Person nicht geschützt, da es einem Angreifer, der Kenntnis über das Alter und Geschlecht der Person hat, sofort möglich wäre, aus den Daten das Einkommen dieser abzuleiten. Um dies zu verhindern, können entweder Gruppierungsmerkmale so angepasst werden, dass in jeder Gruppe eine Mindestanzahl an Datenpunkten vorhanden ist, oder Gruppen mit einer geringen Anzahl an Datenpunkten können ausgeschlossen werden. Werden nur Daten zu Gruppen mit mindestens k Datenpunkten veröffentlicht, spricht man von k-Anonymität (Sweeney 2002) und bezeichnet den resultierten aggregierten Datensatz als k-anonym. K-Anonymität kann vor einer einfachen Re-Identifikation anhand von Quasi-Identifikatoren schützen, vor allem, wenn sehr große Werte von k verwendet werden. Jedoch kann es in Abhängigkeit der berechneten Statistiken trotzdem zu einer De-Anonymisierung bzw. einem Privatsphäre-Verlust kommen. Wird zum Beispiel für jede Gruppe die Häufigkeit eines Ja/Nein-Wertes publiziert, so kann ein Angreifer eventuell von dieser Häufigkeit auf den entsprechenden Datenwert einer Person zurückschließen. Beispielsweise könnten im ungünstigen Fall alle Datenpunkte in einer Gruppe den gleichen Wert eines Attributs aufweisen (zum Beispiel alle Personen in der Gruppe „männlich, 40–50 Jahre" eines Datensatzes besitzen den Attributwert „HIV-positiv"). Ein Angreifer, der weiß, dass die Daten einer Person zu dieser Gruppe gehören, kann dann mit Sicherheit den Attributwert der Person vorhersagen. Auch wenn ein Großteil aller Datenpunkte der Gruppe den gleichen Datenwert aufweisen, kann ein Angreifer anhand dieser Information den Attributwert einer Person schätzen. Obwohl der Wert hierbei nicht mit Sicherheit vorhergesagt werden kann, stellt auch eine Schätzung mit hoher Genauigkeit oft ein Privatsphäre-Risiko für Betroffene dar. Um diese Risiken zu senken, wurde das Konzept der k-Anonymität mehrfach erweitert, unter anderem durch das Konzept der l-Diversität (Machanavajjhala et al. 2006) sowie der t-Ähnlichkeit (Li et al. 2007), welche das Risiko des angesprochenen Angriffs in der Praxis reduzieren können.

Die Generierung k-anonymer, l-diverser oder t-ähnlicher Datensätze ist nicht immer einfach. Generell wird diese umso schwieriger, je größer der Ausgangsdatensatz ist, je mehr Attribute für die Gruppierung genutzt werden sollen und je mehr Statistiken generiert werden sollen. Die Anzahl möglicher Gruppen steigt hierbei oft exponentiell mit der Anzahl an Attributen an, die für die Gruppierung gewählt werden. Man bezeichnet diesen Zusammenhang daher oft als „Fluch der Dimensionalität" (curse of dimensionality). In der Praxis beschränkt man sich daher oft auf 2–4 Attributwerte für die Gruppierung von Daten bei der Anonymisierung, wobei die praktisch erreichbare Anzahl an Attributen stark von dem betrachteten Datensatz abhängt. Konkrete Gruppen können hierbei agglomerativ (bottom-up) oder divisiv (top-down) gebildet werden. Im ersten Fall wird zunächst jedem Datenpunkt eine einzelne Gruppe zugeordnet. Diese Gruppen werden iterativ miteinander verschmolzen, bis jede Gruppe das gewünschte Kriterium erfüllt. Im zweiten Fall wird zunächst eine einzelne Gruppe gebildet, die alle Datenpunkte beinhaltet. Diese wird in zwei Untergruppen aufgeteilt, welche selbst wiederum aufgeteilt werden können, solange die hieraus entstehenden Gruppen das gewünschte Kriterium noch erfüllen. Ein populäres Beispiel für den letztgenannten Ansatz ist der Mondrian-Algorithmus (LeFevre et al. 2006).

Generell sind diese Verfahren vor allem für niedrigdimensionale Datensätze mit wenigen Attributen, aus denen nur einfache Statistiken berechnet werden sollen, meist ausreichend gut geeignet.

14.4.2 Differential Privacy

Anonymisierungsverfahren wie die oben beschriebenen modellieren Privatsphäre-Risiken anhand von spezifischen Angriffsszenarien. Dies hat den Nachteil, dass bei nicht vollständiger Erfassung aller relevanter Szenarien ein unerkanntes Privatsphäre-Risiko entstehen kann. Zudem können hierdurch unterschiedliche Anonymisierungsverfahren nur eingeschränkt miteinander verglichen werden. Differential Privacy (Dwork 2006; Dwork und Roth 2014) wurde als Bewertungsverfahren für die Anonymisierung von Daten entwickelt, um genau diese Problematik zu lösen. Es liefert eine rigorose, informationstheoretische Definition von Anonymität, die es erlaubt, den größten zu erwartenden Privatsphäre-Verlust eines Anonymisierungsverfahrens zu quantifizieren, ohne hierbei anwendungsspezifische Angriffsszenarien zu modellieren. Differential Privacy (im Folgenden als DP abgekürzt) erfreut sich seit seiner Einführung großer Beliebtheit und wird bereits von einer Vielzahl von Organisationen eingesetzt (Abowd 2018; DATEV eG 2022; Bhowmick et al. 2018; Aktay et al. 2020). Es existieren hierbei eine Vielzahl sogenannter *Mechanismen*, die das von DP formulierte *Anonymitätskriterium* (im Folgenden als *DP-Kriterium* bezeichnet) erfüllen und auf verschiedene Datentypen angewandt werden können (Ghosh et al. 2009; Smith 2011). DP schützt die Daten einzelner Personen, indem Ergebniswerte zufallsbasiert verändert werden. Beträgt zum Beispiel der wahre Wert einer Häufigkeitsstatistik $x = 131$, so könnte ein DP-Mechanismus zu diesem Wert beispielsweise einen Zufallswert aus einer geometrischen Verteilung hinzuaddieren und dementsprechend zum Beispiel den Wert $x = 123$ oder $x = 154$ zurückgeben. Hierdurch kann ein Angreifer kaum Rückschlüsse auf den Attributwert eines einzelnen Datenpunktes ziehen, auch wenn er bereits alle Attributwerte aller anderen Datenpunkte kennt, da der Effekt den ein einzelner Datenpunkt auf das Ergebnis der Statistik hat von dem hinzugefügten Zufallswert (den ein Angreifer nicht kennen kann) maskiert wird. Die Verteilung des hinzugefügten Zufallswertes muss hierbei jedoch spezifisch an die zu berechnende Statistik angepasst werden, um zu garantieren, dass das DP-Kriterium erfüllt ist. Generell ist es möglich, bereits einzelne Datenpunkte mit einem DP-Mechanismus zu schützen. Üblicherweise werden DP-Mechanismen jedoch eher auf Statistiken und Kennzahlen angewandt, die mithilfe aggregierter Daten gewonnen wurden, da hierbei insgesamt weniger Rauschen hinzugefügt werden muss aufgrund der geringeren Abhängigkeit des Ergebnisses von einzelnen Datenpunkten (was im Rahmen von DP als Sensitivität bezeichnet wird). Wird ein DP-Mechanismus dezentral auf einzelne Datenpunkte angewandt, spricht man von lokaler DP. Erfolgt die Anwendung auf einen Ergebniswert, der an zentraler Stelle basierend auf mehreren Datenpunkten berechnet wird, spricht man von zentraler DP. Lokale DP-Mechanismen bieten die besten Privatsphäre-Garantien, da Daten direkt an der Quelle geschützt werden und nie zentral vorliegen. Jedoch ist der Genauigkeitsverlust bei diesen Mechanismen im Allgemeinen weitaus größer als bei zentralen DP-Mechanismen, dementsprechend ist eine Nutzung dieser oft schwierig.

Beispiel: Differenziell privater Häufigkeitsmechanismus

Einer der einfachsten DP-Mechanismen ist der geometrische Häufigkeitsmechanismus. Dieser schützt eine Häufigkeitsangabe durch Hinzufügen von geometrischem Rauschen. Die Häufigkeit entspricht hierbei zum Beispiel der Anzahl aller Datenpunkte eines Datensatzes D, die bestimmte Attributwerte besitzen. Beispielsweise könnte man die Häufigkeit von Personen mit Einkommen zwischen 60.000–70.000 Euro in einem Einkommensdatensatz untersuchen. Durch Hinzufügen oder Entfernen eines Datenpunktes kann sich diese Häufigkeit maximal um den Betrag 1 ändern. Im Rahmen des DP-Mechanismus wird nun durch das Hinzufügen eines geometrisch verteilten Zufallswerts zum Gesamtergebnis der Effekt eines einzelnen hinzugefügten Datenpunktes maskiert. Da sich die resultierende Wahrscheinlichkeitsverteilung des Ergebniswertes durch Hinzufügen des Datenpunktes damit nur unwesentlich ändert, kann ein Angreifer aus diesem Wert kaum Informationen über den hinzugefügten Datenpunkt ableiten. Abb. 14.1 zeigt exemplarisch die empirische Häufigkeitsverteilungen von Ergebniswerten für einen solchen Mechanismus vor und nach dem Hinzufügen eines einzelnen Datenpunktes. Eine interaktive Version mit vielen weiterführenden Informationen ist online verfügbar (Dewes 2021).

Selbst ein Angreifer, der bereits den kompletten Datensatz vor Hinzufügen des Datenpunktes kennt, kann aufgrund des geometrisch verteilten Zufallswertes so trotzdem keine wesentlichen Rückschlüsse darauf ziehen, ob der hinzugefügte Datenpunkt zu der betrachteten Häufigkeit beigetragen hat. Diese Logik lässt sich auf alle Datenpunkte eines Datensatzes übertragen und belegt damit die Anonymität des Gesamtdatensatzes. ◄

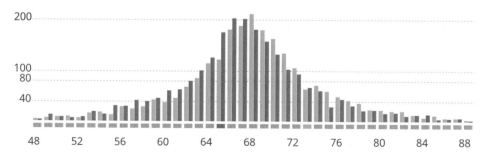

Abb. 14.1 Empirische Verteilung der Ergebniswerte des geometrischen DP Häufigkeits-Mechanismus für einen Häufigkeitswert abgeleitet aus einem Datensatz vor (violett) und nach (grün) Hinzufügen eines einzelnen Datenpunktes, für $\varepsilon = 0.2$. Die unten gezeigten Werte (626 und 727) zeigen exemplarisch zwei Ergebniswerte für die entsprechenden Datensätze. Der wahre Ergebniswert beträgt $x = 627$ für den Ursprungsdatensatz bzw. $x = 628$ für den Datensatz nach Hinzufügen des Datenpunktes (Dewes 2021)

Weiterführende Themen

Grundlegende DP-Mechanismen zur Berechnung differenziell privater Häufigkeiten sowie anderer Statistiken lassen sich recht einfach auf Datensätze anwenden. Jedoch ergeben sich in der Praxis hierbei eine Reihe weiterführender Fragen, die beantwortet werden müssen, um DP erfolgreich einzusetzen.

Festlegung von Epsilon und Privatsphäre-Budget

Der Privatsphäre-Parameter ε bestimmt im Wesentlichen die Privatsphäre-Garantien, die ein DP-Mechanismus mindestens erfüllt. Die Wahl von ε ist hierbei nicht immer einfach, vor allem wenn mehrere DP-Statistiken aus einem Datensatz berechnet werden sollen, was in der Praxis fast immer der Fall ist. Hierbei addieren sich im ungünstigsten Fall die entsprechenden ε-Werte zu einem Gesamtbudget. Dieses sollte im Regelfall nicht wesentlich über dem Wert 1 liegen, da ansonsten die Wahrscheinlichkeit einer erfolgreichen De-Anonymisierung durch einen Angreifer stark ansteigt. Hierbei ist jedoch zu betonen, dass die über den Angreifer getroffenen Annahmen sehr konservativ sind in dem Sinne, dass dieser bereits über eine fast perfekte Kenntnis des Datensatzes verfügt. Dies ist in der Praxis nur selten gegeben. Andererseits können immer wieder Situationen entstehen, unter denen solche Annahmen gerechtfertigt sind. Es ist daher ratsam, den Parameter möglichst klein zu wählen und das Gesamtbudget ebenfalls möglichst klein zu halten. Die Wahl des Parameters kann sich hierbei an der benötigten Genauigkeit der Ergebniswerte orientieren, welche anhand des Ursprungsdatensatzes und der zu berechnenden Statistiken in Abhängigkeit von ε abgeschätzt werden kann.

Privatsphäre-Verstärkung durch Stichprobenbildung

Um die Privatsphäre-Garantien eines DP-Mechanismus zusätzlich zu stärken und einen weiteren unabhängigen Schutzmechanismus zu implementieren, kann der DP-Mechanismus auf eine Stichprobe des ursprünglichen Datensatzes statt auf den Gesamtdatensatz angewandt werden (Balle et al. 2018). Hierdurch wird einem Angreifer zusätzlich erschwert, Rückschlüsse auf die Daten einzelner Personen zu ziehen, denn der Angreifer kann nicht wissen, welche Datenpunkte aus dem Gesamtdatensatz für die Berechnung des Ergebnisses genutzt wurden. Der zusätzlich erreichbare Schutzeffekt hängt hierbei von mehreren Faktoren ab und ist nicht für alle DP-Mechanismen gleich. Generell werden in der Praxis oft Stichprobengrößen von 80–90 Prozent verwendet, die bei einer ausreichenden Anzahl von Datenpunkten im Gesamtdatensatz (> 100) bereits einen signifikanten zusätzlichen Schutzeffekt bieten. Durch die Stichprobenbildung reduziert sich das effektive ε des DP-Mechanismus, dementsprechend kann bei gleichbleibenden Privatsphäre-Garantien ein höherer Ausgangswert für ε gewählt werden.

Implementierung von DP-Mechanismen

Die Definition und Anwendung eines geeigneten DP-Mechanismus ist nicht immer einfach und kann mit einem großen Aufwand verbunden sein. Die Implementierung der Mechanismen in Form von Software-Code ist wie jede Software-Entwicklung zudem fehlerbehaftet. In der Praxis wurden daher bereits mehrere Bibliotheken entwickelt (Google Inc. 2021), die den Einsatz von DP-Mechanismen vereinfachen sollen, indem sie diese sorgfältig implementieren und testen. Einzelne Software-Bibliotheken versuchen hierbei auch, neben der Implementierung einzelner DP-Mechanismen deren Auswahl zu automatisieren. Es ist zu erwarten, dass DP in den kommenden Jahren in weitere Systeme zur Datenverarbeitung integriert wird und sich die Nutzung damit weiter vereinfacht.

Testen von DP-Mechanismen

DP-Mechanismen sollten in der Praxis stets validiert werden, um Programmierfehler auszuschließen. Dies erfolgt üblicherweise mithilfe automatisierter Tests. Hierzu können beispielsweise zufallsgenerierte Testdaten durch einen DP-Mechanismus geschützt werden. Anschließend werden die Ergebnisse des Mechanismus über ein geeignetes Verfahren gruppiert und die Häufigkeiten einzelner Ergebniswerte werden über viele Durchläufe des DP-Mechanismus festgehalten. Dies wird nun für einen geeignet gewählten Differenzdatensatz wiederholt. Die Differenzen aller beobachteten Häufigkeiten für die beiden Datensätze und alle beobachteten Ergebniswerte können dann statistisch analysiert werden, um zu ermitteln, ob diese im Rahmen der maximal zu erwartenden Abweichungen für einen ε-DP-Mechanismus liegen (Ding et al. 2019). Sind die Abweichungen zu groß, kann mit hoher Wahrscheinlichkeit ausgeschlossen werden, dass der implementierte Mechanismus ε-DP erfüllt.

Die Wahl geeigneter Testdatensätze sowie geeigneter Differenzpunkte ist nicht immer einfach. Im Normalfall kann nur eine kleine Anzahl möglicher Datensätze betrachtet werden. Es ist daher möglich, dass zum Beispiel durch spezifische Randbedingungen verursachte Implementierungsfehler in einem DP-Mechanismus auch durch die Tests unentdeckt bleiben. Jedoch bieten automatisierte Tests zumindest einen gewissen Schutz vor Fehlern sowie eine grundlegende Validierung der implementierten Verfahren.

Generell sollten automatisierte Tests mit formellen Code-Überprüfungen sowie analytischen Untersuchungen kombiniert werden, um möglichst viele Fehlerquellen bei der Implementierung von DP-Mechanismen auszuschließen.

Differential Privacy in der Praxis

DP wird in den USA unter anderem vom Zensusbüro (Abowd 2018) sowie von Apple (Bhowmick et al. 2018) und Google (Aktay et al. 2020) genutzt, um sensible personenbezogene Daten zu anonymisieren. Auch in Deutschland wird DP bereits eingesetzt, als eines der ersten großen Unternehmen nutzt unter anderem DATEV ein DP-Verfahren zur Generierung anonymer Lohnstatistiken (DATEV eG 2022). Hierbei werden zum Beispiel anonyme Gehalts-Quantile sowie Häufigkeiten von Bonusbeträgen für einzelne Berufsgruppen gruppiert nach Region veröffentlicht.

14.4.3 Fazit Anonymisierung

Auch in Bezug auf Anonymisierung gilt, dass stets der aktuelle Stand der Technik berücksichtigt werden sollte sowie gleichermaßen die Empfehlungen der der Artikel-29-
Arbeitsgruppe (AG Data Protection der Europäischen Kommission 2014). Eine robuste
Anonymisierung kann nicht allein durch das Entfernen von direkten Identifikationsmerk-
malen oder die Veränderung von einzelnen Datenpunkten erzielt werden. Das Hinzufügen
von zufallsbasiertem Rauschen zu Daten ist ebenfalls keine Garantie für eine robuste Anonymisierung. Ebenso wenig führt eine reine Aggregation von Daten nicht zwangsläufig
zu einem robust anonymisierten Datensatz. In spezifischen fällen kann sie dennoch ausrei-
chen, um Anonymität von Daten zu gewährleisten (Agencia española de protección de
datos 2019).

Differential Privacy ist eine moderne Bewertungsmethodik für Anonymisierungsverfahren. Es ist die einzige Methodik zur Bewertung von Anonymisierungsverfahren, in der
bisher keine wesentlichen Schwachstellen identifiziert wurden. Eine Stichprobenbildung
kann die Privatsphäre-Garantien von Differential. Privacy-Verfahren signifikant steigern
und De-Anonymisierung erschweren. Sie kann zudem die Genauigkeit der resultierenden
Daten bei gleichen Privatsphäre-Garantien verbessern.

Abschließend lässt sich folgendes festhalten: Öffentlich auditierbare und quelloffene
Verfahren zur Anonymisierung von Daten sollten geschlossenen Verfahren vorgezogen
werden, da sie üblicherweise bessere Sicherheitsgarantien bieten.

14.5 Pseudonymisierung

Pseudonymisierung ist eine Technik zum Schutz von personenbezogenen Daten, die unter
anderem in der DSGVO explizit erwähnt wird und daher in Europa eine hervorgehobene
Bedeutung im technischen Datenschutz hat. Generell versteht man unter Pseudonymisierung das Ersetzen direkter Identifikationsmerkmale von Datenpunkten in einer Weise, die
dazu führt, dass die resultierenden Daten von einem Angreifer nicht oder nur mit unverhältnismäßigem Aufwand wieder auf eine konkrete Person bezogen werden können. Eine
Wiederherstellung des Personenbezugs (im Folgenden als Re-Identifikation bezeichnet)
soll lediglich durch Hinzuziehen von zusätzlichen Informationen (zum Beispiel einem
kryptografischen Schlüssel) möglich sein. Diese Informationen sollten technisch und organisatorisch getrennt von den Originaldaten aufbewahrt werden, um zu gewährleisten,
dass eine Wiederherstellung des direkten Personenbezugs nur unter genau vorgegebenen
Bedingungen und unter Beachtung der rechtlichen Anforderungen möglich ist.

Pseudonymisierung unterscheidet sich von Anonymisierung insoweit, als dass bei der
Pseudonymisierung im Allgemeinen einzelne Datenpunkte sowie ggf. Mengen von Datenpunkten, die einer einzelnen Person zugeordnet sind, in ihrer Integrität erhalten bleiben.
Dementsprechend ist der Informationsgehalt pseudonymisierter Daten typischerweise höher als der anonymisierter Daten. Dies hat in vielen Fällen eine höhere Nutzbarkeit zur

Folge, insbesondere für Anwendungen, die hochdimensionale Daten benötigen, wie zum Beispiel maschinelles Lernen und für welche eine verlässliche Anonymisierung oft nicht oder nur sehr eingeschränkt möglich ist. Andererseits ist jedoch auch die Re-Identifikation einzelner Personen durch einen Angreifer in pseudonymisierten Daten einfacher, weshalb diese weiterhin als personenbezogen gelten und dementsprechend auch der DSGVO unterliegen.

In der Praxis werden die Begriffe Pseudonymisierung und Anonymisierung leider oft verwechselt. Pseudonymisierte Daten werden zum Beispiel fälschlicherweise oft als anonym angesehen, da kein direkter Personenbezug mehr vorhanden ist. Eine echte Anonymisierung muss jedoch die in Abschn. 14.3.1 genannten Kriterien erfüllen, die sich in vielen Fällen nicht erreichen lassen, ohne eine Aggregation von Datenpunkten durchzuführen. Transformationen, die einzelne Datenpunkte verändern, indem sie zum Beispiel direkte Identifikationsmerkmale der Daten durch nicht-umkehrbare Pseudonyme ersetzen, sind daher meist nicht geeignet, anonyme Daten zu erzeugen, selbst wenn in einem zweiten Schritt im Rahmen einer De-Identifikation der Daten die erzeugten Pseudonyme vollständig aus diesen entfernt werden. Auch wenn in vielen Fällen in der Praxis noch mit der faktischen Anonymität solcher Daten argumentiert wird, lässt sich diese Behauptung in Anbetracht der stetig besser werdenden technischen Möglichkeiten zur Re-Identifikation von Daten mithilfe von Kontextinformationen in den wenigsten Fällen aufrechterhalten.

14.5.1 Moderne Pseudonymisierungsverfahren

Generell kann eine Pseudonymisierung von Daten über viele unterschiedliche Mechanismen erfolgen. In der Praxis sind insbesondere tabellenbasierte und kryptografische Mechanismen sowie deren Kombinationen relevant (Europäische Agentur für Cybersicherheit 2019). Bei einer tabellenbasierten Pseudonymisierung werden Pseudonyme zufallsbasiert oder deterministisch generiert und anschließend den Originaldaten zugeordnet. Die Zuordnung wird in einer Tabelle gespeichert und separat von den pseudonymisierten Daten aufbewahrt. Eine direkte Re-Identifikation der ursprünglichen Daten ist dann nur mithilfe der Tabelle möglich. Kryptografische Verfahren nutzen hingegen geeignete kryptografische Methoden wie Hashing oder formaterhaltende Verschlüsselung, um Originalwerte auf Pseudonyme zu übertragen. Je nach eingesetztem Verfahren kann es hierbei ebenfalls notwendig sein, Zuordnungen in einer Tabelle zu speichern, falls eine Re-Identifikation gewünscht ist.

Moderne Ansätze zur Pseudonymisierung von Daten beziehen bei der Gestaltung des Verfahrens die Gesamtheit der Datenpunkte einer Person in die Risikobetrachtung ein und sie schließen neben der Abbildung direkter Identifikationsmerkmale auch Transformationen strukturierter oder unstrukturierter Attributwerte ein. In diesem Sinne ist die Pseudonymisierung als Gesamttransformation eines Datenpunktes zu verstehen mit dem Ziel, die Re-Identifikation der zu den Daten zugehörigen Person möglichst gut auszuschließen und gleichzeitig die Nutzbarkeit der Daten für den gegebenen Anwendungsfall möglichst gut zu erhalten.

14.5.2 Format- und strukturerhaltende Pseudonymisierung

Für eine einfache Weiternutzung pseudonymisierter Daten ist in vielen Fällen entscheidend, dass das ursprüngliche Datenformat sowie bestimmte Struktureigenschaften der Daten erhalten bleiben. Hierzu kann beispielsweise das folgende Verfahren angewandt werden, welches auf eine Vielzahl von Datenformaten anpassbar ist:

1. Ein Attributwert wird als Vektor in einen geeigneten Repräsentationsraum abgebildet, der wesentliche Struktureigenschaften der Attribute erfasst.
2. Die Vektor-Repräsentation wird durch kryptografische oder tabellenbasierte Verfahren transformiert, wodurch ein neuer Vektor im Repräsentationsraum erhalten wird. Die Transformation kann hierbei so gestaltet werden, dass verschiedene strukturelle Eigenschaften des Datenpunktes erhalten bleiben.
3. Der transformierte Vektor wird durch eine Umkehrabbildung wiederum auf einen Attributwert des ursprünglichen Datenformats abgebildet.

Ein Beispiel für eine solche struktur- und formaterhaltende Transformation ist die Pseudonymisierung von Postleitzahlen über ein kryptografisches Verfahren (Xu et al. 2002). Hierbei wird die Information über gemeinsame Präfixe erhalten, welche für die Auswertung der Daten relevant sein kann, da dies zum Beispiel eine Gruppierung der pseudonymisierten Daten nach Postleitzahlgebieten ermöglicht. Das Format der Postleitzahlen kann hierbei ebenfalls erhalten werden. Nicht zwangsweise erhalten wird jedoch die fachliche Korrektheit, da nicht jede gültige Postleitzahl auf eine andere gültige Postleitzahl abgebildet werden kann, weil in manchen PLZ-Bereichen mehr Postleitzahlen liegen als in anderen und eine 1:1-Zuordnung zwischen gültigen Ursprungswerten und gültigen Pseudonymen damit nicht immer möglich ist. Eine solche Zuordnung wäre nur möglich, wenn zumindest teilweise die Präfixerhaltung aufgeben würde. Die Erhaltung der Präfixe ist aber für viele Analysezwecke wichtig, da so zum Beispiel eine Gruppierung der pseudonymisierten Daten ermöglicht wird. Analysten, die diese verarbeiten, können damit sicher sein, dass Postleitzahlen die ein gemeinsames Präfix aufweisen, auch in den Ursprungsdaten ein gemeinsames Präfix der gleichen Länge besitzen. Abb. 14.2 zeigt exemplarisch die Abbildung eines Adressbestandteils von IP-Adressen mithilfe format- und strukturerhaltender kryptografischer Pseudonymisierung.

Diese Methodik lässt sich unter Einsatz Feedback-basierter Verfahren zur Stromverschlüsselung auch auf andere Datentypen und -formate übertragen (zum Beispiel auf Datumsangaben) und kann hierdurch genutzt werden, um quasi beliebige Daten format- und strukturerhaltend zu pseudonymisieren. Es ist jedoch zu beachten, dass durch die Strukturerhaltung auch zusätzliche Möglichkeiten für Angreifer geschaffen werden, eine Re-

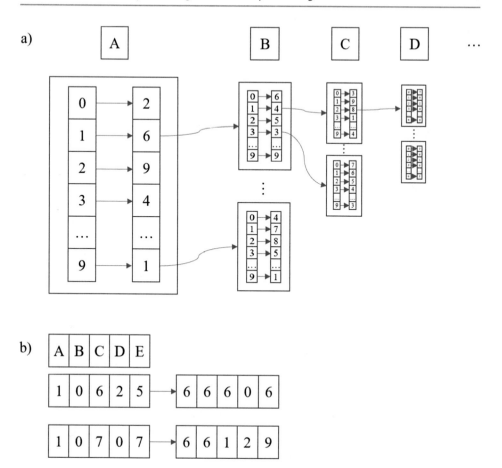

Abb. 14.2 Abbildung einer Postleitzahl unter Einsatz format- und strukturerhaltender Pseudonymisierung und unter Erhaltung der Postleitzahl-Präfixe. Postleitzahlen, die mit dem gleichen Präfix beginnen, werden auch auf Pseudonyme abgebildet, die entsprechend das gleiche (pseudonymisierte) Präfix besitzen. Die Abbildung der n-ten Stelle einer Postleitzahl hängt somit von den Werten der n vorherigen Stellen ab (Dewes und Jarmul 2018). Abbildungsteil (**a**) illustriert die Pseudonymisierung einzelner Stellen einer Postleitzahl mithilfe einer strukturerhaltenden kryptografischen Abbildung, Abbildungsteil (**b**) zeigt zwei Beispiele für die resultierende präfixerhaltende Pseudonymisierung. (Eigene Darstellung)

Identifikation von Daten zu erreichen. So kann im obigen Beispiel ein Angreifer, der eine einzelne Postleitzahl einem Pseudonym zuordnen kann, damit auch alle Postleitzahlen, die Präfixe mit der aufgedeckten Postleitzahl aufweisen, teilweise de-pseudonymisieren. Ob eine strukturerhaltende Pseudonymisierung daher die Anforderungen an die Datensicherheit erfüllt, muss im Einzelfall anhand statistischer Analysen geprüft werden. Die Pseudonymisierung muss dann ggf. angepasst werden. Um die Sicherheit zu erhöhen, kann im obigen Beispiel zum Beispiel die Präfixerhaltung auf die ersten beiden Stellen einer Postleitzahl begrenzt werden, was die Re-Identifikation einzelner Postleitzahlen anhand bekannter Präfixe deutlich erschwert.

Solche format- und strukturerhaltenden Pseudonymisierungsverfahren können in der Praxis erlauben, komplexe und hochdimensionale Daten so zu schützen, dass eine Wiederherstellung eines direkten Personenbezugs für einen Angreifer sehr schwierig wird und gleichzeitig legitime Nutzerinnen und Nutzer die pseudonymisierten Daten zu Analysezwecken fast wie die Originaldaten verwenden können. Da eine Pseudonymisierung zudem auf einzelne Datenpunkte angewandt wird und kontinuierlich erfolgen kann, ist sie in der Praxis zudem deutlich einfacher umzusetzen als zum Beispiel eine Anonymisierung, die im Normalfall nicht kontinuierlich vorgenommen werden kann und die Verarbeitung eines Gesamtdatensatzes oder zumindest größerer Teildatensätze erfordert. Zudem können Anonymisierungsverfahren nur verlässlich auf relativ einfache Daten angewandt werden, wohingegen Pseudonymisierungsverfahren auch auf komplexe und hochdimensionale Daten anwendbar sind. Man muss hierbei jedoch beachten, dass auch bei der Pseudonymisierung mit jedem hinzugezogenen Attribut das Risiko eine Re-Identifikation steigt.

Generell kann Pseudonymisierung auch auf nicht-personenbezogene Daten angewandt werden, zum Beispiel mit der Zielstellung, Geschäftsgeheimnisse zu schützen. So werden struktur- und formaterhaltende Pseudonymisierungsverfahren im Rahmen des Forschungsprojekts *IIP-Ecosphere* (2020) eingesetzt, um industrielle Maschinendaten zu schützen.

Mithilfe von Verfahren des maschinellen Lernens können auch unstrukturierte Daten in eine Binärcodierung überführt werden, die wesentliche syntaktische und semantische Zusammenhänge beschreibt. Die so codierten Daten können dann wiederum mithilfe kryptografischer Pseudonymisierung transformiert werden und die entstandenen binärcodierten Pseudonyme können wiederum zu unstrukturierten Daten decodiert werden. Tab. 14.1 zeigt beispielhaft die Generierung von pseudonymisierten Namen basierend auf einer Codierung, die auf einem Markov-Kettenmodell basiert, welches mit Charakternamen der Serie „Game of Thrones" trainiert wurde. Man erkennt, dass die Pseudonyme ähnlichen syntaktischen Regeln folgen wie die Ursprungsdaten. Ob eine solche Pseudonymisierung sinnvoll ist, muss im Einzelfall entschieden werden. Die Erhaltung bestimmter syntaktischer und semantischer Eigenschaften von Daten kann jedoch sinnvoll sein, um zum Beispiel. möglichst realistische Testdaten zu generieren. In vielen Fällen sind unstrukturierte Daten wie Texte jedoch nicht sinnvoll zu pseudonymisieren.

Tab. 14.1 Beispiel für eine Pseudonymisierung mit dem Markov-Kettenmodell

Ursprungsname	Generiertes Pseudonym
Knight of Ninestars	Baron of Tobarolicj Jaristifer
Rycherd Crane	Moon Sun the Harion
Jon Bettley	Jan of Fella Ronel

14.5.3 Organisatorische Aspekte der Pseudonymisierung

Um einen effektiven Schutz von Daten durch Pseudonymisierung zu erreichen, müssen neben den technischen auch organisatorische Anforderungen beachtet werden. Insbesondere muss gewährleistet sein, dass eine De-Pseudonymisierung nur unter Beachtung datenschutzrechtlicher Vorgaben möglich ist. Hierzu ist im Normalfall eine organisatorische Trennung der pseudonymisierenden Stelle von den Datennutzenden erforderlich. Im Idealfall besteht sogar eine rechtliche Trennung zwischen den beiden. Die Pseudonymisierung kann dann als Auftragsverarbeitung erfolgen und diese kann so ausgestaltet werden, dass eine De-Pseudonymisierung nur unter genau definierten Bedingungen ermöglicht wird. In einzelnen Fällen kann sogar eine mehrstufige Pseudonymisierung durch unterschiedliche, möglichst unabhängige Akteure erfolgen. Solche mehrstufigen Verfahren werden unter anderem im Gesundheitsbereich bei der Pseudonymisierung besonders sensibler Daten eingesetzt.

An die Aufbewahrung von kryptografischen Schlüsseln oder von Zuordnungstabellen sollten die gleichen Anforderungen wie an die Aufbewahrung und Verwaltung regulären zur Verschlüsselung eingesetzten Schlüsselmaterials gestellt werden.

Generell sollten Parameter und kryptografische Schlüssel, die für die Pseudonymisierung eingesetzt werden, zentral verwaltet und überwacht werden. Sie sollten in Abhängigkeit des Anwendungsfalls häufig *rotiert* werden, um eine Re-Identifikation von Daten durch langfristige Beobachtung zu erschweren. Eine *Schlüsselrotation* bezeichnet hierbei generell das Austauschen oder die Neugenerierung kryptografischen Schlüsselmaterials.

14.5.4 Fazit Pseudonymisierung

Zusammenfassend lässt sich festhalten, dass die Pseudonymisierung von Daten technisch und organisatorisch so gestaltet werden muss, dass eine nicht-autorisierte De-Pseudonymisierung durch interne Nutzende nicht oder nur mit unverhältnismäßigem Aufwand möglich ist. Dazu können sowohl tabellenbasierte als auch kryptografische Verfahren eingesetzt werden. Eingesetzte kryptografische Verfahren sollten immer modernen Standards entsprechen und hohe Sicherheitsanforderungen erfüllen. Entsprechende Empfehlungen finden sich beispielsweise in den jährlich durch das BSI veröffentlichten Empfehlungen zum Einsatz von Hashing- und Verschlüsselungsverfahren (Dewes und Jarmul 2018). Auch auf europäischer Ebene finden sich verschiedene Richtlinien zum Einsatz kryptografischer Techniken zur Pseudonymisierung von Daten (Bundesamt für Sicherheit in der Informationstechnik 2021; Agencia española de protección de datos 2019).

Für die Praxis gilt, dass Parameter, kryptografische Schlüssel und Zuordnungstabellen stets sicher aufbewahrt werden sollten. Eine De-Pseudonymisierung kann beispielsweise durch den Einsatz eines Rotationsplans für Schlüssel erschwert werden. Hierzu können beispielsweise Empfehlungen zum Schlüsselmanagement im Rahmen des IT-Grundschutzkatalogs des BSI herangezogen werden (Bundesamt für Sicherheit in der Informationstechnik 2021).

Danksagung Der Autor bedankt sich für die Förderung des Projektes IIP-Ecosphere (Förderkennzeichen: 01MK20006O) durch das Bundesministerium für Wirtschaft und Klimaschutz im Rahmen des Förderprogramms KI-Innovationswettbewerb.

Literatur

Abowd JM (2018) The U.S. Census Bureau adopts differential privacy. KDD '18. Proceedings of the 24th ACM SIGKDD international conference on Knowledge Discovery & Data Mining. https://doi.org/10.1145/3219819.3226070

Agencia española de protección de datos (AEPD) (2019) k-Anonymity as a privacy measure. https://www.aepd.es/es/documento/nota-tecnica-kanonimidad-en.pdf. Zugegriffen am 22.09.2021

Aktay A, Bavadekar S, Cossoul G et al (2020) Google COVID-19 community mobility reports. Anonymization Process Description (Version 1.1). arXiv:2004.04145 [cs]. https://arxiv.org/abs/2004.04145. Zugegriffen am 16.02.2022

Arbeitsgruppe Data Protection der Europäischen Kommission (2014) Opinion 05/2014 on anonymisation techniques. https://ec.europa.eu/justice/article-29/documentation/opinion-recommendation/files/2014/wp216_en.pdf. Zugegriffen am 16.02.2022

Balle B, Barthe G, Gaboardi M (2018) Privacy amplification by subsampling: tight analyses via couplings and divergences. arXiv:1807.01647. http://arxiv.org/abs/1807.01647. Zugegriffen am 16.02.2022

Bhowmick A, Duchi J, Freudiger J, Kapoor G, Rogers R (2018) Protection against reconstruction and its applications in private federated learning. arXiv:1812.00984 [stat]. https://arxiv.org/abs/1812.00984. Zugegriffen am 16.02.2022

Bundesamt für Sicherheit in der Informationstechnik (BSI) (2021) BSI IT Grundschutz – CON.1: Kryptokonzept (Edition 2021). https://www.bsi.bu2021nd.de/SharedDocs/Downloads/DE/BSI/Grundschutz/Kompendium_Einzel_PDFs_2021/03_CON_Konzepte_und_Vorgehensweisen/CON_1_Kryptokonzept_Edition_2021.html. Zugegriffen am 22.09.2021

Datenschutzkommission Singapur (2018) Guide to basic data anonymization techniques. https://www.pdpc.gov.sg/-/media/Files/PDPC/PDF-Files/Other-Guides/Guide-to-Anonymisation_v1-(250118).pdf. Zugegriffen am 22.09.2021

DATEV Personal-Benchmark Online (2022). https://www.datev.de/web/de/mydatev/online-anwendungen/datev-personal-benchmark-online/. Zugegriffen am 16.02.2022

Dewes A (2021) Einführung in Differential Privacy. https://adewes.github.io/lectures/differential-privacy/einfuehrung. Zugegriffen am 22.09.2021

Dewes A, Jarmul K (2018) Data privacy for data scientists. https://github.com/kiprotect/data-privacy-for-data-scientists. Zugegriffen am 16.02.2022

Ding Z, Wang Y, Wang G, Zhang D, Kifer D (2019) Detecting violations of differential privacy. arXiv:1805.10277. https://doi.org/10.1145/3243734.3243818. http://arxiv.org/abs/1805.10277

Dwork C (2006) Differential privacy. In: Bugliesi M, Preneel B, Sassone V, Wegener I (Hrsg) Automata, languages and programming. ICALP 2006, Lecture notes in Computer Science, Bd 4.052. Springer. https://doi.org/10.1007/11787006_1

Dwork C, Roth A (2014) The algorithmic foundations of differential privacy. Found Trends Theor Comput Sci 9 (3–4): 211–407. https://www.cis.upenn.edu/~aaroth/privacybook.html. Zugegriffen am 16.02.2022

Europäische Agentur für Cybersicherheit (enisa) (2019) Pseudonymisation techniques and best practices. https://www.enisa.europa.eu/publications/pseudonymisation-techniques-and-best-practices. Zugegriffen am 22.09.2021

Ghosh A, Roughgarden T, Sundararajan M (2009) Universally utility maximizing privacy mechanisms. arXiv:0811.2841. http://arxiv.org/abs/0811.2841. Zugegriffen am 16.02.2022

Google Inc. Differential Privacy Software-Bibliothek (2021). https://github.com/google/differential-privacy. Zugegriffen am 22.09.2021

LeFevre K., DeWitt DJ, Ramakrishnan R (2006) Mondrian multidimensional K-Anonymity. 22nd international conference on Data Engineering (ICDE'06). https://ieeexplore.ieee.org/document/1617393. Zugegriffen am 16.02.2022

Li N, Li T, Venkatasubramanian S (2007) t-Closeness: privacy beyond k-Anonymity and l-Diversity. IEEE 23rd international conference on Data Engineering. https://ieeexplore.ieee.org/document/4221659. Zugegriffen am 16.02.2022

Machanavajjhala A, Kifer D, Gehrke J, Venkitasubramaniam M (2006) L-diversity: privacy beyond k-Anonymity. 22nd international conference on Data Engineering (ICDE'06). https://ieeexplore.ieee.org/document/1617392. Zugegriffen am 16.02.2022

Projekt IIP-Ecosphere (2020) Projektwebseite IIP-Ecosphere – next level ecosphere for intelligent industrial production. https://www.iip-ecosphere.de/. Zugegriffen am 04.03.2022

Smith A (2011) Privacy-preserving statistical estimation with optimal convergence rates. Proceedings of the 43rd annual ACM symposium on theory of computing – STOC '11. San Jose, California, USA: ACM Press, 2011, S. 813. https://doi.org/10.1145/1993636.1993743

Sweeney L (2002) k-anonymity: a model for protecting privacy. Int J Uncertain Fuzziness Knowl Based Syst 10(5). https://doi.org/10.1142/S0218488502001648

Xu J, Fan J, Ammar M, Moon SB (2002) Prefix-preserving IP address anonymization: measurement-based security evaluation and a new cryptography-based scheme. 10th IEEE international conference on Network Protocols, 2002: 280–289. https://doi.org/10.1109/ICNP.2002.1181415.

Datensouveränität in Digitalen Ökosystemen: Daten nutzbar machen, Kontrolle behalten

15

Christian Jung, Andreas Eitel und Denis Feth

Zusammenfassung

Digitale Ökosysteme entstehen in allen Branchen und Domänen, leben von einer starken Vernetzung und ermöglichen neue, datenzentrierte Geschäftsmodelle. Die Umsetzung von Datensouveränität – also die größtmögliche Kontrolle, Einfluss- und Einsichtnahme auf die Nutzung der Daten durch den Datengebenden – ist essenziell, um eine vertrauensvolle und sichere Nutzung von Daten zwischen allen Beteiligten des digitalen Ökosystems zu ermöglichen. Datennutzungskontrolle ist hierfür ein wesentlicher Baustein, um eine organisations- und unternehmensübergreifende Selbstbestimmung und Transparenz bei der Verwendung von Daten durch Ökosystemteilnehmer zu gewährleisten. Das Kapitel befasst sich mit den Grundlagen der Umsetzung von Datensouveränität durch Datennutzungskontrolle und der Verwendung von Datendashboards für Datensouveränität in digitalen Ökosystemen. Hierzu wird ein Anwendungsbeispiel eines digitalen Ökosystems aus der Automobilbranche eingeführt und die Umsetzung von Datensouveränität anhand konkreter Szenarien verdeutlicht und diskutiert.

15.1 Einführung

Digitale Ökosysteme entstehen in allen Branchen und Anwendungsbereichen, leben von einer starken Vernetzung und ermöglichen neue, datenzentrierte Geschäftsmodelle. Die Vielfalt der Anwendungsbereiche und Technologien für Digitale Ökosysteme zeigen die 21 aus-

C. Jung (✉) · A. Eitel · D. Feth
Fraunhofer IESE, Kaiserslautern, Deutschland
E-Mail: christian.jung@iese.fraunhofer.de; andreas.eitel@iese.fraunhofer.de;
denis.feth@iese.fraunhofer.de

© Der/die Autor(en) 2022
M. Rohde et al. (Hrsg.), *Datenwirtschaft und Datentechnologie*,
https://doi.org/10.1007/978-3-662-65232-9_15

gewählten Projekte, die das Bundesministerium für Wirtschaft und Klimaschutz (BMWK) im Technologieprogramm Smarte Datenwirtschaft fördert, sowie die mittlerweile 25 geförderten Projekte im Rahmen des KI-Innovationswettbewerbs. Unternehmen müssen sich allerdings konkreten Herausforderungen Digitaler Ökosysteme wie Komplexität, hohe Dynamik und notwendige Geschwindigkeit stellen. Insbesondere zählen hierzu auch Themen der Datensicherheit, des Datenschutzes und der Datensouveränität. Die Umsetzung von Datensouveränität (das heißt die größtmögliche Kontrolle, Einfluss- und Einsichtnahme auf die Nutzung der Daten durch den Datengebenden) ist hierbei essenziell, um eine vertrauensvolle und sichere Nutzung von Daten zwischen den Teilnehmenden des Digitalen Ökosystems zu ermöglichen. Ein vertrauensvoller und sicherer Umgang mit Daten sind Grundvoraussetzung, damit sich ein Digitales Ökosystem am Markt etablieren und wachsen kann. Durch Wachstum entstehen mehr Daten (auch Daten über die Nutzung), was wiederum neue Geschäftsmodelle für den Plattformbetreibenden ermöglicht. Die damit einhergehenden Netzwerkeffekte können das gesamte Geschäftsvolumen enorm steigern, wovon einerseits Betreibende des Digitalen Ökosystems, aber auch alle Teilnehmenden profitieren.

Trotz steigender Sensibilisierung bezüglich des Umgangs mit Daten, mangelt es an einer flächendeckenden und einheitlichen Umsetzung von Datensouveränität. Dabei beschäftigt sich das Forschungsfeld der Datennutzungskontrolle (engl. Data Usage Control) schon seit Anfang der 2000er (Park und Sandhu 2002, 2004; Sandhu und Park 2003) mit der Schaffung entsprechender Konzepte, die über traditionelle Zugriffskontrolle hinausgehen. Diese Erweiterung ermöglicht es, die Nutzung der Daten auch nach dem grundlegenden Zugriff zu kontrollieren. Aus unserer Erfahrung heraus werden diese aber in Deutschland und Europa weiterhin selten eingesetzt. Ohne Datennutzungskontrolle ergeben sich in der Praxis typischerweise nur zwei Alternativen:

1. Man bringt die eigenen Daten in das Ökosystem ein und partizipiert an den entsprechenden digitalen Geschäftsmodellen. Dies geht in der Regel mit einem Verlust der Datensouveränität einher.
2. Die eigenen Daten verbleiben in der eigenen Obhut. In der Folge können sie dann aber nicht nutzbar gemacht werden, der eigentliche Wert wird nicht gehoben und Opportunitäten für digitale Geschäftsmodelle werden verspielt.

Daher widmen wir uns in diesem Kapitel der Datennutzungskontrolle, die konzeptionelle und technische Lösungsbausteine zur Umsetzung und Sicherstellung von Datensouveränität in Digitalen Ökosystemen bietet und damit einen Mittelweg, der die Vorteile beider Alternativen vereint (s. Kap. 9).

Im folgenden Abschnitt führen wir Begrifflichkeiten wie Digitale Souveränität, Datensouveränität und Datennutzungskontrolle ein und grenzen diese voneinander ab. Danach führen wir ein Anwendungsbeispiel für ein Digitales Ökosystem in der Automobilbranche ein, gefolgt von einem Abschnitt, der die Umsetzung von Datensouveränität mittels Datennutzungskontrolle beschreibt. Im Abschn. 15.5 beschäftigen wir uns mit Dashboards für Datensouveränität, um Transparenz und Selbstbestimmung in Digitalen Ökosystem sicherzustellen und stellen im nachfolgenden Abschnitt konkrete Szenarien für Datensouveränität im Anwendungsbeispiel vor. Wir schließen unser Kapitel mit einer Diskussion und Zusammenfassung.

15.2 Begrifflichkeiten

Zunächst klären wir jedoch einige Begrifflichkeiten, um Unklarheiten und Verwechslungen zu vermeiden.

Digitale Geschäftsmodelle: Themen wie Digitalisierung und digitale Transformation prägen den Veränderungsprozess von Unternehmen, vor allem in wirtschaftlicher Hinsicht. Diese Veränderungen reichen von inkrementellen Veränderungen (beispielsweise der Optimierung und Verbesserung bestehender Verfahren und Prozesse) bis hin zu radikalen Veränderungen, die etablierte Geschäftsmodelle über Bord werfen und komplett neue Wege gehen. Ein Bereich, in dem beide Dimensionen zusammenkommen sind sogenannte Digitale Ökosysteme (s. Abschn. 3.4, s. auch Kap. 4).

Digitale Ökosysteme: Bei Digitalen Ökosystemen handelt es sich um sozio-technische Systeme, die Menschen, Organisationen, technische Systeme und deren komplexe Beziehungen untereinander umfassen. Im Kern eines solchen Ökosystems steht eine digitale Plattform, die einen Ökosystem-Dienst bereitstellt, von dem alle Teilnehmenden profitieren. Hinzu kommen Skalen- und Netzwerkeffekte mit dem Wachstum der Plattform, was diese für die Teilnehmenden und Partnerinnen und Partner noch attraktiver macht. Daher redet man in diesem Zusammenhang auch oft über Plattformökonomie. Da der Ökosystem-Dienst vollständig digital ist (wie beispielsweise der Vermittlung von Daten), fallen in der Praxis große Datenmengen an, inklusive Meta-, Transaktions- und Nutzungsdaten, die wiederum zusätzliche Mehrwertdienste ermöglichen. Ein Beispiel: Der Ökosystem-Dienst, den Spotify bereitstellt, ist das Streamen von Musik. Auf Basis der Nutzungsdaten kann Spotify wiederum passende Musik vorschlagen, da andere Nutzer mit ähnlichem Nutzungsprofil ebenfalls diese Musik gehört haben. Zusammenfassend können wir festhalten, dass digitale Geschäftsmodelle und Digitale Ökosysteme Hand in Hand gehen. Mit dem Wachstum des Ökosystems verstärken sich die Skalen- und Netzwerkeffekte, die sich wiederum auf die Menge der Daten und die damit verbundenen Möglichkeiten niederschlagen. Dadurch werden mehr und mehr digitale Geschäftsmodelle ermöglicht (s. Abschn. 9.1.2).

Digitale Souveränität: Bisher gibt es keine einheitliche Definition für Digitale Souveränität. Das Kompetenzzentrum Öffentliche IT definiert sie wie folgt: „Digitale Souveränität ist die Summe aller Fähigkeiten und Möglichkeiten von Individuen und Institutionen, ihre Rolle(n) in der digitalen Welt selbstständig, selbstbestimmt und sicher ausüben zu können." (Goldacker 2017). Diese Sichtweise wurde im Rahmen des Digital-Gipfels durch die Fokusgruppe „Digitale Souveränität in einer vernetzten Wirtschaft" um staatliche Sichtweisen erweitert. Die GI (Gesellschaft für Informatik 2020) fasst dies in die nachfolgenden Dimensionen zusammen: „(1) Kompetenz, (2) Daten, (3) Software- und Hardware-Technologie sowie (4) Governance-Systeme". Punkt (1) befasst sich mit der Kompetenz von Individuen beim Umgang und dem Verständnis von digitalen Technologien. Datensouveränität und der souveräne Umgang mit Daten sind unter Punkt (2) gefasst, die neben der technologischen Souveränität (Punkt 3) im Fokus der Politik stehen. Der Abschluss bilden sogenannte Governance-Strukturen (unter anderem rechtliche und regulatorische Rahmenbedingen) zur Erreichung der digitalen Souveränität.

Datensouveränität: Man sieht an dieser Stelle, dass Datensouveränität aus dieser Sichtweise als Teilgebiet der Digitalen Souveränität verstanden wird. Allerdings existiert auch für Datensouveränität bisher keine offizielle und einheitliche Definition. Der überwiegende Konsens in der aktuellen Literatur geht jedoch davon aus, dass man unter Datensouveränität die größtmögliche Kontrolle, Einfluss- und Einsichtnahme auf die Nutzung der Daten durch den Datengebenden versteht. Dieser soll zu einer informationellen Selbstbestimmung berechtigt und befähigt werden und Transparenz über die Datennutzungen erhalten. Betrachtet man dies im Kontext des Datenschutzes, so handelt es sich hier nicht nur um die Einhaltung von Rechtsvorschriften. Vielmehr geht es darum, Nutzende zu befähigen, selbstbestimmt über ihre Daten verfügen zu können. Datensouveränität ist also kein Ersatz zum Datenschutz, sondern ergänzt ihn.

Datennutzungskontrolle: Datennutzungskontrolle ist ein technischer Baustein zur Umsetzung von Datensouveränität. Sie versetzt Datengebende in die Lage, frei über die die Verwendung ihrer Daten zu bestimmen. Dazu werden feingranulare Auflagen für die Datennutzung spezifiziert und durch spezielle Kontrollmechanismen umgesetzt. Die Auflagen erweitern somit das Konzept der *Zugriffskontrolle*, das seit Jahrzehnten etabliert, aber inzwischen nicht mehr ausreichend ist. Denn alle Umsetzungen von Zugriffskontrolle haben gemein, dass sie nur wenige elementare Zugriffsarten unterscheiden und die Entscheidung am Ende binär ist: Dürfen Nutzende die Ressource lesen, schreiben oder ausführen? Die anschließende Nutzung der Daten wird nicht mehr kontrolliert. Das nachfolgende Beispiel soll diesen Unterschied verdeutlichen. Wenn Sie ihr Auto einem Freund oder einer Freundin verleihen, dann geben Sie die Kontrolle über ihr Auto vollständig aus der Hand, sobald Sie den Autoschlüssel übergeben. Sie können nach der Gewährung dieses Zugriffs die Nutzung aber nicht weiter einschränken. Erweitern Sie allerdings das Auto um Nutzungskontrolle, so wäre es möglich festzulegen, dass das Auto nur mit einer maximalen Höchstgeschwindigkeit bewegt werden kann, die Fahrstrecke begrenzt wird oder der Aktionsradius eingeschränkt wird.

15.3   Anwendungsbeispiel: Ein Digitales Ökosystem in der Automobilbranche

Die Bedeutung von Datensouveränität für Digitale Ökosysteme und ihre Teilnehmenden lässt sich am besten anhand eines konkreten Beispiels erklären. Der zentrale Bestandteil unseres Szenarios ist ein Digitales Ökosystem in der Automobilbranche, das Fahrzeugdaten zwischen den verschiedenen Teilnehmenden harmonisiert (zum Beispiel durch das

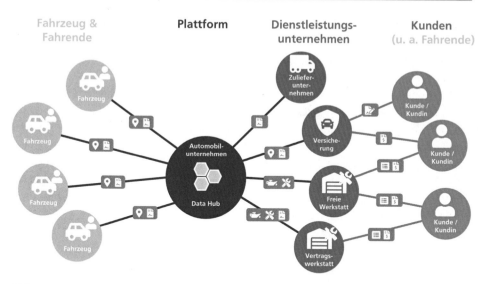

Abb. 15.1 Visuelle Darstellung des Anwendungsbeispiels aus der Automobilbranche (Eigene Darstellung)

Konvertieren von Dateiformaten oder das Umrechnen von Einheiten) und über standardisierte Schnittstellen zur Verfügung stellt. Derartige Plattformen entstehen derzeit bereits und werden von Automobilunternehmen sowie herstellerübergreifend aufgebaut, zum Beispiel durch Unternehmen wie Otonomo (2021) oder CARUSO dataplace (Caruso 2021). Abb. 15.1. zeigt eine visuelle Darstellung dieses Digitalen Ökosystems.

In unserem Szenario wird die Plattform durch ein Automobilunternehmen betrieben. Die Daten werden dabei primär durch die Fahrzeuge und deren Fahrende generiert und in die Plattform des Automobilunternehmens übermittelt. Die Plattform bereitet die Rohdaten auf und bietet standardisierte Schnittstellen für die Nutzung durch die Dienstleistungsunternehmen an. Im Anwendungsbeispiel handelt es sich dabei um Zulieferunternehmen, Werkstätten und Versicherungen, die wiederum Dienste für ihre Kunden (zum Beispiel dem Fahrzeughaltenden) zur Verfügung stellen.

Das digitale Geschäftsmodell dieser Plattform besteht somit aus mehreren Säulen:

1. Dem Sammeln von Daten (zum Beispiel Diagnosedaten der Werkstätten und Herstellenden, Bewegungsprofile der Fahrenden)
2. Dem Bereitstellen der Daten (zum Beispiel zur Qualitätsverbesserung der Zulieferunternehmen)
3. Der Bereitstellung von Mobilitätsdienstleistungen auf Basis ausgewerteter Daten durch die Dienstleistungsunternehmen (zum Beispiel dem Anbieten von Telematik-Tarifen durch Versicherungen).

Wir werden in den weiteren Kapiteln immer wieder Bezug auf dieses Anwendungsbeispiel nehmen.

15.4   Datensouveränität durch Datennutzungskontrolle

Eine Kernherausforderung bei der Umsetzung und Etablierung von Digitalen Ökosystemen ist der sichere und vertrauensvolle Umgang mit Daten.

Die in unserem Anwendungsbeispiel beteiligen Datenlieferanten sehen ihre Daten häufig als integralen Bestandteil ihres Geschäftsmodells an (zum Beispiel die Automobilunternehmen) und möchten diese daher ungern öffentlich machen. Die Bereitschaft, Daten zu teilen, ist in der Regel mit einem gewissen Maß an Kontrolle über die Daten verbunden. Auf der anderen Seite stehen die Unternehmen, die ihr eigenes Geschäftsmodell auf genau diese Daten aufbauen wollen (zum Beispiel die Versicherungen) und sich daher möglichst wenig Einschränkungen erhoffen. Es wird klar, dass die Umsetzung von Datensouveränität für alle beteiligten Akteure eine Herausforderung darstellt, aber gleichzeitig entscheidend für eine erfolgreiche Etablierung ihres Geschäftsmodells ist. In der Praxis werden derzeit in der Regel bilaterale Verträge ausgehandelt, für den jeweiligen Kunden vorbereitet und anschließend ausgeliefert. Dies soll zwar eine gewisse Datensouveränität gewährleisten – eine technische Kontrolle gibt es in der Regel aber nicht.

Daher widmen wir uns in diesem Abschnitt der Datennutzungskontrolle als treibendes Paradigma zur technischen Umsetzung von Datensouveränität. Sie befasst sich mit Anforderungen, die sich auf den Umgang mit Daten beziehen, nachdem der Zugriff darauf gewährt wurde. Ist die Datennutzungskontrolle vollständig implementiert, ist es möglich, die Daten auch nach der Freigabe weiter zu kontrollieren. Dabei können zudem individuelle Richtlinien zum Einsatz kommen, die die Datenweitergabe ermöglichen und dabei die Datensouveränität des Dateneigentümers wahren und technisch durchsetzen. Hierbei kann man primär zwei Bausteine unterscheiden.

Der erste Baustein ist angelehnt an vertragliche Regelungen und thematisiert die Frage, was der Datengebende erreichen will. Er oder sie muss (möglichst formal und präzise) Auflagen beschreiben, die festlegen, was mit den Daten nach deren Herausgabe geschehen darf und was nicht.

Der zweite Baustein thematisiert die Frage der technischen Realisierung und Durchsetzung der zuvor festgelegten Auflagen. Der Datennehmende muss also über geeignete technische Maßnahmen verfügen, um die Anforderungen des Datengebenden hinsichtlich Datensouveränität durchzusetzen. In Unternehmen gibt es unterschiedliche Systeme (beispielsweise Client-Systeme, mobile Geräte wie Smartphones und Tablets sowie dedizierte Server- und Netzwerkinfrastruktur), die Daten verarbeiten. Um eine umfassende Kontrolle der Datennutzung zu gewährleisten, muss jedes dieser Systeme entsprechend seiner Potenziale für die Umsetzung der Auflagen gerüstet werden. In unserem Anwendungsbeispiel könnte dies bedeuten, dass die Versicherungen und Werkstätten Schnittstellen für Löschanfragen durch die Plattform bereitstellen müssen (siehe hierzu auch Abschn. 15.6, Szenario 3).

Zur Umsetzung der vorgenannten Auflagen gibt es zwei Methoden: präventive und reaktive Mechanismen. Erstere stellen die Einhaltung der Auflagen sicher, indem sie unerwünschte Handlungen verhindern, wie etwa die Weitergabe von Daten. Im Gegensatz dazu können reaktive Mechanismen unerwünschte Handlungen nicht verhindern, sondern unterstützen lediglich die Aufdeckung von Verstößen gegen die Auflagen. Im Nachgang, also nach der Erkennung, können weitere Maßnahmen zur Kompensierung des aufgetretenen Schadens erfolgen. Dieses Prinzip kann mit der Durchsetzung von Geschwindigkeitsbegrenzungen verglichen werden. Die Polizei kann zwar nicht verhindern, dass zu schnell gefahren wird, aber sie kann Verstöße aufdecken und Bußgelder auferlegen. Auf ähnliche Weise können in unserem Anwendungsbeispiel, durch Protokollierung von Datennutzungen und nachgelagerte Auditierungen, Verstöße gegen die Auflagen aufgedeckt werden.

Beide Arten von Mechanismen haben in verschiedenen Anwendungsszenarien ihre Vor- und Nachteile. Die optimale Lösung hängt daher vom Einsatzgebiet ab. Präventive Mechanismen haben den Vorteil, dass die Einhaltung der Nutzungsrestriktionen und Auflagen garantiert werden kann. Diese können aber zu einer geringeren Akzeptanz führen, da die Benutzenden im Allgemeinen misstrauisch und in ihrem Handeln eingeschränkt werden. Außerdem ist eine Integration präventiver Mechanismen in Bestandssysteme häufig schwerer oder teilweise gar nicht möglich. Reaktive Mechanismen sind hingegen einfacher umzusetzen und lassen dem Benutzenden mehr Spielraum. Da sie unerwünschte Nutzungen aber nicht verhindern können, muss ein nachgelagerter Prozess für die Erkennung und Kompensierung des aufgetretenen Schades etabliert werden. In unserem Anwendungsbeispiel könnte der Abruf von Daten hinsichtlich Häufigkeit limitiert werden. Somit könnte beispielsweise die Versicherung nur einmal im Monat Daten von der Plattform abrufen. Die Plattform könnte jeden weiteren Abruf technisch verhindern (präventiv) oder erlauben, oder aber bei Überschreitung der Limitierung protokollieren und diese nachgelagert ahnden (reaktiv).

Im Allgemeinen werden Daten auf mehreren Abstraktionsschichten eines Systems verarbeitet. Beim Empfang von Inhalten über das Netz wird beispielsweise eine temporäre Datei geschrieben, der Inhalt wird in einem Anwendungsfenster dargestellt und in einer anwendungsspezifischen Datenstruktur gespeichert. Um Daten in einem gesamten System oder einer Infrastruktur vor unerwünschter Nutzung zu schützen, müssen entsprechende Mechanismen also auf allen notwendigen Systemebenen integriert werden, um den bestmöglichen Schutz zu erreichen. Dabei kann man grundlegend festhalten, dass auf höheren Systemebenen mehr Semantik und Kontextwissen für die Nutzungsentscheidungen zur Verfügung steht. So hat beispielsweise die Kontonummer auf Anwendungsebene eine konkrete Semantik. Auf Speicherebene, beispielsweise in der Datenbank, handelt es sich lediglich um eine Zeichenkette.

Datennutzungskontrolle lässt sich auf verschiedene Weisen implementieren. Es hat sich jedoch gezeigt, dass es in der Praxis immer wieder ähnliche Komponenten gibt, die die beiden zuvor beschriebenen Bausteine (Auflagen und Durchsetzung) umsetzen.

Zur Durchsetzung der Auflagen müssen zunächst relevante Datenflüsse überwacht und abhängig von den Auflagen maskiert (siehe hierzu Lane 2012), gefiltert oder unterbrochen werden. Diese Aufgabe übernimmt ein sogenannter *Policy Enforcement Point* (PEP).

Die Entscheidung darüber, wie der PEP im konkreten Fall agieren muss, liegt bei einer weiteren Komponente, dem *Policy Decision Point* (PDP). Dieser hat die Aufgabe, die mitunter zahlreichen und komplexen Auflagen zu einer stimmigen Gesamtentscheidung für den aktuellen Datenfluss zu überführen. Somit stützt sich die Durchsetzung auf der getroffenen Entscheidung des PDP.

Wie wir oben bereits beschrieben haben, sind mitunter nicht alle semantischen (zum Beispiel der Art der Daten) oder kontextuellen (zum Beispiel dem aktuellen geografischen Standort) Informationen auf der aktuellen Systemebene verfügbar. In solchen Fällen wird vom PDP ein *Policy Information Point* (PIP) einbezogen. Der PIP ist eine eigenständige Komponente, die dem PDP zusätzliche Informationen zur Verfügung stellen kann und damit die Daten des PEPs vervollständigt. Hierbei könnte es sich um eine Nutzungskennung handeln, für die Entscheidungsfindung wird allerdings die Rolle des Nutzenden benötigt (zum Beispiel verantwortlicher Projektleiter). Eine PIP-Komponente kann diese Information durch Verwendung eines Verzeichnisdienstes auflösen.

Eine weitere Komponente kommt insbesondere bei reaktiven Maßnahmen zum Tragen: der *Policy Execution Point* (PXP). Diese Komponente kann vom PDP angesprochen werden, um gewisse Aktionen durchzuführen. Hierbei kann es beispielsweise um die Benachrichtigung des Datengebenden, das Schreiben eines Log-Eintrags oder Änderungen am System handeln. Eine oft benötigte Funktion ist die Benachrichtigung des Datengebenden. In diesem Fall könnte die PXP-Komponente das Versenden einer E-Mail technisch umsetzen, um damit den Datengebenden über eine Datennutzung zu informieren.

Kernstück des beschriebenen Zusammenspiels sind die Auflagen, die in der Praxis schnell zahlreich und komplex werden können. Um diese Situation unter Kontrolle zu bekommen, werden *Policy Management Points* (PMP) eingesetzt, die die Auflagen verwalten und dem PDP zur Verfügung stellen. Um die notwendige formale Spezifikation der Auflagen zu unterstützen, kommen spezielle Editoren, sogenannte *Policy Administration Points* (PAP) zum Einsatz, mit deren Hilfe der Datengebende seine Bedürfnisse hinsichtlich der Datensouveränität spezifizieren kann. Natürlich könnte die Spezifikation ohne Hilfsmittel beziehungsweise unter Verwendung eines einfachen Texteditors erfolgen. Diese Vorgehensweise sollte vermieden werden, da hierdurch fehlerhafte oder ungewollte Nutzungsrestriktionen erzeugt werden können. Es können unterschiedliche PAPs mit verschiedenen Benutzeroberflächen oder Spezifikationsparadigmen existieren, die schlussendlich in der gleichen Ausgabe münden. Somit können je nach Eignung und Qualifikation der Nutzenden passende Schnittstellen gestaltet werden.

Zusammengefasst lässt sich der übliche Ablauf der Umsetzung von Datennutzungskontrolle in vier Phasen einteilen (s. Abb. 15.2):

- Phase 1 (blau): Festlegen der Auflagen
    - (1.1) Der Datengeber spezifiziert mit Hilfe des PAP die Auflagen.
    - (1.2) Die Auflagen werden auf dem PMP gespeichert und verwaltet.
    - (1.3) Die Auflagen werden auf dem PDP aktiviert.
- Phase 2 (rot): Überwachen des Datenflusses
    - (2.1) Der Datenfluss wird durch einen PEP überwacht.
    - (2.2) Der PEP bereitet die Daten für die Entscheidungsfindung auf und sendet eine Anfrage an den PDP, wie er mit den Daten bzw. dem Datenfluss weiter verfahren solle.

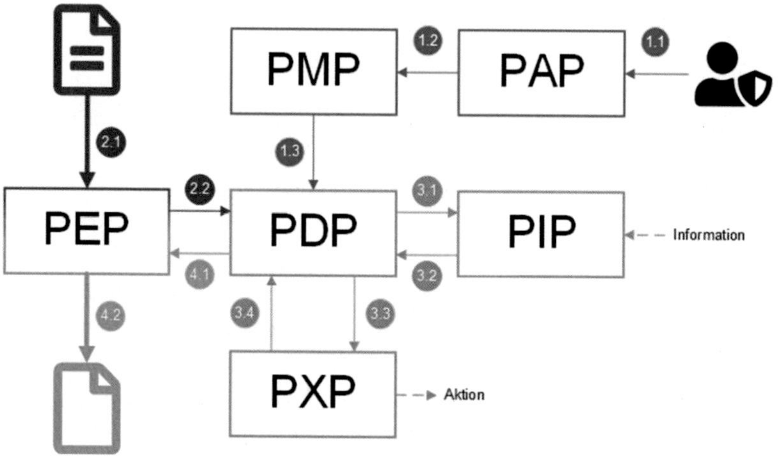

Abb. 15.2 Ablauf und Kommunikation der Komponenten für die Datennutzungskontrolle. Die Farben entsprechen den verschiedenen Phasen des Ablaufs (siehe auch Nummerierung der Pfeile). (Eigene Darstellung)

- Phase 3 (orange): Treffen einer Entscheidung
  - (3.1) Der PDP sendet eine Anfrage an einen PIP.
  - (3.2) Der PIP liefert das Ergebnis der Anfrage an den PDP.
  - (3.3) Der PDP weist einen PXP an eine Aktion auszuführen.
  - (3.4) Der PXP quittiert dem PDP den Erfolg oder Misserfolg.
- Phase 4 (grün): Durchsetzen der Entscheidung
  - (4.1) Der PDP teilt dem PEP die Entscheidung mit, wie mit dem Datenfluss weiter zu verfahren ist.
  - (4.2) Der PEP setzt die Anweisungen des PDP um und der Datenfluss geht weiter, in der Abbildung dargestellt als bereinigtes Dateisymbol.

15.5   Dashboards für Datensouveränität in Digitalen Ökosystemen

Im Bereich personenbezogener Daten regelt die Datenschutzgrundverordnung (DSGVO) diverse Betroffenenrechte wie Auskunft, Korrektur und Löschung, die wichtige Bausteine der Datensouveränität für betroffene Personen darstellen. Unabhängig davon, ob die Daten im Digitalen Ökosystem nun personenbezogen sind oder nicht (in der Praxis sind sie es in der Regel), sollte man diese Rechte entsprechend umsetzen, denn auch bei nicht-personenbezogenen Daten herrschen ähnliche Bedarfe bei den Datengebenden. Eine wesentliche Herausforderung sind fehlende Lösungen oder Lösungsbausteine, die in der Praxis mit moderatem Aufwand verwendet werden können. Dabei ist es in Digitalen Ökosystemen besonders relevant, die Datenflüsse zwischen den beteiligten Unternehmen zu erfassen und darzustellen, da hier mitunter komplexe Ketten entstehen.

Ähnliche Probleme treten auf, wenn Kunden selbst Einstellungen für die Nutzung der Daten vornehmen (beispielsweise im Rahmen von Datenschutzeinstellungen oder Auflagen im Sinne der Datennutzungskontrolle). Auch diese sind in der Regel auf ein Unternehmen beschränkt und die Kunden haben Probleme bezüglich der Verständlichkeit und des benötigten Aufwands. Für Unternehmen bedeutet dies auch ein rechtliches Risiko, da etwa Einwilligungen nur bei Informiertheit der Kunden wirksam sind und das Vorliegen dieser Einwilligungen durch den Verantwortlichen nachgewiesen werden muss. Bei Digitalen Ökosystemen liegt diese Verantwortung beim Plattformbetreibenden.

Zentrale Dashboards (auch Daten-Dashboards) für Datensouveränität im Ökosystem können hier einen wesentlichen Beitrag leisten. Sie ermöglichen es Unternehmen und Kunden, die Verarbeitung ihrer Daten zu kontrollieren und die Nutzung transparent zu machen. Einerseits werden also Möglichkeiten der Kontrolle und Einflussnahme auf die Verarbeitung und Verwendung der eigenen Daten geschaffen (Selbstbestimmung und Durchsetzung). Andererseits werden die Verarbeitungen und Verwendungen in einer klar verständlichen und strukturierten Weise dargestellt (Transparenz und Auskunft). Die Nutzungsmöglichkeiten für Unternehmen und Kunden der Unternehmen reichen dabei von der reinen Darstellung von Sachverhalten bis hin zur Erbringung von Nachweisen der Verwendung von Daten. Beispielsweise könnte in unserem Anwendungsbeispiel transparent gemacht werden, welche Daten die Versicherung verarbeitet hat und auf welcher Datenbasis die Abrechnung des Telematik-Tarifs basiert.

Es wird deutlich, dass Dashboards für Datensouveränität verschiedene Aufgaben und Ziele verfolgen, die wir nachfolgend skizzieren:

Primäres Ziel ist es, Auskunft und Transparenz über die Verwendung und Verarbeitung von Daten zu schaffen. Gleichzeitig müssen aber auch die aktuell geltenden Regeln und Einstellungen verständlich präsentiert werden.

Neben dieser informativen Auskunft müssen Datengebende befähigt werden, ihre eigenen Anforderungen an die Datensouveränität im Digitalen Ökosystem allen Teilnehmenden vermitteln zu können. Das sekundäre Ziel geht also auf die Selbstbestimmung und die Formulierung sowie schlussendlich der Formalisierung der Datensouveränitätsanforderungen ein. Es handelt sich hierbei um ein komplexes Thema. Schaut man sich beispielsweise die von der Legislative geforderten Möglichkeiten bei personenbezogenen Daten an, so fallen hierunter Einwilligungen, Widersprüche und Funktionen zur Datenlöschung oder zur Datenübertragung.

Aus den vorgenannten Zielen leitet sich konsequenterweise das Ziel der Durchsetzung ab, wobei es sich hierbei sowohl um technische als auch organisatorische Umsetzungen handeln kann, wie wir bereits diskutiert haben. Letztere müssen in Bezug auf die Dashboards eine Form der Rückmeldung aufweisen, damit diese den verantwortlichen Personen auch wieder dargestellt werden kann. An dieser Stelle ist darauf hinzuweisen, dass es sich bei Digitalen Ökosystemen oftmals um sozio-technische Systeme handelt und Vertrauen nicht nur durch technische Komponenten, sondern auch durch menschliche Interaktion bzw. direkten Kontakt entsteht.

Die konkrete Ausgestaltung von Dashboards für Datensouveränität ist hochgradig spezifisch für das jeweilige Digitale Ökosystem. Auch wenn es gewisse Charakteristiken und Anforderungen gibt, die sich alle Dashboards teilen, gibt es keine Standardlösung von der Stange. Stattdessen müssen stets individuelle Anforderungen, Risiken und Rahmenbedingungen bei der Planung, der Umsetzung, der Einführung und dem Betrieb von Dashboards berücksichtigt werden. Dabei ist dem Faktor Mensch eine hohe Priorität beizumessen, da der Umgang mit Datensouveränität ein wesentlicher Erfolgsfaktor für die Akzeptanz von Digitalen Ökosystemen darstellt.

15.6 Datensouveränitätsszenarien im Anwendungsbeispiel

Die nachfolgenden Szenarien veranschaulichen die technische Umsetzung von Datensouveränität mit Datennutzungskontrolle anhand des eben vorgestellten Anwendungsbeispiels. Hierzu wird das grundlegende Szenario beschrieben und danach die konkrete Umsetzung anhand von Code-Fragmenten und Auflagen in XML-Syntax verdeutlicht. Zudem wird das technische Zusammenspiel der vorab eingeführten Komponenten der Datennutzungskontrolle beschrieben.

Die beiden Protagonisten Paul und Frieda besitzen jeweils ein Fahrzeug des Automobilunternehmens der Plattform. Mit dem Kauf des Fahrzeugs wurden entsprechende Zugänge auf der Plattform bereitgestellt. Mit ihren Zugängen auf der Plattform können Paul und Frieda einerseits ihre eigenen Daten einsehen, aber auch die Datennutzungen für die angeschlossenen Unternehmen (unter anderem Versicherung, Werkstätten) kontrollieren. Paul würde man eher als konservativ und vorsichtig bezeichnen, Frieda hingegen ist aufgeschlossen und probiert gerne neue Features aus. Allerdings ist sie auch sehr bedacht, wenn es um ihre Daten und Datenschutz geht.

Szenario 1 Paul hat beim Kauf seines Fahrzeugs bei seiner Versicherung einen konventionellen Tarif ohne Telematik, aber mit beschränkter Laufleistung abgeschlossen. Hierfür würde er der Versicherung gerne den regelmäßigen Abruf der Laufleistung ermöglichen, damit diese ihn rechtzeitig vor dem Überschreiten der vereinbarten Laufleistung informieren kann. Diesen Zugriff kann Paul über das Daten-Dashboard der Plattform regeln und legt dabei sowohl den Nutzungszweck als auch die maximale Häufigkeit für den Abruf fest. In diesem Fall erlaubt Paul den Abruf nur zum Zweck der Vermeidung einer Überschreitung und dies nur einmal im Monat sowie nur auf volle Tausenderstellen gerundet.

Zur technischen Umsetzung im Szenario wird ein PEP in der Plattform integriert, der die Schnittstelle der Versicherung kontrolliert. Die folgenden Code-Beispiele und Auflagen basieren auf der Umsetzung mit den MYDATA Control Technologies (Fraunhofer IESE 2021). Wie in Abb. 15.3 zu sehen, wird der entsprechende Datenfluss, nämlich das Auslesen und Zurückgeben des Kilometerstands, durch den PEP zunächst abgefangen (siehe Abb. 15.3, Zeile 5–12, roter Kasten).

```
 1 long getMilage(vehicleId) {
 2
 3 long milage = database.getMilage(vehicleId);
 4
 5 try {
 6    Event dataRequest = new Event("getMilage")
 7                        .addParameter("milage", milage)
 8                        .addParameter("vehicleId", vehicleId);
 9    milage = PEP.enforce(dataRequest).get("milage");
10 } catch (InhibitException) {
11    // handle denied request
12 }
13
14 return milage;
15
16 }
```

Abb. 15.3 Integration eines PEPs (roter Kasten) an der Schnittstelle zwischen Plattform und Versicherung in Szenario 1. (Eigene Darstellung)

```
 1 <policy id='scenario1'>
 2    <mechanism event='getMilage'>
 3        <if>
 4            <equals>
 5                <count>
 6                    <eventOccurrence event='getMilage'>
 7                        <parameter:string name='vehicleId'>
 8                            <event:string eventParameter='vehicleId'/>
 9                        </parameter:string>
10                    </eventOccurrence>
11                    <when fixedTime='lastMonth'/>
12                </count>
13                <constant:number value='0'/>
14            </equals>
15            <then>
16                <modify eventParameter='milage' method='round'>
17                    <parameter:number name='digits' value='3'/>
18                </modify>
19            </then>
20        </if>
21        <else>
22            <inhibit/>
23        </else>
24    </mechanism>
25 </policy>
```

Abb. 15.4 Auflagen für Szenario 1 in einer XML-basierten Sprache für Datennutzungskontrolle. (Eigene Darstellung)

Der PEP überprüft anschließend die geltenden Auflagen (siehe Abb. 15.4). Falls der Kilometerstand für das Fahrzeug innerhalb des vergangenen Monates noch nicht abgerufen wurde (siehe Abb. 15.4, Zeile 5–14, blauer Kasten), wird der Kilometerstand gerundet (siehe Abb. 15.4, Zeile 15–19, grüner Kasten) und durch den PEP anstatt des echten Werts zurückgegeben. Falls der Kilometerstand bereits abgerufen wurde, wird die Anfrage abgelehnt (siehe Abb. 15.4, Zeile 21–23, roter Kasten) und der PEP bricht den Datenfluss mit einer „InhibitException" ab.

Zum Sicherstellen der Zweckbindung ist eine Integration eines PEPs bei der Versicherung notwendig. Entsprechend des aktuell laufenden Geschäftsprozesses wird die Datennutzung entweder erlaubt (Laufleistungsprüfung) oder verboten (zum Beispiel für Werbezwecke).

Szenario 2 Paul geht schon seit Jahren zur Werkstatt seines Vertrauens. Mit dem neuen Fahrzeug hat er nun die Möglichkeit, dass die Werkstatt direkt auf seine Fahrzeugdaten über die Plattform zugreifen kann. Bei seinem bisherigen Fahrzeug hat ihn die Werkstatt einmal im Jahr per Post angeschrieben, um ihn an die anstehende Inspektion zu erinnern. Mit der Plattform bietet ihm die Werkstatt nun nutzungsabhänge Wartungen an. Außerdem können die Termine besser geplant werden, da sich die Werkstatt bereits vorab über den Zustand des Fahrzeugs (beispielsweise Bremsen, Öl, Fehlerspeicher) informieren kann. Analog zum Fall mit der Versicherung hat auch die Werkstatt eine entsprechende Nutzungsanfrage über die Plattform gestellt, der Paul voll zugestimmt hat.

Die technische Umsetzung erfolgt wiederum durch einen PEP, der die Schnittstelle für Werkstätten kontrolliert. Bei Anfragen der Werkstatt werden die vom Haltenden hinterlegten Auflagen ausgewertet und der Zugriff entsprechend gewährt.

Szenario 3 Im Gegensatz zu Paul hat Frieda keine feste Vertragswerkstatt. Daher hat sie auch keine pauschale Freigabe in der Plattform eingerichtet. Stattdessen gibt sie Daten immer nur nach Bedarf für eine bestimmte Wartung oder Reparatur frei (zum Beispiel für die Dauer der Reparatur von drei Tagen). Außerdem gibt die Plattform Frieda die Möglichkeit, Daten nach Abschluss der Inspektion wieder zu löschen.

Im Szenario erfolgt die Steuerung der Daten auf der Plattform wiederum durch den PEP in der Schnittstelle für die Werkstätten. Die Löschung der Daten erfordert die Nutzung eines PXP in der Infrastruktur der Werkstatt (siehe Abb. 15.5, Zeile 6–11, roter Kasten). Somit kann dieses Feature nur von Werkstätten umgesetzt werden, die eine entsprechende Anbindung bieten. Nach dem Zurücksetzen der Inspektionsparameter im Fahrzeug wird die Löschung durch die Plattform angestoßen.

Szenario 4 Frieda würde über sich selbst sagen, dass sie eine sehr vorausschauende und ausgewogene Autofahrerin ist. Daher findet sie es auch gut, dass sie nun einen Versicherungstarif basierend auf ihrem Fahrverhalten auswählen kann. Den Antrag hat sie bei ihrer Versicherung gestellt, was zu einer Nutzungsanfrage im Daten-Dashboard führte. Hier war sehr genau aufgeschlüsselt, welche Daten die Versicherung regelmäßig abrufen möchte. Dabei handelte es sich unter anderem um Beschleunigungswerte, Leistungszah-

```
 1 <policy id='scenario3'>
 2     <mechanism event='serviceCompleted'>
 3         <if>
 4             ...
 5         <then>
 6             <execute action='deleteData' >
 7                 <parameter:string name='userId'>
 8                     <event:string name='userId'/>
 9                 </parameter:string>
10             </execute>
11         </then>
12     </if>
13     </mechanism>
14 </policy>
```

Abb. 15.5 Auflagen für Szenario 3 in einer XML-basierten Sprache für Datennutzungskontrolle. (Eigene Darstellung)

len des Motors sowie Zeiten und Dauer, wann das Fahrzeug bewegt wurde. Frieda fühlt sich dadurch zu sehr überwacht und entschließt sich dies weiter einzuschränken und stattdessen nur zu übermitteln, ob das Fahrzeug an diesem Tag bewegt wurde oder nicht.

Technisch wird das wiederum durch den PEP in der Plattform umgesetzt. Dieser kontrolliert den Datenstrom und ersetzt in der Datenstruktur für die Versicherung die Auflistung der Nutzungszeiten durch einen aggregierten Wert.

Szenario 5 Frieda ist viel unterwegs und ist deshalb Mitglied in einem renommierten Automobilclub. Bei Vertragsschluss hat dieser eine Anfrage über die Plattform gestellt, um regelmäßig Daten über ihr Fahrzeug abrufen zu können. Frieda wollte das nicht und hat deshalb die restriktivste Auflage gewählt: „Abruf von Fahrzeugdaten ausschließlich bei Pannenhilfe".

Technisch führen wir hierfür eine PIP-Komponente ein, die einerseits die Situation des Fahrzeugs (siehe Abb. 15.6, Zeile 5–12, blauer Kasten) und andererseits die aktuelle Goeposition des Fahrzeugs (siehe Abb. 15.6, Zeile 13–21, grüner Kasten) berücksichtigt. Bei der Meldung einer Panne werden verschiedene Daten vom Fahrzeug wie dessen Zustand an die Plattform übermittelt. Zusätzlich wird die Situation „Panne" und die aktuelle Geoinformation übermittelt, die in der Plattform in einer PIP-Komponente gespeichert werden. Dies stellt eine Ausnahme dar, da die Nutzung normalerweise nicht erlaubt ist (s. Abb. 15.6, Zeile 33–35, roter Kasten).

Wenn der Automobilclub auf die Plattform zugreift, so wird erstmal die grundsätzliche Verknüpfung geprüft und falls die PIP-Komponente die Situation „Panne" zurückgibt, so wird die Nutzung, inklusive der aktuellen Geoposition (siehe Abb. 15.6 1.4, Zeile 23–31, lila Kasten) gewährt. Die Ausnahme ist zeitlich beschränkt auf 24 Stunden oder bis der Zustand durch Frieda manuell zurückgesetzt wird.

```
 1 <policy id='scenario5'>
 2    <mechanism event='supportRequest'>
 3       <if>
 4          <and>
 5             <equals>
 6                <pip:string method='getVehicleStatus'>
 7                   <parameter:string name='vehicleId'>
 8                      <event:string name='vehicleId'/>
 9                   </parameter:string>
10                </pip:string>
11                <constant:string value='Panne'/>
12             </equals>
13             <less>
14                <pip:number method='getVehicleStatusAge'>
15                   <parameter:string name='vehicleId'>
16                      <event:string name='vehicleId'/>
17                   </parameter:string>
18                   <parameter:string name='unit' value='hours'/>
19                </pip:number>
20                <constant:number value='24'/>
21             </less>
22          </and>
23          <then>
24             <modify eventParameter='location'>
25                <pip:string method='getVehicleLocation'>
26                   <parameter:string name='vehicleId'>
27                      <event:string name='vehicleId'/>
28                   </parameter:string>
29                </pip:string>
30             </modify>
31          </then>
32       </if>
33       <else>
34          <inhibit/>
35       </else>
36    </mechanism>
37 </policy>
```

Abb. 15.6 Auflagen für Szenario 5 in einer XML-basierten Sprache für Datennutzungskontrolle. (Eigene Darstellung)

Abb. 15.7. zeigt die Positionierung der verschiedenen Komponenten im Digitalen Ökosystem. In den Szenarien sind das PEPs an den Schnittstellen für die anfragenden Unternehmen, damit hier eine Filterung der Daten erfolgen oder die zweckgebundene Verwendung sichergestellt werden kann. Der zentrale PIP zur Abfrage der Situation des Fahrzeugs (Kontext-PIP) für Ausnahmesituationen und ein Lösch-PXP bei den Werkstätten, damit die Plattform die Auflagen zum Löschen von Daten bei den verbundenen Unternehmen durchsetzen kann.

Die Komponenten zur Spezifikation (PAP), Verwaltung (PMP) und Auswertung (PDP) der Auflagen würden sich in der zentralen Plattform befinden, wurden in der Abbildung aber nicht explizit eingezeichnet.

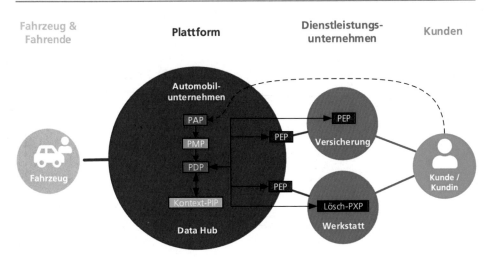

Abb. 15.7 Positionierung der Komponenten für Datennutzungskontrolle im Anwendungsbeispiel (Eigene Darstellung)

Die Szenarien zeigen die Durchsetzung verschiedener Auflagen im Anwendungsbeispiel. Verlassen die Daten das Digitale Ökosystem und sollen weiter geschützt werden, so muss das Ziel durch den Einsatz von Datennutzungskontrollkomponenten (beispielsweise Lösch-PXP) erweitert werden. Ist das nicht möglich, muss auf organisatorische Regeln zurückgegriffen werden.

15.7 Diskussion und Zusammenfassung

Digitale Ökosysteme entstehen in allen Branchen und Domänen. Das Zusammenspiel zwischen der Nutzbarmachung von Daten und der Einhaltung der Datensouveränität stellt eine enorme Herausforderung für ihre Betreibenden und Teilnehmenden dar.

Datennutzungskontrolle stellt hierfür wesentliche Bausteine zur Verfügung. Diese reichen von grundlegenden Konzepten bis hin zu konkreten technischen Umsetzungsmöglichkeiten. Dennoch sind der praktische Einsatz und die Durchdringung am Markt bisher wenig vorangeschritten. Initiativen wie die *International Data Spaces* (IDS) (Fraunhofer 2021) oder GAIA-X sind Vorreitende bei der Ausarbeitung der technischen und organisatorischen Rahmenbedingungen für Datennutzungskontrolle. Ein souveräner Umgang mit Daten wird auch durch die Querschnittsthemenforschung im KI-Innovationswettbewerb bekräftigt und einige Projekte setzen bereits auf die zukunftsfähigen Konzepte von GAIA-X (s. Kap. 9).

Gerade die IDS befassen sich seit einigen Jahren mit verschiedenen Themenkomplexen der Datennutzungskontrolle und setzen diese im IDS-Ökosystem erfolgreich um. Die Veröffentlichungen im Bereich „Usage Control in the International Data Spaces" (Eitel et al. 2021) durch die International Data Spaces Association (IDSA) gewähren umfassende Einblicke in die Thematik.

Umfangreiche Datennutzungskontrolle erfordert ein geschlossenes, kontrollierbares System. Digitale Ökosysteme eigenen sich aufgrund ihrer Eigenschaften grundsätzlich dafür sehr gut. Die Umsetzungsverantwortung liegt bei Digitalen Plattformen beim Plattformbetreibenden. Dieser muss Datensouveränität im gesamten Ökosystem sicherstellen. Dies beginnt bei der Plattform selbst, muss aber auch bei allen Teilnehmenden sichergestellt werden.

Es ist daher zielführend Datensouveränität direkt von Beginn an mitzudenken und die Schutzbedarfe für Daten früh zu konkretisieren. Dies erfordert die Einbeziehung interdisziplinärer Kompetenzen, angefangen bei der Erhebung und Formalisierung dieser Schutzbedarfe, deren einheitlichen und benutzerfreundlichen Darstellung und Einstellmöglichkeiten sowie schlussendlich der einheitlichen technischen Umsetzung im gesamten Ökosystem. Nachträgliche Anpassungen oder Änderungen lassen sich nur mit erheblichem Aufwand realisieren. (s. Kap. 8). Daher führen auch kurzfristige Lösungen, wie das programmatische Umsetzen einzelner Szenarien oder Use Cases, langfristig zu Mehrarbeit, uneinheitlichen Umsetzungen und skalieren schlichtweg nicht. Das ist jedoch für Digitale Ökosysteme entscheidend. Konfigurierbare Lösungen mit einheitlicher Umsetzung (beispielsweise Frameworks für Datennutzungskontrolle) sind daher zu bevorzugen.

Ähnlich wie die Umsetzung von Maßnahmen der klassischen IT-Sicherheit müssen auch die Maßnahmen für die Umsetzung von Datensouveränität in Relation gesetzt werden. Einfache Anforderungen wie die Bereinigung der Daten können bereits durch wenige Maßnahmen im eigenen Code umgesetzt werden. Werden allerdings weitergehende Garantien und Sicherheiten benötigt, so müssen Konzepte wie Vertrauensanker, Zertifizierung und revisionssichere Protokolle in Betracht gezogen werden, die neben der eigentlichen Umsetzung von Datensouveränität zusätzlich betrachtet werden müssen. Datensouveränität baut daher oftmals auf weiteren Technologien auf, um diesen Anforderungen gerecht zu werden. Zusätzlich gibt es unterschiedliche Möglichkeiten der Integration von Datennutzungskontrolle, die auch unterschiedliche Ausprägungen haben, beispielsweise hinsichtlich Kontrollmöglichkeiten oder Integrationsaufwand (Zrenner et al. 2019). Schlussendlich muss man bei der Umsetzung von Datensouveränität immer zwischen den Möglichkeiten der Kontrolle und den damit verbundenen Kosten abwägen.

Literatur

Caruso (2021) CARUSO. From connected cars to connected business. https://www.caruso-dataplace.com. Zugegriffen am 12.10.2021

Eitel A, Jung C, Brandstädter R, Hosseinzadeh A, Bader S, Kühnle C, Birnstill P, Brost G, Gall M, Bruckner F, Weißenberg N, Korth B (2021) Usage control in the international data spaces. International Data Spaces Association, Berlin. https://internationaldataspaces.org/download/21053. Zugegriffen am 12.10.2021

Fraunhofer IESE (2021) MYDATA control technologies – developer documentation. https://developer.mydata-control.de Zugegriffen am 12.10.2021

Fraunhofer-Gesellschaft (2021) International data spaces. https://www.dataspaces.fraunhofer.de. Zugegriffen am 12.10.2021

Gesellschaft für Informatik (2020) Schlüsselaspekte digitaler Souveränität. Arbeitspapier der Gesellschaft für Informatik e.V., Berlin. https://gi.de/fileadmin/GI/Allgemein/PDF/Arbeitspapier_Digitale_Souveraenitaet.pdf. Zugegriffen am 30.03.2022

Goldacker G (2017) Digitale Souveränität. Kompetenzzentrum Öffentliche Informationstechnologie. Kompetenzzentrum Öffentliche IT (ÖFIT), Berlin

Lane A (2012) Understanding and selecting data masking: defining data masking. https://securosis.com/blog/understanding-and-selecting-data-masking-defining-data-masking. Zugegriffen am 12.10.2021

Otonomo (2021) Otonomo. The global platform for connected car data. https://otonomo.io. Zugegriffen am 12.10.2021

Park J, Sandhu R (2002) Towards usage control models: beyond traditional access control. 7th ACM Symposium on Access Control Models and Technologies, SACMAT 2002, Naval Postgraduate School, Monterey, California, USA, June 3–4, 2002. ACM 3–4, 2002. ACM, S 57–64, ISBN 1-58113-496-7, ISBN 1-58113-496-7. https://doi.org/10.1145/507711.507722

Park J, Sandhu R (2004) The UCONABC usage control model. ACM Trans Inf Syst Secur 7(1):128–174. https://doi.org/10.1145/984334.984339

Sandhu R, Park J (2003) Usage control: a vision for next generation access control. International workshop on Mathematical Methods, Models, and Architectures for Computer Network Security. Springer, Berlin/Heidelberg, S 17–31

Zrenner J, Möller FO, Jung C, Eitel A, Otto B (2019) Usage control architecture options for data sovereignty in business ecosystems. J Enterp Inf Manag 32(3):477–495. Emerald Publishing, Bingley

Teil IV

Vertrauen in Daten

Einleitung: Vertrauen in Daten

Marieke Rohde und Nicole Wittenbrink

Zusammenfassung

Die Qualität von Daten sowie die darauf angewandten Transformationen und Berechnungen sind maßgebend für die Qualität der Entscheidungen, die auf ihrer Basis getroffen werden. Auf Seiten potenzieller Nutzender gibt es derzeit immer noch kein ausreichendes Vertrauen in datenbasierte Lösungen. Dies gilt besonders für sicherheitskritische Anwendungen oder Anwendungen im Gesundheitsbereich. In diesem Buchteil werden ausgewählte Lösungsansätze vorgestellt, um die Qualität datenbasierter Dienste und Produkte sicherzustellen beziehungsweise nachzuweisen und so das Vertrauen in diese Angebote zu stärken.

Entscheidungen, die auf Grundlage von Daten getroffen werden, können immer nur so gut sein, wie die zu Grunde liegenden Daten und die darauf angewandten Transformationen und Berechnungen. In vielen Bereichen, insbesondere bei sicherheitskritischen Anwendungen oder Anwendungen im Gesundheitsbereich scheuen sich potenzielle Nutzende, datenbasierte Lösungen einzusetzen: Sie haben kein ausreichendes Vertrauen in digitale Lösungen.

Im folgenden Buchteil werden Lösungsansätze vorgestellt, um die Qualität datenbasierter Dienste und Produkte sicherzustellen sowie nachzuweisen und so Vertrauen in diese Angebote zu stärken. Die Themenkomplexe der erklärbaren Künstlichen Intelligenz (*Explainable AI*) und der Zertifizierung von KI wurden bewusst ausgeklammert, da sie

M. Rohde (✉) · N. Wittenbrink
Institut für Innovation und Technik (iit) in der VDI/VDE Innovation + Technik GmbH,
Berlin, Deutschland
E-Mail: rohde@iit-berlin.de; wittenbrink@iit-berlin.de

durch besondere Herausforderungen charakterisiert sind, die den Umfang einer eigenen Abhandlung erfordern.

Der Beitrag *Unternehmensdaten – Informationen aus gewachsenen, komplexen Systemen herausarbeiten* von Philipp Schlunder und Fabian Temme nimmt sich der wichtigen und schwierigen Herausforderung an, eine funktionierende Datenpipeline mit aussagekräftigen Daten bei Unternehmen aufzusetzen, die den digitalen Wandel noch nicht vollständig vollzogen haben. Die Autoren berichten aus ihrer Berufserfahrung als KI-Dienstleister und als Mitarbeitende der Forschungsprojekte *DaPro* sowie *IIP-Ecosphere*. Sie thematisieren insbesondere das organisatorische Vorgehen bei Datenwertschöpfungsprojekten sowie die Interaktion mit (KMU-)Kunden. Der Beitrag bietet konkrete, praxisnahe Lösungsansätze für Herausforderungen bei der Umsetzung von Datenwertschöpfungsprojekten, die über das hinaus gehen, was technische Leitfäden abzudecken vermögen.

Der Beitrag *Datenqualitätssicherung entlang der Datenwertschöpfungskette im Industriekontext* von Jochen Saßmannshausen und Philipp Marcel Schäfer stellt eine Auswahl von in der Entwicklung begriffenen technischen Ansätzen des Forschungsprojekts *GEMIMEG-II* vor, die die Zuverlässigkeit von Datentechnologien in einem Industrie-4.0-Kontext sicherstellen sollen: Digitalisierung der Sensorkalibrierung, sicheres Identitätsmanagement bei der Orchestrierung verteilter Verarbeitungsschritte und Digital Ledger Technologien (DLT) für die verteilte Datenhaltung.

Der Beitrag *Nationale und internationale Standardisierung und Zertifizierung von Datendiensten* von Axel Mangelsdorf, Stephanie Demirci und Tarek Besold stellt den Normungs- und Regulierungsrahmen sowie die wichtigsten Normungsaktivitäten für Datentechnologien vor. In dem Beitrag wird zudem dargelegt, wie, wann und warum erforderliche oder freiwillige Zertifizierungen der Akzeptanzschaffung dienen. Anhand des Beispiels eines im Rahmen des Förderprojekts *Telemed5000* entwickelten datenbasierten Medizinprodukts wird beschrieben, wie die Zertifizierung im Produktlebenszyklus mitberücksichtigt werden kann.

Die drei Beiträge repräsentieren somit unterschiedliche, komplementäre Ansätze, Vertrauen in Daten und datenbasierte Dienste und Produkte sicherzustellen.

Unternehmensdaten – Informationen aus gewachsenen, komplexen Systemen herausarbeiten

17

Philipp Schlunder und Fabian Temme

Zusammenfassung

Viele Datenanalyse-Projekte gehen nicht über die Phase des Prototypings hinaus. Im vorliegenden Kapitel werden Herausforderungen und Lösungsansätze für die Arbeit mit Daten im Unternehmenskontext betrachtet, die bereits frühzeitig eine spätere Inbetriebnahme begünstigen sollen. Besonderer Fokus liegt dabei auf dem Umgang mit unterschiedlichen, fehlerbehafteten Datenquellen sowie der organisatorischen Ebene.

Zu Beginn wird die Planung eines ersten Projekttreffens thematisiert. Dazu gehört, welche Akteure sich zu welchen Fragen austauschen sollten. Anschließend werden verschiedenste Datentypen und typische Probleme mit verbreiteten Datenquellen besprochen. Mit dem Werkzeug der „Live Working Sessions" wird danach ein schlichtes Konzept vorgestellt, mit dem die gemeinsame Arbeit der Projektpartner so gestaltet werden kann, dass möglichst früh eine durchgängige, praktikable Datenpipeline entsteht. Es wird beschrieben, wie die direkte Umsetzung einer solchen dazu beiträgt, potenzielle Probleme in der IT-Infrastruktur bereits während des Prototypings anzugehen, um erste Tests zur Einbindung der Analyse-Ergebnisse in die Unternehmensstruktur realisieren zu können.

P. Schlunder (✉) · F. Temme
RapidMiner GmbH, Dortmund, Deutschland
E-Mail: philipp.schlunder@udo.edu; tftemme@rapidminer.com

© Der/die Autor(en) 2022
M. Rohde et al. (Hrsg.), *Datenwirtschaft und Datentechnologie*,
https://doi.org/10.1007/978-3-662-65232-9_17

17.1 Einblicke in Herausforderungen der Datenaufbereitung und Datenanalyse und die Wichtigkeit der organisatorischen Ebene

Viele Projekte im Bereich Datenanalyse gehen nicht über die Phase des Prototyping hinaus (RapidMiner Inc. 2019). Welche Hemmnisse erklären das Scheitern des Übergangs vom Prototyping in die Produktion und wie kann diesem Problem frühzeitig begegnet werden? In diesem Kapitel soll es um die Betrachtung dieser Fragestellung im Hinblick auf die Datenlage im Unternehmen gehen.

Die geteilten Beobachtungen und Empfehlungen beruhen auf unserer Erfahrung als Software-Anbieter (RapidMiner Inc.) im Bereich Data Analytics und sind aus der Sicht zweier Data Scientists geschrieben, die an der Umsetzung der geförderten Projekte *DaPro* (2019) des Technologieprogramms Smarte Datenwirtschaft und *IIP-Ecosphere* (2020) des Technologieprogramms Innovationswettbewerb Künstliche Intelligenz, des Bundesministeriums für Wirtschaft und Klimaschutz (BMWK), im Bereich maschinelles Lernen arbeiten. In diesen Projekten wird vor allem Augenmerk daraufgelegt, Datenanalyse für ein breiteres Publikum nutzbarer zu gestalten. Hierzu wurden Werkzeuge zur einheitlicheren Datenverarbeitung und -analyse sowie Konzepte zur Einführung von Analyse-Systemen in Unternehmen erarbeitet. Dazu wird auf Erfahrungen aus dem Kundenkontakt außerhalb dieser Projekte zurückgegriffen.

Bei der Zusammenarbeit mit Partnerinnen und Partnern aus unterschiedlichen Branchen (Automobil, Chemie, B2B-Elektronik, Finanzen, Haushaltsgeräte, Lebensmittel, Logistik, Metallverarbeitung) zeichnen sich zwei wesentliche Probleme ab:

1. Probleme bei der Gewährleistung einer durchgängigen Datenpipeline mit gesicherter Datenqualität
2. Organisatorische Unternehmensstrukturen, die noch nicht auf Datenanalyse-Projekte ausgelegt sind

Das Kapitel widmet sich verschiedenen Teilaspekten dieser Probleme und soll dabei helfen, wichtige Faktoren frühzeitig zu erkennen. Dabei werden im Alltag erprobte Methoden geteilt, die sich von der Planung des ersten Treffens über die Gestaltung regelmäßiger Zusammenarbeit bis hin zur späteren Übergabe des Projektes erstrecken. Die Methoden werden in einem industriellen Kontext vorgestellt, lassen sich jedoch leicht auf andere Geschäftsbereiche und Branchen übertragen, in denen Datenanalyseprojekte umgesetzt werden sollen.

Doch wieso ist gerade die organisatorische Ebene ein so großes Problem bei Datenanalyse-Projekten? Im industriellen Kontext gibt es oft eine komplexe Systemlandschaft, die über Jahre und Jahrzehnte hinweg gewachsen ist. Speziell im Bereich von kleinen und mittelständischen Unternehmen werden nicht ständig neue Fabriken von Grund auf geplant und umgesetzt, sondern es gibt verschiedene Maschinengenerationen und Verwaltungssysteme, die mit der Zeit eingeführt wurden und eigenständig in der jeweiligen

Abteilung funktionieren müssen. Wichtige Informationen werden im Alltag so hinterlegt, dass der anfängliche Aufwand, etwas festzuhalten, gering ist und der lokale Zweck der Datenhaltung erfüllt wird. Dabei werden Aspekte der Wiederverwendbarkeit für andere Abteilungen oder spätere Nutzung für noch nicht geplante Zwecke häufig nicht beachtet, wodurch impraktikable Ansammlungen von Daten entstehen, über die kaum jemand Bescheid weiß. Häufig wird dann von sogenannten Datensilos gesprochen.

Datenanalysen profitieren jedoch von der Zusammenführung unterschiedlicher Datenquellen, die ein möglichst breites Spektrum an Einflüssen auf einen (Produktions-)Prozess haben. Somit zeichnet sich direkt die erste Schwierigkeit organisatorischer Natur ab: Es muss ein Austausch zwischen Abteilungen stattfinden, der zuvor ggf. nur sporadisch stattfand und der vor allem selten schon strukturiert und (teil-)automatisierbar ist. In der Broschüre „KI im Mittelstand" der Plattform Lernende Systeme (Plattform Lernende Systeme, KI im Mittelstand 2021) werden vier Pfade beschrieben, wie Unternehmen mit unterschiedlichen Voraussetzungen Datenanalyse-Projekte angehen können. In der Broschüre wird zwischen vier Ausprägungsgraden vorhandener Daten- und Analyseinfrastruktur im Unternehmen unterschieden, um basierend darauf angepasste Einführungssystematiken zu empfehlen. So kann es für kleinere Unternehmen mit geringer vorhandener Dateninfrastruktur eine gute Option sein, einen fertigen „KI-Service" passend zu einer vorhandenen Maschine einzukaufen, während andere Unternehmen zum Erhalt der Wettbewerbsfähigkeit eigene Analyse-Abteilungen aufbauen sollten, um das Thema als weitere Kernkompetenz zu verankern.

Darüber hinaus sind für einen unternehmenskulturellen Wandel die Bereitschaft, sich weiterzuentwickeln, Informationen über Abteilungen hinweg zu teilen und notwendige Änderungen in der eigenen Abteilung vorzunehmen unabdingbar. Möglichkeiten, diesen Wandel und anderen Hindernissen im Hinblick auf die Einbindung der Mitarbeitenden zu begegnen, finden sich beispielsweise in der Broschüre „Industrie 4.0 – Mitarbeiter einbinden" (Bashir et al. 2018). Dementsprechend ist eine frühzeitige Einbeziehung der beteiligten Partnerinnen und Partner innerhalb des Unternehmens, bei dem ein Projekt umgesetzt wird, unabdingbar.

Die referenzierten Broschüren bieten Ansätze zur Umsetzung von Datenanalyse-Projekten mit Fokus auf die Berücksichtigung und Einbindung der Interessen der Mitarbeitendenden. Das vorliegende Kapitel betrachtet allgemeinere Probleme, die im Hinblick auf die Organisation von Projekten sowie die eigentliche Datenhandhabung stehen. Das Kapitel ist dabei wie folgt strukturiert:

Um Fallstricke bei der Handhabung von Daten angehen zu können, müssen die Daten zunächst verfügbar sein und der notwendige Kontext der zu analysierenden Daten hergestellt werden. Dementsprechend soll es im nächsten Abschnitt um die Konzeption eines ersten Arbeitstreffens im Rahmen eines Datenanalyse-Projektes gehen. Das Ziel dieses Treffens ist, ein gemeinschaftliches Verständnis für mögliche Anwendungsfälle für Datenanalyse im Unternehmen (im Folgenden kurz *Anwendungsfälle* oder auch Use Cases) sowie eine Übersicht vorhandener Datenquellen zu schaffen. Im nachfolgenden Abschnitt werden häufig auftretende Datenqualitätsprobleme benannt. Zuletzt wird beschrieben, wie die Handhabung der Daten und der Analyseprozesse während der Projektumsetzung nachhaltig gestaltet werden kann, um Reibungsverluste beim Übergang in den Produktivbetrieb zu reduzieren.

17.2   Die ersten Treffen: Wen brauche ich? Welche Fragen müssen geklärt werden?

Die ersten Vorgespräche zur Definition des groben Projektumfangs liefen erfolgreich und das (Forschungs-)Projekt hat begonnen. Doch wie genau kann die Bearbeitung von Anwendungsfällen starten, um zukünftigen organisatorischen und technischen Problemen der Datennutzung vorzugreifen?

> Definition: Im Folgenden wird davon ausgegangen, dass die Partner zuvor noch nicht zusammengearbeitet haben. Der Partner, in dessen Unternehmen Anwendungsfälle durchgeführt werden sollen, wird als *Anwender* bezeichnet. Der Partner, der die Entwicklungen im Bereich Datenanalyse realisiert, wird als **Entwicklungspartner** bezeichnet.

Zuerst gilt es, weitere Details über den Kontext potenzieller Anwendungsfälle zu gewinnen. Zum Kontext potenzieller Anwendungsfälle zählen vor allem Informationen über die IT-Systemlandschaft, existierende Datenquellen, mögliche Zielgrößen aus Unternehmenssicht sowie vorhandene Praktiken der Datenauswertung. Hierbei ist es von Vorteil, nicht nur einen einzelnen Anwendungsfall zu betrachten und darauf basierend die minimal notwendigen Datensätze/-anbindungen zusammenzutragen. Alternative Ansätze sollten von Anfang an mitgeplant werden, um als Ausweichmöglichkeit zu dienen, wenn die Evaluation des ursprünglichen Ansatzes ergibt, dass eine Umsetzung nicht zielführend oder praktikabel genug ist.

> Definition: Als **Anwendungsfall** wird ein konkretes Datenanalyse-Problem bezeichnet. Oft ist dies durch die Art der Daten und der Zielsetzung abgesteckt. Die Zielsetzung leitet sich dabei in den vielen Fällen aus einer Unternehmens-Kennzahl ab. Für maschinelle Lernverfahren im Speziellen werden häufig sogenannte „überwachte Lernverfahren" betrachtet. Diese benötigen eine definierte *Zielgröße* (ein „Label"), welche zugleich für das Erstellen der Analyse benötigt wird und die spätere Grundlage für das Analyseergebnis stellt. Die Zuordnung eines Produktbildes zu einer Kategorie mit den Ausprägungen „defekt", „in Ordnung", „zu prüfen" wäre ein Beispiel für einen Anwendungsfall.

Wichtig zu erwähnen ist, dass zwischen der unternehmerischen Zielsetzung und der Zielgröße aus Analysesicht unterschieden werden muss. In einigen Fällen ist hier ein 1:1-Abgleich möglich, aber wesentlich häufiger muss ein Zusammenhang hergestellt werden, der insbesondere für die spätere Bewertung einer Analyse im Fokus stehen sollte. Konkret heißt dies, dass vor allem bei überwachten Lernverfahren die Vorhersagegüte eines gewählten „Labels" nicht zwingend die oberste Priorität hat, sondern vielmehr der daraus abgeleitete tatsächliche Mehrwert für das Unternehmen.

Darüber hinaus stellt sich häufig bei der Diskussion potenzieller Analysen heraus, dass

1. die ursprünglich definierte Zielgröße der Analyse nicht zielführend im Hinblick auf die Aufgabenstellung ist und
2. eine Umformulierung der Problemstellung bzw. ein Umdenken bei der Wahl des Anwendungsfalls die Erfolgswahrscheinlichkeit des Projektes stark erhöhen kann.

Für diese Betrachtungen ist es daher wichtig, Flexibilität bei der Wahl des Anwendungsszenarios mit einzuplanen. Nicht selten ist eine vorangehende Betrachtung vorhandener Datenquellen sehr hilfreich.

Daher empfiehlt es sich, nach einer ursprünglichen Klärung des Produktionsprozesses zunächst mit der Betrachtung der Systemlandschaft zu beginnen, um anschließend verfügbare Datenquellen aus relevanten Bereichen zu diskutieren. Hierbei müssen nicht direkt tiefgreifende Analysen aller Quellen erfolgen. Qualitative Beschreibungen reichen den Entwickelnden oft aus, um zusammen mit den Anwendenden entscheiden zu können, welche Datenquellen für Analysen geeignet sind. Dies sollte im Zusammenhang von potenziellen Anwendungsfällen geschehen. Daher ist eine Erhebung möglicher Probleme in relevanten Abteilungen von Interesse.

Eine Datenpipeline wird umgesetzt, um Mehrwert zu generieren. Dementsprechend, müssen auch Anknüpfungspunkte für eine (regelmäßige) Verwertung gegeben sein. Dies gibt oft wichtige Anforderungen an die Daten und organisatorischen Strukturen vor, die möglichst früh bei der Planung miteinbezogen werden sollten. Diese Anforderungen beschränken sich nicht nur auf technische Details, sondern gehen fließend in die Definition der Anforderungen durch das Anwendungsszenario über, denn herausgearbeitete Analyseergebnisse müssen irgendwann auf die Prozesse des Unternehmens übertragen werden (s. Abschn. 17.4).

Zur Klärung aller dieser aufgeführten Faktoren rund um die System- und Datenlandschaft eines Unternehmens sowie potenzieller Anwendungsfälle ist es hilfreich, verschiedene Akteure des Anwendungsunternehmens frühzeitig in Diskussionen einzubinden. Eine mögliche Aufteilung für benötigte Akteure ist im Folgenden aufgeführt zusammen mit Stichpunkten zu den Themen, für die die jeweilige Person benötigt wird:

Beispiel: Akteure für ein erstes Treffen:

1. Vertretung des Industrial Engineerings/der Unternehmensplanung
   - Zur Klärung von Fragen des Change Managements
   - Zur Klärung der geplanten Nutzung der Analyseergebnisse
2. Verantwortlicher des betrachteten Prozessabschnittes mit Detailwissen
   - Zur Klärung von Detailfragen zum Prozess und für Rückfragen zur Domäne
   - Zur Klärung von Verständnisfragen der Datenrepräsentation und -interpretation
   - Zur späteren fachlichen Validierung von Analyse-/Vorhersage-Ergebnissen und damit auch frühzeitig zur Information über Methoden des Informationsgewinns

3. Vertretung der IT
  - Zur Klärung von Integrationsmöglichkeiten der Datenanalyseprozesse in bestehende IT-Prozesse
  - Zur Absteckung von Rahmenbedingungen der Datennutzung
  - Zur Bereitstellung von Datenkatalogen (falls vorhanden)

Mit diesen Akteuren gilt es, ein Treffen zu organisieren, in dem die zuvor aufgelisteten Punkte diskutiert werden. Eine erprobte Agenda für Projekte mit Fokus „Maschinelles Lernen als Werkzeug" kann beispielsweise wie folgt aussehen: ◀

Beispiel: Agenda für Projekte mit Fokus „Maschinelles Lernen als Werkzeug"

1. Begrüßung und **Vorstellungsrunde**, 10 Min.
2. **Übersicht Use Case** (Anwendende), 20 Min.
3. Kurzer **Einstieg „Maschinelles Lernen"** und Anwendungsszenarien (Entwickelnde), 15 Min.
4. **Use-Case-Definition & Detaillierung** (gemeinsam), 1,5 Std.
   - Diskussion der Zielgrößen, möglicher Einflussgrößen und Erfolgskriterien (Performanz-/Kostenmaße)
   - Besprechung von Verwertungsmöglichkeiten
5. **Datenevaluation** (gemeinsam, IT ggf. benötigt), 1,5 Std.
   - Besprechung vorhandener Datenquellen und Datenarten
   - Erste Evaluation der benötigten/verfügbaren Daten
   - Klärung der Anbindungsmöglichkeiten und des Nutzungsrahmens
6. Überblick **Software-Anbieter** (Entwickler, IT ggf. benötigt), je 15 Min.
   - Aufzeigen der Nutzungsmöglichkeiten
   - Vorstellung von Integrationsmöglichkeiten in die IT-Systemlandschaft
7. **Organisatorisches** (gemeinsam, IT ggf. benötigt), 1 Std.
   - Klärung der Rahmenbedingungen zum Software-Einsatz und zur Datennutzung
   - Abstimmung der gemeinsamen Arbeitsweise
   - Abstimmung der Rollenverteilung der Software-Partner
8. Abschluss: **Abgleich der Erwartungshaltungen** an die Projektarbeit, 30 Min. ◀

Bei dem Verlauf der Agenda fällt auf, dass recht früh ein „Einstieg in maschinelles Lernen" (ML) gegeben wird. Dieser Aspekt hat sich in der Vergangenheit als sehr vorteilhaft herausgestellt, da so ein Bewusstsein für die Möglichkeiten, aber auch Nebenbedingungen von ML-Projekten vermittelt werden kann. Dies hilft vor allem bei Diskussionen zur Machbarkeit von Anwendungsfällen, hilft neue Blickwinkel auf die gleiche Fragestellung seitens der Anwendenden zu ermöglichen und bereitet frühzeitig die Basis für Diskussionen um gegebene Voraussetzungen.

Insbesondere die Notwendigkeit neben den eigentlichen Datenquellen auch Informationen über etwaige Kontextwechsel zu erhalten, ist hier kritisch. Gerade in produzierenden Unternehmen sind durch Verschleiß, Rezeptänderungen oder Wechsel bei Zulieferern zahlreiche Situationen gegeben, wo sich der Analysekontext ändert und somit entwickelte Analyseverfahren angepasst werden müssen. Im besten Fall können Informationen über potenzielle Kontextwechsel bereits als Datenquelle mit in die Analysepipeline einfließen. Ist dies nicht der Fall, muss zumindest ein Bewusstsein bei den Anwendenden geschaffen werden, dass zu definierende Kennzahlen überwacht werden müssen, um erkennen zu können, wann die Anpassung einer Analyse notwendig ist.

Als gemeinsame Hauptziele dieses ersten Treffens lassen sich folgende drei Punkte nennen:

1. Informationslage reicht aus, um ein Use-Case-Summary-Dokument (1–2 Seiten) zu erstellen,
2. Anwendende wissen um das Potenzial des Use Case und der Umsetzungsmöglichkeiten mit der Software des Entwicklers,
3. Datenzugriffe und Softwarenutzung sind geklärt.

Das genannte zweiseitige Use-Case-Summary-Dokument bezieht sich auf eine Vorlage, die im Forschungsprojekt *Datengetriebene Prozessoptimierung mit Hilfe maschinellen Lernens in der Getränkeindustrie (DaPro)* entwickelt wurde, um eine klassische Arbeitsbeschreibung für ML-Projekte zu erhalten, die im Verlauf des Projektes immer wieder herangezogen werden kann, um ursprünglich definierte Ziele und Anmerkungen schnell griffbereit zu haben. Es empfiehlt sich, dies beispielsweise als Start für ein Logbuch zu verwenden, in dem wichtige Projektschritte festgehalten werden. Auch bei Verwendung von agilen Methoden zur Projektverwaltung kann die Nutzung eines Logbuchs (als separates Dokument oder im internen Projektwiki) sehr hilfreich sein.

Wie es nach dem ersten Treffen weitergehen kann, wird im Abschnitt „Erst die Datenpipeline, dann die Analyse" beschrieben (s. Abschn. 17.4). Im Folgenden soll zunächst genauer auf häufig auftretende Probleme beim Umgang mit Daten eingegangen werden. Diese Probleme und Herausforderungen fließen sowohl bei der Betrachtung und Beurteilung von Datenquellen beim ersten Treffen als auch bei der Handhabung von Daten bei der Erstellung der Datenanalyse ein.

17.3 Datenquellen, Verantwortlichkeiten und Potenziale

Die Daten- und Systemlandschaft in industriellen Unternehmen ist oft über Jahre oder Jahrzehnte gewachsen und beinhaltet daher eine hohe Diversität in verwendeten Technologien, Datenformaten und Datenschemata. Da Daten die Grundlage für die Datenanalyse zuvor identifizierter Anwendungsfälle sind, sollte die Evaluierung existierender Datenpipelines im Unternehmen ein wesentlicher Bestandteil eines Projektes sein. Die Zielsetzung dieses Schrittes ist es, einen Überblick über schon vorhandene Datenquellen zu erhalten, ihre Eignung für den anvisierten Anwendungsfall zu evaluieren und notwendige Schritte für den Datenzugriff wie auch die Datenaufbereitung zu identifizieren.

Es ist empfehlenswert die Evaluation von Datenquellen in die ersten Treffen zur Durchführung von Datenanalyseprojekten einzubinden wie beschrieben im Abschn. 17.2. Dabei liegt der Fokus auf die im Unternehmen schon vorhandenen Datenquellen und -senken (Zielorte für die Weitergabe der Daten nach einer Verarbeitung). Im späteren Verlauf eines Datenanalyseprojektes kann eine schrittweise vertiefende Betrachtung der Datenquellen erfolgen. Zum Beispiel in den in Abschn. 17.4.1 vorgeschlagenen Arbeitstreffen.

In den folgenden Abschnitten werden zuerst übliche Typen von Datenquellen in (industriellen) Unternehmen aufgeführt und es wird diskutiert, wie eine qualitative Beurteilung durchgeführt werden kann. Anschließend werden häufig verwendete Datenformate vorgestellt und Besonderheiten bei der Datenanbindung und Datenaufbereitung aufgelistet, die sich aus diesen Formaten ergeben. Probleme, die durch die Zusammenführung von verschiedenen Datenquellen aus verschiedenen Abteilungen resultieren, werden im dritten Abschnitt diskutiert. Eine Diskussion von häufig auftretenden Fallstricken bei der Aufbereitung von Daten zur Datenanalyse schließt diesen Abschnitt.

17.3.1 Datenquellen und ihre qualitative Beurteilung

Im Folgenden werden zuerst allgemeine Fragestellungen aufgelistet, die für alle Datenquellen herangezogen werden können, um eine qualitative Beurteilung der jeweiligen Datenquelle zu ermöglichen. Im Anschluss wird eine Übersicht über übliche Typen von Datenquellen in (industriellen) Unternehmen gegeben. Neben einer kurzen Beschreibung des Quellentyps wird auf Vor- und Nachteile, sowie zusätzliche Fragestellungen eingegangen, die eine qualitative Beurteilung ermöglichen.

Allgemeine Fragestellungen
- Wie lässt sich ein Zugriff auf die Daten realisieren? Ist ein Export möglich und wenn ja, in welches Format? Ist ein automatisierter Zugriff möglich?
- Wer ist verantwortlich für die Verwaltung von Zugriffen und Änderungen?
- Über welche Dimensionen verfügen die Daten? Wie viele Datenattribute finden sich (ungefähr) in der Datenquelle? Mit welcher Sampling-Rate/Granularität werden die Daten aufgezeichnet?
- Sind die Daten personenbezogen und dürfen sie daher ggf. nicht verwendet werden bzw. benötigen zusätzliche Mechanismen zur DSGVO-konformen Handhabung?
- Müssen die Daten anonymisiert oder normalisiert werden?

Berichtswesen
In den meisten Unternehmen hat sich für die einzelnen Prozessschritte ein (technisches) Berichtswesen etabliert, das von den Prozessexpertinnen und -experten des Anwenders verwendet wird, um retrospektive Ist-Analysen durchzuführen und die Kennwerte des entsprechenden Prozessschrittes zu überwachen. Dieses Berichtwesen kann als sehr gute erste Datenquelle für eine Prototypanalyse verwendet werden.

Vorteile dieses Datenquellentyps sind:

- Die Datenwerte in Berichten sind sinnvoll aufbereitete Kennzahlen, die den Prozessschritt beschreiben. Es kann davon ausgegangen werden, dass sie einen Einfluss auf den zu untersuchenden Anwendungsfall haben.
- Die im Anwendungsfall identifizierte Zielgröße, die untersucht werden soll, findet sich oft direkt in den Daten des Berichtswesens. Achtung: Manchmal wird sie jedoch nur zum Zeitpunkt der Erstellung des Berichts für diesen generiert und nicht abgespeichert.
- Viele Softwarelösungen, die für das Berichtwesen eingesetzt werden, verfügen über eine visuelle Möglichkeit zur Dateninspektion und sind gut geeignet, um die Daten des vorliegenden Anwendungsfalls zu untersuchen und ein Datenverständnis beim Entwickler zu schaffen, ohne schon technische Probleme der Datenanbindung angehen zu müssen.
- Der Zugriff auf diese Datenquelle ist einfach einzurichten. Viele Software-Lösungen verfügen bereits über einen einfachen Datenexport in gängige Formate.

Nachteile dieses Datenquellentyps sind:

- Die Daten im Berichtswesen sind oft hochaggregierte Kennzahlen, deren Granularität nicht ausreicht, um komplexere Zusammenhänge aufzuzeigen. Sie eignen sich gut für eine erste Prototypanalyse, für eine tiefergehende Analyse sollten aber weitere Datenquellen wie die den Berichten zugrundeliegenden Produktionsbetriebsdaten herangezogen werden.
- Datenexporte werden oft in einer menschenlesbaren Struktur erzeugt, die eine maschinelle Interpretation erschwert.
- Grundlegende Daten zur Bestimmung einer Kennzahl liegen erst deutlich später vor und sind zum Zeitpunkt der anvisierten Vorhersage nicht bekannt. Diese Größen können in der Analyse als Eingangsdaten nicht verwendet werden (wohl aber zur Bestimmung der Zielgröße, die vorhergesagt werden soll).

Zusätzliche Fragestellungen zur qualitativen Beurteilung der Datenquelle „Berichtswesen":

- Aus welchen anderen Datenquellen werden die Daten des Berichtswesens berechnet? Diese Information ermöglicht in späteren Schritten des Datenanalyseprojektes eine einfache Identifikation von zusätzlichen Datenquellen, die die Gütequalität der Analyse erhöhen könnten.
- Ist die Zielgröße des Anwendungsfalls in dem Berichtswesen zu finden?
- Welche Daten sind potenziell erst nach dem anvisierten Zeitpunkt der Vorhersage verfügbar und können daher nicht als Eingangsdaten in der Analyse verwendet werden?

Produktionsbetriebsdaten

Die Automatisierung in industriellen Unternehmen hat dazu geführt, dass der Produktionsbetrieb in diesen Unternehmen von einer Vielzahl von Sensoren überwacht wird. Typische Beispiele sind Temperatur- oder Druckmessungen. Aber auch Stromverbräuche, Flussgeschwindigkeiten und viele weitere Größen werden erfasst. Diese Produktionsbetriebsdaten werden genutzt, um im Livebetrieb den Betriebszustand der Prozesskette zu überwachen und ggf. reaktiv steuernd einzugreifen. Die registrierten Datenwerte werden jedoch auch oft aufgezeichnet und teils für Jahre in größeren Datenbanken als historische Datensätze gespeichert.

Diese historischen Datensätze bieten eine sehr gute Grundlage für optimierte Datenanalysen, da der Betriebszustand des Prozesses mit einem sehr hohen Detailgrad in den Daten abgebildet ist, was das Potenzial für die Analyse und Vorhersage komplexer Zusammenhänge beinhalten kann.

Vorteile dieses Datenquellentyps sind:

- Durch die oft hohe Abtastrate ist der Betriebszustand des Prozesses in einem hohen Detailgrad abgebildet. Es kann davon ausgegangen werden, dass die Analyse von Produktionsbetriebsdaten ein großes Potenzial hat, auch komplexe Zusammenhänge im Prozess zu erkennen und vorherzusagen.
- Die hohe Anzahl unterschiedlichster Einflussgrößen, die in den Produktionsbetriebsdaten vorhanden sind, bietet ein hohes Potenzial, unbekannte multivariate Zusammenhänge zu finden.

Nachteile dieses Datenquellentyps sind:

- Der automatisierte Zugriff auf die gespeicherten historischen Daten, speziell für große Zeiträume, ist oft sehr komplex, insbesondere, weil häufig auch Änderungen am Prozess (zum Beispiel Rezeptänderungen, Wartung, Umbau) in diesen Zeiträumen auftauchen.
- Die große Dimensionalität der Daten erschwert die Handhabung in der Analyse durch einen höheren Speicherbedarf und längere Laufzeiten von Analyseprozessen. Auch die menschliche Interpretation von Zusammenhängen in den Daten ist erschwert, da die hohe Dimensionalität nur schwer erfasst werden kann. Dies stellt hohe Anforderungen an die Aufbereitung dieser Daten.
- Produktionsbetriebsdaten werden oft in ihrer initialen Form aufgezeichnet. Für die erfolgreiche Verwertung ist die Erstellung von Profilen der zu untersuchenden Einheiten (zum Beispiel einzelnen Batch-Produktionen oder Prozessschritten) notwendig. Beispielsweise werden die Daten kontinuierlich aufgezeichnet und unterschiedliche Prozessschritte oder unterschiedliche Batches in der Produktion sind nicht eindeutig gekennzeichnet.

Zusätzlich Fragestellungen zur qualitativen Beurteilung der Datenquelle „Produktions-betriebsdaten":

- In welcher Form sind historische Datensätze gespeichert? Welche Technologien/Daten-formate werden verwendet?
- Die Speicherung von historischen Datensätzen wird oft von Manufacturing Execution Systems (MES) durchgeführt. Anwendende haben oft Zugang zu diesen Daten mit Hilfe des MES selbst, was für den täglichen Zugang eine geeignete Möglichkeit ist. Es sollte jedoch geklärt werden, ob ein direkter Zugang auf die historischen Datensätze (die zum Beispiel in Datenbanken abgelegt sein können), ohne das MES zu integrieren, für die Datenanalyse eine sinnvollere Möglichkeit darstellt.
- MES zeigen oft den IST-Zustand des Produktionsbetriebes, häufiger auch mit einer höheren Genauigkeit und Abtastrate als sie in den historischen Datensätzen gespeichert werden. Bei der Diskussion des Anwendungsfalls sollte beachtet werden, dass Ana-lysen nur auf Basis der historischen Datensätze erstellt werden können.

Einzelmessungen/Labordaten

Auch wenn man Einzelmessungen (wie zum Beispiel Labormessungen) zu den Produktions-betriebsdaten zählen könnte, unterscheiden sie sich in der Handhabung und Art der Spei-cherung oft stärker von typischen Betriebsdaten, wie sie von MES aufgenommen werden, sodass Einzelmessungen als eigener Datenquellentyp zu betrachten sind.

Einzelmessungen sind typischerweise manuell oder semi-automatisch vorgenommene Messungen an besonders kritischen Stellen des Produktionsbetriebes und dienen oft zur Qualitätssicherung. Die Auswertung dieser Messungen (wie zum Beispiel in Laboren) kann einen längeren Zeitraum benötigen und die gewonnenen Daten werden oft mithilfe zusätz-licher Software-Systeme in den allgemeinen Datenfluss des Unternehmens eingespeist.
Vorteile dieses Datenquellentyps sind:

- Die Tatsache, dass Einzelmessungen oft für kritische Stellen des Produktionsbetriebes eingeführt wurden, machen die Daten dieses Datenquellentyps zu idealen Eingangs-daten in einem Datenanalyseprojekt, da eine hohe Korrelation mit der Zielgröße wahr-scheinlich ist.
- Die im Anwendungsfall identifizierte Zielgröße, die untersucht werden soll, findet sich oft als Einzelmessung (und ein häufiger Anwendungsfall kann darin bestehen, die Not-wendigkeit einer aufwendigen/teuren Einzelmessung mithilfe einer Vorhersage zu ver-ringern).

Nachteile dieses Datenquellentyps sind:

- Einzelmessungen sind oft deutlich später verfügbar als der anvisierte Zeitpunkt der Vorhersage, sodass diese Daten nicht leicht zur Echtzeitbewertung verwendet werden können, ohne dass Prozesse angepasst werden müssen.

- Einzelmessungen werden oft nur stichprobenartig durchgeführt. Dadurch stehen diese Daten nur für einen Teil oder nur auf einer hohen Aggregationsstufe der zu analysierenden Daten zur Verfügung.

Zusätzliche Fragestellungen zur qualitativen Beurteilung der Datenquelle „Einzelmessungen/Labordaten":

- Ist die Zielgröße des Anwendungsfalls als Einzelmessung zu finden?
- Welche Daten sind potenziell erst nach dem anvisierten Zeitpunkt der Vorhersage verfügbar und können daher nicht als Eingangsdaten in der Analyse verwendet werden?
- Auf welcher Aggregationsstufe bzw. mit welcher Frequenz werden Einzelmessungen durchgeführt? Eine qualitative Diskussion, wie Datenattribute mit einer geringen Frequenz (und damit einer hohen Anzahl an fehlenden Werten) in der Datenanalyse behandelt werden können, sollte bei der Beurteilung der Datenquelle stattfinden. Optionen, wie solche Datenattribute gehandhabt werden können, sind:
  - Keine Nutzung des Datenattributes
  - Entfernen der Datenzeilen, die fehlende Werte beinhalten
  - Nutzung von Algorithmen, die mit fehlenden Werten umgehen können
  - Eine Kodierung der fehlenden Werte mit alternativen Werten
  - Ein zusätzliches kategorisches Datenattribut, das beschreibt, ob eine Messung stattgefunden hat, in Kombination mit einer der beiden vorangegangenen Optionen

Prozessparameter

Unter Prozessparametern werden alle Einstellungen verstanden, die manuell oder automatisch im Produktionsbetrieb bei den unterschiedlichen Prozessschritten verwendet werden. Dies können Zieltemperaturen, Ventileinstellungen, Mischungsverhältnisse von Eingangsstoffen oder die Dauer von Prozessschritten sein.

In ihrer schematischen Form unterscheiden sich diese Daten nicht besonders stark von Produktionsbetriebsdaten und Einzelmessungen, da sie (besonders bei automatisierten Einstellungen) mit einer hohen Abtastrate verändert und abgespeichert werden oder bei manuellen Einstellungen ähnlich wie Einzelmessungen behandelt werden können.

Tatsächlich werden viele Prozessparameter direkt durch MES eingestellt und ihre Einstellungen in historischen Datensätzen abgespeichert. Einstellungen, die in Einzelwerten vorhanden sind, werden oft durch Enterprise-Resource-Planning-Systeme (ERP) gesteuert und durch diese in den allgemeinen Datenfluss des Unternehmens eingespeist.

Vorteile dieses Datenquellentyps sind:

- Prozessparameter beschreiben die Steuerung des Produktionsbetriebes und die Wahrscheinlichkeit ist hoch, dass eine hohe Korrelation zwischen den Prozessparametern und der Zielgröße besteht. Die Daten eignen sich daher gut als Eingangsdaten der Analyse.

- Prozessparameter können in einem gewissen Umfang (s. Nachteile) verändert werden. Eine Optimierung von Prozessparametern auf Basis eines trainierten Vorhersagemodells ist daher ein häufig durchgeführter Anwendungsfall in Datenanalyseprojekten mit einem großen Potential zur Erzeugung von Mehrwert.

Nachteile dieses Datenquellentyps sind:

- Wie bei Produktionsbetriebsdaten stellt die hohe Dimensionalität von Prozessparametern desselben Schemas Anforderungen an den Zugriff, die Handhabung und Aufbereitung sowie die sinnvolle Profilbildung in der Datenanalyse (s. Nachteile Produktionsbetriebsdaten).
- Bei Prozessparametern von Einzelwerteinstellungen muss die Frequenz und Aggregationsstufe dieser Daten ähnlich wie bei Einzelmessungen beachtet werden.
- Nicht alle Prozessparameter können einfach oder überhaupt verändert werden. Sicherheitsbedenken, Skepsis gegenüber der durchgeführten Analyse und technische Möglichkeiten limitieren dies.
- Einschränkungen in den Einstellmöglichkeiten der Prozessparameter sind zwar oft den Anwendenden bekannt, eine generelle mathematische Bedingung zu formulieren, ist allerdings oft komplex.
- Prozessparameter von automatisierten Steuerungen basieren oft auf Regelsystemen. Auch wenn das Verhalten dieser Regelsysteme sich in den Daten widerspiegelt, kann es schwierig sein, dieses Regelsystem nur mithilfe der Daten im Modell abzubilden.

Zusätzliche Fragestellungen zur qualitativen Beurteilung der Datenquelle „Prozessparameter":

- Welche Prozessparameter können in welchem Umfang verändert werden?
  - Besonderes Augenmerk sollte hier auf die spätere Einbindung in den laufenden Betrieb gelegt werden.
  - Ist zum Beispiel ein Betrieb des Optimierungsprozesses als Empfehlung für den Anwender möglich oder ein zeitweise paralleler Simulationsbetrieb, der Vertrauen in die Vorhersagen des Optimierungsprozesses stärkt?
- Gibt es Regelsysteme hinter automatisierten Steuerungen, deren Eigenschaften vielleicht in die Modellierung miteinbezogen werden können (oder müssen)? Und wie häufig werden diese Regeln angepasst?

Fehlermeldungen

Fehlermeldungen sind automatisierte Statusmeldungen von Maschinen, die im laufenden Betrieb anfallen. Gerade kurze Fehlerstatusmeldungen von (kleineren) Subsystemen treten oft auf, ohne dass es direkt zu einem größeren Problem in der Produktion kommt und ohne dass ein Eingreifen nötig ist. Jedoch können die Frequenz und die Abfolge dieser Fehlermeldungen Hinweise auf aufkommende größere Probleme bieten.

Vorteile dieses Datenquellentyps sind:

- Aufgrund der hohen Wahrscheinlichkeit einer Korrelation von Frequenz und Abfolge von Fehlermeldungen zu dem Auftreten größerer Probleme (Ausfälle, Maschinendefekte) eignen sich Fehlermeldungen sehr gut als Eingangsdaten für Datenanalyseprojekte der vorausschauenden Instandhaltung und Ausfallsicherung.
- Bei dem Anwendungsfall der Vorhersage von auftretenden Fehlern beinhalten Fehlermeldungen die Zielgröße des Anwendungsfalls.

Nachteile dieses Datenquellentyps sind:

- Fehlermeldungen sind oft als Fehlercode codiert. Eine Inbezugnahme der Definition des Fehlers kann komplex sein.
- Fehlermeldungen können als Strom kategorischer Zeitreihendaten mit nicht äquidistanten Zeitstempeln gesehen werden. Die Aufbereitung und Analyse dieser Daten können komplex sein.
- Fehlermeldungen können auch bei gewollten manuellen Eingriffen (zum Beispiel zum Säubern von Maschinen etc.) entstehen und sind meist nicht direkt vom normalen Betriebszustand getrennt. Eine komplexere Aufbereitung ist nötig und durch meist fehlende Buchführung über solche Eingriffe erschwert.
- Bei der Vorhersage von seltenen Ereignissen (zum Beispiel dem Defekt eines Bauteils) kann das Aufkommen von vielen Fehlermeldungen suggerieren, dass eine ausreichende Datenmenge zur Verfügung steht, um solche Ereignisse vorherzusagen, obwohl die eigentliche Anzahl an Ereignissen klein ist.

Zusätzliche Fragestellungen zur qualitativen Beurteilung der Datenquelle „Fehlermeldungen":

- Gibt es eine Definition der Fehlermeldungen?
- Wie hoch ist die Frequenz von kritischen Fehlermeldungen?
- Gibt es manuelle Eingriffe in den Produktionsbetrieb, die zu Fehlermeldungen führen? Wie können diese Eingriffe aus den Daten gefiltert werden?

Ereignislogs
Unter Ereignislogs wird die Auflistung aller Ereignisse verstanden, die zu einer größeren Änderung des Produktionsbetriebes geführt haben. Dies kann zum Beispiel der Austausch einer Maschine sein, die Änderung der Steuerungslogik, Rezepturänderungen und Ähnliches. Auch wenn Ereignislogs oft nicht als potenzielle Datenquelle wahrgenommen werden, ist die Bedeutung dieses Datenquellentyps nicht zu unterschätzen. Nur bei Vorlage eines Ereignislogs kann beurteilt werden, ob es im angestrebten Zeitfenster zu Kontextwechseln kam, die bei der Datenanalyse beachtet werden müssen.

Vorteile dieses Datenquellentyps sind:

- Die Notwendigkeit, Kontextwechsel in Datenanalyseprojekten einzubeziehen, macht Ereignislogs zu einer notwendigen Datenquelle für Datenanalyseprojekte.
- Eine Übersicht über vergangene Ereignisse ermöglicht eine Beurteilung, wann ein in den Produktivbetrieb gebrachtes Datenanalyseprojekt möglicherweise angepasst werden muss.

Nachteile dieses Datenquellentyps sind:

- Ereignislogs sind selten in anderen Datenquellen des Unternehmens eingebunden. Oft handelt es sich um manuell (teils handschriftlich) gepflegte Listen, die auch über verschiedene Abteilungen verteilt sein können.
- Manche Änderungen sind gar nicht aufgezeichnet und können nur aus Änderungen in den Dateneigenschaften anderer Datenquellen rekonstruiert werden.

Zusätzliche Fragestellungen zur qualitativen Beurteilung der Datenquelle „Ereignislogs":

- Gibt es Ereignislogs im Unternehmen? Wie werden diese nachgehalten?
- Ist ein Bewusstsein für die Bedeutung von Kontextwechseln in der Datenanalyse bei den Anwendenden vorhanden?

Externe Datenquellen

Unter externen Datenquellen werden solche Daten verstanden, die nicht im Unternehmen anfallen. Dies können zum Beispiel Wetterdaten, statistische Informationen von öffentlichen Instituten oder Datenquellen von Zuliefererfirmen sein.

Vorteile dieses Datenquellentyps sind:

- Externe Datenquellen können, besonders bei Prozessen, bei denen ein Einfluss externer Größen vermutet wird, einen wertvollen Informationsgewinn für den geplanten Anwendungsfall bringen.

Nachteile dieses Datenquellentyps sind:

- Die Einbindung von externen Datenquellen in den Datenanalyseprozess kann sehr komplex sein. Möglicherweise müssen manuelle oder semi-automatische Prozesse aufgesetzt werden, um regelmäßig Daten aus der externen Datenquelle zu exportieren und in die eigene Prozesskette einzubinden.
- Externe Datenquellen verfügen fast immer über andere Aggregationsstufen, Abtastraten und Identifikationsattribute. Eine Zusammenführung mit internen Datenquellen ist oft aufwendig.
- Die Verfügbarkeit der Quelle liegt selten im eigenen Einflussbereich.

Zusätzliche Fragestellungen zur qualitativen Beurteilung der Datenquelle „Externe Datenquellen":

- Gibt es Einflussgrößen auf den zu analysierenden Prozess, die nicht in internen Datenquellen abgebildet sind?
- Gibt es externe Datenquellen, die dazu integriert werden können?

17.3.2 Datenformate

Je nach Form der Daten gibt es verschiedene Herausforderungen in der allgemeinen Handhabung und es werden unterschiedliche Technologien benötigt, um Aufbereitungs- und
Analyseschritte durchführen zu können. Auch hat die Form der Daten Auswirkung auf die
großflächige Handhabung innerhalb eines Unternehmens über Abteilungen hinweg. Fragen der Datenhaltung und des Transfers sowie der Verfügbarkeit sind maßgeblich durch
den Datentyp bedingt.

Tabellarische Daten
Typischerweise werden in Unternehmen vor allem tabellarische Daten vorgehalten, die
meist in Einzeldateien aus der Buchhaltung vorliegen, in Manufacturing-Execution-
Systemen (MES) oder Enterprise-Resource-Planning-Systemen (ERP) hinterlegt sind
oder direkt in einer Datenbank abgespeichert werden. Auch gestreamte Daten werden oft
in tabellarischen Strukturen batchweise hinterlegt.

Typische Probleme und Lösungsvorschläge:

- Daten in Tabellenkalkulationsdateiformaten werden häufig lokal verwaltet und liegen
  ohne Versionierung vor. Dieses Problem lässt sich am leichtesten durch die Überführung der Daten in Online-Lösungen wie Office 365 oder Google Docs lösen. Jedoch ist hierbei die aktuelle Rechtslage zur DSGVO-Konformität der Onlinedienste
  zu berücksichtigen. Es gibt auch zahlreiche Produkte die als Komplettlösung aus
  Hard- und Software oder als reines Softwareangebot für eigene Hardware eingekauft
  werden kann.
- Einzelne Seiten in Dokumenten sind oftmals überfrachtet, zum Beispiel mit nicht
  maschinenlesbaren Strukturen in Tabellen inklusive verschiedener Randbemerkungen.
  Eine Lösung bietet die Erstellung von Guidelines und Vorlagen zum Anlegen von Dokumenten mit einer einheitlicheren Struktur.
- Um fehlenden Zugriff auf „eigene" Daten in MES- oder ERP-Systemen zu vermeiden,
  muss ein Bewusstsein für die Wichtigkeit von Datenschnittstellen geschaffen werden,
  sodass bei Anschaffungen auf diese Funktionalität geachtet wird.

Streaming-/Sensordaten

Gestreamte Daten, oft im Zusammenhang mit der Aufzeichnung von Sensorwerten, werden in vielen Fällen in tabellarischer Form abgespeichert, bringen jedoch eigene Herausforderungen im Vergleich zu nicht gestreamten (tabellarischen) Daten mit sich.

Gestreamte Daten können sowohl live als auch in Batches verarbeitet werden. Die Live-Verarbeitung wird meist bei der Anwendung eines Vorhersagemodells oder der Bewertung von Daten verwendet, während die batchweise Verarbeitung bei nicht zeitkritischen Beurteilungen oder der Erstellung eines Vorhersagemodelles Verwendung findet. Häufig werden zur Verarbeitung gestreamter Daten Edge Devices eingesetzt. Als Edge Device werden meist Geräte bezeichnet, die einen Teil der Datenverarbeitung direkt durchführen. Nicht selten sind diese Geräte direkt mit Sensoren verknüpft und am Ort der Datenaufzeichnung angebracht. Edge Devices sind in vielen Fällen Teil eines größeren Systems, welche mehrere Edge Devices verwalten kann und aufwändigere Rechenprozesse (zum Beispiel in der Cloud) ausführt, um lediglich aktualisierte Vorhersagemodelle zurück auf die Edge Devices zu spielen. Sie bieten die Möglichkeit, Analyseschritte direkt nah am oder sogar im Sensor durchzuführen, während gleichzeitig eine regelmäßige Sicherung beispielsweise in Cloudspeichern möglich ist. Bedingt durch diese Umstände benötigt die Analyse solcher Daten ein enges Zusammenspiel aus Soft- und Hardware. Nicht selten muss eine Vielzahl an Sensoren über ein zentrales System orchestriert werden. Diese Gegebenheiten müssen bei der Planung einer Datenpipeline für Streamingdaten berücksichtigt werden.

So erzeugte Datensätze werden in vielen Fällen als Batches abgespeichert und beinhalten je nach Szenario nur Änderungen in den Daten. Werden solche Datenquellen gehandhabt, muss beispielsweise über Batches hinweg Buch geführt werden, welche Werte zuletzt aktuell waren. Die Zusammenarbeit mit Sensorherstellern kann hier ein großes Plus für ein erfolgreiches Projekt sein, insbesondere da die Zuordnung zwischen Sensorendpunkten und Datenpunkten von Interesse bei vielen Sensoren noch einer tiefen Kenntnis über technische Details der Datenhandhabung im Sensor bedarf.

Texte

Ein weiteres häufig verwendetes Format sind Texte. Viele Informationen liegen in Form von Textdokumenten, Kommentaren oder Logbüchern vor. Obwohl Logbücher nicht selten schon tabellarisch geführt sind und textuelle Spalten enthalten, bestehen trotzdem ähnliche Problematiken wie bei der reinen Textverarbeitung. Wichtige Problematiken bei der Arbeit mit textuellen Daten sind passende Repräsentationsfindung, Nutzung des Kontexts und vor allem mangelnde Eindeutigkeit der verwendeten Sprache. Viele Datenanalyseverfahren benötigen Daten in numerischer Form, sodass eine Umwandlung des Texts in ein numerisches Format (Zahl oder Dezimalzahl) notwendig ist. Dabei sollte möglichst der Kontext einzelner Wörter oder Textabschnitte erhalten bleiben.

Eine vollständige Abbildung natürlicher Sprache ist damit aber auch nicht möglich. Beim Übergang in den Produktiveinsatz sind dann zum Beispiel Mehrdeutigkeiten oder neue Bezeichnungen problematisch.

Im Folgenden sollen hier kurz zwei Optionen aufgezeigt werden, die bei diesen Problemen helfen können:

1. Verwendung eines einheitlichen Vokabulars und einer Struktur für zum Beispiel Arbeitsanweisungen: Werden beispielsweise Instruktionen zur Fertigung eines Produktes festgehalten, sollten diese einem festen Schema folgen, das die Struktur der Anweisung vorgibt und möglichst auf ein vordefiniertes, zentral gepflegtes Vokabular zurückgreift. Im Alltag werden trotzdem durch Verwendungen von Synonymen und Tippfehlern Ungenauigkeiten auftauchen, diese lassen sich aber durch Unterstützung bei der Eingabe und durch Synonymwörterbücher abmildern.
2. Nutzung und Anpassung vorhandener Sprachmodelle: Existierende Sprachmodelle zum Beispiel zur Klassifikation von Wörtern (Named Entity Recognition) müssen häufig nur auf kleinen Datensätzen mit geringem manuellem Aufwand angepasst werden, um auch bei uneindeutigen Relationen eine höhere Trefferquote zu erlangen.

Bilder, Audioaufnahmen und weitere Formate
Neben den zuvor genannten Formaten werden zunehmend auch Bilder, Audioaufnahmen, Videos, Graphen oder andere proprietäre Formate verwendet.

Insbesondere für Bilder und Videos erschwert sich die Handhabung zusätzlich durch ihren erhöhten Speicherbedarf und limitierte Möglichkeiten, Metadaten zu hinterlegen. Daher wird es aufwändiger, Daten konsistent zu handhaben, ohne Zuordnungen zu verlieren oder hohe zusätzliche Zeit- und Speicheraufwände zu verursachen. Für diese Formate wie auch für große Mengen an Sensordaten empfiehlt es sich daher, die Verarbeitung möglichst nah an den Ort der Lagerung oder Erzeugung der Daten zu schieben. Für Bilder und Videos bedeutet dies oft ein Verarbeiten in Cloud-Umgebungen, da dort auch direkt eine einfache Anpassung an benötigten Rechenressourcen vorgenommen werden kann. Für Sensordaten können Edge Devices und die damit verbundene Infrastruktur zum Einsatz kommen.

Auch bei diesen Formaten ist die passende Findung einer Repräsentation entscheidend. Zwar bieten vor allem Deep-Learning-Ansätze Möglichkeiten, direkt in Rohdaten arbeiten zu können, doch werden auch dabei intern Repräsentationen erstellt, die es zu leiten gilt. Wie auch bei Texten werden nicht selten existierende Deep-Learning-Modelle als Grundlage genutzt, um Anpassungen mit eigenen Daten vorzunehmen. Doch hierdurch entstehen neue Herausforderungen, die nachfolgend behandelt werden.

Nicht technische Probleme
Extern bereitgestellte Modelle wurden zuvor auch auf Daten trainiert und übernehmen Eigenschaften dieser Daten sowie Entscheidungen seitens der Entwicklenden während des

Trainings. Hieraus entsteht die Notwendigkeit, solche Modelle tiefgehend auf Voreingenommenheit und Verhalten in seltenen Situationen zu untersuchen. Dies sollte zwar auch immer für eigene Analysen durchgeführt werden, jedoch besteht hier die weitere Problematik, dass die verwendete Datengrundlage und besagte Entscheidungen während der Modellerstellung wesentlich schwerer nachzuvollziehen sind als eigene Entwicklungen.

Allgemein sollte an dieser Stelle darauf hingewiesen werden, dass bei der Nutzung und Zusammenführung von internen und externen Daten und Modellen soziologische und kulturelle Aspekte bei der Datenhandhabung eine wichtige Rolle spielen und auch im industriellen Kontext nicht ignoriert werden dürfen.

Es muss zum Beispiel überprüft werden, ob Daten oder Modelle alle Populationen ausreichend repräsentieren; Sensordaten in ihren Strukturen Arbeitsverhalten von Mitarbeitenden widerspiegeln oder der Einsatz von Audio- und Videosensoren im Produktionsbereich Persönlichkeitsrechte verletzen. Diese Überprüfungen sind nicht rein technischer Natur und sollten auch nicht nur von Technikerinnen und Technikern angegangen werden.

Neben einer frühzeitigen Einbindung (idealerweise bereits bei der Planung) von Personengruppen, deren Daten direkt oder indirekt in einer Datenanalysepipeline verwendet werden, ist hier vor allem die Schaffung eines allgemeinen Bewusstseins beteiligter Partner ein wichtiger Schritt. Mögliche Startpunkte, um mehr über diese Thematik zu lernen, sind das Ethik Briefing (Plattform Lernende Systeme, KI verantwortungsvoll entwickeln und anwenden: Plattform Lernende Systeme veröffentlicht Leitfaden 2020) der Arbeitsgruppe IT-Sicherheit, Privacy, Recht und Ethik der Plattform Lernende Systeme sowie „Towards Reflective AI: Needs, Challenges and Directions for Future Research" (Novak et al. 2021).

17.3.3 Zusammenführung verschiedener Datenquellen

Wie in den vorangegangenen Abschnitten beschrieben sind in Unternehmen eine Reihe von unterschiedlichen Datenquellen vorhanden, die die Daten mithilfe verschiedener Technologien in unterschiedlichen Formaten speichern. Eine Zusammenführung dieser Datenquellen ist daher in jedem Datenanalyseprojekt ein essenzieller Schritt, um beispielsweise Einflüsse auf die Produktion einzelner Produkte entlang des gesamten Herstellungsprozesses berücksichtigen zu können.

Das Ziel dieser Zusammenführung ist die Erstellung eines repräsentativen Datensatzes, der den (Betriebs-)Zustand des Anwendungsfalls abbildet und in dem die Daten der verschiedenen Quellen semantisch korrekt zusammengeführt werden. Je nach Größe dieses Datensatzes kann er in tabellarischer Form als Einzeldatei oder in einer Datenbank gespeichert werden, um anschließend analysiert zu werden. Auch eine getrennte Speicherung von Einzelabschnitten (Batches) ist möglich. Dabei muss beachtet werden, dass die Struktur und das Schema der Abschnitte einheitlich sind.

In diesem Schritt ist nicht nur der repräsentative Datensatz ein wichtiges Ergebnis, sondern auch die Logik (also die Zusammenführungs- und Verarbeitungsschritte), diesen zu erstellen. Diese Datenverarbeitungsschritte müssen in Form einer nachvollziehbaren und wartbaren Datenverarbeitungspipeline gespeichert werden, da diese in der späteren Inbetriebnahme des erarbeiteten Vorhersagemodells (also in der Anwendung dieses Modells auf Live-Betriebsdaten) verwendet wird.

Im Folgenden werden wichtige Aspekte und häufig auftretende Fallstricke dieser Zusammenführung beleuchtet und Fragestellungen diskutiert, die im Vorfeld geklärt werden sollten.

Profilbildung/Aggregation auf Basis der Zielgröße

Nach der Identifizierung der Zielgröße des Anwendungsfalls muss ein Profil für jede Einheit der Zielgröße erstellt werden. Dies beinhaltet zum Beispiel die Aggregation von Produktionsbetriebsdaten auf die Stufe der Zielgröße. Wenn beispielsweise die Qualität eines Produktes vorhergesagt werden soll, müssen alle Produktionsbetriebsdaten, die über den Zeitraum der Produktion dieses Produktes aufgezeichnet wurden, zu einem Profil aggregiert werden. Dabei bietet es sich an, für die Einheiten der Zielgröße ein Identifizierungsattribut (s. nächster Abschnitt) einzuführen bzw. zu nutzen und es für alle weiterführenden Schritte beizubehalten.

Identifizierungsattribute

Nahezu alle Datenquellen verfügen über Identifizierungsattribute. Diese können Produkt-IDs, Startzeitpunkte von Prozessschritten, Messzeitpunkte oder Ähnliches sein. Eine Zusammenführung von verschiedenen Datenquellen wird vereinfacht, wenn dasselbe Identifizierungsattribut über Datenquellen hinweg vorhanden ist oder ein Zusammenhang zwischen verschiedenen Identifizierungsattributen hergestellt werden kann. Dies kann zum Beispiel die Zuordnung von Produkt-ID und Labormessungs-ID sein oder der Abgleich verschiedener Zeitpunkte. Jedoch kann dies gerade bei Schüttgut schwierig werden. Es gilt, frühzeitig zu klären, wie Daten über beschreibende Eigenschaften beispielsweise eines losen Rohstoffes von der Anlieferung über die Verarbeitung hinweg bis zum finalen Produkt zugeordnet werden können.

Zuordnung über Zeitversatz

Einige Datenquellen verfügen zwar über identifizierbare Zeitstempel, aber im Betrieb gibt es Zeitversätze zwischen aufgenommenen Daten unterschiedlicher Quellen, oder sogar innerhalb einer Quelle. Zum Beispiel können Eigenschaften von angelieferten Rohstoffen zu einem früheren Zeitpunkt aufgenommen werden als diese konkrete Anlieferung in der Produktion verwendet wird. Um beide Datenquellen zusammenführen zu können, muss der Zeitversatz zwischen diesen Prozessschritten bekannt sein und bei der Zusammenführung beachtet werden. Auch ein geschätzter (mittlerer) Zeitversatz kann durchaus verwendet werden, es sollte jedoch beachtet werden, dass dadurch eine potenzielle Unschärfe in den Analyseergebnissen entstehen kann.

Verschnitt, Mischung, und Aufteilung

Bei komplexen Produktionsketten kann es oft zu Verschnitt-, Mischungs- oder Aufteilungssituationen kommen. Zum Beispiel kann ein späterer Prozessschritt auf einen Verschnitt verschiedener Inputprodukte (zum Beispiel verschiedener Tanks) arbeiten oder ein größeres Rohprodukt wird zur weiteren Verarbeitung in kleinere Teile geschnitten.

Bei einer Zusammenführung über diese Prozessschritte hinweg muss besonders Augenmerk darauf gelegt werden, dass die Daten diese Verschnitte, Mischungen oder Aufteilungen widerspiegeln. Dies kann zum Beispiel durch Mittelung der Werte aus unterschiedlichen Inputdatenquellen geschehen oder durch Verwendung probabilistischer Ansätze.

Handhabung von Zeitstempeln

Da bei der Zusammenführung von Datenquellen Zeitstempel häufig eine große Rolle spielen, ist es wichtig, auf deren korrekte Handhabung zu achten. Bei der Zusammenführung zweier Zeitstempel sollte darauf geachtet werden, ob diese die gleiche Zeitzone beschreiben und idealerweise über die gleiche Genauigkeit verfügen. Weiterhin sollte bedacht werden, wie die Zusammenführung zweier teilweise überlappender Zeitbereiche gehandhabt wird. Soll zum Beispiel nur der überlappende Bereich betrachtet werden oder der gesamte Zeitbereich?

Bei der Zusammenführung von Zeitbereichen von hochfrequenten Datenquellen mit Daten von Einzelmessungen sollte bedacht werden, dass hochfrequente Datenquellen oft auch Daten für Zwischenschritte (Vorbereitungsphasen, Säuberungen, Pausen) beinhalten die ggf. gefiltert werden müssen, bevor eine Zusammenführung durchgeführt werden kann. Darüber hinaus ist häufig die Synchronität vorhandener Zeitstempel problematisch. Nicht alle Sensoren bzw. Datenspeicherungssysteme sind im gleichen Takt geschaltet, es gilt somit zu prüfen, ob Synchronisationsdienste im Einsatz sind.

17.3.4 Datenaufbereitung zur Datenanalyse

Nach der Identifizierung und qualitativen Beurteilung von vorhandenen Datenquellen und der Beurteilung der Zusammenführung dieser, ist die Datenaufbereitung der nächste Schritt bei der Betrachtung der Datenlage in einem industriellen Unternehmen.

Auch wenn die notwendigen Schritte zur Datenaufbereitung sehr vielfältig sein können und eine Behandlung aller möglichen Schritte kaum möglich ist, soll im Nachfolgenden eine Übersicht über häufig auftretende Fallstricke im Rahmen der Aufbereitung von Daten aus gewachsenen Datenstrukturen gegeben werden.

Behandlung fehlender Werte

Fehlende Werte können in allen Datenquellen und nach der Zusammenführung verschiedener Datenquellen vorhanden sein. Die Behandlung dieser Werte ist allerdings stark von der Ursache der Entstehung dieser fehlenden Werte abhängig.

Einige Möglichkeiten sind:

- Fehlerhafte Aufnahme einzelner Datenpunkte (zum Beispiel Fehler beim Speichern): Diese Punkte könnten mithilfe anderer Datenpunkte extrapoliert werden.
- Fehlende Werte beschreiben eigentlich den Grundzustand (und könnten gegebenenfalls durch eine Null ersetzt werden).
- Größere Zeitabstände in denen nicht gemessen wurde (Ausfall eines Sensors) oder nur stichprobenartige Messungen vorgenommen wurden (s. Datenquellentyp: Einzelmessung).
- Fehlende Werte beschreiben keine Änderung (und können daher durch den letzten nicht fehlenden Wert ersetzt werden): Dabei ist zu beachten, dass es bei Datenauszügen passieren kann, dass der letzte valide Wert nicht im Zeitfenster des Auszuges vorhanden ist und damit am Anfang die fehlenden Werte nicht ersetzt werden könnten, obwohl der Wert eigentlich in der Datenquelle vorhanden ist.
- Es liegen unterschiedliche Varianten eines Produktes vor, die keine Änderungen zur Grundform des Produktes aufweisen, und somit Spalten nicht ausgefüllt wurden.

Datendopplung

Sowohl durch die Datenzusammenführung als auch durch die Datenaufnahme im Unternehmen kann es passieren, dass Einträge sich in den Daten doppeln. Speziell bei Einzelmessungen und manuell eingetragenen Daten kann es passieren, dass es für die gleichen IDs bzw. Zeitstempel Mehrfacheinträge gibt. Doppelte Dateneinträge müssen für die Datenanalyse bereinigt werden.

Datentyp-Konvertierungen

Beim Zugriff auf Daten kann es passieren, dass Daten in einen Datentyp konvertiert werden, der nicht ihrer Bedeutung entspricht. Im Folgenden werden einige typische Konvertierungsprobleme gelistet:

- Zeitstempel sind nominal: Beim Export von Zeitstempeln kommt es häufig dazu, dass Zeitstempel in nominale Form (als Text) konvertiert werden. Dies erschwert deutlich die Verarbeitung dieser Daten. Je nach Darstellungsformat funktionieren keine Sortierungen, das Zusammenführen ist deutlich erschwert und die Extraktion von Zeitinformationen ist nicht möglich. Bei der Rückkonvertierung in einen Zeitdatentyp muss dabei auf das Darstellungsformat und die Zeitzone geachtet werden, um eine korrekte Konvertierung zu gewährleisten.

- Numerische Daten sind nominal (Fall I): Besonders bei manuell aufgenommenen Daten kann es vorkommen, dass einzelne Einträge eines eigentlich numerischen Datenattributes mit nominalen Werten befüllt sind. Zum Beispiel kann statt eines konkreten Wertes nur ein „kleiner als" eingetragen worden sein. Dies führt meist dazu, dass das ganze Datenattribut als nominales Attribut verwendet wird oder die nicht numerischen Werte zu fehlenden Werten konvertiert werden. Eine Konvertierung in einen numerischen Datentyp ist hier oft von Vorteil. Dabei sollte, wenn möglich, die zusätzliche Information, die durch die (einzelnen) nominalen Einträge gegeben ist, erhalten bleiben, zum Beispiel durch Erzeugung einer zusätzlichen nominalen Spalte.
- Numerische Daten sind nominal (Fall II): Es kann auch vorkommen, dass numerische Daten komplett als nominale Daten exportiert werden. Zum Beispiel durch einen textuellen Export, oder dass unterschiedliche Dezimalzeichen verwendet werden. Bei einer Konvertierung in einen numerischen Datentyp ist darauf zu achten, dass Dezimalzeichen und ggf. Tausendertrennzeichen bei der Konvertierung denen im Datensatz entsprechen und bei Zusammenführung aus verschiedenen Quellen hier landesspezifische Unterschiede mit hereinspielen können.
- Kategorische Daten sind numerisch: Es kommt öfter vor, dass numerische Werte für kategorische Bezeichnungen in Unternehmen verwendet werden, zum Beispiel die fortlaufende Nummer von Tanks oder Silos oder ein als Zahl kodierter Status. In diesem Fall werden diese Datenattribute meist als numerische Attribute exportiert, wodurch Algorithmen einen (nicht vorhandenen) numerischen Zusammenhang zwischen den Werten annehmen würden. Eine Konvertierung in einen kategorischen Datentyp ist daher empfehlenswert. Zur besseren Verständlichkeit können die Werte auch mit einem Vorsatz versehen werden, um ihren kategorischen Charakter zu betonen („4" → „Tank 4").

Verwendung von „magischen" Werten

In gewachsenen Prozess- und Datenstrukturen kann es oft vorkommen, dass häufig als „magische" Werte bezeichnete Einträge für besondere Situationen oder Messungen verwendet werden. Beispiele können sein: „−1" für fehlerhafte Messungen eines Sensors, der ansonsten nur positive Werte liefert; „999" für einen Überlaufwert. In diesem Fall würde ein Algorithmus diese Werte in einen numerischen Zusammenhang mit den üblichen Werten des Datenattributes bringen, obwohl eine andere Bedeutung vorliegt.

Eine Aufbereitung ist daher sinnvoll. Auch hier sollte beachtet werden, wie die (eigentlich kategorischen) Informationen der „magischen" Werte erhalten bleiben.

Ausreißer

In den meisten historischen Datensätzen ist es wahrscheinlich, dass Ausreißer in den Daten vorkommen. Bei einer Behandlung dieser Werte ist es, ähnlich wie bei der Behandlung fehlender Werte, nötig, ihre Ursache einzubeziehen. Mögliche Ursachen für Ausreißer sind: Probleme im Produktionsbetrieb, die zu irregulären Werten führen; kürzere Produktionszeiten/kleinere Produktionsmengen, die zu kleineren Werten führen können; Testläufe im Produktionsbetrieb, die ein anderes Verhalten des Betriebszustandes aufweisen; Schwankungen am Sensor, zum Beispiel bedingt durch Ablagerungen, die plötzlich abfallen.

Bei der Behandlung sollte beachtet werden, ob solche Ausnahmesituationen insgesamt aus dem Datensatz entfernt werden, ob die relevanten Werte möglicherweise korrigiert werden können oder ob sie im Datensatz verbleiben können, damit ein Datenanalysemodell die Möglichkeit hat, seltene (aber regulär auftretende) Situationen abzubilden.

Auftreten unmöglicher Werte

Bei der Betrachtung von Datensätzen ist es sehr hilfreich, den Wertebereich zu bestimmen, den die Werte von Datenattributen annehmen können. Zum Beispiel sollten Werte eines Füllstandes eines Gefäßes immer zwischen den Minimalfüllstand (oft Null) und einem Maximalfüllstand liegen. Ein Auftreten von „unmöglichen" Werten (außerhalb dieses Wertebereichs) ermöglicht eine leichte Identifikation von Ausnahmesituationen in historischen Datensätzen. Diese Situationen müssen gesondert aufbereitet werden (s. auch Ausreißer Behandlung) und deuten nicht selten auf andere zugrundeliegende Probleme der Datenerhebung hin.

Behandlung ähnlicher Werte

Besonders bei manuellen aufgenommenen nominalen Datenattributen (zum Beispiel Beschreibungen in Schichtlogbüchern) kommt es oft vor, dass ähnliche, aber ungleiche Werte für dieselbe Situation verwendet werden. Damit ein Datenanalysemodell diese Werte sinnvoll einbeziehen kann, ist eine Aufbereitung dieser ähnlichen Werte von Vorteil.

Ähnlichkeitsmaße können helfen, unterschiedliche Schreibweisen zu identifizieren und diese Schreibweisen zu einem einzelnen Wert zusammenzufassen.

Datenverständnis

Allen diesen Datenaufbereitungsschritten ist gemein, dass ein Datenverständnis der verschiedenen Datenattribute notwendig ist, um die Aufbereitung durchzuführen. Es ist empfehlenswert, diesen Gedanken auf alle Datenattribute auszuweiten und im Laufe der Evaluierung und Aufbereitung der verschiedenen Datenquellen im Unternehmen ein gemeinschaftliches Datenverständnis aller Datenattribute zu schaffen, das von Anwendenden und Entwickelnden gleichermaßen gepflegt und genutzt wird. Wichtige Aspekte des Datenverständnisses von Datenattributen sind im Folgenden gelistet:

- Kurze (textuelle) Beschreibung des Datenattributes
- Wertebereich des Datenattributes
- Bekanntes Auftreten von fehlenden und/oder „magischen" Werten und deren Bedeutung
- Bekannte Zeitbereiche von Ausreißern oder „unmöglichen" Werten

17.4   Erst die Datenpipeline, dann die Analyse

Welche Möglichkeiten gibt es also, während der eigentlichen Arbeit an einer Analyse den zuvor identifizierten Kernursachen für das Problem „Endstation Prototyp" (unvollständige Datenpipeline und nicht passende organisatorische Strukturen) entgegenzuwirken?

In diesem Abschnitt werden drei Methoden erläutert, die sich in der Vergangenheit als hilfreich herausgestellt haben:

1. Live Working Sessions: regelmäßige, gemeinsame Arbeit an der Analyse;
2. Datenpipeline-Fokus: Anfang und Ende der Analyse sind Anknüpfungspunkte bestehender Unternehmens-IT;
3. Extraktion wiederverwendbarer Module: Umwandlung von Prozessabschnitten in gekapselte, wiederverwendbare Komponenten mit hinterlegten Testdaten.

17.4.1 Live Working Sessions

Im Anschluss an das erste Treffen bietet es sich an, eine erneute Bewertung der potenziellen Anwendungsfälle durchzuführen. Eine Kosten-Nutzen-Abschätzung von verschiedenen Ansätzen hilft, die besten Kandidaten für die ersten Datenanalyseprojekte auszuwählen, die nachfolgend bearbeitet werden. Hierbei sollte gerade bei ML-Projekten, neben erwarteten Einsparungen/Mehrwerten, auch eine Einschätzung der Datenqualität und -verfügbarkeit mit einbezogen werden.

Da zum Zeitpunkt des Schreibens noch keine Methode bekannt ist, mit der vorab quantifiziert werden kann, wie hoch die Machbarkeit eines ML-Projektes ist, bleibt oft nur eine erfahrungsbasierte Abschätzung sowie die Erstellung erster Prototypen.

Sowohl die Bewertung der Kandidaten an Anwendungsszenarien sowie die Erstellung erster Prototypen als auch die spätere Umsetzung lassen sich gut durch regelmäßige, gemeinsame Arbeitssitzungen vorantreiben. Nach Erfahrung der Autoren bieten sich, neben regelmäßigen Projekt-Update-Meetings, wöchentliche Sitzungen à 90 Minuten an. Anwendende und Entwickelnde arbeiten dabei gemeinsam, beispielsweise über Bildschirmübertragung, an dem Anwendungsfall.

Durch den gewählten Rhythmus haben beide Seiten Zeit, zwischen den Sitzungen tiefergehende Arbeiten durchzuführen, die ggf. keine gemeinsame Aufmerksamkeit benötigten. Während der 90 Minuten der Working Session kann das Projekt dann effektiv vorangebracht werden. Dies kann konkret die Datenanbindung, Begutachtung von Datenvisualisierungen, Besprechung vorhandener Datenpunkte, aber auch andere Aspekte der Datenaufbereitung sowie Analyse, zum Beispiel der Modellbildung, beinhalten.

Durch diese frühzeitige intensive Kooperation können nicht nur gegenseitige Fragen zeitnah geklärt werden, es bauen sich auch bessere soziale Kontakte auf, die sich allgemein positiv auf die Projektarbeit auswirken können. Hinzu kommt ein Upskilling-Effekt, der es der Anwenderseite ermöglicht, Personal im Bereich Datenanalyse stärker zu befähigen, während gleichzeitig auf Seiten des Entwicklungspartners Fehlern durch mangelndes Domänenwissen vorgebeugt wird.

Ein Mitschreiben im gemeinsamen Logbuch während dieser Sitzungen kann zudem helfen, dass Wissen nicht nur persistiert wird, sondern auch, dass das Tempo und die Sprachebene auf ein Level gebracht werden, das für beide Seiten angemessen ist. Ein weiterer positiver Nebeneffekt ist, dass gerade bei längeren Projektlaufzeiten, Personalwechseln oder Ausfällen, die Übergabe der Arbeit vereinfacht wird.

17.4.2 Datenpipeline Fokus

Beim Übergang vom Prototyping in den produktiven Betrieb sind meist viele Anpassungen an einer entwickelten ML-Lösung notwendig. Um diese zu reduzieren, bietet es sich an, verschiedene Faktoren direkt bei der initialen Analyse zu berücksichtigen.

Hauptziel sollte es sein, schnellen Fortschritt beim Aufbau der zukünftigen Datenpipeline zu erzielen. Die einzelnen Verarbeitungsschritte werden zuerst mit einer einfachen Lösung realisiert, um dann zum nächsten Verarbeitungsschritt übergehen zu können. Dadurch wird möglichst früh ein kompletter Durchgang der Pipeline ermöglicht. Der komplette Durchgang umfasst den Abruf der Daten aus dem Unternehmen, die Verarbeitung der Daten bis hin zur Wiedereinspeisung der Analyseergebnisse ins Unternehmen. Dabei liegt das Augenmerk zunächst auf der Beseitigung technischer und konzeptioneller Hindernisse, sodass bei der späteren Ausdetaillierung der Bausteine der Fokus klar auf der Analysequalität liegen kann.

Auch wenn eine einfache Lösung einzelner Analyseschritte angestrebt ist, müssen plausible Annahmen getroffen werden und der Anwendungsfall in einem realistischen Rahmen bearbeitet werden. Dadurch ist auch eine erste Abschätzung der Machbarkeit möglich. Der Fokus liegt zwar auf der zeitnahen Erstellung einer Pipeline, jedoch sollte das nicht auf Kosten der Nachvollziehbarkeit und Wartbarkeit der Pipeline geschehen. Vielmehr sollte der Fokus einen regelmäßigen Abgleich mit dem Hauptziel ermöglichen. Durch das „Rauszoomen" und die Gesamtbetrachtung der Pipeline soll verdeutlicht werden, welche Aufgaben noch bevorstehen. Es ermöglicht Analysierenden zudem, zu beurteilen, ob die Details an denen gerade gearbeitet wird, wirklich schon zu diesem Zeitpunkt bearbeitet werden müssen oder eine spätere Verfeinerung ausreicht.

Mögliche Hilfsmittel, um auch beim ersten Aufbau einer Datenpipeline einen leichten Übertrag auf ein späteres Produktivsystem zu begünstigen, sind:

- Testdaten als repräsentativer Auszug aus dem Produktivsystem oder besser: Staging-Datenbank/Toy-Datenbank als Kopie eines Teils der Produktionsdaten: So kann direkt auf späteren Daten gearbeitet werden, ohne zum Beispiel durch zu viele Lese-Abfragen das System zu beeinträchtigen.

- Nach initialer Feststellung der Nutzbarkeit eines Datensatzes direkt ein Abrufskript erstellen (zum Beispiel Stored Procedures bei SQL-Datenbanken): Es wird mit der Zeit ein Update der Daten benötigt, auch wenn sie nur zur ersten Analyse dienen.
- Überprüfung der Testdaten auf Variantenvielfalt: Sind alle relevanten Varianten in wichtigen Spalten vorhanden? Welche Ausnahmen gibt es noch und wann sind diese relevant?
- Nutzung visueller Werkzeuge bei gemeinsamen Diskussionen: Die frühzeitige Visualisierung der Daten und im besten Fall auch der Analysepipeline können zu einem höheren gemeinsamen Verständnis der Problematik beitragen und sogar dazu führen, dass Endanwender selbst Datensätze prüfen und Anpassungen vornehmen.

17.4.3 Extraktion wiederverwendbarer Module

Nachdem die Erstellung der ersten prototypischen Datenpipeline abgeschlossen ist, können einzelne Analyseabschnitte erneut betrachtet und ausgearbeitet werden. Bei diesem Iterationsschritt werden zuvor verkürzte Abschnitte tiefer ausgearbeitet, um die Qualität der Analyse zu erhöhen. Diese Schritte sollten nach Möglichkeit keine Auswirkung mehr auf die erzeugte Datenstruktur der Ergebnisse haben.

Hierbei zeigt die Erfahrung, dass es hilfreich ist, nach Abschluss eines Analyseabschnittes direkt wiederverwendbare Module zu erstellen. Diese Module sollten so gestaltet sein, dass wichtige Parameter klar als solche erkennbar und dokumentiert sind und klare Definitionen für Ein- und Ausgabedatenschemata vorliegen. Weiterhin bietet es sich an, benötigte Datenaufbereitungsschritte direkt als Teil eines Modules zu verbauen. Dies hat verschiedene Vorteile: So können Anforderungen an die benötigte Datenstruktur der Eingabedaten gelockert werden; die Module lassen sich einfacher auf ähnliche Anwendungsfälle übertragen und vor allem können auch Variationen in den Daten besser abgefangen werden, was insbesondere für die Inbetriebnahme hilfreich ist. Es hat sich hierbei als besonders hilfreich herausgestellt, frühzeitig ein Mapping verwendeter Daten zu erstellen, um greifbare Namen für Datenattribute zu verwenden. Oft werden Eingangsdaten aus Datenquellen bezogen, die strikte Vorgaben für zum Beispiel die Länge eines Namens haben (Datenbanken) oder vordefinierte, nicht intuitive Namen aufweisen (OPC-U/A). Bei der gemeinsamen Arbeit an einer Datenpipeline kann frühzeitig eine passende Umbenennung stattfinden, sodass eindeutigere Namen für einzelne Analyseabschnitte gewählt werden. Im Anschluss an einen Analyseabschnitt kann dieses Mapping dann wieder rückgängig gemacht werden, um beim Zurückspielen der Daten in Produktivsysteme Unklarheiten vorzubeugen. Teil dieses Mappings kann und sollte auch eine Anpassung auf einheitliche Maßeinheiten sein.

In welchem Maß Analyseabschnitte zu Modulen herausgearbeitet werden sollten, stellt sich meist bei der Zusammenführung der ersten Datenpipeline heraus und lässt sich ansonsten neben einer Aufteilung nach thematischem Fokus auch über Änderungen an der Datenstruktur (Aggregationen, Zusammenführung verschiedener Datensätze, Kompatibilitätsanpassungen) erfassen.

17.5 Zusammenfassung

Bei der Durchführung von Projekten im unternehmerischen Kontext gibt es oft eine Vielzahl unterschiedlicher Datenquellen und Formate, deren Aufbereitung und Zusammenführung enorme Mehrwerte generieren können. Zusätzlich bieten sie auch viel Potenzial für die Neuentwicklung von Werkzeugen und Klärung von Forschungsfragen. Gerade diese Ausgangslage führt zu einem erhöhten Aufwand bei der Datenhandhabung. Zusätzlich spielen nicht technische Aspekte eine wichtige Rolle bei der Bearbeitung und Analyse dieser Daten. Zuständigkeiten, abteilungsübergreifende Kollaboration und komplexe IT-Systemlandschaften mögen bei der ersten Durchführung von Projekten einschüchternd wirken, jedoch kann diesen Aspekten mit verschiedensten Methoden begegnet werden. Durch erste Projekte kann eine erfolgreiche Grundlage für weitere Zusammenarbeiten über diese Projekte hinausgelegt werden.

Insbesondere frühzeitige Einbindung von Vertreterinnen und Vertretern aller betroffenen Abteilungen und eine fokussierte erste komplette Datenpipeline sind wichtige Grundsteine für eine erfolgreiche Zusammenarbeit. Im Rahmen erster Treffen sollte mit einem Gesamtbild begonnen werden. Die Anforderungen für einen möglichen Einsatz maschineller Lernverfahren und insbesondere die Notwendigkeit Modelle bei Prozessänderungen neu trainieren zu müssen sollten klar kommuniziert werden. Solch ein Austausch mit allen Vorantreibern und insbesondere mit den Endnutzenden sollte stetig erfolgen, um Bedenken vorzubeugen und realistische Erwartungen aller Beteiligten sicher zu stellen. Ein Datenverständnis sollte in Zusammenarbeit zwischen Anwendenden und Entwickelnden geschaffen werden, um häufig auftretende Herausforderungen der Datenqualität die bei der Integration, Zusammenführung und Aufbereitung der Datenquellen entstehen zu meistern. All dies erleichtert das Erwartungsmanagement und führt zu einer produktiveren Zusammenarbeit zwischen beteiligten Partnerinnen und Partnern. Mit realistischen Erwartungen und soliden Vorarbeiten für die Wiederverwendung von Teilanalyseschritten existiert so am Projektende eine gute Ausgangssituation für eine Inbetriebnahme im Unternehmen und die weitere Nutzung entwickelter Methoden und Werkzeuge über das Projekt hinaus.

Danksagung Die Autoren bedanken sich für die Förderung der Projekte *DaPro* (Förderkennzeichen: 01MT19004D) und *IIP-Ecosphere* (Förderkennzeichen: 01MK20006A-Q) durch das Bundesministerium für Wirtschaft und Klimaschutz im Rahmen der Förderprogramme Smarte Datenwirtschaft und KI-Innovationswettbewerb.

Literatur

Bashir A, Burkhard D, Filipiak K, Haase T, Kayser M, Keller A et al (2018) Industrie 4.0 – Mitarbeiter einbinden. http://publica.fraunhofer.de/documents/N-552255.html. Zugegriffen am 25.02.2022

Novak J, Drenska K, Koroleva K, Pfahler L, Marin L, Möller J et al (2021) Towards reflective AI: needs, challenges and directions for future research. https://zenodo.org/record/5345643#. YTe31i0RppQ. Zugegriffen am 25.02.2022

Plattform Lernende Systeme (2020) Von KI verantwortungsvoll entwickeln und anwenden: Platt-form Lernende Systeme veröffentlicht Leitfaden. https://www.plattform-lernende-systeme.de/aktuelles-newsreader/ki-verantwortungsvoll-entwickeln-und-anwenden-plattform-lernende-systeme-veroeffentlicht-leitfaden.html. Zugegriffen am 25.02.2022

Plattform Lernende Systeme (2021) KI im Mittelstand. https://www.plattform-lernende-systeme.de/files/Downloads/Publikationen/PLS_Booklet_KMU.pdf. Zugegriffen am 25.02.2022

Projekt DaPro (2019) DaPro – Datengetriebene Prozessoptimierung mit Hilfe des maschinellen Ler-nens in der Getränkeindustrie. http://dapro-projekt.de/. Zugegriffen am 25.02.2022

Projekt IIP-Ecosphere (2020) Projektwebseite IIP-Ecosphere – next level ecosphere for intelligent industrial production. https://www.iip-ecosphere.de/. Zugegriffen am 04.03.2022

RapidMiner Inc (2019) Rapidminer. The model impact epidemic. https://rapidminer.com/resource/model-impact-epidemic/. Zugegriffen am 25.02.2022

Datenqualitätssicherung entlang der Datenwertschöpfungskette im Industriekontext

18

Jochen Saßmannshausen und Philipp Marcel Schäfer

Zusammenfassung

In zunehmend vernetzten Systemen erstreckt sich die gesamte Datenwertschöpfungskette über eine Vielzahl an Systemen, wobei unterschiedliche Akteure mit unterschiedlichen und möglicherweise gegensätzlichen Interessen beteiligt sind. Es ist daher erforderlich, die Prozesse der Datenerfassung, Verarbeitung und Speicherung so abzusichern, dass Manipulationen durch externe Angriffe oder einzelne Akteure erkannt werden können. Dieser Beitrag legt den Fokus auf drei unterschiedliche technische Maßnahmen, durch welche Vertrauen in die ausgetauschten Daten selbst und letztendlich auch zwischen unterschiedlichen Akteuren hergestellt werden kann: Maßnahmen zur Kommunikationssicherheit schützen Daten während des Transports, digitale Kalibrierzertifikate erlauben eine Aussage über die Genauigkeit der erfassten Daten, Distributed-Ledger-Technologien wie zum Beispiel eine Blockchain erfassen Aktionen sowie beteiligte Akteure und legen diese Informationen manipulationsgeschützt ab. Dieser Beitrag bezieht sich auf das Forschungsprojekt *GEMIMEG-II*, das durch das Bundesministerium für Wirtschaft und Klimaschutz (BMWK) gefördert wird.

J. Saßmannshausen (✉) · P. M. Schäfer
Communications Engineering and Security, Universität Siegen, Siegen, Deutschland
E-Mail: Jochen.Sassmannshausen@uni-siegen.de; philipp.schaefer@uni-siegen.de

18.1 Einführung

18.1.1 Vertrauen in Daten

Die Digitalisierung von industriellen Prozessen hat bereits im Rahmen der dritten industriellen Revolution mit dem Einzug von Computern in die Fabrik- und Fertigungshallen eingesetzt (s. Kap. 3). Durch die computergestützte Steuerung von Maschinen und Prozessen hat sich der Grad der Automatisierung erhöht. Durch den technologischen Fortschritt auf Gebieten der Künstliche Intelligenz (KI), Kommunikation, Information und Vernetzung sowie der Sensorentwicklung wird die Automatisierung aktuell noch weiter vorangetrieben. Prozesse werden zunehmend intelligent, das heißt Entscheidungen werden direkt im laufenden Prozess situationsabhängig von Maschinen und Computerprogrammen getroffen und in Form von entsprechenden Aktionen beziehungsweise Reaktionen ausgeführt. Vorgänge lassen sich aus der Ferne überwachen, da ihr realer, physischer Zustand über die Messwerte der vielen unterschiedlichen Sensoren virtuell und in Echtzeit abgebildet werden kann. Dieses durch Aggregation der Daten geschaffene virtuelle Abbild kann von Steuerprogrammen genutzt werden, um zielgerichteter in den zu steuernden Prozess einzugreifen. Durch Aufnahme, Aggregation und Verarbeitung des kontinuierlich fließenden Datenstroms wird darüber hinaus eine Datengrundlage geschaffen, auf deren Basis weitere Systemkomponenten neue Dienste und Funktionen bereitstellen können, wie zum Beispiel eine intelligente Wartungsplanung (engl. *condition monitoring*). Mit der Digitalisierung wird die Produktion einerseits schlanker, effizienter und flexibler, andererseits geht sie aber auch mit zunehmend dezentralen, datenbasierten Entscheidungsstrukturen einher.

Eine zentrale Herausforderung ist es, Vertrauen für diese Strukturen zu schaffen. Dieser Beitrag stellt drei technische Maßnahmen vor, die dazu beitragen können – im Zentrum stehen dabei Sicherheitsaspekte. Die Maßnahmen setzen an unterschiedlichen Punkten der Datenverarbeitungskette an: Von der Erfassung der Rohdaten (zum Beispiel über Sensoren) über ihre Weiterverarbeitung und Übertragung bis zu ihrer Speicherung beziehungsweise Archivierung.

Als anschauliches Beispiel für die Anforderungen an eine Datenverarbeitungskette im industriellen Kontext dient zum Beispiel die Qualitätssicherung für die Fertigung eines Werkstücks. Bei der Vermessung eines produzierten Werkstücks kommt ein Koordinatenmessgerät zum Einsatz, welches Messpunkte an dem Werkstück aufnimmt. Aus den aufgenommenen Messpunkten kann die Geometrie des Werkstücks rekonstruiert und diese im Rahmen der Qualitätssicherung mit einer vorgegebenen Geometrie verglichen werden. Dies ermöglicht eine automatische Bestimmung der Abweichungen von dem Soll-Zustand. Um eine hohe Messgenauigkeit zu erreichen, müssen während der Vermessung Umgebungsparameter wie beispielsweise Temperatur, Temperaturgradienten, Luftfeuchtigkeit, etc. in vorgegebenen Bereichen eingehalten werden. Sowohl die Umgebungsparameter als auch die Koordinaten selbst werden durch kalibrierte Sensoren unterschiedlichster Art erfasst. Die Daten werden über sichere Kommunikationskanäle zwischen Systemkomponenten ausgetauscht, wobei sichergestellt werden muss, dass die Integrität der Daten nicht durch Dritte unerkannt verletzt werden kann. Nachdem die Daten vollständig verarbeitet wurden, müssen sie sicher gespeichert werden. In dem genannten Beispiel kann die Qualitätssicherung also auf Basis der erhobenen Daten feststellen, dass das Werkstück den Anforderungen entspricht. Die erhobenen Daten müssen nun über einen definierten Zeitraum sicher gespeichert werden, sodass sowohl der Prozess der Datenerhebung als auch die Beteiligung der Akteure im Nachhinein nachvollzogen werden kann. Es darf nicht möglich sein, dass eine Systemkomponente im Nachhinein ihre Beteiligung an dem Prozess abstreiten kann. Der Auftraggeber, der das Werkstück im Anschluss weiterverarbeitet, kann aufgrund der Art und Weise, in der die Daten erhoben und gespeichert werden, Vertrauen in die Korrektheit der Daten fassen. Durch geeignete Maßnahmen wie beispielsweise dem Einsatz von Distributed-Ledger-Technologien kann er sogar selbst an dem Prozess der manipulationsgeschützten Datenverarbeitung beteiligt werden.

Die im Beitrag vorgestellten technischen Maßnahmen umfassen Instrumente wie digitale Kalibrierscheine und Verfahren/Architekturen für die sichere Datenorchestrierung, die aktuell im Rahmen des durch das Bundesministerium für Wirtschaft und Energie (BMWK) geförderten strategischen Einzelprojektes *GEMIMEG-II* entwickelt beziehungsweise evaluiert werden. Im Rahmen des Vorhabens soll eine sichere, durchgängige, rechtsgemäße und rechtsverträgliche Ende-zu-Ende-Verfügbarkeit von Daten/Informationen für die Umsetzung von zuverlässigen, vernetzten Messsystemen entwickelt werden. Die angestrebten Lösungen sollen prototypisch in anwendungsnahe Demonstratoren (*Real Beds*) implementiert werden, um ihre Leistungsfähigkeit in realistischen Szenarien zu testen, beziehungsweise nachzuweisen (zum Beispiel vernetzte Kalibriereinrichtungen, Industrie 4.0-Anwendungen, Pharma-/Prozessindustrie, autonomes Fahren).

18.1.2 Systemarchitekturen

Zur Beschreibung der Gesamtsysteme unterschiedlicher Anwendungsgebiete und Branchen wurden verschiedene Referenzmodelle entwickelt, welche die jeweiligen Besonderheiten der Systeme, die beteiligten Akteure und ihre Interaktionen untereinander darstellen. Bei den Akteuren kann es sich um Menschen, Maschinen und Prozesse handeln. Einige Referenzmodelle wie zum Beispiel die Automatisierungspyramide geben konkrete Hierarchiestufen vor und benennen konkrete Systemkomponenten auf einzelnen Hierarchieebenen. Andere Referenzmodelle wie zum Beispiel das *OpenFog-Referenzmodell* fokussieren sich nicht auf ein konkretes Anwendungsgebiet (zum Beispiel industrielle Automatisierung) und erlauben ein erhöhtes Maß an Freiheitsgraden bei der Implementierung. In der industriellen Automatisierung hat sich die die Automatisierungspyramide (siehe Abb. 18.1) nach dem Standard IEC 62264 (*Integration von Unternehmens-EDV und Leitsystemen*) etabliert. IEC 62264-1 (2013) führt die gezeigten Ebenen ein, Siepmann und Graef (2016) stellen die Ebenen als Pyramide dar und benennen Systeme der einzelnen

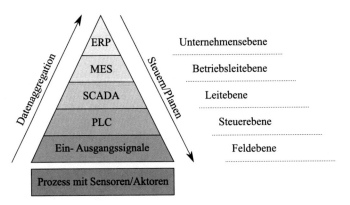

Abb. 18.1 Die Automatisierungspyramide nach IEC 62264 (Eigene Darstellung; vgl. Siepmann und Graef 2016, S. 49)

Ebenen. Die Automatisierungspyramide gibt dabei eine hierarchische Struktur des Gesamtsystems vor, bei der auf der untersten Ebene die physischen Prozesse mit einzelnen Komponenten wie Sensoren und Aktoren zu finden sind. Auf weiteren höheren Ebenen bis hin zur Unternehmensleitebene werden die generierten Daten weiterverarbeitet, Prozesse gesteuert und es können weitere Dienste bereitgestellt werden, die auf den aggregierten Daten operieren. Zu den Systemen, die auf den höheren Ebenen angesiedelt sind, gehören üblicherweise *Supervisory Control and Data Acquisition (SCADA)*, *Manufacturing Execution Systems (MES)* und *Enterprise Resource Planning (ERP)*. Global betrachtet werden Daten von unten nach oben erfasst und aggregiert. Die Prozesse hingegen werden von oben nach unten geplant und gesteuert. Abhängig von der Hierarchieebene gibt es unterschiedliche Anforderungen an die Kommunikation, so sind nahe am Prozess geringe Latenzzeiten und verlässlicher Datenaustausch besonders wichtig, während diese Anforderungen auf höheren Ebenen zugunsten anderer Anforderungen gelockert werden. Einen Überblick über typische Anforderungen auf den einzelnen Ebenen gibt IEC 62264-1 (IEC 2013).

Verschiedene Initiativen und Konsortien haben weitere komplexe domänenspezifische Referenzmodelle entwickelt, die unterschiedliche Aspekte beziehungsweise Dimensionen eines Gesamtsystems der jeweiligen Domäne darstellen. So wurde im Bereich der Energieversorgung das *Smart Grid Architecture Model (SGAM)* und im Bereich der Industrie 4.0 das *Reference Architecture Model Industry 4.0 (RAMI4.0)* erarbeitet. Die *Alliance for Internet of Things Innovation (AIOTI)* hat mit einem ähnlichen Ansatz ein Modell für IoT-Anwendungen entwickelt. Details zu den Referenzarchitekturen werden von Willner und Gowtham (2020, S. 42–48) beschrieben.

Ein weiterer und etwas neuerer Ansatz ist das *Fog Computing*. Bei diesem Ansatz gibt es eine vergleichbare Hierarchie mit der Cloud an der Spitze. Im Gegensatz zur zentralen Datenverarbeitung in der Cloud findet die Datenverarbeitung und -speicherung beim *Fog Computing* jedoch auch dezentral in den Netzwerken, in denen die Daten anfallen, statt. Dies hat den Vorteil, dass große Datenmengen lokal schnell verarbeitet werden können und ausgewählte Ergebnisse oder verarbeitete Daten durch entsprechende Dienste in der Cloud bereitgestellt werden. Im Bereich des *Fog Computing* werden ebenfalls Referenzmodelle entwickelt, beispielsweise von dem *OpenFog-Konsortium* (OpenFog Consortium Architecture Working Group 2017). Das *OpenFog-Konsortium* definiert das *Fog-Computing* folgendermaßen: „*A horizontal, system-level architecture that distributes computing, storage, control and networking functions closer to the users along a cloud-to-thing continuum*" (OpenFog Consortium Architecture Working Group 2017, *S. 3*). Die definierte Architektur ist also für Szenarien geeignet, bei denen die Datenverarbeitung ganzheitlich von der Datenerfassung bis in die Cloud abgedeckt wird. Als Anwendungsbereiche werden unter anderem *Smart Cities, Transportation/Smart Traffic Control* bis hin zu intelligenten Fahrzeugen und *Smart Buildings/Gebäudeautomatisierung* genannt. Im Rahmen des Projekts *GEMIMEG-II* werden unter anderem Datenverarbeitungsketten betrachtet, die von den Sensoren bis in die Cloud reichen. Daher werden insbesondere auch Ansätze aus der *OpenFog*-Referenzarchitektur evaluiert.

Alle genannten Referenzarchitekturen ähneln sich insofern, dass das Gesamtsystem in mehrere Hierarchieebenen unterteilt werden kann. Auf den unteren Ebenen direkt am Prozess werden Daten beispielsweise in Form von Sensorwerten erhoben, welche anschließend durch Systeme der höheren Hierarchieebenen aggregiert werden, wobei weitere Dienste auf Basis der aggregierten Daten bereitgestellt werden. Bei der *OpenFog*-Referenzarchitektur ist dabei die Rede von einer *Intelligenzschöpfung*, welche anhand des eingangs erwähnten Beispiels der Qualitätssicherung veranschaulicht werden kann: Die rohen Sensordaten werden durch aggregierende Systeme durch Kalibrierinformationen ergänzt, sodass nun eine Beurteilung der Messungenauigkeit möglich wird. Eine Reihe von gemessenen Temperaturwerten erlaubt beispielsweise eine Darstellung des Temperaturverlaufs während einer Koordinatenmessung. Aus den gemessenen Koordinaten kann nun sowohl ein Modell des Werkstücks berechnet, als auch die maximale Messungenauigkeit bestimmt werden.

Am Beispiel der *OpenFog*-Referenzarchitektur kann ein weiterer Effekt der digitalen Transformation veranschaulicht werden (Abb. 18.2): Während die Geräte untereinander zunehmend vernetzt sind, weichen die Grenzen zwischen den Hierarchieebenen gleichzeitig auf. Die vormals klare Trennung zwischen Netzen zur Steuerung von Prozessen (*Operational Technology*, OT) und solchen der klassischen Informationsverarbeitung im Unternehmen (*Informational Technology*, IT) wird zu einem gewissen Grad aufgeweicht. Geräte können durchaus auch über mehrere Hierarchieebenen hinweg miteinander kommunizieren.

Bei Betrachtung des Prozesses der *Intelligenzschöpfung*, wie die Verarbeitung der Daten und das Bereitstellen von neuen Diensten auf Basis aggregierter Daten in Abb. 18.2 genannt wird, wird schnell klar, dass die Qualität der bereitgestellten Dienste maßgeblich von der Qualität der erfassten/aggregierten Daten abhängig ist. Im Beispiel der Qualitätskontrolle können beispielsweise nur dann verlässliche Aussagen über die Qualität des produzierten Werkstücks getroffen werden, wenn die erhobenen Daten den Qualitätsanforderungen (maximale Messungenauigkeit, Integrität, Authentizität) entsprechen.

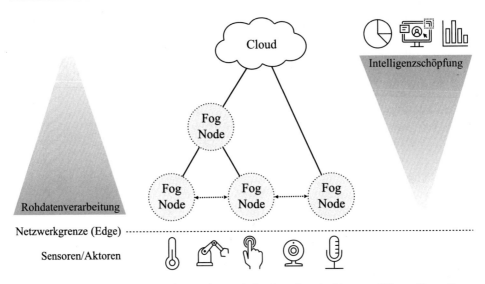

Abb. 18.2 Beispielszenario Fog Computing nach der OpenFog-Architecture (Eigene Darstellung; vgl. OpenFog Consortium Architecture Working Group 2017, 5.2.2.1)

18.1.3 Daten- und Informationsqualität

Unter dem Begriff *Datenqualität* können verschiedene Aspekte der Daten- und Informationsverarbeitung verstanden werden. Bereits im Jahre 1996 haben Wang und Strong (1996) auf empirische Weise verschiedene Dimensionen des Begriffs *Quality of Data* aus Sicht der Datenkonsumenten (*Data Consumers*) untersucht und ermittelt, welche Qualitätsmerkmale bei Daten, die *fit for use by consumers* sind, aus Sicht der Endbenutzer relevant sind. Dabei konnten insgesamt 15 Aspekte der Datenqualität in die vier Kategorien *Accuracy*, *Relevancy, Representation* und *Accessibility* eingeteilt werden. Neben den Endbenutzern können auch Datenproduzenten, verarbeitende Dienste, Standards oder gesetzliche Vorgaben weitere Anforderungen an die Datenqualität definieren.

18.1.4 Motivation und Ziele

In diesem Beitrag liegt der Fokus auf dem Aspekt des Vertrauens in Daten, dabei ist sowohl die Korrektheit, als auch die die Verifizierbarkeit der Korrektheit der Daten besonders wichtig. Konkret werden dabei drei Ziele betrachtet, die mit unterschiedlichen technischen Maßnahmen erreicht werden können.

- **Korrektheit der erhobenen Daten:** Dieser Aspekt bezieht sich auf den Anfang der Wertschöpfungskette, konkret auf die Schnittstelle, an der Sensorwerte ermittelt und anschließend weiterverarbeitet werden. Die Akkuratheit der Daten eines Sensors kann durch einen Kalibrierschein, der von einem akkreditierten Kalibrierlabor ausgestellt wird, bestätigt werden. Mit der Weiterentwicklung des bestehenden (papierbasierten)

Kalibrierscheins hin zu einem digitalen und maschinenlesbaren Kalibrierscheins kann der Prozess der Sensordatenverarbeitung und des Qualitätsmanagements vereinfacht und automatisiert werden.

- **Sicherer Datenaustausch:** Ab dem Punkt, an dem Daten zwischen den Teilnehmern in einem System ausgetauscht werden, müssen Maßnahmen getroffen werden, die es ermöglichen, den Ursprung von Daten zu verifizieren und sicherzustellen, dass Daten auf dem Übertragungsweg nicht unbemerkt durch Angreifer manipuliert werden. Hier kommen Maßnahmen der Kommunikationssicherheit zum Einsatz, wobei der Fokus weniger auf der Vertraulichkeit der Daten, sondern vielmehr auf der Integrität und der Authentizität der Daten liegt.
- **Nachweisbarkeit:** Über die gesamte Datenwertschöpfungskette vom Sensor bis zu bereitgestellten Diensten (zum Beispiel in der Cloud) sollte die Datenverarbeitung nachvollziehbar beziehungsweise nachweisbar sein. Diese Anforderung ist insbesondere für Anbieter von Diensten interessant, da diese hier nachweisen können, wie die Daten zustande gekommen sind. In Szenarien, in denen verschiedene Teilnehmer mit unterschiedlichen Interessen interagieren, bieten sich *Distributed-Ledger-Technologien* (DLT) zur Schaffung von Vertrauen an.

18.2   Digitale Kalibrierzertifikate

18.2.1 Entwicklung des Digitalen Kalibrierscheins

Am Anfang der Datenwertschöpfungskette werden Rohdaten in Form von Sensorwerten erfasst. Genauigkeit/Richtigkeit (*Accuracy*) ist ein wichtiges Datenqualitätsmerkmal: Instanzen, welche Daten weiterverarbeiten, müssen die Gewissheit haben, dass die erfassten Daten einen realen Prozess beziehungsweise die Wirklichkeit ausreichend genau darstellen. Die Anforderungen an die Genauigkeit werden dabei durch das jeweilige Anwendungsszenario vorgegeben. Computerprogramme, die Prozesse steuern, können nur dann richtig funktionieren, wenn sie auf einer akkuraten Datengrundlage operieren. Bereitgestellte Dienste benötigen ebenfalls eine akkurate Datengrundlage, um eine hohe Qualität liefern zu können.

Im Rahmen einer Kalibrierung von Sensoren wird ihre Güte, das heißt ihre Abweichung gegenüber einem Normal, ermittelt. Die Abweichung wird in Form eines Kalibrierzertifikats, das von einem akkreditiertem Kalibrierlabor ausgestellt wird, festgehalten. Die Kalibrierzertifikate werden in Papierform ausgestellt. Dieser Prozess soll mit der Entwicklung des digitalen Kalibrierscheins digitalisiert werden.

Ein Ansatz für einen digitalen Kalibrierschein wird von Hackel et al. (2017) beschrieben. Das Ziel des Ansatzes ist es, den bisherigen *analogen* Kalibrierschein durch ein international anerkanntes Format, mit dem ein (rechtsgültig) digital signiertes, maschinenlesbares Dokument dargestellt werden kann, zu ersetzen. Im Rahmen des Projekts *GEMIMEG-II* wird der digitale Kalibrierschein von der Physikalisch-Technischen-Bundesanstalt (PTB) weiterentwickelt.

18.2.2 Aufbau und Inhalt des digitalen Kalibrierscheins

Bestimmte Inhalte des Kalibrierscheins werden durch verschiedene Normen vorgeschrieben. So gibt es administrative Daten, die das kalibrierte Objekt/Gerät, das Kalibrierlabor und den Auftraggeber der Kalibrierung identifizieren. Neben den administrativen Daten enthält ein Digitaler Kalibrierschein die Messergebnisse der Kalibrierung in einem maschinenlesbaren und -interpretierbaren Format. Neben diesen beiden reglementierten Bestandteilen eines digitalen Kalibrierscheins können weitere Inhalte, zum Beispiel eine menschenlesbare Version des Kalibrierscheins im PDF-Format, aufgenommen werden. Werden qualifizierte digitale Signaturen und qualifizierte Zeitstempel nach dem Signaturgesetz und der Signaturverordnung eingesetzt, können die signierten Dokumente rechtlich als Urkunden betrachtet werden (vgl. Hackel et al. 2017, s. auch Abschn. 18.2.3).

Der Digitale Kalibrierschein besteht aus einem XML-Dokument und kann dadurch mit standardisierten Verfahren (XML-Signaturen) digital signiert werden. Die Struktur des digitalen Kalibrierzertifikats wird durch ein XML-Schema vorgegeben. Aktuell (11/2021) ist die dritte Version des XML-Schemas auf der Webseite der PTB unter der Internetadresse https://www.ptb.de/dcc/v3.0.0 verfügbar.

18.2.3 Anwendung des digitalen Kalibrierscheins

Digitale Kalibrierscheine werden in der Lage sein, wesentlich zur Digitalisierung von Prozessen innerhalb der Datenwertschöpfungskette beizutragen.

Anhand des in der Einleitung vorgestellten Fallbeispiels (Qualitätssicherung für die Fertigung eines Werkstücks) kann die Einbindung des digitalen Kalibrierzertifikats folgendermaßen veranschaulicht werden:

Die beteiligten Sensoren (Temperatursensor, Feuchtigkeitssensor, Sensoren des Koordinatenmessgeräts) werden im Rahmen eines Kalibrierauftrags an ein akkreditiertes Kalibrierlabor übergeben. Sowohl der Betrieb als auch die Herstellung können beim auftraggebenden Unternehmen angesiedelt sein. Im letzteren Fall würden die kalibrierten Sensoren zusammen mit den Kalibrierzertifikaten an ein Betreiberunternehmen verkauft. Die Sensoren können nun eingebaut und die dazugehörigen digitalen Kalibrierzertifikate in dem System bereitgestellt werden.

Sobald ein Gerät in der Lage ist, den angeschlossenen Sensor zu identifizieren, kann der zugehörige digitale Kalibrierschein bezogen und validiert werden. Ein System, das die erfassten Sensordaten aggregiert, kann die entsprechenden Kalibrierzertifikate verarbeiten und benötigte Parameter wie zum Beispiel die Messungenauigkeit aus dem Kalibrierzertifikat extrahieren und mit den erfassten Daten in Bezug setzen. Durch die digitale Signatur des Kalibrierlabors ist das Vertrauen in die Daten, die von dem Sensor geliefert werden, hergestellt.

18.2.4 Weitere Entwicklungen

Die Definition des digitalen Kalibrierzertifikats allein ist noch nicht ausreichend, um eine vollständige Digitalisierung des Kalibrierwesens zu erreichen. Neben der Struktur des digitalen Kalibrierscheins muss eine Infrastruktur geschaffen werden, die eine Verteilung, Speicherung und Abfrage der digitalen Kalibrierscheine erlaubt. Es müssen darüber hinaus Mechanismen einer Public-Key-Infrastruktur (PKI) implementiert werden, die eine Verifikation der Signatur eines Kalibrierscheins erlauben, allerdings können die existierenden Mechanismen, die sich bereits bei der sicheren Kommunikation im Internet etabliert haben, nicht ohne Anpassungen auf digitale Kalibrierscheine übertragen werden: Im Gegensatz zu Public-Key-Zertifikaten ist bei digitalen Kalibrierscheinen kein Ablaufdatum vorgesehen. Im Fall von Aufbewahrungsfristen über einen langen Zeitraum müssen Maßnahmen getroffen werden, welche die Datenintegrität auch dann erhalten, wenn die zur Signaturberechnung eingesetzten Verfahren in der Zwischenzeit kompromittiert wurden.

Es kann wie bei Public-Key-Zertifikaten zu Situationen kommen, in denen ausgestellte und gültig signierte Kalibrierzertifikate zurückgerufen (das heißt nachträglich als ungültig erklärt) werden müssen. Dies kann beispielsweise dann der Fall sein, wenn im Nachhinein bekannt wird, dass an der Kalibrierung beteiligte Komponenten zum Zeitpunkt der Kalibrierung fehlerhaft waren. In diesem Fall müssen Nutzer der möglicherweise fehlerhaft kalibrierten Geräte über den Rückruf der Kalibrierzertifikate informiert werden. Dieser Mechanismus kann ähnlich funktionieren wie der Rückruf von Public-Key-Zertifikaten. Zu diesem Zweck stellt eine PKI standardisierte Mechanismen bereit. Für die Übertragung dieser Mechanismen auf Digitale Kalibrierscheine müssen an dieser Stelle Erweiterungen bestehender Verfahren oder gänzlich neue Verfahren entwickelt werden. So sind Zertifikatsperrlisten für Public-Key-Zertifikate nur zum Zweck des Rückrufs von Public-Key-Zertifikaten spezifiziert und geeignet, zum Zweck des Rückrufs digitaler Kalibrierscheine müssen neue, auf digitale Kalibrierscheine angepasste Datenstrukturen entworfen werden. Das Projekt *GEMIMEG-II* (2020) beschäftigt sich aktuell mit der Entwicklung solcher Erweiterungen.

18.3 Sichere Kommunikation

18.3.1 Zero-Trust-Sicherheitsmodell

Ein vergleichsweise neues Sicherheitsmodell für (verteilte) IT-Systeme ist das sogenannte *Zero-Trust-Modell*. Im Jahre 2018 wurde eine entsprechende *Special Publication* vom amerikanischen *National Institute of Standards and Technology (NIST)* veröffentlicht. In der *NIST Special Publication (SP) 800-207: Zero Trust Architecture* (Stafford 2020) wird das Konzept im Detail erläutert und eine entsprechende Zero-Trust-Architektur vorgestellt.

Ein Grundgedanke des *Zero-Trust-Modells* ist, dass Geräten und Diensten innerhalb des Netzwerks nicht grundsätzlich vertraut wird. Dies ist ein Gegensatz zu früheren Ansätzen, bei denen Sicherheit zum Beispiel dadurch erreicht werden sollte, dass alle Geräte in einem System zum Beispiel durch ein virtuelles privates Netz (VPN) zusammengeschlossen wurden. Auf diese Weise sollten Angreifer aus dem Netz ausgeschlossen werden, sodass sich nur vertrauenswürdige Teilnehmer innerhalb des Netzes befinden.

In verteilten Systemen, wie sie durch die digitale Transformation entstehen, kann dieser traditionelle Ansatz keine ausreichende Sicherheit mehr bieten. Die Systeme sind nicht mehr geschlossen und es können weitere Teilnehmer, die nicht unter der Kontrolle einer einzigen Organisation stehen, in dem System agieren. Beispiele für solche Teilnehmer sind beauftragte Dienstleister, die einen beschränkten Zugang zu Diensten und Ressourcen benötigen.

Eine notwendige Voraussetzung für Zero-Trust-Architekturen sind sichere Identitäten für alle Teilnehmer (Personen, Geräte und Dienste), die sich in dem Netzwerk befinden.

18.3.2 Sichere Identitäten

Die Notwendigkeit sicherer Identitäten im Kontext der Industrie 4.0 wird in einer Veröffentlichung der *Plattform Industrie 4.0* (BMWi 2016) hervorgehoben: Die Sicherheit aller Kommunikationsbeziehungen zwischen Teilnehmern hängt unmittelbar von der Sicherheit der Identitäten ab. Hinsichtlich der Identität wird nach verschiedenen Sicherheitslevels unterschieden. So gibt es neben einer einfachen Identität eine eindeutige Identität (*Unique Identity*) und eine sichere Identität *(Secure Identity)*.

Damit eine Identität als *sicher* bezeichnet und für Anwendungen wie eine gegenseitige Authentifizierung oder Urhebernachweise genutzt werden kann, müssen bestimmte Anforderungen erfüllt sein. Die Identität darf nicht fälschbar sein, privates Schlüsselmaterial darf ein Gerät nicht verlassen können und öffentliches Schlüsselmaterial muss durch eine autorisierte und vertrauenswürdige Zertifizierungsinstanz bestätigt sein. Die Anforderungen an sichere Identitäten werden zum Beispiel durch Standards wie den internationalen Standard IEC 62443 (Industrielle Kommunikationsnetze – IT-Sicherheit für Netze und Systeme) vorgegeben. Eine Zusammenfassung dieser Anforderungen wird vom der *Plattform Industrie 4.0* in dem technischen Überblick zu sicheren Identitäten (BMWi 2016) gegeben. Weitere Anforderungen an sichere Identitäten werden durch die eIDAS-Verordnung gegeben.

Ein Schutz von Schlüsseln kann durch Hardware Security Module oder Trusted Platform Module erreicht werden, bei denen geheimes Schlüsselmaterial durch Mechanismen auf Hardwareebene gesichert werden. IEC 62443-3-3 fordert für hohe Sicherheitslevel eine Unterstützung von Public-Key-Infrastrukturen und die Verwendung von asymmetrischen kryptografischen Verfahren zur Realisierung von sicheren Identitäten und zusätzlich Hardwarespeicher für geheime Schlüssel (BMWi 2016).

Eine digitale Identität hat einen Lebenszyklus, der mit der Erstellung einer Identität beginnt und mit dem Löschen/Archivieren einer Identität endet. Es gibt standardisierte

Protokolle, mit denen zum Beispiel ein Gerät bei der Integration in ein System automatisch eine neue Identität der entsprechenden Organisation zugewiesen wird. Dieser Prozess der Zuweisung einer Identität wird als *Enrollment* bezeichnet. Ein Gerät hat dabei schon bei der ersten Auslieferung durch das Herstellerunternehmen eine temporäre Identität.

18.3.3 Ende-zu-Ende Security

Bei der Kommunikation mit anderen Kommunikationsteilnehmern muss eine gegenseitige Authentifikation stattfinden. Zu diesem Zweck eignet sich für TCP/IP-basierte Verbindungen das *Transport Layer Security (TLS)*-Protokoll, welches bereits im Internet als etabliertes Security-Protokoll eingesetzt wird. In Machine-to-Machine-Kommunikationsszenarien ermöglicht das TLS-Protokoll eine gegenseitige Authentifizierung unter Verwendung von Public-Key-Zertifikaten. Für verbindungslose Kommunikationsbeziehungen (UDP/IP) ist eine Abwandlung des Protokolls unter dem Namen *Datagram Transport Layer Security (DTLS)* verfügbar.

Eine Sicherung der Daten auf dem Transportweg durch Protokolle wie TLS oder DTLS ist jedoch nicht in allen Szenarien ausreichend, denn Kommunikationsbeziehungen zwischen Teilnehmern in dem System sind nicht zwingend bilateral (mit einer einzigen Datenquelle und einer einzigen Datensenke): Ein im industriellen Umfeld verbreitetes Kommunikationsmodell ist das *Publish-Subscribe-Modell*, bei dem eine Datenquelle Daten veröffentlicht und diese Daten von mehreren Instanzen abonniert werden. In diesem Fall ist die Kommunikation eine *One-to-many*-Beziehung.

Abb. 18.3 zeigt eine solche Kommunikationsbeziehung, bei der ein sogenannter *Broker* die Verteilung der veröffentlichten Daten an mehrere Abonnenten übernimmt. Sicherheitsprotokolle wie das verbreitete TLS-Protokoll sind hier nur in der Lage, die einzelnen Kommunikationsbeziehungen zu schützen, nicht aber die Daten selbst. Dies hat zur Folge,

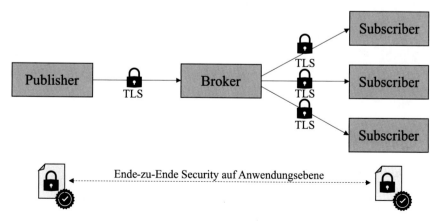

Abb. 18.3 Ende-zu-Ende Security schützt die Daten selbst, anstatt nur die Kommunikation. (Eigene Darstellung)

dass die Daten, während sie zum Beispiel auf dem *Broker* zwischengespeichert sind, nicht vor Manipulationen geschützt sind. Ein kompromittierter *Broker* wäre hier also in der Lage, unbemerkt Manipulationen an Daten vorzunehmen. Ein Publisher ist nicht in der Lage, die Sicherheit der Daten auf der Transportverbindung zwischen *Broker* und *Subscribern* zu gewährleisten: Er muss darauf vertrauen, dass *Broker* und *Subscriber* ausreichende Sicherheitsmaßnahmen ergreifen.

Abb. 18.3 veranschaulicht einen weiteren Effekt, der durch die gezeigte Kommunikationsstruktur mit Zwischenstationen entsteht: TLS ermöglicht lediglich eine Authentifizierung der jeweiligen Endpunkte der Kommunikationsbeziehungen, in dem Beispiel also *Publisher/Broker* beziehungsweise *Broker/Subscriber*. Diese Endpunkte sind jedoch nicht die eigentlichen Endpunkte, zwischen denen die Daten ausgetauscht werden, diese sind nämlich *Publisher* und *Subscriber*. Der *Broker* „versteckt" also die tatsächlich kommunizierenden Instanzen voreinander.

Die Lösung der vorgestellten Problematik besteht in der Implementierung von Ende-zu-Ende-Sicherheitsmechanismen, die die Daten selbst schützen. Hier können Urhebernachweise an die Daten gekoppelt werden, mit denen Empfänger von Daten ihren Urheber verifizieren können. Gleichzeitig können geeignete Urhebernachweise dazu eingesetzt werden, Urhebern einer Nachricht das Abstreiten einer Urheberschaft unmöglich zu machen.

Für das etablierte XML-basierte XMPP-Protokoll, das ebenfalls eine *Broker*-basierte Kommunikationsarchitektur verwendet und zum Beispiel für Instant-Messaging eingesetzt wird, existiert ein Standard, der die Anwendung von Ende-zu-Ende-Sicherheitsmechanismen beschreibt. Hier werden die ausgetauschten Nachrichten durch digitale Signaturen erweitert und bestimmte Teile von Nachrichten können verschlüsselt übertragen werden. Details werden im Standard RFC 3923 (Saint-Andre 2004) beschrieben. Eine konkrete Implementierung von Ende-zu-Ende-Sicherheitsmechanismen kann von Anwendungsszenario zu Anwendungsszenario unterschiedlich aussehen und hängt auch von den ausgetauschten Daten ab. Für das weit verbreitete JSON-Datenaustauschformat kommen zum Beispiel *JSON Web Signatures* (JWS) und *JSON Web Encryption* (JWE) infrage, um Ende-zu-Ende-Sicherheit mit standardisierten Mitteln zu erreichen. Die genannten Aspekte der Kommunikationssicherheit (Sichere Identitäten, Enrollment, Vertraulichkeit und Nachweisbarkeit der Kommunikation) werden im Projekt *GEMIMEG-II* intensiv untersucht, um eine sichere und einheitliche Datenorchestrierung von den Sensoren bis zur Cloud zu realisieren.

18.4 Nachweisbarkeit mit Distributed-Ledger-Technologie

18.4.1 Anwendung einer DLT zur Unterstützung der Nachweisbarkeit

Distributed-Ledger-Technologien und *Blockchains* im Speziellen haben spätestens seit den Erfolgen der bekannten Kryptowährungen wie *Bitcoin*, *Ethereum* und Co ein besonderes Interesse von ganz unterschiedlichen Branchen erfahren. Neben der populären Möglichkeit, diese als Währung zu nutzen, kann eine DLT zur dezentralen Datenspeicherung mit Manipulationsschutz genutzt werden, bei der die einzelnen Transaktionen nachverfolgbar sind, wie es im Folgenden kurz anhand der eine Blockchain-basierten Lösung erläutert wird.

Bei einer *Blockchain* werden mithilfe kryptografischer Methoden (sogenanntem *Hashing*) Informationsblöcke derartig miteinander verknüpft, dass sich eine Kette von Blöcken ergibt, deren Integrität in ihrer Gesamtheit geprüft werden kann, um beispielsweise Manipulationen nachzuweisen. Als *Distributed-Ledger-Technologie* wird eine *Blockchain* dezentral gespeichert.

In einem solchen System können lokal bei einem Teilnehmer des *Blockchain*-Netzwerkes abgelegte Blöcke mit denen der anderen Teilnehmer verglichen werden. Änderungen, wie zum Beispiel das Ergänzen weiterer Blöcke ist nur möglich, wenn in dem *Blockchain* Netzwerk zwischen allen Teilnehmern eine gemeinsame Entscheidung – ein sogenannter Konsens – darüber erreicht wird.

Durch diese Funktionsweise sind die einzelnen Transaktionen in der Historie einer *Blockchain* nachweisbar. Allerdings sollte vor der Entscheidung, eine *Blockchain*-Lösung einzusetzen, sorgfältig abgewogen werden, ob die Verwendung einer *Blockchain* tatsächlich sinnvoll ist.

Der Einsatz von einer *Blockchain* eignet sich insbesondere dann, wenn Vertrauen zwischen unterschiedlichen Akteuren mit unterschiedlichen (und unter Umständen gegensätzlichen) Interessen hergestellt werden soll. Zentrale Vorteile der *Blockchain* bestehen darin, dass Teilnehmer, die sich gegenseitig nicht trauen, ihre Beteiligungen an Transaktionen in dem Gesamtsystem zu späteren Zeitpunkten nicht abstreiten können und dass eine nachträgliche Manipulation der Transaktionsinhalte nicht oder zumindest nur mit enorm hohem Aufwand möglich ist. Bei diesen Transaktionen kann es sich beispielsweise um Messdaten handeln, welche im Rahmen des Qualitätsmanagements erhoben werden und über einen langen Zeitraum gespeichert werden müssen. Dabei kann die Speicherung der Messdaten in einer Datenbank erfolgen, während ein *Fingerabdruck* der Daten in Form eines Hashwertes auf der *Blockchain* abgelegt werden. Somit ist es möglich, die auf der Datenbank abgelegten Messdaten auf Manipulationen zu prüfen.

18.4.2 Unterschiedliche Blockchain-Typen

Es gibt unterschiedliche Ansätze bei *Blockchain*-Implementierungen. Die Hauptunterscheidungsmerkmale sind dabei die Realisierungen des Lesezugriffs und des Schreibzugriffs. Die verschiedenen Blockchain-Typen werden von Baumann et al. (2017) und Klebsch et al. (2019) detailliert erläutert.

Eine *Blockchain*-Lösung, bei der es keine Lesebeschränkungen gibt, wird *public* genannt, wohingegen solche Lösungen, bei denen der Lesezugriff nur ausgewählten Teilnehmern gestattet wird, als *private* bezeichnet werden.

Bezüglich des Schreibzugriffs bei einer *Blockchain* werden solche Lösungen, bei denen prinzipiell jeder Teilnehmer neue Daten in Form von Blöcken generieren und nach einem

		Lesender Zugriff	
		Public	Private
Schreibender Zugriff	Permissionless	Bitcoin, Ethereum	-
	Permissioned	Evernym/Sovrin	Corda/R3, Hyperledger Fabric

Abb. 18.4 Einordnung unterschiedlicher Blockchain-Lösungen (Eigene Darstellung nach Baumann et al. 2017)

definierten Konsensmechanismus die *Blockchain* anhängen darf, *permissionless* genannt, während bei *permissioned Blockchains* die Menge der Teilnehmer, die Blöcke validieren und auf die *Blockchain* schreiben, begrenzt ist.

Basierend auf den zwei Dimensionen *permissionless/permissioned* und *public/private* lassen sich *Blockchains* in vier unterschiedliche Klassen einteilen.

Abb. 18.4 zeigt eine Einordnung verschiedener *Blockchain*-Lösungen in die zuvor genannten zwei Dimensionen. *Blockchain*-basierte Kryptowährungen sind dabei meist *Public Permissionless Blockchains,* was bedeutet, dass sich alle Teilnehmer an dem System beteiligen können und es keine zentralen (regulierenden) Instanzen gibt. Neben den *permissionless*-Systemen gibt es auch solche, bei denen die *Blockchain* selbst von einem *Komitee* von autorisierten Instanzen verwaltet wird, jedoch keine Beschränkungen beim lesenden Zugriff gemacht werden. Das in Abb. 18.4 aufgeführte Corda/R3 ist beispielsweise ein Konsortium aus etwa 40 Großbanken, welches eine gemeinsame *Blockchain* verwaltet. *Private Permissionless Blockchains* werden nicht weiter betrachtet, da diese Kombination von Lese- und Schreibberechtigungen widersprüchlich ist.

Private Permissioned Blockchains sind eine geeignete Lösung für die Herstellung von Vertrauen zwischen Teilnehmern entlang einer Datenwertschöpfungskette, wie sie im industriellen Kontext vorkommen kann, hier kann durch eine Regulierung des Lesezugriffs zusätzlich kontrolliert werden, welche Teilnehmer Zugriff auf die gespeicherten Daten bekommt.

18.4.3 Ziele und Systemarchitektur

Entlang einer Datenwertschöpfungskette kann es unterschiedliche Teilnehmer geben, die Daten erfassen, Daten weiterverarbeiten und zusätzliche Dienste anbieten. Dabei können die Teilnehmer zu unterschiedlichen Organisationen gehören und unterschiedliche Interessen/Ziele verfolgen. Mit dieser Grundannahme ist eine Voraussetzung für die Anwendbarkeit einer *Blockchain* gegeben.

In dieser *permissioned Blockchain* wird die *Blockchain* von einem Konsortium verwaltet, in dem die beteiligten Organisationen vertreten sind. Da es sich um eine *private Blockchain* handelt, dürfen nur berechtigte Teilnehmer auf der *Blockchain* lesen. Dieses Berechtigungsmanagement erlaubt es, schützenswerte Daten vor unbefugtem Zugriff zu schützen.

Laabs und Đukanović (2018, S. 143–153) beschreiben Möglichkeiten, die eine *Blockchain* in einem Machine-to-Machine-Kommunikationsszenario aus der Industrie 4.0 bieten kann: Maschinen können Dienste anderer Maschinen entdecken und diese nutzen. Die Nutzung der Dienste (was in diesem Fall eine Interaktion zwischen Teilnehmern unterschiedlicher Organisationen bedeutet) kann schließlich auf der *Blockchain* dokumentiert und gegebenenfalls abgerechnet werden, zum Beispiel in Form von Tokens, die im Zuge der Nutzung eines Dienstes ihren Besitzer wechseln, was ebenfalls auf der *Blockchain* gespeichert wird. Nutzungsbedingungen der Services werden transparent definiert und sind von allen Teilnehmern vor der Nutzung von Diensten einsehbar.

Nicht nur Interaktionen zwischen Teilnehmern unterschiedlicher Organisationszugehörigkeiten können auf der *Blockchain* gespeichert werden. Auch die Erzeugung von Datenobjekten durch einzelne Teilnehmer kann auf der *Blockchain* festgehalten werden. Somit kann beispielsweise die Erzeugung von Messdaten oder Dokumenten, welche eine juristische Relevanz haben können, nicht abstreitbar dokumentiert werden. Dies kann folglich in verschiedenen Branchen wichtig sein. Ein Beispiel mit Medizindaten wird von Alladi et al. (2019) beschrieben.

Wie kann eine *Blockchain* nun eingesetzt werden, um Vertrauen zwischen Teilnehmern, die an der Datenwertschöpfungskette beteiligt sind, zu etablieren? In diesem Beitrag soll der Einsatz einer *Blockchain* am Beispiel des Frameworks *Hyperledger Fabric* veranschaulicht werden.

Mit dem Einsatz der *Blockchain* soll erreicht werden, dass alle Organisationen (beziehungsweise ihre Vertreter in dem Konsortium, im Folgenden *Peers* genannt) das gleiche Bild des Gesamtsystems haben. Dies umfasst sowohl den aktuellen Zustand des Systems (im Folgenden *Weltzustand* genannt), als auch alle Aktionen/Transaktionen, die zu diesem aktuellen Zustand geführt haben. Alle *Peers* starten mit dem gleichen Urzustand.

Abb. 18.5 zeigt eine beispielhafte Architektur des *Blockchain*-Systems. Die Clients sind Akteure in der Datenwertschöpfungskette und können über eine bereitgestellte API definierte Aktionen (zum Beispiel Generieren von Daten, Nutzen von bereitgestellten Services, etc.) auf der *Blockchain* ausführen. Ein detaillierter Überblick über *Hyperledger Fabric* wird von Kakei et al. (2020) gegeben.

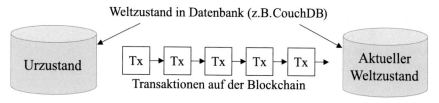

Abb. 18.5 Eine Reihe von Transaktionen bildet den aktuellen Weltzustand aus dem Urzustand (Eigene Darstellung)

Welche Aktionen genau ausgeführt werden können, hängt von dem sogenannten *Chaincode* ab, welcher in allen *Peers* gleich definiert ist. Der *Chaincode* stellt vereinfacht gesagt eine Art Regelwerk dar, welches die möglichen Funktionen innerhalb des *Blockchain*-Systems festlegt.

Der *Chaincode* muss individuell implementiert werden, um ein gegebenes System geeignet darzustellen. Im Falle des Beispiels der Datenwertschöpfungskette muss der *Chaincode* in einer Art und Weise definiert werden, sodass alle infrage kommenden Aktionen in der Datenverarbeitung abgedeckt werden. Dies betrifft insbesondere das Erfassen von Daten, die Weiterverarbeitung der Daten und letztendlich die Bereitstellung und Nutzung von Diensten.

18.4.4 Schaffen von Vertrauen

Eine Transaktion auf der *Blockchain* überführt einen *Weltzustand* in einen neuen *Weltzustand*. Dies wird in Abb. 18.5 illustriert. Was dabei genau geschieht, hängt von dem *Chaincode* und der Transaktion ab. Es können Daten aus dem Weltzustand erzeugt, geändert, oder gelöscht werden. Bei den Operationen gehen jedoch auch gelöschte Daten nicht verloren, vielmehr kann jeder historische Weltzustand durch den Urzustand und die auf der *Blockchain* unveränderbar gespeicherte Transaktionskette rekonstruiert werden.

Damit sichergestellt ist, dass der Weltzustand von allen *Peer*-Knoten zu jeder Zeit konsistent ist, muss bei der Aufnahme neuer Transaktionen eine Konsensfindung zwischen den *Peer*-Knoten erfolgen. Im Falle von *Hyperledger Fabric* läuft das Verfahren folgendermaßen ab (Vergleiche Kakei et al. 2020, Abschnitt II-B):

1. Ein *Client*, der eine Transaktion durchführen möchte, muss diese als Vorschlag bei einer bestimmten Anzahl von *Peer*-Knoten einreichen. Diese speziellen Knoten werden *Endorser* genannt. Der Vorschlag ist dabei digital signiert.
2. Jeder *Endorser* simuliert die Durchführung der Transaktion auf seinem aktuellen Weltzustand und liefert das Ergebnis (die Auswirkungen der Transaktion auf den Weltzustand) digital signiert zu dem *Client* zurück.
3. Der *Client* besitzt nun von jedem *Endorser* ein digital signiertes Ergebnis des Transaktionsvorschlags. Unter der Annahme, dass die Weltzustände aller *Endorser* gleich sind, sind auch die Ergebnisse alle gleich.
4. Der *Client* übergibt die signierten Ergebnisse an einen speziellen *Orderer*-Knoten, welcher die Transaktionen zur tatsächlichen Durchführung nochmals digital signiert an alle *Peer*-Knoten übergibt. Dabei werden die Transaktionen tatsächlich in die *Blockchain* übernommen und der Weltzustand eines jeden *Peers* wird in einen neuen Zustand überführt.

Der *Client* kann anhand der digitalen Signaturen verifizieren, dass die *Peers* unterschiedlicher Organisationen die Transaktion gesehen und auf gleiche Weise verarbeitet haben. Die *Peers*, die die Transaktion in ihren Weltzustand übernehmen, können anhand der digitalen Signaturen der anderen *Endorser* verifizieren, dass die anderen beteiligten Organisationen des Komitees die Transaktion auf die gleiche Weise verarbeitet haben. Nach Abschluss der Transaktion haben nun alle *Peers* und damit alle Organisationen den Ablauf der Transaktion in der *Blockchain* gespeichert.

Mit diesem Mechanismus wird sichergestellt, dass der Zustand der *Blockchain* bei den Teilnehmern konsistent gehalten wird und somit eine Prüfung der einzelnen Transaktionen im Nachhinein ermöglicht wird, was die Nachweisbarkeit gewährleistet.

Die Abfrage von Daten der *Blockchain* ist ebenfalls über entsprechende Funktionen, die im *Chaincode* definiert werden, möglich.

18.5 Zusammenfassung

Durch die im Rahmen der Industrie 4.0 vorangetriebenen Digitalisierung von traditionellen Systemen entstehen intelligente Systeme, die die gesamte Datenverarbeitungskette von einzelnen Sensoren bis hin zu Diensten in der Cloud abdecken. Die drei in diesem Beitrag vorgestellten technischen Maßnahmen, sind dazu geeignet, Vertrauen in Daten herzustellen, indem sie Informationen über die Datenqualität bereitstellen und darüber hinaus die Integrität und Authentizität von ausgetauschten Daten sicherstellen:

1. *Kommunikationssicherheit:* Ende-zu-Ende-Sicherheit spielt in der Datenorchestrierung zwischen der Sensorebene und der Cloud eine wichtige Rolle. Existierende kryptografische Maßnahmen und Protokolle decken alle wichtigen Punkte wie Identitätsmanagement, Public-Key-Infrastrukturen und Kommunikationssicherheit ab. Daten müssen sowohl während der Übertragung als auch während der Speicherung in ihrer Integrität und vor unbefugtem Zugriff geschützt sein.
2. *Digitale Kalibrierzertifikate:* Die Digitalisierung des Kalibrierwesens kann einen wesentlichen Mehrwert in der Digitalisierung von Prozessen darstellen. Anwendungsszenarien wie das Qualitätsmanagement können durch die Anwendung von digitalen Kalibrierscheinen und der zugehörigen Infrastruktur in wichtigen Punkten automatisiert und damit letztendlich kosteneffizienter umgesetzt werden.
3. *Nichtabstreitbarkeit durch Distributed-Ledger-Technologie.* Distributed-Ledger-Technologien und Blockchains im Speziellen existieren in vielen unterschiedlichen Varianten und Ausprägungen. Grundsätzlich sind geeignete Einsatzgebiete einer DLT/Blockchain all jene Szenarien, in denen Vertrauen zwischen unterschiedlichen Partnern/Organisationen etabliert werden soll, die einzelnen Akteure jedoch unterschiedliche Interessen verfolgen und sich daher einander nicht grundsätzlich vertrauen. Interaktionen zwischen Akteuren (zum Beispiel in Form von Verträgen) können über ein

Blockchain-System oder ein vergleichbares DLT-System nachweisbar und vor Manipulationen geschützt gespeichert werden. Distributed-Ledger-Technologien können jedoch nur in bestimmten Anwendungsszenarien einen Vorteil bieten. Vor dem Einsatz einer Technologie wie zum Beispiel einer Blockchain muss geprüft werden, ob dies in dem vorliegenden Anwendungsszenario sinnvoll ist.

Durch eine so erzielte Nachweisbarkeit der Vorgänge in dem System kann das Verhalten des Systems und einzelner Teilnehmer auch im Nachhinein objektiv nachvollzogen werden.

Danksagung Die Autoren bedanken sich für die Förderung des Projektes *GEMIMEG-II* (Förderkennzeichen: 01 MT20001A) durch das Bundesministerium für Wirtschaft und Klimaschutz als strategisches Einzelprojekt.

Literatur

Alladi T, Chamola V, Parizi RM, Choo KKR (2019) Blockchain applications for industry 4.0 and industrial IoT: a review. IEEE Access 7:176935–176951. https://doi.org/10.1109/ACCESS.2019.2956748

Baumann C, Dehning O, Hühnlein D et al (2017) TeleTrusT-Positionspapier ,Blockchain'. Handreichung zum Umgang mit Blockchain. TeleTrusT – Bundesverband IT-Sicherheit e.V. Berlin. https://www.teletrust.de/fileadmin/docs/publikationen/broschueren/Blockchain/2017_TeleTrusT-Positionspapier_Blockchain__.pdf. Zugegriffen am 30.08.2021

Bundesministerium für Wirtschaft und Energie (BMWi) (2016) Technical overview: secure identities, Bundesministerium für Wirtschaft und Energie (BMWi) Public Relations. https://www.plattform-i40.de/PI40/Redaktion/EN/Downloads/Publikation/secure-identities.pdf. Zugegriffen am 30.08.2021

Hackel S, Härtig F, Hornig J, Wiedenhöfer T (2017) The digital calibration certificate. PTB-Mitteilungen, 127, Physikalisch-Technische Bundesanstalt, Braunschweig, S 75–81

International Electrotechnical Commission (IEC) (2013) Enterprise-control system integration – part 1: Models and terminology. IEC 62264-1, IEC

Kakei S, Shiraishi Y, Mohri M, Nakamura T, Hashimoto M, Saito S (2020) Cross-certification towards distributed authentication infrastructure: a case of hyperledger fabric. IEEE Access 8:135742–135757. https://doi.org/10.1109/ACCESS.2020.3011137

Klebsch W, Hallensleben S, Kosslers S (2019) Roter Faden durch das Thema Blockchain. VDE Verband der Elektrotechnik Elektronik Informationstechnik e. V., Frankfurt. https://www.vde.com/resource/blob/1885856/1c616e33e550c2f387202e7b8b8ad53a/roter-faden-blockchain-download-data.pdf. Zugegriffen am 30.08.2021

Laabs M, Đukanović S (2018) Blockchain in Industrie 4.0: Beyond cryptocurrency. IT – Inform Technol 60(3):143–153. de Gruyter, Oldenbourg. https://doi.org/10.1515/itit-2018-0011. Zugegriffen am 30.08.2021

OpenFog Consortium Architecture Working Group (2017) OpenFog reference architecture for fog computing. OPFRA001 20817, S 162

Projekt GEMIMEG II (2020) Projektwebseite GEMIMEG II – GEMIni MEtrology Global. https://www.gemimeg.ptb.de/projekt/. Zugegriffen am 06.04.2022

Saint-Andre P (2004) End-to-end signing and object encryption for the extensible messaging and presence protocol (XMPP). RFC 3923, IETF, Fremont, Kalifornien

Siepmann D, Graef N (2016) Industrie 4.0 – Grundlagen und Gesamtzusammenhang. In: Einführung und Umsetzung von Industrie 4.0. Springer Gabler, Berlin/Heidelberg, S 17–82

Stafford VA (2020) Zero trust architecture. NIST special publication 800-207. National Institute of Standards and Technology. https://doi.org/10.6028/NIST.SP.800-207. Zugegriffen am 30.08.2021

Wang RY, Strong DM (1996) Beyond accuracy: what data quality means to data consumers. J Manag Inform Syst 12(4):5–33. M.E. Sharpe, Inc., New York

Willner A, Gowtham V (2020) Toward a reference architecture model for industrial edge computing. IEEE Commun Stand Mag 4(4):42–48. IEEE

Axel Mangelsdorf, Stefanie Demirci und Tarek Besold

Zusammenfassung

Die Akteure der Datenwirtschaft müssen sich mit dem Thema der Normung, Standardisierung, Zertifizierung und Regulierung beschäftigen, da nicht nur der Regulierungsentwurf der Europäischen Union für KI-Anwendungen Konformitätsbewertungsverfahren vorsieht, sondern auch, weil immer mehr freiwillige Zertifizierungsprogramme am Markt entstehen. Der Beitrag gibt einen Überblick zu Normen und Standards sowie freiwilligen oder gesetzlich verpflichtenden Zertifizierungen in der Datenwirtschaft und zeigt, welche Kosten und Nutzen daraus für die Akteure der Datenwirtschaft entstehen können. Ein Beispiel aus dem Gesundheitsbereich zeigt, wie innovative Unternehmen mit regulatorischen Vorgaben umgehen und Entscheidungen zu produktbezogener Zweckbestimmung und Risikoeinschätzung bereits in der Entwicklungsphase getroffen werden müssen. Den Akteuren der Datenwirtschaft wird auf Grundlage dieser Erkenntnisse empfohlen, die Vorteile der Mitarbeit an Normen und Standards (Wissensvorsprung, Verwertungsmöglichkeiten, Networking) mit den Kosten für die Teilnahme abzuwägen. Zertifizierungsprogramme können zu mehr Akzeptanz und Vertrauen am Markt führen, ersetzen jedoch nicht unbedingt die Entwicklung unternehmenseigener Anforderungen an Datenqualität und -sicherheit.

A. Mangelsdorf (✉) · S. Demirci
Institut für Innovation und Technik (iit) in der VDI/VDE Innovation + Technik GmbH,
Berlin, Deutschland
E-Mail: mangelsdorf@iit-berlin.de; demirci@iit-berlin.de

T. Besold
DEKRA Digital GmbH, Stuttgart, Deutschland
E-Mail: tarek.besold@dekra.com

© Der/die Autor(en) 2022
M. Rohde et al. (Hrsg.), *Datenwirtschaft und Datentechnologie*,
https://doi.org/10.1007/978-3-662-65232-9_19

19.1 Einführung

In den Technologieprogrammen Smarte Datenwirtschaft und Innovationswettbewerb Künstliche Intelligenz des Bundesministeriums für Wirtschaft und Klimaschutz (BMWK) entwickeln Projektteams innovative Lösungen im Bereich der Datenökonomie und verwenden dabei ein breites Spektrum an Technologien, die von der intelligenten Nutzung von Daten, Machine Learning, Additiver Fertigung bis hin zu Blockchains/Distributed-Ledgers und KI-Anwendungen im Gesundheitsbereich, Verkehr, industrieller Produktion und Smart Living reichen. Diese Technologien finden Anwendung in immer mehr Bereichen, zum Beispiel in alltäglichen Objekten wie intelligenten Lautsprechern und Smart Home Assistants, aber auch in hochspezialisierten Einsatzszenarien wie der medizinischen Diagnostik. Ein technologie- und branchenübergreifendes Problem ist die Akzeptanz neuer technologischer Lösungen bei Verbraucherinnen und Verbrauchern. Zum Beispiel werden die Methoden des Machine Learning in der medizinischen Diagnostik erfolgreich zum Aufdecken von pathologischen Mustern und Auffälligkeiten eingesetzt. Eine Umfrage des TÜV Verbands (2021) zeigt jedoch, dass viele Bürgerinnen und Bürger noch skeptisch gegenüber der neuen Technologie eingestellt sind. Nur 41 Prozent der Befragten haben Vertrauen in die Diagnosefähigkeit einer Künstlichen Intelligenz, während 81 Prozent großes Vertrauen haben, dass eine Ärztin oder ein Arzt die korrekte Diagnose stellt. Unternehmen, Forschende sowie Innovatorinnen und Innovatoren der Datenökonomie stehen deshalb nicht nur vor der Herausforderung, neue technologische Lösungen zu entwickeln, sondern auch die potenziellen Anwenderinnen und Anwender von der Leistungsfähigkeit, Qualität und Sicherheit der neuen Datentechnologien zu überzeugen.

Gesetzlich verbindliche Regulierungen und freiwillige Normen oder Standards sowie auf diesen Regeln aufbauende Zertifizierungssysteme können einen wichtigen Beitrag leisten, um den Qualitäts- und Sicherheitserwartungen gerecht zu werden und Vertrauen aufzubauen. Durch die Eigenschaft von Normen und Standards unter anderem Sicherheits- und Qualitätsanforderungen an Produkte und Dienstleitungen festzulegen, und im Rahmen von darauf aufbauenden Zertifizierungen unabhängigen Dritten die entsprechenden Eigenschaften zu bescheinigen, steigt das Vertrauen der Anwenderinnen und Anwender in neu entwickelte Technologien und beschleunigt ihre breite Adaption (Herrmann et al. 2020).

In diesem Kapitel wird deshalb die Bedeutung von Normen, Standards und Zertifizierungssystemen für Innovatorinnen und Innovatoren der Datenwirtschaft näher beleuchtet. Die Inhalte der Normen oder Standards können von den Unternehmen, Forschenden und Innovatorinnen und Innovatoren selbst bestimmt werden. Damit können die Teilnehmenden ihre regulatorische Umgebung mit beeinflussen. Zudem ist die Normung ein Ort des Lernens. Die Teilnehmenden treffen in Normungsgremien auf Unternehmen andere Stakeholder, die als Quelle für technologisches Wissen genutzt werden können. Dabei können zum Beispiel neue Verwertungsideen oder Allianzen entstehen. Die teilnehmenden Unternehmen, Forschende sowie Innovatorinnen und Innovatoren bekommen durch die

Teilnahme in der Normung oder Standardisierung einen Wissensvorsprung gegenüber Nicht-Teilnehmenden. Die aus der Normungsarbeit resultierenden Normen haben gegenüber Standards den Vorteil, dass formale Normen eine höhere Marktakzeptanz haben während schnell zu erstellende Standards in Märkten mit hoher Innovationsgeschwindigkeit eine Möglichkeit bietet, zügig Begriffe zu definieren sowie Qualitäts- und Sicherheitskriterien festzulegen. Die Unternehmen der Datenwirtschaft sollten deshalb die Teilnahme an der Normung oder Standardisierung in einer Kosten-Nutzen-Analyse unterstellen. In der Kosten-Nutzen-Analyse sollten die vielen Vorteile (Mitbestimmung von Inhalten, Wissensvorsprung, Marktakzeptanz) den Kosten (Reisen und Teilnahmegebühren) gegenübergestellt werden.

Alle Akteure der Datenwirtschaft müssen sich mit dem Thema Zertifizierung auseinandersetzen, insbesondere da der Regulierungsentwurf der EU für KI-Anwendungen mit hohem Risiko (zum Beispiel im Gesundheitsbereich) verpflichtende Prüfungen durch unabhängige Dritte vorsieht. Parallel dazu entstehen freiwillige Zertifizierungsprogramme für KI-Anwendungen, die darauf abzielen, Akzeptanz und Vertrauen am Markt zu verbessern, gleichzeitig aber auch Kosten für Vorbereitung der Überprüfung, Implementierung von geforderten Maßnahmen verursachen. Die Unternehmen, Forschende sowie Innovatorinnen und Innovatoren der Datenwirtschaft sollten deshalb bei freiwilligen Programmen Kosten und Nutzen der Zertifizierung vorsichtig abwiegen. Bei verpflichtenden Maßnahmen, wie der CE-Kennzeichnung für Medizinprodukte, sollte bereits in der frühen Entwicklungsphase des Produkts Entscheidungen über die Zweckbestimmung und Risikoeinschätzung getroffen werden. Mit der Entscheidung werden die Rahmenbedingungen für den Entwicklungs- und Produktionsplan festgelegt, was zu Kosteneinsparungen und höheren Erfolgsaussichten führt.

Nach einem einleitenden Überblick über Normen, Standards und Zertifizierungen werden im Folgenden Normungs- und Standardisierungsaktivitäten sowie Zertifizierungsschemes für die Datenwirtschaft betrachtet. Das Kapitel schließt mit einem Praxisbeispiel für den Zertifizierungsprozess aus dem Gesundheitswesen.

19.2   Überblick: Normen, Standards, Zertifizierungen

Formale Normen werden von informellen Standards unterschieden und von interessierten Kreisen in offiziellen Normungsorganisationen im Konsens erstellt. Zu den interessierten Kreisen zählen neben den zumeist initiierenden Unternehmen beispielsweise auch Umwelt- oder Verbraucherverbände, Think Tanks und andere interessierte zivilgesellschaftliche Organisationen. Zu den Normungsorganisationen gehören in Deutschland das Deutsches Institut für Normung e. V. (DIN) und die Deutsche Kommission Elektrotechnik Elektronik Informationstechnik in DIN und VDE (DKE). Auf der europäischen Ebene erstellen das Europäische Komitee für Normung (CEN) und das Europäische Komitee für elektrotechnische Normung (CENELEC) Normen für die Europäische Union und den Europäischen Wirtschaftsraum (EWR). Auf internationaler Ebene erstellen unter anderem die Internationale Organisation für Normung (ISO) sowie die Internationale Elektrotechnische Kommission (IEC) Normen zur weltweiten Anwendung (Blind und Heß 2020).

Informelle Standards können von einer oder mehreren Organisationen in temporären Konsortien entwickelt werden. Eine Notwendigkeit zum Konsens besteht in der informellen Standardisierung nicht. Standards können deshalb auch innerhalb weniger Monate in kleinen Gruppen erarbeitet werden. Auch formale oder offizielle Normungsorganisationen bieten Prozesse zur Erstellung von Standards an. Im Deutschen Institut für Normung werden diese – in einem Workshop-Verfahren erarbeiteten – Standards DIN SPEC genannt und haben den Status einer öffentlich verfügbaren Spezifikation (sogenannte Publicly Available Specification/PAS). Wird für diese neuen Produkte und Dienstleistungen eine Definition von zentralen Begriffen oder Anforderungen für Sicherheit, Qualität oder Kompatibilität benötigt, kann eine DIN SPEC aufgrund ihrer zügigen Erarbeitung das Mittel der Wahl sein (Abdelkafi et al. 2016). Aufgrund der zügigen Erarbeitungszeit eignen sich DIN SPECs für Technologien und Sektoren mit hoher Innovationsgeschwindigkeit und häufigem Auftreten von neuen Produkten und Dienstleistungen.

Der Nutzen von Normen und Standards geht dabei über Sicherheits- und Qualitätsaspekte hinaus. Sie stellen unter anderem den Austausch zwischen Anwendungsebenen her – zum Beispiel zwischen Hard- und Softwareebene – und ermöglichen den Datentransfer zu anderen kompatiblen Anwendungen. Die Applikation von Normen schafft Rechtssicherheit und ist häufig Voraussetzung für den Marktzutritt, insbesondere auf dem Europäischen Binnenmarkt. Normen und Standards liefern Information über die Eigenschaften von Produkten und Dienstleistungen und vereinfachen deshalb den internationalen Handel. Sie sind ein wichtiger Teil der Wirtschaftsordnung insgesamt und durch ihre Adaptionswirkung ein essentieller Bestandteil des Nationalen Innovationssystems (Blind und Mangelsdorf 2016a).

Zertifizierungen sind Prozesse zum Nachweis der Einhaltung von festgelegten Anforderungen. Die Anforderungen können sich aus gesetzlichen Bestimmungen (zum Beispiel bei Medizinprodukten der Risikoklasse II oder höher) oder freiwilligen Normen oder Standards ergeben. Die Einhaltung der Anforderungen aus Normen oder Standards werden dabei durch freiwillige Zertifizierungen nachgewiesen (Blind und Mangelsdorf 2016b).

Die Anwendungsbereiche der Zertifizierungen (sogenannte Scopes) sind vielfältig. Sie umfassen beispielsweise das klassische Qualitätsmanagement, dessen Anforderungen in der internationalen Normenreihe ISO 9000 festgelegt sind, aber auch Entwicklungen für die Datenwirtschaft, z. B. Cloud-Service-Zertifizierung oder Ergebnisse neuer, speziell auf die Künstliche Intelligenz bezogener Initiativen. Zu letzteren zählt beispielsweise das Gemeinschaftsprojekt *Zertifizierte KI* des Fraunhofer IAIS, der Universitäten Bonn und Köln, der RWTH Aachen, des Bundesamts für Sicherheit in der Informationstechnik (BSI) und des DIN (Poretschkin et al. 2021).

19.3 Normungs- und Standardisierungsaktivitäten für die Datenwirtschaft

Nach dem Überblick zu Normen, Standards und Zertifizierungen werden im Folgenden derzeit laufende Aktivitäten in diesen Bereichen mit Bezug zur Datenwirtschaft darge- stellt. Die Inhalte von Normen und Standards können im Gegensatz zu hoheitlich verord- neten Regulierungen von den interessierten Kreisen in Normungs- und Standardisierungs- gremien selbst bestimmt werden. Unternehmen, Forschende sowie Innovatorinnen und Innovatoren können direkt Einfluss auf die inhaltliche Ausgestaltung nehmen.

Die Motive zur Teilnahme an der Normung oder Standardisierung sind vielfältig. Wer- den Normen als Konkretisierung allgemein formulierter Europäischer Richtlinien heran- gezogen, können an der Normung teilnehmende Unternehmen direkt Einfluss auf die kon- krete Umsetzung der Richtlinien nehmen und beispielsweise ausgehend von ihrer Markt- und Technologieexpertise Sicherheitsanforderungen definieren. Teilnehmende Unternehmen haben dann gegenüber nicht-teilnehmenden Unternehmen einen Wissens- vorsprung und können diesen gewinnbringend nutzen. Die Teilnahme in Normungs- oder Standardisierungsgremien kann somit neben eigenen Forschungs- und Entwicklungstätig- keiten als zusätzliche Quelle für technisches Wissen dienen. Unternehmen treffen in Gre- mien auf andere Marktteilnehmende, sowohl Wettbewerber als auch andere Unternehmen in Upstream oder Downstream Märkten (d. h. Zuliefernde oder Abnehmende). In der Diskussion offenbaren Unternehmen einen Teil ihres technologischen Wissens gegenüber anderen teilnehmenden Stakeholdern, was wiederum einen Wissensvorsprung gegenüber Nicht-Teilnehmenden begründet. Die Normungsteilnahme kann durch das Aufeinander- treffen verschiedener Marktteilnehmender auch zu neuen Verwertungsideen führen. Schließlich können die teilnehmenden Personen auch Normen oder Standards verhindern, die nicht ihren Interessen entsprechen und zum Beispiel zu höheren Kosten führen würden (Blind und Mangelsdorf 2016a).

Die Qualität der Normen profitiert zudem von der Teilnahme von Forschenden. Insbe- sondere in hochinnovativen Feldern wie der Datenwirtschaft mit noch wenigen Standardi- sierungsaktivitäten und einem hohen Anteil impliziten Wissens können Forschende in der Normung sicherstellen, dass der Inhalt der Norm dem aktuellen Forschungsstand ent- spricht.

Die Teilnahme in der Normung oder Standardisierung bringt jedoch auch Kosten mit sich. Die Zeitspanne von der Idee bis zur Veröffentlichung einer Norm kann in einigen Fällen mehrere Jahre dauern und benötigt neben Ausdauer auch Kosten für Personal, Rei- sen und Teilnahmegebühren. Besonders für kleine Unternehmen und Start-ups ohne ei- gene Standardisierungsabteilung entstehen zudem Opportunitätskosten, da aufgrund der insgesamt beschränkten Ressourcen des Unternehmens unter Umständen andere produk- tive Tätigkeiten nicht durchgeführt werden können. Auch wenn Normungsorganisationen vermehrt Online-Formate für Gremiensitzungen einsetzen, können zeitintensive Sitzun- gen abschreckend wirken. Weniger zeitintensiv ist dagegen die Erstellung von Standards, die keine Konsensentscheidung der beteiligten Stakeholder benötigt.

In Deutschland findet ein signifikanter Teil der Normungsarbeiten im Bereich der Datenwirtschaft und KI im DIN-Normenausschuss *Informationstechnik und Anwendungen* (NIA), Fachbereich *Grundnormen der Informationstechnik*, Arbeitsausschuss *Künstliche Intelligenz* (NA 043-01-42 AA) statt. Auf der europäischen Ebene agiert das – aus der CEN/CENELEC *Focus Group on Artificial Intelligence* hervorgegangene – CEN/CE-NELEC JTC 21 *Artificial Intelligence* und auf der internationalen Ebene das ISO/IEC JTC 1/SC 42 *Artificial Intelligence*. Zu den Aufgaben des DIN-Normenausschusses gehört auch die Rolle als sogenanntes Spiegelkommittee für die europäischen und die internationalen Gremien, das heißt die Ermittlung von nationalen Standpunkten zu den Normungsarbeiten auf der europäischen und internationalen Ebene. Die Mitarbeit in den Gremien nationaler Normungsorganisationen beeinflusst auch die supranationale Normungsarbeit.

Inzwischen gibt es bereits einige Beispiele für Normen in der Datenwirtschaft. Zum Beispiel definiert die Normenreihe ISO/IEC AWI 5259 für Analytik und Datenqualität im Maschine Learning Begriffe (Teil 1), zeigt Maßnahmen zur Verbesserung der Datenqualität (Teil 2), definiert Anforderungen und Richtlinien für das Datenqualitätsmanagement (Teil 3) und gibt einen Rahmen vor, wie der Prozess zur Verbesserung der Datenqualität organisiert werden kann (Teil 4) (ISO 2021). Im DIN sind zudem im Rahmen des Standardisierungsverfahrens mehrere DIN SPEC für Blockchain entstanden. DIN SPEC 16597:2018-02 definiert wichtige Terminologien für die Blockchain-Technologie (DIN 2018) und DIN SPEC 4997:2020-04 entwickelt ein standardisiertes Verfahren für die Verarbeitung personenbezogener Daten mittels Blockchain-Technologie (DIN 2020).

In der Datenwirtschaft gibt es jedoch weiteren Bedarf an Normen und Standards. Entsprechend versucht die *Normungsroadmap Künstliche Intelligenz* die Herausforderungen sowie Normungs- und Standardisierungsbedarfe zu ermitteln. Dabei zeigt sich, dass aktuell insbesondere in den Sektoren industrielle Automation, Mobilität, Logistik und Gesundheit der Bedarf nach weiteren Normen und Standards hoch ist. Sektorenübergreifende Normen und Standards fehlen für Terminologie, Qualitätsaspekte, IT-Sicherheit und Zertifizierung. Außerdem empfehlen Expertinnen und Experten unter anderem die Schaffung eines nationalen Programms zur Entwicklung eines standardisierten Zertifizierungsschemes mit dessen Hilfe Aussagen über die Vertrauenswürdigkeit von KI-Systemen getroffen werden können (Wahlster und Winterhalter 2020).

Zusammenfassend lässt sich feststellen, dass die Normung und Standardisierung für Unternehmen und Forschende der Datenwirtschaft viele Einflussmöglichkeiten eröffnet. Die Inhalte von Normen und Standards können von den interessierten Kreisen selbst bestimmt werden. Die Teilnahme an der Normung und Standardisierung bringt viele Vorteile mit sich (Wissensvorsprung, Verwertungsmöglichkeiten, Networking), führt aber auch zu Kosten, zum Beispiel durch Reise- und Teilnahmegebühren. Unternehmen sollten die Vorteile der Teilnahme intensiv recherchieren und gegen die Kosten abwägen. Die informelle Standardisierung hat in Bereichen mit hoher Innovationsgeschwindigkeit Vorteile gegenüber der formalen Normung, bei welcher der Konsens aller Teilnehmenden notwendig ist. Die formale Normung ist vorteilhaft, wenn Unternehmen Bedarf an weiteren Akteuren (zum Beispiel Umwelt- oder Verbraucherverbänden, Think Tanks) haben oder nach hoher Akzeptanz am Markt suchen.

19.4   Zertifizierungsschemes in der Datenwirtschaft

Immer mehr Organisationen versuchen, wie von der Normungsroadmap gefordert, ein standardisiertes Zertifizierungsprogramm zu entwickeln und umzusetzen. Objektiv betrachtet handelt es sich dabei jedoch nicht um *ein* Umsetzungsprogramm als vielmehr um *parallele* Versuche. Zertifizierungsprogramme, mit dem Ziel das Vertrauen in Services der Datenwirtschaft und KI zu verbessern, werden derzeit unter anderem vom Bundesministerium der Justiz (BMJ), dem Hessischen Ministerium für Digitale Strategie und Entwicklung und dem Ministerium für Wirtschaft, Innovation, Digitalisierung und Energie des Landes Nordrhein-Westfalen entwickelt.

Das Bundesministerium der Justiz (BMJ) fördert das Projekt „Zentrum für vertrauenswürdige KI" und zielt darauf ab, durch die Entwicklung von Standards, Verbraucherinnen und Verbrauchern Informationen zu Transparenz und Vertrauen von KI-Systemen zu liefern. Die Standards sollen anschließend die Grundlage für ein Zertifizierungsschema für vertrauenswürdige KI bilden. Das Vorhaben steht beginnt im November 2021 und wird bis 2023 vom BMJ gefördert (BMJ 2021).

Auf der Ebene der Bundesländer setzt sich das Hessische Ministerium für Digitale Strategie und Entwicklung für einen sektorenübergreifenden Ansatz bei der Prüfung von KI-Systemen ein. Im Projekt *AI Quality & Testing Hub* kooperiert die Deutschen Kommission Elektrotechnik, Elektronik, Informationstechnik (DKE) mit dem VDE Prüf- und Zertifizierungsinstitut. Im Pilotprojekt werden die Fachlichen Grundlagen für die Auditierbarkeit und für Konformitätsbewertungen erforscht und angewendet. Die Ergebnisse fließen in die Normungsarbeit auf nationaler, europäischer und internationaler Ebene ein (VDE 2021).

Das bereits erwähnte Projekt *Zertifizierte KI* des Fraunhofer IAIS, wird vom Land Nordrhein-Westfalen gefördert und entwickelt standardisierte Prüfkriterien für KI-Systeme. Ein Prüfkatalog mit detaillierten messbaren Zielvorgaben sowie Maßnahmen, um die Ziele zu erreichen, wurde bereits veröffentlicht. Der Prüfkatalog orientiert sich an den Dokumentationspflichten, die laut dem im April 2020 veröffentlichten Gesetzesentwurf der EU (*EU AI Act*) für KI-Systeme mit hohem Risiko gelten sollen, und enthält die Kriterien Fairness, Autonomie sowie Kontrolle, Transparenz, Verlässlichkeit, Sicherheit und Datenschutz (s. Abschn. 9.4). Unter der Dimension Fairness wird gefordert, dass Trainingsdaten frei von Fehlern sind, die zu diskriminierenden Ergebnissen führen könnten. Unternehmen müssen Trainingsdaten so dokumentieren, dass Prüfende die Entstehung sowie die nachträgliche Aufbereitung nachvollziehen können. Bei der Dimension Verlässlichkeit soll sichergestellt werden, dass das KI-System gegenüber manipulierten Eingaben robust ist. Dafür müssen die Unternehmen nachweisen, welche Performanz-Metrik sie einsetzen. Die Prüfenden müssen einsehen können, welche Fehler gefunden und behoben wurden. Im Rahmen der Dimension Sicherheit werden potenzielle Personen-, Sach- sowie finanzielle Schäden betrachtet. Dabei können die Entwicklerinnen und Entwickler des Zertifizierungsschemes im Gegensatz zu den meisten anderen Dimensionen auf Elemente existierender Normen zurückgreifen, zum Beispiel auf die internationale Norm DIN EN ISO 10218 *Industrieroboter – Sicherheitsanforderungen*. Im Rahmen der Dimension Datenschutz sollen sensible, personenbezogene Daten oder aber auch Geschäftsgeheimnisse der Unternehmen sicher sein. Dafür müssen Unternehmen die Datenquellen nachweisen und den Prüfenden Beispieldaten zur Verfügung stellen. Für personalisierte Daten müssen die Unternehmen nachweisen, welche Verfahren zur Anonymisierung (s. Kap. 14.) sie verwendet haben (Poretschkin et al. 2021).

Die Regulierung, Normung und Standardisierung sowie Entwicklung von Prüfkriterien für Zertifizierungsschemes steht noch am Anfang. Insbesondere bei der Entwicklung von zertifizierbaren Prüfkriterien bleibt unklar, welche Pflichten auf die Unternehmen in den jeweiligen Zertifizierungsprogrammen zukommen. Der Prüfkatalog des Projekts *Zertifizierte KI* beschreibt zwar konkrete Prüfkriterien, über die Kosten der Zertifizierung, die Dauer des Audits oder die Länge der Gültigkeit eines Zertifikats können dagegen noch keine Aussagen getroffen werden. Ebenso ist unklar, ob es den unabhängigen Prüfunternehmen bei bestehendem Fachkräftemangel gelingt, ausreichend Fachpersonal mit KI-Kompetenz als Auditorinnen und Auditoren zu gewinnen. Zudem sind die genannten Projekte in Hessen, Nordrhein-Westfalen und des Bundesministeriums der Justiz einige nationale Beispiele neben sehr vielen internationalen Initiativen. In den Jahren 2015 bis 2020 haben über einhundert Organisationen Regeln für den Umgang mit KI entworfen (ScienceBusiness 2021). Hier wird in naher Zukunft mehr Klarheit von Seiten des Gesetzgebers auf nationaler und vor allem europäischer Ebene benötigt, um Unternehmen nicht allein mit der Herausforderung zu lassen, zu entscheiden, ob beziehungsweise nach welchem Zertifizierungsprogramm sie sich zertifizieren lassen. Wollen Unternehmen mit ihren Angeboten mehrere (internationale) Märkte bedienen, sind kostspielige multiple Zertifizierungen zu befürchten. Für Verbraucherinnen und Verbraucher kann eine Vielzahl von Zertifizierungsprogrammen verwirrend wirken, statt das Vertrauen in neue Technologien zu verbessern. Erste warnende Stimmen weisen darauf hin, dass die Zertifizierungslandschaft in der Datenwirtschaft – insbesondere im Bereich der Künstlichen Intelligenz – zunehmend der Situation im Nachhaltigkeitssektor ähnelt, wo Unternehmen häufig gleichzeitig mehre kostspielige Zertifizierungen erwerben müssen, Zertifizierungsprogramme eher den Anschein der Nachhaltigkeit erwecken („greenwashing") und Verbraucherinnen und Verbraucher kaum umweltfreundliche von weniger umweltfreundlichen Zertifizierungsprogrammen unterscheiden können (Matus und Veale 2022).

19.5 Praxisbeispiel Gesundheitswirtschaft

Im Folgenden wird der Zertifizierungsprozess für ein Datenprodukt anhand eines Fallbeispiels aus der Gesundheitswirtschaft dargestellt. Das Pilotprojekt *Telemed5000* (2019) aus dem Technologieprogramm *Smarte Datenwirtschaft* des Bundesministeriums für Wirtschaft und Klimaschutz (BMWK) veranschaulicht die Herausforderungen, die für Entwicklerinnen und Entwickler im Rahmen des Zertifizierungsprozesses auftreten können (Köhler 2021). Das Projekt fokussiert Patientinnen und Patienten mit chronischer Herzinsuffizienz, die mittels einer Tablet-App und damit verbundenen Sensoren und Geräten Vitalparameter erfassen und an ein Telemedizinzentrum (TMZ) zur Überwachung senden. Die Daten werden an eine datenschutzkonforme elektronische Gesundheitsakte übermittelt und KI-gestützt durch ein Entscheidungsunterstützungssystem voranalysiert. Die Anwendung verbessert die medizinische Betreuung durch die telemedizinische Begleitung, da eine beginnende Verschlechterung des Krankheitszustands frühzeitig erkannt werden kann. Krankenhausaufenthalte und Behandlungskosten werden reduziert und Patientinnen und Patienten können auch in ländlichen Regionen besser versorgt werden. Das KI-System unterstützt dabei das Fachpersonal.

Die Notwendigkeit zur Zertifizierung entsteht durch die Vorgaben des streng regulierten Gesundheitsmarktes. Die Verordnung (EU) 2017/745 über Medizinprodukte fordert, dass Herstellende ihre Produkte mit einer CE-Kennzeichnung versehen müssen, bevor sie in der EU auf den Markt gebracht werden. Je nach Risikoklasse muss eine zuständige Behörde in die Überprüfung der Anforderung miteinbezogen werden.

Im Fall des Pilotprojekts *Telemed5000* muss auch die Software und KI-Anwendung mit in Betracht gezogen werden, da neben unkritischen Parametern wie Puls und Gewicht auch die Herzrate als ein kritischer Parameter an das TMZ übermittelt wird. Die Anwendung ist gemäß § 3 des Medizinproduktegesetzes (MPG) daher als Medizinprodukt zu klassifizieren, da die Zweckbestimmung deutlich über eine einfache Dokumentation der Vitalparameter hinausgeht. Das MPG wurde zwar 2021 von der Europäischen Medizinprodukteverordnung (Medical Device Regulation (MDR)) abgelöst, die dort beschriebene Zweckbestimmung für Medizinprodukte gilt aber weiterhin. Verschiedene Behörden haben Leitfäden veröffentlicht, um Entwicklerinnen und Entwickler bei der nicht-trivialen Frage zu unterstützen, in welchen Fällen eine Software als Medizinprodukt definiert wird und somit unter die Verordnungen und Gesetze des Gesundheitsmarkts fällt (Reinsch 2021).

Da die Anwendung des Projekts *Telemed5000* unter die Europäische Medizinprodukteverordnung und das Medizinproduktegesetz (MPG) fällt, müssen die Entwicklerinnen und Entwickler eine CE-Kennzeichnung für Medizinprodukte anstoßen. Mit dem CE-Zeichen (CE- Communauté Européenne) versichert der Herstellende, dass das Medizinprodukt den Anforderungen der europäischen Richtlinien entspricht. Die Besonderheit ist hier, dass der Weg zur Kennzeichnung in der Entwicklungsphase beginnt, während bei anderen Zertifizierungssystemen die Prüfung der Anforderungen erst am fertigen Produkt vorgenommen werden.

Abb. 19.1 zeigt anhand des Fallbeispiels der Telemonitoring-Anwendung die Vorphase zur CE-Kennzeichnung.

Mit Ausnahme der In-vitro-Diagnostika (das heißt zur Untersuchung von aus dem menschlichen Körper stammenden Proben) werden alle Medizinprodukte einer Risikoklasse zugeordnet. Da die Telemonitoring-Anwendung ein Medizinprodukt zur In-vivo-Diagnostik (das heißt bei lebenden Patienten) verwendet wird und deshalb nicht unter die Ausnahmebedingungen der Medizinprodukterichtlinie fällt, muss auch die Telemonitoring-Anwendung vom Herstellenden entsprechend ihres Gefährdungspotenzials klassifiziert werden. Die Klassifizierung basiert auf der Verletzbarkeit des menschlichen Körpers und der Berücksichtigung potenzieller Risiken, die durch den Betrieb des Medizinproduktes entstehen können. Die Medizinprodukterichtlinie 93/42/EWG unterscheidet im Anhang IX die Risikoklassen I (niedrig), IIa, IIb und III (hoch). Im Anhang IX der Medizinprodukterichtlinie wird detailliert erläutert, welche Eigenschaften für die Risikoklassifikation

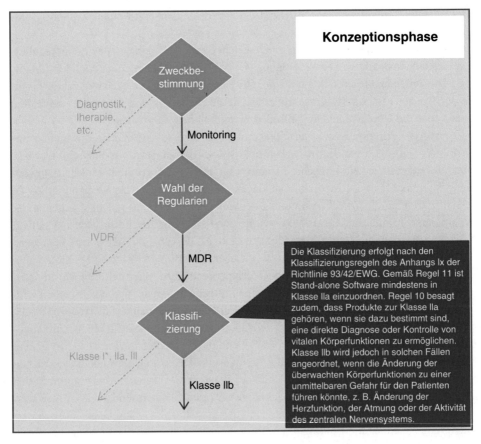

Abb. 19.1 Die CE-Kennzeichnung für Medizinprodukte beginnt bereits in der Konzeptionsphase. (Eigene Darstellung)

relevant sind. Die Telemonitoring-Anwendung zur Überwachung der Herzrate ist als Risikoklasse IIb einzustufen (BfArM 2021).

Die Risikoklasse bestimmt die Art des Konformitätsbewertungsverfahrens gemäß Anhang IX bis XI der MDR. Grundlage dieses Bewertungsverfahrens ist das Erstellen der technischen Dokumentation. Darin sind alle relevanten Informationen wie beispielsweise klinische Bewertung, Gebrauchsanweisung, EG-Baumusterbescheinigung, Risikobewertung und -management und der Bericht zur Gebrauchstauglichkeit enthalten. Entsprechend der Vorgaben der MDR an Produkte der Risikoklasse IIb, muss der Herstellende der hier beschriebenen Telemonitoring-Anwendung zusätzlich ein vollständiges Qualitätsmanagementsystem (QM-System) nach DIN EN ISO 13485 einführen und die technische Dokumentation von einer benannten Stelle bewerten lassen. Alternativ könnte der Herstellende der Telemonitoring-Anwendung auch das Verfahren der EG-Baumusterprüfung in Kombination mit einer Produktkonformitätsprüfung, wie in Abb. 19.2 dargestellt, durchführen. Im Idealfall wird die technische Dokumentation während der Konzeptionsphase gemäß des QM-Systems grundlegend erstellt und während der Entwicklungsphase des Produkts kontinuierlich gefüllt. Außerdem muss die Telemonitoring-Anwendung als Software as a Medical Device (SaaMD) die Grundsätze des Softwarelebenszyklus, des Risikomanagements sowie der Informationssicherheit erfüllen. Die klinischen Aspekte der technischen Dokumentation beziehen sich maßgeblich auf die klinische Leistungsfähigkeit und die Annehmbarkeit des Nutzen-/Risiko-Verhältnisses der Telemonitoring-Anwendung. Hier gibt es für Herstellende zwei Möglichkeiten. Entweder die Datenlage in der Literatur belegt eindeutig, dass die Anwendung keine unerwünschten Nebenwirkungen hat und den

Konformitätsbewertungsverfahren für Risikoklasse IIb	
Option 1	Vollständiges Quälitatssicherungssystem nach ISO 13485
	UND
	Bewertung der Technischen Dokumentation durch benannte Stelle (Anhang IX, Kap 1+3 sowie Kap 2)
ODER	
Option 2	EG-Baumusterprüfung durch benannte Stelle (Anhang X, einschließlich echnischer Dokumentation)
	UND
	Produktionsqualitätssicherung durch Qualitätsmanagementsystem für die Produktion nach ISO 13485 (Bewertung durch durch benannte Stelle) (Anhang XI, Part A)
	ODER
	Produktprüfungjedes einzelnen Produktes durch benannte Stelle (Anhang XI, Part B)

Abb. 19.2 Das Konformitätsbewertungsverfahren nach MDR für Produkte der Risikoklasse IIb (Eigene Darstellung)

beabsichtigten Nutzen erfüllt oder es muss, falls es keine belastbaren Literaturdaten gibt, eine klinische Prüfung durchgeführt werden. Im Falle der Telemonitoring-Anwendung ist zumindest der Einsatz bei Patientinnen und Patienten mit chronischer Herzinsuffizienz durch umfangreiche klinische Studien belegt (G-BA 2021).

Nach einer erfolgreichen Konformitätsbewertung stellt die benannte Stelle ein **EG-Zertifikat** aus, dass für fünf Jahre gültig ist. Danach muss eine Re-Zertifizierung erfolgen. Im Anschluss kennzeichnet der Herstellende die Telemonitoring-Anwendung mit dem CE-Kennzeichen zusammen mit der entsprechenden Kennnummer der benannten Stelle und bringt das Produkt auf den Markt. Solange sich die Anwendung im Markt befindet, muss der Herstellende kontinuierlich Rückmeldungen prüfen, auf Zwischenfälle reagieren und die Risikomanagementakte aktualisieren.

Zunehmend werden Algorithmen der künstlichen Intelligenz (KI) in Medizinprodukten beziehungsweise SaaMD eingesetzt, um etwa Krankheitsverläufe vorherzusagen oder Patientendaten effizient zu analysieren. Nach den grundlegenden Sicherheits- und Leistungsanforderungen der MDR ist eine SaaMD so auszulegen, dass die Wiederholbarkeit, Zuverlässigkeit und Leistung bei ihrer bestimmungsgemäßen Verwendung gewährleistet ist. Das bringt vor allem im Zusammenhang mit KI einige besondere Herausforderungen mit sich. Beispielsweise sind KI-Systeme oft schwer nachvollziehbar. Sowohl für KI-Entwicklerinnen und Entwickler als auch die Anwendenden ist nicht immer klar, aus welchen Gründen eine konkrete Entscheidung getroffen wurde. Derartige Anwendungen werden auch als Black-Box-Systeme bezeichnet. Einen großen Einfluss auf das KI-Modell hat die verwendete Datengrundlage, sodass diese bei einer Zertifizierung ebenfalls genau untersucht werden muss. Besonders herausfordernd ist zudem die Zertifizierung von selbstlernenden Systemen, die in der praktischen Anwendung weiterlernen und sich so kontinuierlich verbessern sollen. Dieser Ansatz birgt großes Potenzial, gleichzeitig muss jedoch auch hier aus regulatorischer Sicht gewährleistet werden, dass die KI weiterhin gute Ergebnisse liefert.

Bislang gibt es noch keine erprobten und allgemein akzeptierten Vorgehensweisen für die Konformitätsbewertung von Medizinprodukten beziehungsweise SaaMD mit KI. Es existieren jedoch Ansätze auf nationaler Ebene, die die beschriebenen Herausforderungen adressieren. Poretschkin et al. (2021) haben für KI-Anwendungen einen Prüfkatalog mit Dokumentationspflichten und Anforderungen entwickelt, um die Wiederholbarkeit, Zuverlässigkeit und Leistung einer KI-Anwendung sicherzustellen. Das Johner-Institut hat zudem einen Leitfaden zum Umgang mit KI bei Medizinprodukten veröffentlicht, der konkrete Prüfkriterien für die Zulassung von KI-Systemen im Medizinbereich beinhaltet (Johner 2021).

Auf Grundlage der darin enthaltenen Checkliste erarbeiteten die benannten Stellen einen entsprechenden Fragenkatalog, der bei der Zertifizierung derzeit eingesetzt wird. Diese Kriterien beziehen sich allerdings nur auf regel-basierte Systeme. In Deutschland ist es deshalb noch nicht möglich, selbstlernende KI-Systeme als Medizinprodukte oder SaaMD zu zertifizieren. In den USA wurden jedoch bereits erste Ansätze von der Food and Drug Administration (FDA) formuliert, an denen sich Herstellende orientieren können (FDA 2021).

Zusammenfassend sind die lassen sich folgende Hinweise für Unternehmen und Forschende der Datenwirtschaft festhalten. Zum einen müssen Zertifizierungsschemes aus regulatorischen Anforderungen von freiwilligen Zertifizierungsprogrammen unterschieden werden. Bei freiwilligen Programmen sollten die Vorteile (Marktzugang, höhere Akzeptanz für Innovationen am Markt, interne Qualitätsverbesserungen) vorsichtig gegenüber den Kosten (Dokumentationen, Vorbereitung der Überprüfung, Implementierung von geforderten Maßnahmen) abgewogen werden.

Zudem stehen Zertifizierungsschemes für die Datenwirtschaft noch am Anfang der Entwicklung. Um Kundinnen und Kunden zu versichern, dass die eigenen Ansprüche an Datenqualität und -sicherheit hoch sind, sollten Innovatorinnen und Innovatoren die eigenen Anforderungen ausarbeiten und den Kundinnen und Kunden zur Verfügung stellen. Überlegungen für die CE-Kennzeichnung von Medizinprodukten sollten bereits vor der Entwicklungsphase des Produkts angestoßen werden. Die Entscheidungen bezüglich Zweckbestimmung und Risikoeinschätzung für das finale Produkt bestimmen maßgeblich die Rahmenbedingungen für dessen Entwicklung und Produktion.

Literatur

Abdelkafi N, Makhotin S, Thuns M, Pohle A, Blind K (2016) To standardize or to patent? Development of a decision making tool and recommendations for young companies. Int J Innov Manag 20. https://doi.org/10.1142/S136391961640020X

BfArM (2021) Zuordnung eines Produktes zu den Medizinprodukten. https://www.bfarm.de/DE/Medizinprodukte/Aufgaben/Abgrenzung-und-Klassifizierung/_node.html. Zugegriffen am 29.10.2021

Blind K, Heß P (2020) Deutsches Normungspanel. Normungsforschung, -politik und -förderung. Indikatorenbericht 2020. Herausgegeben vom DIN e. V. https://www.normungspanel.de/publications/indikatorenbericht-2020-nachhaltigkeitsziele/. Zugegriffen am 30.03.2022

Blind K, Mangelsdorf A (2016a) Motives to standardize: empirical evidence from Germany. Technovation 48–49a:13–24

Blind K, Mangelsdorf A (2016b) Zertifizierung in deutschen Unternehmen – zwischen Wettbewerbsvorteil und Kostenfaktor. In: Friedel R, Spindler E (Hrsg) Zertifizierung als Erfolgsfaktor. Springer Gabler, Wiesbaden. https://doi.org/10.1007/978-3-658-09701-1_3

BMJV (2021) Zentrum für vertrauenswürdige Künstliche Intelligenz (KI) soll Verbraucherinteressen in der digitalen Welt stärken. https://www.bmjv.de/SharedDocs/Pressemitteilungen/DE/2021/1020_Zentrum_KI.html. Zugegriffen am 29.10.2021

DIN (2018) DIN SPEC 16597:2018-02. Terminology for blockchains. https://www.beuth.de/en/technical-rule/din-spec-16597/281677808. Zugegriffen am 29.10.2021

DIN (2020) DIN SPEC 4997:2020-04. Privacy by Blockchain Design: Ein standardisiertes Verfahren für die Verarbeitung personenbezogener Daten mittels Blockchain-Technologie. https://www.beuth.de/de/technische-regel/din-spec-4997/321277504. Zugegriffen am 29.10.2021

FDA (2021) U.S. Food & Drug Administration: Artificial Intelligence/Machine Learning (AI/ML)-Based Software as a Medical Device (SaMD) Action Plan. https://www.fda.gov/medical-devices/software-medical-device-samd/artificial-intelligence-and-machine-learning-software-medical-device. Zugegriffen am 29.10.2021

G-BA (2021) Richtlinie Methoden vertragsärztliche Versorgung: Telemonitoring bei Herzinsuffizienz. https://www.g-ba.de/beschluesse/4648. Zugegriffen am 29.10.2021

Herrmann P, Blind K, Abdelkafi N, Gruber S, Hoffmann W, Neuhäusler P, Pohle A (2020) Fraunhofer-Gesellschaft Relevanz der Normung und Standardisierung für den Wissens- und Technologietransfer. https://publica.fraunhofer.de/eprints/urn_nbn_de_0011-n-6158572.pdf. Zugegriffen am 29.10.2021

ISO (2021) ISO/IEC AWI 5259. https://www.iso.org/standard/81088.html. Zugegriffen am 29.10.2021.

Johner C (2021) Leitfaden zur KI bei Medizinprodukten. https://github.com/johner-institut/ai-guideline/blob/master/Guideline-AI-Medical-Devices_DE.md. Zugegriffen am 29.10.2021

Köhler F (2021) Entwicklung eines intelligenten Systems zur telemedizinischen Mitbetreuung von großen Kollektiven kardiologischer Risikopatienten (Telemed5000). https://www.telemed5000.de. Zugegriffen am 29.10.2021

Matus KJ, Veale M (2022) Certification systems for machine learning: lessons from sustainability. Regul Govern 16:177–196. https://doi.org/10.1111/rego.12417

Poretschkin M, Schmitz A, Akila M (2021) Leitfaden zur Gestaltung vertrauenswürdiger Künstlicher Intelligenz. www.iais.fraunhofer.de/ki-pruefkatalog. Zugegriffen am 29.10.2021

Projekt Telemed5000 (2019) Projektswebseite Telemed5000. https://www.telemed5000.de/. Zugegriffen am 04.03.2022

Reinsch D (2021) Software als Medizinprodukt – Software as Medical Device. https://www.johner-institut.de/blog/regulatory-affairs/software-als-medizinprodukt-definition. Zugegriffen am 29.10.2021

ScienceBusiness (2021) Time to harmonise artificial intelligence principles, experts say. https://sciencebusiness.net/news/time-harmonise-artificial-intelligence-principles-experts-say. Zugegriffen am 29.10.2021

TÜV Verband (2021) KI-Studie: Verbraucher:innen fordern Prüfzeichen für Künstliche Intelligenz. https://www.tuev-verband.de/pressemitteilungen/ki-verbraucherstudie-2021. Zugegriffen am 29.10.2021

VDE (2021) Hessische Ministerin für Digitale Strategie und Entwicklung und VDE planen Aufbau eines „AI Quality & Testing Hubs". https://www.vde.com/de/presse/pressemitteilungen/ai-quality-testing-hub. Zugegriffen am 29.10.2021

Wahlster W, Winterhalter C (Hrsg) (2020) Deutsche Normungsroadmap Künstliche Intelligenz. DIN e.V. und Deutsche Kommission Elektrotechnik DKE. https://www.din.de/resource/blob/772438/6b5ac6680543eff9fe372603514be3e6/normungsroadmap-ki-data.pdf. Zugegriffen am 30.04.2022

Glossar

Akzeptanz Akzeptanz gilt als die Bereitschaft, einen Sachverhalt billigend hinzunehmen. Wenn dies für eine Technologie wie Künstlicher Intelligenz erfüllt ist und eine freiwillige, aktive und zielgerichtete Nutzung geschieht, liegt Akzeptanz vor. Akzeptanz ist auf der Ebene des Individuums von einer Vielzahl von Faktoren abhängig. Zentralen Einfluss auf die Akzeptanz von Datentechnologien und Künstlicher Intelligenz hat das Vertrauen in die Technologie und in die Integrität der Anbietenden.

Anonymisierung Durch Anonymisierung kann der Personenbezug von Daten entfernt werden. Anonymisierte Daten können nicht mehr oder nur sehr eingeschränkt auf einzelne Personen bezogen werden und senken damit das Risiko, dass die Identität der betroffenen Person aus den Daten abgeleitet werden kann. Diese Daten sind zudem von den Beschränkungen der Datenschutzgrundverordnung (DSGVO) befreit und können beliebig verwendet werden.

Anwendende (Anwender, Anwenderin, Anwenderunternehmen) Anwendende sind Organisationen wie z. B. Unternehmen, welche Software oder Daten innerhalb ihrer Geschäftsprozesse einsetzen.

Anwendungsfall (Use Case) Ein Anwendungsfall bezeichnet ein konkretes Szenario, in dem eine Technologie unter bestimmten Rahmenbedingungen zur Erreichung eines Ziels (hier in der Regel zur Wertschöpfung) eingesetzt wird oder werden soll.

Artificial Intelligence Act (AIA) Der Artificial Intelligence Act der Europäischen Union ist ein Verordnungsentwurf zur Regulierung der Entwicklung, der Vermarktung und Nutzung von KI-Produkten und -Diensten innerhalb der Europäischen Union. Mit dem Entwurf wird ein Sicherheitsrahmen zur Bewertung von KI-Systemen entlang von vier Risikoklassen eingeführt.

Ausreißerwerte (Ausreißer, Outlier) Werte, die außerhalb des regulären Wertebereichs eines Datenattributes liegen und daher ein Zeichen für Unregelmäßigkeiten in den erfassten Daten bei der Erhebung sind.

Batch-Processing In der Datenverarbeitung bezeichnet Batch-Processing das sequenzielle Abarbeiten von Eingabedaten in Abschnitten. In Zusammenhang mit KI- und Da-

© VDI/VDE Innovation + Technik GmbH 2022
M. Rohde et al. (Hrsg.), *Datenwirtschaft und Datentechnologie*,
https://doi.org/10.1007/978-3-662-65232-9

tentechnologie kann beispielsweise ein Batch in einem Datensatz oder Datenstrom aus einer Fabrik die Datenzeilen umfassen, die einen einzelnen Prozessdurchgang beschreiben.

Beschaffenheitsvereinbarung Beschaffenheitsvereinbarung beschreibt die von den Vertragsparteien festgelegten subjektiven Anforderungen an eine Kaufsache (z. B. Anforderungen an eine bestimmte Datenqualität).

Betroffene Person (Datensubjekt) Betroffene Person bezeichnet im Datenschutzrecht eine natürliche Person, deren personenbezogene Daten verarbeitet werden.

Blockchain Das Grundkonzept der Blockchain-Technologie ist es, digitale Datensätze (Blöcke), die mittels kryptografischer Verfahren chronologisch miteinander verknüpft bzw. verkettet sind, über die Teilnehmende eines Rechnernetzes verteilt (Distributed Ledger) „aufbewahren" zu lassen. Die Aufgaben der Datenhaltung und -fortschreibung wird in Blockchain-Systemen von den Netzwerkteilnehmenden an Stelle eines zentralen Intermediäres wahrgenommen. Da die einzelnen Blöcke der Blockchain chronologisch verkettet sind und neue Blöcke stets an den aktuellsten angehängt werden, ist ein Block nur noch mit erheblichem Rechen- und Kommunikationsaufwand veränderbar, sobald er Teil der Blockchain ist.

Building Information Modeling (BIM) Building Information Modeling ist eine Arbeitsmethode der Bauwirtschaft. Mit ihrer Hilfe können auf Grundlage digitaler Modelle eines Bauwerks die relevanten Informationen und Daten für dessen Lebenszyklus konsistent erfasst und verwaltet werden. Dies ermöglicht eine bessere Kommunikation und neue Bearbeitungsmöglichkeiten für an einem Bauprojekt beteiligte Personen. Dies umfasst sowohl die Entstehungsphase als auch den Betrieb. Die Methode ermöglicht es allen in den Bau eines Gebäudes involvierten Akteuren, auf ein mehrdimensionales digitales Modell zuzugreifen und anhand dessen, die zentralen Schritte zur Fertigstellung oder nötige Maßnahmen des Betriebs einzusehen.

Cloud Computing Cloud Computing bezeichnet ein dynamisches und bedarfsgerechtes Anbieten, Verwenden und Abrechnen von IT-Ressourcen (Hardware und Software) über das Internet. Technische Schnittstellen und Protokolle ermöglichen sowohl Angebot als auch Nutzung. Die Cloud bezeichnet in diesem Zusammenhang das Netzwerk aus Servern bzw. Rechnern, das über die ganze Welt verteilt ist und auf dessen Grundlage die Dienste und Ressourcen bereitgestellt werden.

Data Governance (Daten-Governance) Data Governance ist die Steuerung der regelkonformen Nutzung von Daten als Teil der Governance einer Organisation wie bspw. eines Unternehmens. Dabei umfasst sie sowohl Regeln als auch technische Mittel zur Steuerung der Verwendung von Daten. Dies umfasst Mechanismen sowie Vereinbarungen, Richtlinien und technische Normen für eine gemeinsame Datennutzung. Ebenfalls fallen in den durch Data Governance adressierten Bereich Strukturen sowie Prozesse zum sicheren Datenaustausch, wie bspw. über Datenmittler als vertrauenswürdige Dritte.

Data Governance Act (DGA, DGA-E) Der Data Governance Act (DGA) ist ein Verordnungsentwurf über eine europäische Daten-Governance. Ein Kernanliegen der Verordnung ist es, durch die Erhöhung des Vertrauens in Datenmittler und Stärkung der Mechanismen einer gemeinsamen, europäischen Datennutzung, die Verfügbarkeit von Daten zu erhöhen. Im Fokus des DGA stehen die Bereitstellung von Daten des öffentlichen Sektors, die gemeinsame Datennutzung von Unternehmen gegen Entgelt und die Ermöglichung der Nutzung personenbezogener Daten, durch den Einsatz von Datenmittlern, welche Personen bei ihrer Rechtsausübung gemäß der DSGVO schützen.

Data Science Data Science ist eine interdisziplinäre Wissenschaft. Ihr Ziel ist es, aus Daten Informationen bzw. Wissen zu extrahieren. Data Science wird sowohl eingesetzt, um Prozesse zu optimieren und zu automatisieren, als auch um Entscheidungsfindungen in Unternehmen evidenzbasiert zu unterstützen. Dazu werden unter anderem Methoden der Informatik, Mathematik und Statistik genutzt. Diese dienen der Erfassung, Sammlung, Strukturierung und Aufbereitung von Daten, ihrer Visualisierung sowie der Interpretation.

Daten Daten sind zunächst einmal Fakten, Signale oder Symbole, die objektiv oder subjektiv sein können, zwar einen Wert aber nicht unbedingt eine spezielle Bedeutung haben. In Datenwertschöpfungsketten werden digitalisiert vorliegende Datenbestände durch Aufbereitung, Auswertung und Einbindung in den Anwendungskontext erst in aussagekräftige Informationen und dann in entscheidungsrelevantes Wissen (s. Kap. 6) bzw. in geschäftsrelevante Antworten oder Lösungen (s. Kap. 4 und 5) transformiert und dann wertschöpfend genutzt. Die Unterscheidung von Daten, Informationen und Wissen geht auf die Unterscheidung von der Betrachtungsebenen Syntax (Form), Semantik (Inhalt) und Pragmatik (Gebrauch) von Symbolen in der Linguistik bzw. Semiotik zurück. Diese Ebenen werden in der Datenwertschöpfungskette nacheinander in den Fokus genommen. Die Unterscheidung zwischen technisch-syntaktisch definierten Daten, inhaltlich relevanten Informationen und pragmatisch anwendbarem Wissen erfolgt somit nicht aufgrund bestimmter technischer Merkmale. Eine klare Abgrenzung kann im Einzelfall schwierig sein.

Datenattribut (Attribut, Feature) Datenattribute sind die Eigenschaften von Datenpunkten. Attribute bestehen aus einem Attributsnamen und einem Attributswert, dem Datenwert. In einer Datenbank werden Attribute in Spalten dargestellt.

Datenaufbereitung Bei der Datenaufbereitung werden Rohdaten in eine Form gebracht, die sie zur weiteren Verarbeitung, zum Beispiel in der Datenanalyse, verwendbar macht. Datenaufbereitung umfasst eine Vielzahl von Aktionen, darunter das Sammeln, Anreichern, Formatieren, Bereinigen und Strukturieren von Daten.

Datenbewertung Datenbewertung ist ein Verfahren, das zur systematischen monetären Bewertung von vorhandenen und potenziell verfügbaren Datenbeständen eines Unternehmens eingesetzt wird. Auf der Grundlage einer Datenbewertung können Datenbestände unternehmensintern als Entscheidungsgrundlage oder extern als Informationen für die Unternehmensberichterstattung genutzt werden. Die Bewertung von Daten setzt zum einen eine Bemessung der Datenqualität und eine Ermittlung des Nutzens von Daten voraus. Es gibt derzeit noch keine einheitlichen Bewertungsmethoden für

Unternehmensdatenbestände. Datenbewertung wird zunehmend wichtiger, da sie zu einer umfänglicheren Abbildung der Vermögenswerte von Unternehmen beiträgt.

Datenformate (Dateityp): Daten werden in verschiedenen Formaten aufbereitet. Das Datenformat definiert neben der Struktur, wie die Daten beim Laden, Speichern und Verarbeiten zu interpretieren sind.

Datengebende (Datengeber, Datengeberin, Datenanbietende) Ein Datengeber verfügt über Daten und macht diese durch Datenquellen anderen Akteuren im Rahmen von Transaktionsbeziehungen zugänglich, z. B. Teilnehmenden in einem Datenraum. Datengeber können Einzelpersonen oder Organisationen sein, die ihre Daten zur Weiterverarbeitung bspw. für digitale Services bereitstellen.

Datenhoheit Datenhoheit ist ein rechtlicher Begriff und beschreibt die Verfügungsgewalt des Einzelnen (Person, Organisation) über personenbezogene oder selbstgenerierte Daten.

Dateninfrastruktur Eine Dateninfrastruktur besteht aus Daten, Akteuren, die diese bereitstellen, verarbeiten, handeln und nutzen sowie aus einem Set an Richtlinien und Regularien. Eine Dateninfrastruktur ermöglicht den Handel mit und den Verbrauch von Daten, Datendiensten – und Produkten. Mit dem Projekt GAIA-X soll eine vernetzte europäische Dateninfrastruktur entstehen, welche die Ansprüche digitaler Souveränität berücksichtigt und für sämtliche Wirtschaftsbranchen sichere Datenaustauschmechanismen, Nutzung von Infrastruktur und Services sowie verteilte Datenräume bereitstellt.

Dateninhaber (Dateneigner, Data Owner) Dateninhaber sind Einzelpersonen oder Gruppen und verwalten einen Teil von Daten einer Organisation. Dabei achten sie auf die Einhaltung von Standards sowie die Erfüllung der Bedingungen der Datagovernance-Struktur der entsprechenden Organisation. Innerhalb des Wirkungsbereiches der DS-GVO sind Dateninhaber für Qualität, Integrität und Sicherheit des entsprechenden Datenbestands verantwortlich.

Datenintegrität Datenintegrität beschreibt bestimmte Anforderungen an den Schutz und die Qualität von digitalen Daten. Für die Bewahrung der Datenintegrität muss die Konsistenz, Vollständigkeit, Genauigkeit und Gültigkeit von Daten sichergestellt sein.

Datenmarktplatz Ein Datenmarktplatz ist ein ökonomisches Modell. Datenmarktplätze sind durch eine digitale Plattform charakterisiert, die den sektoren- oder branchenübergreifenden Handel und Tausch von Daten, von auf Daten basierenden Analysemodellen oder datenzentrierte Dienstleistungen ermöglicht. Der Datenmarktplatz vereint somit simultan digitale Nachfrage und digitales Angebot an einem Ort und ermöglicht als Vermittler den Austausch zwischen Anbietenden und Käuferinnen sowie Käufern.

Datenmittler Datenmittler sind Dienste für den Datenaustausch bzw. die gemeinsame Datennutzung wie beispielsweise Datenmarktplätze. Durch die Zweckbindung wird abgesichert, dass der Datenmittler keine eigenen Interessen mit den Daten verfolgen, sondern sie nur vermitteln darf. Er ist zur Neutralität verpflichtet. Ihm obliegt die Bereitstellung der technischen Mittel zum Datenaustausch. Laut DGA-E sollen sie es ermöglichen, qualitativ hochwertige Daten freiwillig zugänglich zu machen und dabei die Wahrung von Schutzrechten zu ermöglichen. Vermitteln sie zwischen datenbetroffenen Personen und datenverarbeitenden Dienstleistern sollen sie dazu beitragen, den Schutz personenbezogener Daten sicherzustellen und somit Vertrauen schaffen.

Datenmittlung Datenmittlung umfasst das bilaterale oder multilaterale Teilen von Daten, den Aufbau von Plattformen oder Datenbanken zum Datenteilen (data sharing) oder die gemeinsame Nutzung von Daten („joint use of data") sowie den Aufbau von spezifischen Infrastrukturen für das Zusammenführen von Dateninhabenden und Datennutzenden.

Datenmonetarisierung Die Monetarisierung von Daten beschreibt jeden Vorgang, der einen messbaren ökonomischen Vorteil durch die Verwendung von (aggregierten und transformierten) Daten schafft.

Datennutzungskontrolle Datennutzungskontrolle soll dabei helfen, Datensouveränität umzusetzen. Darunter werden technische oder konzeptuelle Bausteine gefasst, die Datengebende dazu befähigen, frei über die Verwendung ihrer Daten zu bestimmen. Hierzu werden Kontrollmechanismen eingesetzt, welche die Umsetzung von Auflagen der Datennutzung ermöglicht. Datennutzungsauflagen erweitern die Zugriffskontrolle.

Daten-Pipeline (Analysepipeline, Prozesskette) Eine Datenpipeline ist eine Kette von Datenverarbeitungsschritten, die der Analyse von Daten dient. Sie beinhaltet die Extraktion der Daten aus Datenquellen, die Vorverarbeitung, die Generierung von Analyseergebnissen und die Einspeisung dieser in die Wertschöpfungskette eines Unternehmens.

Datenpunkt Einzeldatum eines Datensatzes mit Datenwerten für alle Attribute.

Datenqualität Mit Datenqualität wird die Wahrnehmung oder Bewertung davon bezeichnet, wie gut sich Daten zur Erfüllung eines vorgesehenen Zwecks eignen. Kriterien zur Bemessung der Datenqualität sind bspw.: Vollständigkeit, Eindeutigkeit, Korrektheit, Aktualität, Eindeutigkeit, Konsistenz, Relevanz, etc.

Datenquelle Datenquellen sind Orte, an denen Datensätze in Unternehmen für die Verwertung erzeugt werden. Sie sind eine Kombination aus Hard- und Software.

Datenraum Ursprünglich verstand man unter (physischem) Datenraum einen Raum, in dem während der Due Diligence die vertraulichen und zentralen Dokumente eines Unternehmens aufbewahrt wurden und sicher eingesehen werden konnten. Digitale Datenräume werden heutzutage in ähnlicher Weise zur Verwaltung und Speicherung von vertraulichen Dokumenten eingesetzt. Virtuelle Datenräume sind digitale Datenräume in der Cloud und auf Plattformen. Verschlüsselung, Benutzergruppen- und Zugriffsrechtemanagement ermöglichen den Online-Zugriff und sichern hohe Sicherheitsstandards in virtuellen Datenräumen.

Datensatz (Data Set) Ein Datensatz besteht aus mehreren Datenpunkten oder auch Batches von Datenpunkten, die jeweils ein Objekt beschreiben. Ein sog. strukturierter Datensatz verfügt über eine Struktur der Datenattribute und grenzt sich durch diese von sog. unstrukturierten Daten ab (z. B. Freitexte, Bilder, Audiodateien).

Datenschutz Unter Datenschutz ist der gesetzlich vorgegebene Schutz personenbezogener Daten vor Missbrauch und nicht legitimierter Datenverarbeitung zu verstehen. Unter den Begriff fallen sowohl das Recht auf informationelle Selbstbestimmung sowie der Schutz des Persönlichkeitsrechts bei der Datenverarbeitung sowie der Privatsphäre. Im deutschen Rechtsraum wird Datenschutz vornehmlich durch das Bundesdatenschutzgesetz (BDSG) und die Datenschutzgrundverordnung (DSGVO) abgesteckt.

Datenschutzgrundverordnung (DSGVO) Die Datenschutzgrundverordnung (DSGVO) ist eine Verordnung der Europäischen Union (EU), in welcher der rechtliche Rahmen zur Verarbeitung von personenbezogenen Daten durch Unternehmen, Behörden und Vereine innerhalb der EU vereinheitlicht wird. Die Verordnung gilt in allen Mitgliedsstaaten der EU.

Datensilo Wenn innerhalb einer Organisation Daten in verschiedenen Systemen gespeichert sind, die nicht miteinander vernetzt sind und zu denen jeweils nur bestimmte Abteilungen oder organisatorische Einheiten Zugang haben, spricht man von Datensilos. Der Begriff ist negativ besetzt und wird im Kontext von Schwierigkeiten bei der Umsetzung von Datentechnologie-Projekten verwendet. Wenn eine Organisation Silo-Datenhaltung betreibt, bestehen neben Schwierigkeiten des Zugangsrechts meist auch Probleme der technischen Anschlussfähigkeit (z. B. heterogene Standards oder Systeme).

Datensouveränität Für Datensouveränität besteht derzeit keine einheitliche Definition. Sie ist Teil der Digitalen Souveränität (siehe Eintrag Digitale Souveränität). Der zentrale Aspekt der Datensouveränität ist die Verfügungsbefugnis der Datengebenden über Datenerhebung, -speicherung, -verarbeitung und -weitergabe. Datensouveränität soll zur informationellen Selbstbestimmung Datengebender beitragen. Sie soll den Datenschutz ergänzen.

Datenstrom (Data Stream) Datenströme bestehen aus kontinuierlich transferierten Datensätzen, die aufgrund ihrer Eigenschaften (wie Größe oder Übermittlungsgeschwindigkeit) vor der Verarbeitung nicht gespeichert werden.

Datenteilung (Data Sharing, gemeinsame Datennutzung) Data Sharing bezeichnet den Prozess des Austauschs von Daten zwischen verschiedenen Akteuren. Für die Datenökonomie ist der Austausch von Daten von hoher Bedeutung, denn sie sind die zentrale Ressource in digitalen Wertschöpfungsketten. Der Begriff findet demnach am häufigsten Anwendung im B2B-Bereich, wo er von der EU-Kommission auch als „gemeinsame Datennutzung" definiert wird und sowohl die gegenseitige Bereitstellung von Daten als auch deren aktive Nutzung und Verwertung umfasst. Der Austausch von Daten kann aber auch im Zusammenspiel mit öffentlichen Stellen (B2G) oder Einzelpersonen (B2C) erfolgen. Data Sharing kann dabei technisch einerseits direkt bilateral zwischen den beteiligten Akteuren realisiert werden. Andererseits ist auch ein Austausch über Sharing-Plattformen oder Datenmarktplätze möglich. Data Sharing ist eine zentrale Voraussetzung neuer Geschäftsmodelle und Leistungsangebote, effizienterer Prozessgestaltung sowie zur Ermöglichung evidenzbasierter Unternehmensentscheidungen.

Datenverarbeitung Datenverarbeitung beschreibt Vorgänge wie das Speichern, Löschen, Manipulieren oder Übermitteln von Daten. Im Zusammenhang mit dem Datenschutzrecht werden unter dem Begriff (Daten-)Verarbeitung alle datenschutzrelevanten Vorgänge in Bezug auf personenbezogene Daten bezeichnet. Dies umfasst Vorgänge wie das Erheben, das Erfassen, die Organisation, das Ordnen, die Speicherung, die Anpassung oder Veränderung, das Auslesen, das Abfragen, die Verwendung, die Offenlegung durch Übermittlung, Verbreitung oder eine andere Form der Bereitstellung, den Abgleich oder die Verknüpfung, die Einschränkung, das Löschen oder die Vernichtung von personenbezogenen Daten.

Datenwert, informatischer Datenwerte sind die variablen Inhalte eines Datensatzes. Sie geben Datenattributen Bedeutung (z. B. ein Datenattribut „Stadt" könnte in einer Datenzeile den Datenwert „Berlin" und in einer anderen Datenzeile den Wert „Hamburg" haben), sind übertragbar und werden durch den Datentypen des Attributs eingeschränkt.

Datenwert, monetärer Im betriebswirtschaftlichen Sinne bezeichnet der Datenwert das Ergebnis der Bewertung von Daten. Der Wert von Daten kann basierend auf unterschiedlichen Modellen ermittelt werden, z. B. kostenbasiert, nutzenbasiert, etc.

Datenwirtschaft (Datenökonomie) Eine Datenökonomie ist dadurch gekennzeichnet, dass die Beziehungen zwischen den Marktteilnehmerinnen und Marktteilnehmern (und/oder Institutionen) sich zunehmend datenbasiert gestalten. Dies geht mit der Entstehung vielfältiger Plattformen, Datenkooperationen, Datenräumen und datenbasierten Geschäftsmodellen sowie Wertschöpfungsnetzen einher. Die Datenökonomie gründet darin, Daten als ein Wirtschaftsgut zu begreifen.

Differential Privacy Differential Privacy ist ein Bewertungsverfahren für die Anonymisierung von Daten. Sie liefert eine informationstheoretische Definition von Anonymität, die es erlaubt, den größten zu erwartenden Privatsphäre-Verlust eines Anonymisierungsverfahrens zu quantifizieren, ohne hierbei anwendungsspezifische Angriffsszenarien zu modellieren.

Digital Markets Act (DMA) Der Digital Markets Act ist ein Gesetzentwurf der Europäischen Kommission. Durch ihn werden objektive Kriterien definiert, die zur Einstufung von Onlineplattformen als „Gatekeeper" dienen. Der Gesetzentwurf adressiert große Onlineplattformen. Die Kriterien sind Stärke der wirtschaftlichen Position und Aktivität in EU-Ländern, Stärke der Vermittlungsposition und Festigungsgrad der Marktstellung.

Digital Services Act (DSA) Der Digital Services Act ist ein Gesetzentwurf der Europäischen Kommission. Er soll im internationalen Zusammenhang Innovation, Wachstum und Wettbewerbsfähigkeit der EU fördern. Er erleichtert die Expansion kleinerer Plattformen sowie von KMU und Start-ups. Durch ihn werden Verantwortlichkeiten von Plattformen, Behörden und Nutzenden festgelegt und dabei Bürgerrechte im Sinne europäischer Werte in den Mittelpunkt gestellt. Im Zentrum stehen Verbraucherschutz, ein Transparenz- und Rechenschaftsrahmen für Plattformen und die Förderung von Innovation.

Digitale Identität Eine digitale Identität ist eine digitale Repräsentation einer Person, einer Organisation oder eines Objektes. Sichere digitale Identitäten spielen zur Identifizierung und als Identitätsnachweise eine zentrale Rolle in der Datenökonomie, beispielsweise zur Autorisierung von Berechtigungen für den Datenzugriff.

Digitale Ökosysteme (Datenökosysteme) Digitale Ökosysteme sind sozio-technische Systeme – sie umfassen neben technischen Komponenten auch Organisationen und Menschen. Die Organisationen und Menschen bilden ein Netzwerk aus Akteuren, die zwar unabhängig voneinander sind, aber innerhalb des Ökosystems miteinander kooperieren, da sie hieraus einen wechselseitigen Nutzen daraus gewinnen können. Die technische Komponente im Zentrum eines digitalen Ökosystems ist meist eine Plattform.

Digitale Plattform Im Kontext der Datenökonomie gelten digitale Plattformen als internetbasierte Foren zur digitalen Interaktion und Transaktion, weshalb sie auch als Intermediäre auf zweiseitigen oder mehrseitigen Märkten bezeichnet werden. Eine digitale Plattform ermöglicht eine abgesicherte Transaktion zwischen zwei oder mehreren Akteursgruppen, wie beispielsweise Dienstleister und Kunden. Solche Transaktionen sind beispielsweise der Austausch von Daten, Informationen und Dienstleistungen. Neben der Infrastruktur stellen sie auch die Regeln für den Austausch zur Verfügung. Auf Plattformen entstehen Netzwerkeffekte, das heißt, dass eine Akteursgruppe jeweils von der Größe der anderen profitieren kann. Zum Beispiel profitieren Händler davon, wenn besonders viele potenzielle Kundinnen und Kunden an der Plattform teilnehmen, weil dadurch die Suche nach den geeigneten Angeboten und Dienstleistungen enorm erleichtert wird.

Digitale Souveränität Es gibt keine einheitliche Definition des Begriffs digitale Souveränität. Digitale Souveränität bezeichnet unter anderem die selbstständige digitale Handlungsfähigkeit von Staaten, Organisationen und Personen. Dies umfasst die unabhängige und selbstbestimmte Nutzung und Entwicklung digitaler Systeme oder Dienste sowie die Kontrolle und den Zugriff auf entstehende sowie verarbeitete Daten und Prozesse. Das Herstellen und Bewahren digitaler Souveränität gilt als wichtiger Faktor für eine wirtschaftliche Entwicklung. Sie ermöglicht es, unabhängig Innovationen im Bereich digitaler Produkte und Dienste auf den Markt zu bringen.

Digitale Transformation (Digital Transformation) Der Begriff Digitale Transformation bezeichnet einen Wandel der Wirtschaft und der Gesellschaft durch die Verwendung digitaler Technologien und Techniken sowie deren Auswirkungen. Im ökonomischen Kontext beschreibt der Begriff die Veränderungen in Unternehmen und Branchen, in der durch die Nutzung neuer Technologien, neue Services, Geschäftsmodelle und Wertversprechen entstehen. In Abgrenzung zum Begriff der Digitalisierung (siehe Digitalisation) bezeichnet Digitale Transformation die Idee, eine Technologie nicht nur zu nutzen, um einen bestehenden Service in digitaler Form zu replizieren, sondern um diesen Service an ein neues Werteversprechen zu knüpfen bzw. in ein neues Geschäftsmodell zu überführen.

Digitaler Zwilling (Digital Twin, Digitaler Avatar) Ein digitaler Zwilling ist ein virtuelles Modell eines materiellen Objekts (z. B. einer Person) oder immateriellen Objektes (z. B. Prozess) das existiert hat, existiert oder existieren wird. Digitale Zwillinge können Eigenschaften und Verhalten ihrer Gegenstücke in der realen Welt digital abbilden. Bei existierenden Gegenstücken besteht meist ein Datenaustausch. Sie ermöglichen es, ihre Gegenstücke zu beobachten, Vorhersagen über ihr Verhalten oder ihren Zustand zu treffen oder direkt mit ihnen zu interagieren.

Digitales Geschäftsmodell (Digital Business Model) Das Geschäftsmodell einer Organisation gibt an, wie und auf welcher Grundlage die Organisation Wert für Kundinnen und Kunden schafft und gleichzeitig selbst Erträge erzielt. Bei einem digitalen Geschäftsmodell erfolgt die Wertschöpfung mittels digitaler Technologien – hierbei spielen Netzwerkeffekte und digitale Ökosysteme eine zentrale Rolle.

Digitalization Digitalization bezeichnet die Nutzung digitaler Technologien, um ein Geschäftsmodell zu verändern und neue Umsatz- und Wertschöpfungsmöglichkeiten zu schaffen. Sie ist ein Prozess des Übergangs zu einem digitalen Unternehmen.

Digitization Digitization bezeichnet die Umwandlung von Informationen wie Signale, Bilder oder Töne in eine digitale Form, die von Computern gespeichert, verarbeitet und übertragen werden kann.

Distributed Ledger Technology (DLT) Die Distributed-Ledger-Technologie bezeichnet eine Form eines Datenbanksystems, das durch eine dezentrale und redundante Haltung von kryptografisch verknüpften Datensätzen sowie der fortlaufenden Verknüpfung neuer Datensätze durch unabhängig betriebene Rechner charakterisiert ist. Individuelle Kommunikations- und Konsensmechanismen bewirken eine Synchronisierung der Datenbasis zwischen allen Knoten (Nodes) des DLT-Netzwerks und erschweren unbemerkte Datenmanipulationen enorm. Die derzeit bekannteste Unterkategorie von DLT ist die Blockchain-Technologie und die beiden Begriffe werden oftmals (fälschlich) synonym verwendet.

Edge Computing Im Vergleich zum Cloud Computing liegt beim Edge Computing die IT-Ressource beim Nutzenden der Anwendung oder in dessen geografischer und systemischer Nähe. „Edge" bezeichnet dabei den Randbereich eines vernetzten Systems. Die Verlagerung von rechenintensiven oder auch echtzeitkritischen Aufgaben in den Edge-Bereich wird unter anderem durch energiesparendere Kommunikationsprotokolle, leistungsfähigere Chips und vor Ort Data Centre ermöglicht. Edge Computing wird heute als eine potenzielle Erweiterung des Cloud Computings angesehen. Auch zum Zweck der Informationssicherheit werden sensible Daten zum Teil auf der „Edge" oder „on premise" verarbeitet, wenn Bedenken bezüglich der Informationssicherheit eines Cloud Systems bestehen.

Einflussgröße (Unabhängige Variable) In der Statistik und im maschinellen Lernen wird bei Vorhersagemodellen oft unterschieden zwischen einer Zielgröße (Datenattribut, das das Modell vorhersagen soll) und Einflussgrößen (Datenattribute, mit deren Hilfe das Modell die Zielgröße vorhersagen soll). Dies ist nur möglich, wenn ein statistischer Zusammenhang zwischen Einflussgrößen und Zielgrößen besteht.

Enterprise Resource Planning System (Geschätsressourcenplanungssystem, ERP) Ein ERP-System fasst sämtliche Kernprozesse eines Unternehmens zusammen. Darunter fallen vor allem Buchhaltung bzw. Finanzwesen, Personalwesen, Einkauf und je nach Branche Dienstleistungen, Fertigung, Logistik und weitere. Durch das Zusammenführen der Daten aus den verschiedenen Unternehmensbereichen werden Prozessplanung und Ausführungen über sämtliche Ebenen hinweg vereinfacht.

Erlösmodell (Ertragsmodell) Das Erlösmodell ist ein Teil des Geschäftsmodells, das angibt, wie Umsätze erwirtschaftet werden. Dabei werden unterschiedliche Erlösquellen und Erlösmodi sowie die Kosten für Produkte oder Dienstleistungen eingeschlossen. Beispiele für Erlösmodelle datengetriebener Geschäftsmodelle sind unter anderem Flatrate, Pay-per-Use oder Subscription. Das Preismodell ist hiervon in der strategischen Betrachtung und dem Zusammenhang von verschiedenen Preisen zu bestimmten Produkten abzugrenzen (z. B. Premium Preis-Strategie mit nur einem Produkt).

GAIA-X GAIA-X ist ein europaweites Projekt zum Aufbau einer transparenten, sicheren, dezentralen Dateninfrastruktur. Im Rahmen von GAIA-X entsteht ein Regelwerk für ein interoperables und föderiertes Ökosystem. Ziel ist es, sektorspezifische und übergreifende KI-, Cloud- und Infrastrukturservices unterschiedlicher Anbietender für Anwenderunternehmen über standardisierte und interoperable Schnittstellen zur Verfügung zu stellen.

Geschäftsgeheimnisschutz Geschäftsgeheimnisschutz beschreibt den gesetzlichen Schutz von nicht allgemein bekannten Informationen, die Gegenstand von angemessenen Geheimhaltungsmaßnahmen sind und an denen ein berechtigtes Interesse an der Geheimhaltung besteht. Nach dem Geschäftsgeheimnisschutzgesetzt dürfen Geschäftsgeheimnisse nicht unrechtmäßig erlangt, genutzt oder offengelegt werden.

Geschäftsmodellmuster Geschäftsmodellmuster sind sich wiederholende Beschreibungen von Logiken bzw. Funktionsweisen, die verschiedenen Geschäftsmodellen zugrunde liegen. Sie können als Modellbausteine oder Gestaltungshilfe bei der Entwicklung eines Geschäftsmodells eingesetzt werden – unabhängig von Branche oder Größe des Unternehmens. Gängige Geschäftsmodellmuster in der Datenökonomie sind bspw. Data-as-a-Service, Information-as-a-Service oder Answers-as-a-Service.

Hashing Durch Hashing wird ein Datenpunkt oder -satz mithilfe einer festgelegten Hash-Funktion in eine Zeichenfolge mit fester Zeichenanzahl umgewandelt (Hash-Wert) und repräsentiert eine Art digitalen Fingerabdruck der ursprünglichen Daten. Innerhalb eines DLT-Netzwerks oder einer Blockchain kann Hashing zur kryptografischen Verknüpfung oder Blockbildung eingesetzt werden, indem neben aktuellen Daten stets auch in der Vergangenheit generierte Hash-Werte zum Hashing herangezogen werden. Die Generierung oder Überprüfung von Hash-Werten mithilfe der jeweiligen Hash-Funktion und den Eingangswerten ist sehr einfach, aber eine Reproduktion der ursprünglichen Daten aus Hash-Werten ist bei entsprechenden Vorkehrungen enorm aufwendig.

Immaterielle Güter (Intangible Güter) Immaterielle Güter sind Güter, wie Konzessionen, Software, Daten, Kontingente, Erfindungen oder verschiedene Rechte, z. B. Patente, Lizenzen, Urheberrechte, etc.

Informationen Der Begriff der Information wird häufig dem Begriff der Daten gegenübergestellt. Bei der Datenwertschöpfung werden durch Aufbereitung, Analyse und

Verarbeitung aus technisch-syntaktisch definierten Daten inhaltlich relevante Informationen gewonnen (Vgl. Eintrag Daten).

Informationssicherheit: Informationssicherheit ist eine Eigenschaft technischer oder nicht-technischer Systeme, die der Verarbeitung, Speicherung oder Lagerung von Informationen dienen. Die Eigenschaften haben die Aufgabe Ansprüche an Vertraulichkeit, Integrität oder Verfügbarkeit zu gewährleisten. Dies dient dem Schutz vor Gefahren wie bspw. wirtschaftlichen Schäden.

International Data Spaces (IDS) International Data Spaces stellen die Technologien (Data Connector, Identity und Access Management) für domänenübergreifende, virtuelle Datenräume für Unternehmen verschiedener Branchen her. Durch die Nutzung des IDS soll Unternehmen eine sichere sowie souveräne Bewirtschaftung ihrer Datengüter ermöglicht werden. Standards und gemeinschaftliche Governance Modelle stützen dabei den sicheren Austausch von Daten sowie die Verknüpfung von Geschäftskomponenten. Die Grundlage der International Data Spaces ist ein Referenzarchitekturmodell, das im Rahmen eines Forschungsprojekts von zwölf Instituten der Fraunhofer Gesellschaft entwickelt wurde. Die aus dem Projekt hervorgehende Initiative International Data Spaces Association (IDSA) ist ein Mitglied der Data Spaces Business Alliance, zu der GAIA-X European Association for Data and Cloud AISBL, Big Data Value Association (BDVA) und FIWARE Foundation gehören.

Internet der Dinge (Internet of Things, IoT) Unter dem Sammelbegriff „Internet der Dinge" werden Technologien einer globalen Infrastruktur zusammengefasst, die physische und virtuelle Gegenstände miteinander vernetzt. Durch Informations- und Kommunikationstechnologien wird die Interaktion dieser Gegenstände ermöglicht. Grundlegend werden dabei eindeutig identifizierbare physische Objekte mit einer virtuellen Repräsentation verknüpft. Das Internet of Things ist ein wichtiger technischer Teilbereich der Datenökonomie, denn mit Sensoren ausgestattete Geräte erfassen Daten, die auf Plattformen zusammengeführt und ausgewertet beziehungsweise zu weiteren Datenprodukten oder -diensten weiterverarbeitet werden können. Mittlerweile halten IoT-Geräte und -Dienste Einzug in sämtliche Wirtschaftsbranchen und somit relevante Anwendungsfelder, wie Medizin, Gebäudebewirtschaftung oder Mobilität. Im industriellen Bereich (Industrial Internet of Things, IIoT) lassen sich beispielsweise Maschinen entlang einer gesamten Produktionsstrecke vernetzen, zentral verwalten und bedienen. Hier anfallende Daten können ausgewertet werden, um Effizienzgewinne in der Fertigung zu erzielen.

KI-Modell (AI Model) Ein KI-Modell ist die formale Beschreibung des Denkens oder Handelns von künstlich intelligenten Systemen. Beim Maschinellen Lernen entspricht das KI-Modell einem formalen Modell, das auf Grundlage eines vorgegebenen Trainings-Datensatzes gelernt hat, Eingabedaten nach bestimmten Mustern zu verarbeiten. So können mit Hilfe von KI-Modellen Eingabedaten gruppiert, transformiert oder kategorisiert werden und auf Grundlage solcher Modelle Entscheidungen oder Vorhersagen abgeleitet werden.

Künstliche Intelligenz (KI, Artificial Intelligence, AI) Künstliche Intelligenz ist ein Teilgebiet der Informatik und wird auf verschiedene Weisen definiert. Unter Künstlicher Intelligenz versteht man prinzipiell ein IT-System, das intelligentes (menschliches oder rationales) Verhalten oder Denken nachbilden soll, um ein gegebenes Ziel zu erreichen. Aufgrund der aktuellen technologischen Fortschritte im Teilbereich des Machine Learning wird der Begriff „KI" oft fälschlich als Synonym für Machine Learning verwendet. KI-Systeme sind jedoch alle Systeme, die intelligentes Verhalten und Denken wie Objekterkennung, logisches Schlussfolgern, Lernen, Planen, Gedächtnis und Erinnerung, Entscheiden oder Kreativsein nachbilden.

Leistungspflichten Aus einem Schuldverhältnis, das auf einem Gesetz oder Vertrag beruht, folgt die Leistungspflicht eines Schuldners. Ihr Gegenstand kann ein Tun oder eine Unterlassung sein. Inhalte von Leistungspflichten ergeben sich aus Verträgen, Allgemeinen Geschäftsbedingungen, dem Gesetz und Handelsbräuchen.

Life Cycle Assessment (LCA) Life Cycle Assessment ist eine Methode zur Messung der nachhaltigen Umweltwirkung von Produkten wie bspw. der Energiebilanz eines Produkts.

Magische Werte (Magic Values) Werte, die zur Kodierung von außerordentlichen Situationen verwendet werden. Zum Beispiel -1 für fehlerhafte Messungen. Diese Werte fallen aus dem Rahmen der statistischen Eigenschaften eines Datensatzes und können so zu Unregelmäßigkeiten beim Lernen oder Anwenden von statistischen oder Machine Learning Modellen führen.

Maschinelles Lernen (ML, Machine Learning) Maschinelles Lernen ist ein Teilgebiet der Künstlichen Intelligenz. ML-Algorithmen dienen dazu, Muster bzw. Gesetzmäßigkeiten in Trainingsdatensätzen zu identifizieren. Mit Hilfe der aus dem Training resultierenden Modelle (s. KI-Modell) können Eingabedaten gemäß der identifizierten Muster in Ausgabedaten transformiert werden, beispielsweise um Daten zu kategorisieren, zu gruppieren, zu bereinigen, zu transformieren oder um aus Daten Vorhersagen oder Entscheidungen abzuleiten.

Metadaten Metadaten sind strukturierte Daten, die andere Daten basierend auf deren Merkmalen beschreiben. Metadaten enthalten also Informationen zu anderen Daten und werden deshalb zur Verwaltung großer Datenbestände eingesetzt. Je nach Zweck werden verschiedene Metadaten verwendet. Es wird zwischen verschiedenen Arten von Metadaten unterschieden, z. B. Deskriptive Metadaten, Strukturelle Metadaten und Administrative Metadaten.

Nodes Nodes sind Knotenpunkte in einem Netzwerk. In Bezug auf Blockchain und DLT bezeichnen sie jene unabhängigen Rechner, die für den Betrieb der dezentralen Peer-to-Peer-Netzwerke essenziell sind. Dabei werden unterschiedliche Typen von DLT- bzw. Blockchain-Nodes unterschieden. Um die Konsistenz des Datenbestandes bzw. der Transaktionen im Netzwerk zu sichern, müssen auf den sogenannten „Full-Nodes" stets hinreichend viele verknüpfte Datensätze gespeichert sein (ggf. eine Kopie der vollständigen DLT-Datensätze bzw. der Blockchain).

Nutzende (Nutzer, Nutzerin, Endanwender, User) Benutzer stehen in unmittelbarem Kontakt zu IT-Ressourcen (Hardware, Daten oder Software) und setzen diese bspw. zur Erfüllung ihrer Aufgaben am Arbeitsplatz ein.

Personenbezogene Daten Nach Art. 4 Nr. 1 DSGVO sind personenbezogene Daten „alle Informationen, die sich auf eine identifizierte oder identifizierbare natürliche Person (betroffene Person) beziehen; als identifizierbar wird eine natürliche Person angesehen, die direkt oder indirekt, insbesondere mittels Zuordnung zu einer Kennung wie einem Namen, zu einer Kennnummer, zu Standortdaten, zu einer Online-Kennung oder zu einem oder mehreren besonderen Merkmalen, die Ausdruck der physischen, physiologischen, genetischen, psychischen, wirtschaftlichen, kulturellen oder sozialen Identität dieser Person sind, identifiziert werden kann."

Plattformbetreibende (Plattformbetreiberin, Plattformbetreiber) Als Plattformbetreibende werden Organisationen oder Personen bezeichnet, die die Verantwortung für eine Plattform tragen. Dabei können je nach Blickwinkel zwei verschiedene Akteure gemeint sein. Wenn die Plattform als Teil des Ökosystems betrachtet wird, ist in der Regel der Akteur gemeint, der die wirtschaftliche Verantwortung übernimmt und wesentliche Entscheidungen zu betriebswirtschaftlichen Fragestellungen trifft. Werden hingegen Plattformen als Teil der Informatik betrachtet, ist abweichend der technische Plattformbetreiber gemeint. Dieser stellt oder betreibt die nötige Infrastruktur und ist für die Entwicklung und Pflege des technischen Systems verantwortlich.

Plattformnutzende (Plattformnutzerin, Plattformnutzer) Der Nutzende ist die Person oder Organisation, die die Leistungen der Plattform konsumiert bzw. verbraucht oder aktiv von diesen profitiert. In Plattformökonomien zahlen Nutzende für die Leistungen häufig nicht direkt, sondern trägt durch die Aktivität auf der Plattform zum Wertversprechen der Plattform für eine andere Gruppe von Nutzenden (die Plattformkunden) bei. Bei einer betriebswirtschaftlichen Betrachtung werden oft ganze Akteursgruppen als Nutzende klassifiziert (z. B. Nutzende der Google Suche). Bei der technischen Entwicklung können auch einzelne Personen als Nutzende klassifiziert werden, obwohl sie einer Akteursgruppe angehören, die für die Leistung zahlt (z. B. die Anzeigenmanagerin eines Unternehmens bei der Nutzung von Google Ads).

Preisfindung (Preisbildung, Preissetzung) Preisfindung meint im eigentlichem Sinne das Festsetzen eines bestimmten monetären Betrages für ein bereits definiertes Produkt oder eine bereits definierte Leistung. Dies ist zu unterscheiden von der Definition des „Leistungsangebots" oder des „Preismodells".

Produkthaftung Produkthaftung beschreibt die Haftung für infolge eines fehlerhaften Produkts hervorgerufene Schäden, unabhängig davon, ob zwischen Hersteller und Endabnehmer eine vertragliche Beziehung besteht.

Produktivbetrieb (Deployment) Der Einsatz eines IT-Moduls, wie z. B. ein Vorhersagemodell, im regulären Betrieb des Unternehmens.

Pseudonymisierung Pseudonymisierung verfolgt im Gegensatz zur Anonymisierung nicht das Ziel, den Personenbezug von Daten komplett zu entfernen, sondern zielt vielmehr darauf ab, die Zuordnung einzelner Datensätze zu spezifischen Personen über technische und organisatorische Maßnahmen einzuschränken und kontrollierbar zu machen.

Public Keys Bei kryptografischen Verfahren (Verschlüsselung) dient der Public Key als eine öffentliche Adresse, mit der eine Nachricht so verschlüsselt werden kann, dass nur der Eigentümer dieser öffentlichen Adresse diese Nachricht lesen kann.

Recht auf Informationelle Selbstbestimmung Das Recht auf Informationelle Selbstbestimmung bezeichnet das Recht jedes Einzelnen, selbst über die Preisgabe und Verwendung seiner oder ihrer persönlichen Daten zu bestimmen. Es wird infolge der verfassungsgerichtlichen Rechtsprechung aus dem allgemeinen Persönlichkeitsrecht abgeleitet und genießt Verfassungsrang.

Smart Contract Mit dem Begriff Smart Contract wird zumeist ein ausführbarer Programmcode bezeichnet, welcher in einer DLT-Struktur oder Blockchain hinterlegt ist und einfache „Wenn-Dann"-Beziehungen abbildet. Dabei können bei Eintritt bestimmter, digital nachprüfbarer Bedingungen, etwa einer Kaufpreiszahlung, selbstständig und automatisch weitere Transaktionen ausgelöst werden, ohne dass manuelles Eingreifen oder weitere Überprüfungen erforderlich wären. Mit Hilfe von verteilten Anwendungen, die mittels Smart Contracts automatisiert sind, lässt sich eine hohe Geschäftssicherheit bezüglich einer vereinbarungsgemäßen Ausführung von Prozessen schaffen. Der allgemeine Begriff und das Konzept des Smart Contract wurde ursprünglich, ohne Bezug zu DLT bzw. Blockchain, zur automatisierten Prüfung und Durchsetzung von Vertragsbedingungen mittels Softwaresteuerung etabliert.

Token Token können im weiteren Sinne als "Vermögenswerte", die in einem DLT-Netzwerk bzw. einer Blockchain gespeichert und Teilnehmenden zugeordnet werden, definiert werden und in vielen Fällen essenziell für die Funktionalität des jeweiligen DLT- oder Blockchain-Netzwerks sind. Tokens, die einen monetären Wert repräsentieren, bezeichnet man als Coin.

Value Delivery Die Bereitstellung von Werten bezeichnet die Art und Weise, wie ein Produkt so gestaltet wird, dass es der Kundin oder dem Kunden, die/der es nutzt, maximalen Nutzen bietet. Der Wert der spezifischen Unternehmensleistung kann unterschiedliche Formen annehmen: Produkte, Dienstleistungen oder Vorteile. Die Bereitstellung des Wertangebots trägt zur Zufriedenheit auf Kundenseite bei. Hierfür werden konkrete Prozesse, die Zusammenarbeit mit Partnerinnen und Partnern sowie die exakte Kostenstruktur ermittelt. Bei datengetriebenen Geschäftsmodellen wird u. a. auch die technische Architektur sowie die Entwicklungs-Roadmap der eingesetzten Technologien berücksichtigt.

Vorhersagemodell Ein Modell, das mit Methoden des maschinellen Lernens erstellt wurde und eine Vorhersage des Wertes einer vorher bestimmten Zielgröße erzeugen kann.

Werterbringung (Wertentstehung) Als Teilaspekt des Nutzenversprechens umfasst Werterbringung alle wertschöpfenden Aktivitäten und Beziehungstypen, die für die Erbringung einer Leistung notwendig sind.

Wertversprechen (Value Proposition, Nutzenversprechen) Der Begriff Wertversprechen (auch Nutzenversprechen) beschreibt den Nutzen/Wert eines Dienstes oder Produktes für die potenzielle Zielgruppe. Die Aussagen des Wertversprechens orientieren sich an der Erfüllung der zugrunde liegenden Bedürfnisse von Kundinnen und Kunden bzw. der Nutzerinnen und Nutzer.

Willingness to pay Willingness to pay beschreibt die Zahlungsbereitschaft der Kundinnen und Kunden. Dabei handelt es sich um den maximalen Preis, den die Kundinnen und Kunden bereit sind, für Produkte oder Dienstleistungen zu zahlen.

Zielgröße (Label, abhängige Variable) Attribut, dessen Wert in einem Anwendungsfall durch ein statistisches oder ML-Modell vorhergesagt werden soll (siehe zum Vergleich auch Einflussgröße). In der Praxis sind minderwertige oder fehlende Zielgrößen (Labels) in Datensätzen oft ein Problem, das dem Einsatz von KI und Datentechnologien entgegensteht.

Printed in the United States
by Baker & Taylor Publisher Services